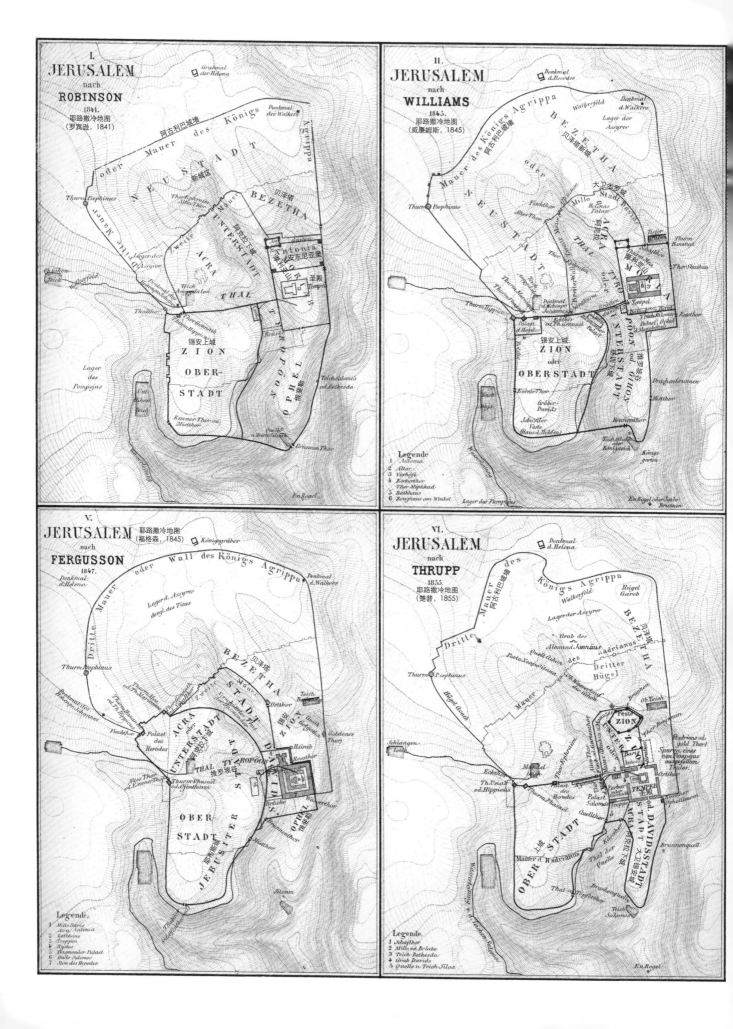

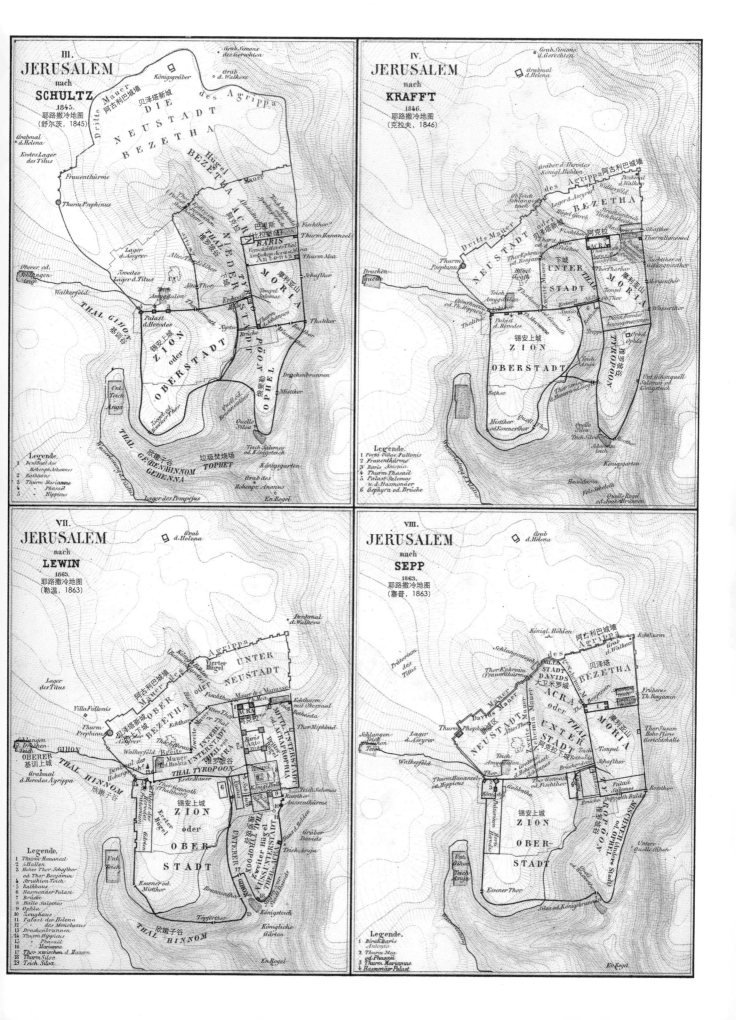

图书在版编目（CIP）数据

耶路撒冷建城史 /（以）丹·巴哈特 (Dan Bahat)
著；王骏等译 . -- 上海：同济大学出版社，2017.8
（以色列规划建筑译丛）

ISBN 978-7-5608-7412-8

Ⅰ . ①耶… Ⅱ . ①丹… ②王… Ⅲ . ①城市史－建筑
史－耶路撒冷 Ⅳ . ① TU-098.138.2

中国版本图书馆 CIP 数据核字 (2017) 第 220992 号

耶路撒冷建城史

[以] 丹·巴哈特 (Dan Bahat)　　著

王骏　徐杰　张照　译

责任编辑 武 蔚　　责任校对 徐春莲　　装帧设计 张 微

出版发行　同济大学出版社 www.tongjipress.com.cn
　　　　　（地址：上海四平路 1239 号　邮编：200092　电话：021-65985622）

经　销　全国各地新华书店
印　刷　上海雅昌艺术印刷有限公司
开　本　889mm×1194mm　1/16
印　张　14.25
字　数　456 000
版　次　2017 年 12 月第 1 版　　2018 年 12 月第 2 次印刷
书　号　ISBN 978-7-5608-7412-8
定　价　139.00 元

本书若有印装问题，请向本社发行部调换　版权所有　侵权必究

以色列规划建筑译丛

主编：王骏　摩西·马格里特（Moshe Margalith）

耶路撒冷建城史

THE CARTA JERUSALEM ATLAS

[以] 丹·巴哈特（Dan Bahat）　著

王骏　徐杰　张照　译

同济大学出版社
TONGJI UNIVERSITY PRESS

为促进对文化遗产的保护和研究，由王骏和马格里特（Moshe Margalith）两位教授发起，中国同济大学、同济城市规划设计研究院城市开发分院、联合国教科文组织（UNESCO）现代遗产教席（UNESCO Chair on Modern Heritage）与以色列特拉维夫大学于 2013 年 10 月在上海共同成立了"中以城市创新中心"。从 2010 年开始，该中心曾先后五次举办"城市时代与城市变革"教研活动、学术展览和国际论坛，数十名中以双方师生以上海提篮桥前犹太难民区为题，探寻在保护历史遗产的基础上如何改善当地居民的生活条件。为进一步扩大中以文化交流，在以色列驻华大使和教育部、联合国教科文组织亚太地区世界遗产培训与研究中心的支持下，"中以城市创新中心"与同济大学出版社决定出版《以色列规划建筑译丛》，向中国的学者、学生和读者介绍以色列的历史发展和城市建设。

中国是亚洲文明的摇篮之一，与此相似，在约旦河与地中海之间以色列和巴勒斯坦地区的狭长土地上孕育出的文化同样久远而多元，并影响了近东和西方文明。尤其是最近一百多年来的变化，见证了以色列这个全新国家和现代社会的诞生和发展。中国和以色列的发展都体现出悠久历史、多元文化和地理环境的特色，也反映了 19 世纪中叶以来近现代建筑与规划思潮的影响。

《以色列规划建筑译丛》将以丰富的图纸、照片和文字向读者介绍以色列的城市、住区和建筑，尤其关注现代以色列城市的文化传承、人文宗教、土地使用、形态演变、居住模式和建筑美学，重点介绍以色列建筑设计和城市规划理念，诸如以色列和巴勒斯坦地区的历史、多元化的宗教（犹太教、基督教和伊斯兰教）、圣城耶路撒冷、加利利重镇拿撒勒（Nazareth）、耶稣诞生地伯利恒（Beit Lehem，或 Bethlehem）、罗马营寨城凯撒利亚（Caesarea）、贝特谢安（Beit Shean）、沙漠要塞马萨达（Masada）以及分布在威尼斯、华沙和上海等世界各地的犹太区（ghetto）。

继首卷《特拉维夫百年建城史：1908—2008 年》于 2014 年 5 月出版之后，感谢原作者丹·巴哈特（Dan Bahat）和原出版社的信任与授权，丛书第二卷《耶路撒冷建城史》终于付梓。该书基于海量的历史文献，尤其是大量翔实可考的考古资料，细述了不同历史时期中耶路撒冷城市建设和发展、变迁的过程，尽可能真实地向我们展示了圣城面貌的多样性和复杂性，不愧为城市建设史和城市考古学研究的典范。

值此之际，我们衷心感谢同济大学和特拉维夫大学自 2010 年起对中以教研合作的大力支持，尤其是吴志强、李振宇、周俭、肖达、约瑟夫·克拉夫特（Joseph Klafter）、阿龙·沙伊（Aron Shai）等教授的关心，夏南凯、牛新力（Eran Neuman）、莎莉·克劳兹（Sari Klaus）、马艾瑞（Ariel Margalith）、奥德纳（Oded Narkis）、支文军、江岱、武蔚等人的参与也至关重要。不可或缺的是包括以色列驻华大使马腾·维尔奈（Matan Vilnai）、以色列驻沪总领事馆的柏安伦（Arnon Perlman）、杰克·埃尔登（Jackie Eldan）诸位先生及其同事的支持，以及双方外事部门的重视；此外，上海同济城市规划设计研究院、同济大学出版社、云端城市规划（CUP）等都在这本书的出版上给予了全力协助，在此一并致谢！

王骏
中国 同济大学建筑与城市规划学院
上海 同济城市规划设计研究院

摩西·马格里特（Moshe Margalith）
以色列特拉维夫大学建筑系
联合国教科文组织（UNESCO）现代遗产教席

目录

* 章节由查姆·T. 鲁宾斯坦（Chaim.T.Rubinstein）编写

译者注：本书中有部分人名、地名因历史久远，演变复杂，以及希伯来语、阿拉伯语、英语等语言转换的问题，译文难以核实。为慎重起见，附图中部分名称保留原书中的英文拼写，不做中文翻译，请读者见谅。

献给我的导师麦克·阿维－约纳（Michael Avi-Yonah），他带我了解过去的耶路撒冷；
献给我的导师泰迪·科勒克（Teddy Kollek），他让我懂得现在的耶路撒冷。

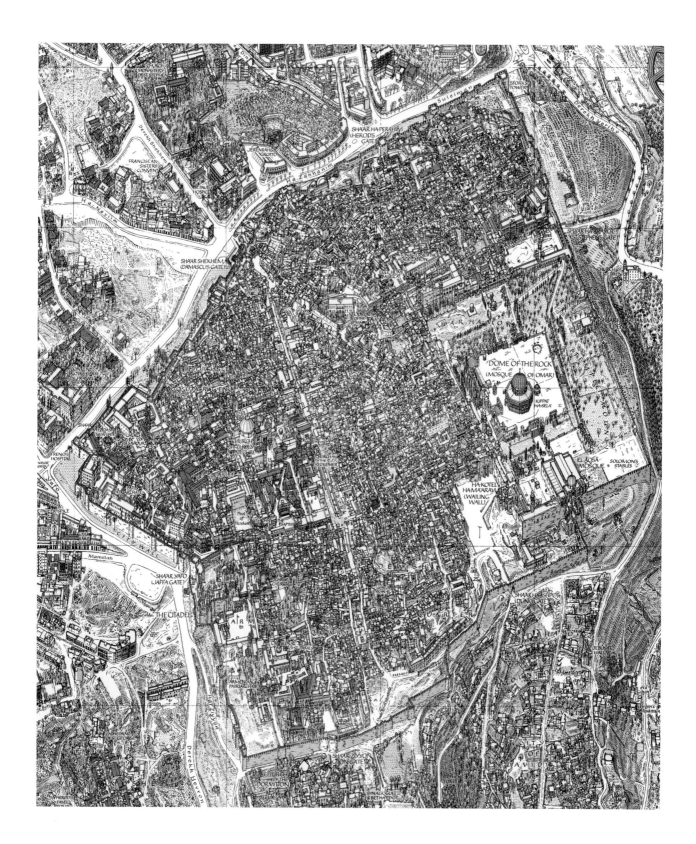

欣闻《耶路撒冷建城史》即将出版中译本，特此向中国同济大学的王骏和以色列特拉维夫大学的摩西·马格里特两位教授表示祝贺。拙作能入选《以色列规划建筑译丛》的第二本书，我深感荣幸。

作为一名考古学者，五十多年来我一直致力于研究这座圣城的地理、城市和历史变迁，这也是本书的基本脉理。希望这本书不仅能让中国读者了解这座西方文明摇篮之城的历史和变迁，更能帮助他们理解当今耶路撒冷所面临的现实境况与其所处的国际环境。

对耶路撒冷的科学研究始于 1838 年。令人尊敬的美国人爱德华·罗宾逊（Edward Robinson）避开了各种宗教传说的影响，逐一勘查考证各处遗址，他的勘测成果奠定了此后学者的研究基础。

由于缺少必要的科学鉴定手段，许多 19—20 世纪的考古成果都湮灭不存了；但它们并非毫无价值，包括朝圣者的笔记在内，这些历史记载和考古资料共同构成了长长的信息链，向我们展示了关于圣地人物与遗址的多样面貌，构成了当代耶路撒冷研究学的基础。

本书按照主要的历史年代进行编写，书中内容并未全部以图纸的形式进行展示，以免削弱读者对其整体面貌的理解和感受。

我希望中译本能够引发中国读者深入探究的兴趣，更多地去了解耶路撒冷的历史，尤其是它跌宕起伏的发展历程。只有如此，才能对当今瞬息万变的信息社会中的一些重大问题有更为全面的理解。

希望你们能喜欢本书的内容。

丹·巴哈特

2015 年 12 月

第一版前言

这本翔实的耶路撒冷建城史原本只是一本朴素的小册子，诞生于 1967 年战火纷飞的年代，此后又补充了大量新的研究成果，而且还在不断地完善之中。

一般认为，第二圣殿时期[1]的约瑟夫斯·弗拉维斯[2]开启了针对耶路撒冷的研究，主要是实地核证《圣经》提及的各处地点。中世纪[3]的朝圣者和当代游客一直追随着他的足迹。1838 年爱德华·罗宾逊（Edward Robinson）开始了严格意义上的耶路撒冷历史研究——以事实为据而不是以宗教为凭的研究方法由他而始。此后，以 1860 年费里琛·德·萨尔西（Felicien de Saulcy）为代表的学者借助史料和现场考古发现为上述研究提供了坚实的论证基础。

这些学者的早期目标只是复原第二圣殿时期耶路撒冷的原貌。渐渐地，耶路撒冷历史研究成为一门独立的学科，不再是宗教人士或历史学家的专宠。现在，学者们共同努力，重构耶路撒冷在不同历史时期的真实面貌，将其与历史文献进行核对，不再偏重国家利益和民族色彩。

历史上的耶路撒冷曾多次被毁和重建，人口流动很大，各种事件层出不穷，因此，决不能就事论事。19 世纪初的考古学家只凭借建筑材料去判定建筑年代，他们需要从头开始，深入探寻城市的本源。从 1860 年开始，查尔斯·沃伦[4]打下一个个勘探竖井，找寻埋藏在城市下面的那些纵横交错的河床。他的研究成果至今仍具价值，后来的研究者可以据此拨开人口变迁和城市发展的层层迷雾。实际上，耶路撒冷绝不是一座简单的建筑废墟，只要一层层掀开，就能复原各个历史时期的城市面貌。由于历史上人们总是聚居在山坡高处，修建新城时总要铲除老城，因此考古也只能去发现那些尚存的遗迹。比如，大卫城[5]最重要的考古发现就位于山坡而不是山顶上。正因如此，考古学家也就无法复原大卫王、所罗门王[6]或其他时期辉煌的城市景象。

早在 19 世纪 60 年代前后，人们已经知道圣殿山东南侧就是古时大卫城的所在，那里是城市发源地。1881 年起，德国学者赫尔曼·古特[7]在大卫城山上开始勘探；但陈旧的钻孔探测方法使他收获有限。1894—1897 年，弗雷德里克·布里斯[8]和阿奇贝尔德·迪奇[9]勘测了城墙突出部位，真实的城市结构开始明朗起来。到 1904 年，人们才逐渐确信：大卫城就位于东南部的山上；锡安山[10]就是第二圣殿时期的城市范围。从那以后，耶路撒冷的研究基础就更加扎实了。奥斯曼[11]统治晚期，雷蒙德·维尔[12]于 1913—1914 年间详细勘察了大卫城地区，并在第一次世界大战之后重续上述考古工作（1923—1924 年），由此开启的一系列考古活动持续至今。

此外，有些人虽非传统意义上的探险家，但他们所做的出色研究以及对耶路撒冷诸多变化的记述，这里有必要一提。查尔斯·威尔逊[13]于 1864 年首次来耶路撒冷，仅仅是为了绘制一幅城市地图，并同时考察其供水系统。他的行为引起世人对耶路撒冷广泛关注的同时，展现了未来考古的可能性。威尔逊的工作最终促使英国 - 巴勒斯坦考古基金会（British Palestine Exploration Fund）成立，并于 1867—1870 年间派查尔斯·沃伦前来勘察。与此同时，另外一名出色的学者受市政局邀请前来担任技术顾问，他就是埃默特·皮洛蒂（Ermete Pierotti）。他对城市历史有浓厚兴趣，于 1854—1866 年间的工作之余有许多重要发现。虽然他的一些猜想不被接受，但他的发现和详细记录成为许多后续研究、特别是那些因时光流逝而消失的遗址研究的基础。

威廉·蒂平（William Tipping）是一位极有胆识的访客，他于 1841 年成功进入那些不向公众开放的地点并把它们介绍给全世界。双重门（Double Gate）就是由他首次公开发布的。在他之前的 1834 年，弗雷德里克·卡瑟伍德[14]就已经记录并绘制过圣殿山。那时的圣殿山地区严禁欧洲人进入，他的多数观测竟然主要是依靠一副双筒望远镜。19 世纪 70 年代在法国领事馆工作的查尔斯·克勒蒙 - 戛涅[15]把耶路撒冷研究提升到了新的高度，他用自己出色的辨察力证明完全可以脱离历史背景去找寻新的考古发现。他最著名的成就就是识破改变节犹太人沙皮拉[16]的仿品以及发现摩押石[17]，还用这种方法研究了中世纪城市历史等诸多方面。还有福格[18]，虽然并未真正参与过考古，但他在 1853 年旅行期间收集了大量资料，据此所写的三本书至今仍十分有益。其中《圣地的教堂》（The Churches of the Holy Land）是他的第一本书，也是对巴勒斯坦地区，特别是耶路撒冷教堂的首次记录，不啻一座十字军时期[19]耶路撒冷的历史资料宝库。《耶路撒冷圣殿》（The Temple of Jerusalem）是他关于圣殿山的另一本著作，记载了建造圆顶清真寺（Dome of the Rock）的重要史料。

这类探险家的另一个代表是瑞士物理学家提图斯·托布勒（Titus Tobler），他最为著名的发现就是威尔逊拱桥（Wilson's Arch）[20]，所著《耶路撒冷及其周边》（Jerusalem and Its Environs）实为奠基之作。

也不能忘记康拉德·辛克[21]，他从1846年10月抵达耶路撒冷后就再也没有离开，直至1901年去世，始终伴随着这座城市的发展脚步。他具有高超的测绘技术、艺术功底和文字能力，不仅能把那时尚存的许多建筑遗址绘制下来，还附上了丰富生动的描述。此外，他还发表了大量论文和关于圣殿山的专著。第二圣殿被毁之后的耶路撒冷研究者都不得不参考他的著作，甚至是他那些没有发表的著述。

从20世纪起，耶路撒冷的研究中引入了现代科学方法，很少再有独立、激进、全凭偶然发现的个人考古行为，更多是由科学机构或政府派出的、运用系统方法的、有组织的考古团队。

耶路撒冷研究近年来发生了一些明显变化。直到30年前，大部分研究者还主要聚焦在第二圣殿时期，仅稍许涉足第一圣殿时期[22]。现在，拜占庭[23]、早期穆斯林、十字军、马穆鲁克[24]和奥斯曼等之后的时期引起了许多学者和学生的关注。最近的研究又转为关注保护和修复古迹，让年轻的一代人对历史也能有直观的印象。

耶路撒冷历史丰富，史料浩瀚，无论多么厚重的图书都无法装下所有的信息。本书希望可以把城市的主要变化和历史事件以测绘图纸和图片的形式呈现出来，这是主要目的。我们尽量用直观的方式来表述耶路撒冷纷繁复杂的历史图景，同时兼顾通俗易懂。尽管没有使用繁复的学术语言，但我们相信，本书依然严谨且准确。

本书的完成离不开许多人的帮助，我在此真诚致谢。首先是鲁宾斯坦（Chaim T. Rubinstein），他撰写了首版的最后一章并附图，丰富了本书的近代历史部分，也要感谢凯特克（Shlomo Ketko）把本书翻译成希伯来语版本。整个过程中卡塔出版社（Carta）的员工一直都给予极大的支持：考克斯（Jack Corcos）做了图书设计、仔细审阅了希伯来语原稿、增加了插图使文字更易理解；波尔（Barbara Ball）承担了英译本的全部工作；瓦伦西（Joseph Valency）和施玛雅（Amnon Shmaya）绘制了大部分插图和地图；理梅耶（Leen Ritmeyer）和库恩（Shlomo Cohen）负责重编资料。特别要感谢卡塔出版社的负责人埃曼纽尔（Messrs Emanuel）和豪思曼（Shay Hausman），他们总是耐心满足我的各种要求，把许多新鲜材料补充到这本并非纯学术性的图集里面。还要感谢耶路撒冷的宗教机构，他们总是在最需要的时候支持我们的工作。最后，真诚感谢我最尊敬的导师、已故的本雅明·马扎尔[25]教授和纳曼·阿维迦德[26]教授，他们无私地把自己最新的考古成果加入到拙作中来。此外还要感谢那些在此没有提及的人们，他们一直在默默地支持我。很荣幸能有机会出版这本书，希望读者会觉得它有用。如有错漏，欢迎指出，并致歉意。

丹·巴哈特（Dan Bahat）

译者注

1. 第二圣殿（the Second Temple），兴建于公元前 537 年，完成于公元前 516 年，公元 70 年被罗马人摧毁。第二圣殿时期的时间跨度一般指公元前 538 年—公元 70 年。

2. Josephus Flavius，公元 37 年—100 年，犹太历史学家。

3. Middle Ages，或 Medieval Ages、Dark Ages，指西罗马帝国灭亡到东罗马帝国灭亡、即公元 476—1453 年的这段时期。

4. Sir Charles Warren，1840—1927 年，19 世纪最早参与勘测耶路撒冷圣地的欧洲考古学家之一、英国军官、爵士。

5. City of David，在《旧约》里是指大卫从耶布斯人手里夺取的部分耶路撒冷城，在《新约》里是指耶稣诞生的伯利恒城，也就是大卫童年时的家，此处为前者。

6. King Solomon，以色列国王、大卫之子，公元前 970—前 931 年。

7. Hermann Guthe，1849—1936 年，德国闪米特学者，1881—1894 年间游历巴勒斯坦地区并对此有多部著述。

8. Frederick Bliss，即 Frederick Jones Bliss，1859—1937 年，美国考古学家。

9. Archibald Dickie，1845—1920 年。

10. Mount Zion，耶路撒冷老城城墙外的小山。锡安的希伯来语本义为堡垒，指耶布斯人在耶路撒冷山上所建的堡垒，后泛指耶路撒冷甚至巴勒斯坦地区犹太人的传统家园。

11. Ottoman Empire，也称"奥斯曼土耳其帝国"，土耳其人于 1299—1922 年间所建立的大帝国，一度征服统治巴勒斯坦地区。

12. Raymond Weill，1874—1950 年，法国籍犹太裔考古学家，曾两度受罗斯柴尔德家族委派到耶路撒冷考古。

13. Charles Wilson，即 Charles William Wilson，1836—1905 年，英国探险家和军事测绘师。

14. Frederick Catherwood，英国艺术家和建筑师，因其精心绘制的玛雅文明遗迹为世人所知。

15. Charles Clermont-Ganneau，1846—1923 年，法国著名的东方学专家和考古学家。

16. Shapira，即 Moses Wilhelm Shapira，1830 年出生于波兰的犹太股东经营商，1856 年到耶路撒冷，途中在布加勒斯特皈依基督教并申请加入德国国籍。因伪造《圣经》物品出名，并因此于 1884 年自杀。

17. Mesha Stele，摩押国王米沙于公元前 840 年所立刻字石碑，最早于约旦境内被发现，现存于卢浮宫博物馆。

18. Marquis Melchior de Vogue，原文如此，疑为 Charles-Jean-Melchior de Vogue。

19. the Crusader Period，十字军东征也被称作"十字架反对弓月"的战争，伊斯兰世界称之为"法兰克人入侵"，是 1096—1291 年间一系列在罗马天主教皇准许下，由西欧封建领主和骑士对地中海东岸异教徒国家发动的宗教战争，持续近 200 年。最初目的是收复被穆斯林统治的圣地耶路撒冷，后来也针对"基督教异端"、其他异教徒和其他天主教会及封建领主。

20. 该拱桥由托布勒于 1845 年率先发现并记录，以 1864 年该拱桥的测绘者、英国探险家和军事测绘师查尔斯·威尔逊的名字命名。

21. Conrad Schick，1822—1901 年，19 世纪中叶定居耶路撒冷的德国建筑师、考古学家和传教士。

22. the First Temple Period，所罗门所建圣殿被称为"第一圣殿"，公元前 586 年圣殿被毁，大量犹太精英被掳至埃及，犹太历史上的第一圣殿时期结束。2013 年初以色列文物局宣称首次在耶路撒冷附近发现《旧约》时期的犹太王国文物，从而证实第一圣殿的存在。

23. Byzantine Period，即近古至中世纪的东罗马帝国时期，约公元 395—1453 年。极盛时的领土包括意大利、叙利亚、巴勒斯坦、埃及、高加索和北非的地中海沿岸，是古代和中世纪欧洲最悠久的君主制国家。

24. Mamluk，原意是"奴隶，或奴隶出身的人"，是构成穆斯林军队的主要组成部分。1249 年起建立马穆鲁克王朝，统治埃及和叙利亚长达两个半世纪。

25. Benjamin Mazar，1906—1995 年，原名 Binyamin Zeev Maiser，以色列杰出历史学家，被誉为《圣经》考古学之父，1952 年起曾担任希伯来大学校长。

26. Nahman Avigad，1905—1992 年，出生于奥地利的以色列资深考古学者、希伯来大学教授，著有《发现耶路撒冷》（1983 年）。

第三版前言

译者注

1. Ronny Reich，以色列考古学家和耶路撒冷古遗迹学者。

2. Eli Shukron，以色列考古学家，发现了第二圣殿时期耶路撒冷的几处重要遗迹。

埃里克·梅耶斯（Eric Meyers）教授为第一版英文版作了介绍，称其为"关于耶路撒冷的第一本真实图集"。二十多年过去了，本书依然是历史图集研究和全球许多大学的必读书目。这些都增加了我们继续完善本书的迫切感。

希伯来语《耶路撒冷建城史》初版完成于 1989 年。从公元前 4 世纪到当代，本书追溯了这座城市动荡纷扰的每一个历史篇章，重点突出了那些奇妙的考古发现，主要的历史时期都有细致的描写。

初版之时，主要篇章"统一的耶路撒冷：1967 年起"的分量很重。二十多年后的今天，本书的新篇章更多关注城市规划而不是考古，这或许超出了我们的本意。按此逻辑，在耶路撒冷圣城三千年诞辰的第二个十年，我们特别增补了一幅颇为实用的耶路撒冷老城地图，如实反映了城市现状。是的，这是耶路撒冷的传奇市长科勒克（Teddy Kollek）先生的主意。

此特别版本与十五年前并无重大区别。相比之下，本版突出展示了近二十年来的考古发现，进一步丰富了我们对这座城市的了解和理解。增补了最新和最权威的考古资料后，本书更易阅读，也更容易让我们感知这座人类历史上屡经战火洗礼的城市。

所有这些都离不开马扎尔（Eilat Mazar）、赖希[1]和舒克伦[2]等朋友和同事们的无私帮助，他们把自己的时间，甚至把自己尚未发表的资料慷慨地奉献给本书。没有他们就没有现在的版本。

我们竭尽全力，力求展示这座历史悠久且最富争议的城市的全貌。出版社和作者都希望，对专家学者、学生、门外汉以及那些充满圣城情结的人来说，本书都能有所裨益。

丹·巴哈特（Dan Bahat）

第一版简介

　　《耶路撒冷建城史》的出版真是一件喜事。自从大卫王三千年前将它打造成古代以色列的都城以来，人们刚刚开始窥见它真正的风采。耶路撒冷横跨朱迪亚（Judean）大沙漠，无论对敌人还是信徒来说，前往圣城的道路均非坦途。历史学家约瑟夫斯认为西山地区就是大卫城（City of David）所在地并称之为"要塞"（Stronghold），也就是耶稣时期的上城区（Upper City，《犹太战纪》The Jewish War 5,4,1）。无论是老城西门（即雅法门）旁边的大卫塔还是伊斯兰教众的大卫壁龛（Islamic Prayer Niche of David），都承载了太多关于大卫王时期的记忆。实际上，下城（Lower City）东侧更远处的一座小山，也就是约瑟夫斯称作"野蔷薇"（hog's back）的地方，才是现今被考古证实了的大卫城所在地。

　　这就是圣城的魅力。"人之美酒，我之毒药"，每个人对圣地[1]的理解都不一样。普遍认为，大卫城位于现今的老城城墙之外；但是那里的墓地触动了极端宗教主义者敏感的神经，他们不遗余力地阻挠大卫城的科学考古活动。名称不断变换，史实渐次明朗，人们也越发感受到传统与信仰的分量。哪怕一砖一瓦，无不牵动着耶路撒冷的历史。例如，1989年夏天修建雅法门外的道路时发现了一段中世纪的街道，由此揭示了耶路撒冷历史上极为重要的若干史实，因此也被迫将最繁忙的城市干道改线绕行。

　　大卫王建都之前，耶路撒冷早已矗立于此。本书重点关注的是公元前1000年到现在，正是在此期间，耶路撒冷逐步走向辉煌。公元前638年至1917年，穆斯林一直统治该城。耶路撒冷在世界宗教历史上占有如此重要的地位，它是上帝显圣于弥赛亚之地；它是耶稣复活之所；它还是亚伯拉罕差一点儿献祭以撒的地方（现在的圆顶清真寺就是纪念后者的，也被视作穆罕默德飞升或升霄之处）。先知撒迦利亚[2]曾说，最终"必有列邦的人和强国的民，来到耶路撒冷寻求万军之耶和华，恳求耶和华的恩"（《撒迦利亚书》8:22），无论何种语言和文化背景。这正是这座城市的感染力所在——它是所有人的城；它是每个人的家；东方与西方在此交汇；犹太人、基督徒和穆斯林于斯共融。任何人只要曾经此地便永世难忘，"耶路撒冷啊，我若忘记你，就让我的右手不再灵巧……让我的舌头粘住上颚"（《诗篇》Psalms, 137:5-6）。

　　卡塔出版社于1989年出版丹·巴哈特《耶路撒冷建城史》的希伯来语版本。巴哈特自己就是耶路撒冷人，也是专业的考古学者。他的目光敏锐而深邃，把耶路撒冷的每个角落都展示得淋漓尽致，带领读者遍览城市历史上的每一个文化篇章。这本书展示了耶路撒冷的历史全貌，弥足珍贵。本书的特别之处还在于：第一次在英译版里添加了插图、各种平面图、线描图和轴测复原图。巴哈特与卡塔出版社绘图部门紧密合作，他们的成果精美、严密。许多插图与阿维迦德、伊戈尔·西罗（Yigal

译者注

1. Holy Land，犹太人心目中的圣地一般指《圣经》中上帝许给犹太人的地方，泛指现以色列周边地区，有时也特指圣城耶路撒冷。包括阿拉伯人和西方基督徒在内的其他民族也将耶路撒冷作为自己心目中的圣地之一，对此圣地的界定、范围、地位和意义的理解都有所不同，甚至有争议。

2. Zechariah，撒迦利亚是《旧约圣经》中的人物，犹大王国的先知。

3. 比例为1:50的大型石质模型，大小约有2000平方米，原来摆放在圣地宾馆（Holyland Hotel），后于2006年6月重新安放到以色列博物馆。

Shiloh) 和马扎尔等人的考古成果相一致, 说明文字也简明易读。对缺少考古资料的近代时期, 作者还借用 19 世纪的老地图和绘画进行补充。

英译版本与希伯来语版本有很多重要的差别。首先是增加了全新的 "耶稣时期的耶路撒冷" 章节; 另外还附有一份简要的耶路撒冷参考书目。本书超越了一般的政治视角, 让普通人也能了解耶路撒冷各个重要的历史时期。对那些已经到过和即将踏上圣城土地的人来说, 就好像是攀登圣山的呼唤:

> 人们对我说: "我们往耶和华的殿去", 我很欢喜。
> 耶路撒冷啊, 我们的脚站在你的门内。
> 耶路撒冷作为紧密组合的一座城池被建造起来。
> 众支派, 就是耶和华的支派, 上那里去,
> 按以色列的惯例赞美耶和华的名。
> 因为在那里设立审判的宝座, 就是大卫家的宝座。
> 你们要为耶路撒冷祈求平安。耶路撒冷啊, 爱你的人必然兴旺。
> 愿你城池中平安, 愿你宫殿内兴旺!
> 为了我弟兄和同伴的命运, 我要说: "愿平安在你中间!"
> 因耶和华我们神殿的缘故, 我要为你求福。
>
> 大卫上行之诗 (Psalm 122)

作者的奉献精神也值得一提。这本书特别要献给巴哈特的导师、已故的麦克·阿维 - 约纳教授。他是以色列研究古代近东地区最知名的历史和考古学家, 多年来一直参与指导制作第二圣殿时期的耶路撒冷模型[3]。本书也献给长期担任市长的泰迪·科勒克先生, 自从 1967 年统一之后, 他一直致力于耶路撒冷人民的安定团结。本书是至今为止最为权威的耶路撒冷建城历史图集, 最宜作为对他们两位的缅怀。对所有热爱城市历史遗产的人来说, 本书让我们更加珍视这一段传奇历史, 并为我们的子孙留下充满希望的未来。

埃里克·M. 梅耶斯 (Eric M. Meyers)
北卡罗来纳州 (North Carolina), 杜罕 (Durham), 杜克大学 (Duke University)

地貌

耶路撒冷地处朱迪亚山区，位于西部低地和东部沙漠之间的丘陵高地上。古时候，在山丘上筑城有很多地势上的好处，周边的山谷溪流和峰岭都是天然的防御屏障，同城墙一样起到保护作用。因此，虽然历经千百年的变迁，但耶路撒冷的城区范围、城市边界和发展方向从一开始就注定了。

耶路撒冷始建于山顶，也就是大卫城所在的地方，此后城市向北发展，把圣殿山包进来。随着时间流逝，耶路撒冷逐步向锡安山、西侧和北侧的山丘等方向扩张。这些山岭都处在汲沦谷[1]沉积盆地内，阿拉伯语称为恩纳尔谷（Wadi en-Nar）。事实上，汲沦谷里的溪流深深地影响了城市的形成。

汲沦河发源于老城北部的一处宽阔山谷，靠近现在的百门村[2]。山谷的名字"义人西蒙"（Simon the Just）源自十字军时期，那之前它叫"约沙法"[3]谷，它的希伯来语名字 Nahal Egoz 其实是阿拉伯名称 Wadi el-Joz（即胡桃谷）的讹传。山谷在这里转向东去，然后向南，沿着山岭把城市与斯科普斯山[4]、橄榄山[5]分隔开来，沿线还有此地唯一的基训泉[6]。耶路撒冷老城就建在汲沦谷的西坡高处，东边有汲沦谷保护、西边和南边有推罗坡谷[7]环绕，脚下还有甘冽的基训泉水。这些得天独厚的优势或许就是耶路撒冷历经磨难、屹立千年的原因。作为城市东侧的天然屏障，汲沦谷在第二圣殿时期还相当于城市的北城壕，第三城墙（Third Wall）就建在它附近的义人西

从南边鸟瞰耶路撒冷老城及其周边（1997年），近处的两座山丘清晰可见，一座是圣殿山南边的大卫城山，另一座是锡安山及其余脉。还能看到构成圣殿山西界的推罗坡谷（即中央山谷）和大卫城东侧的汲沦谷。

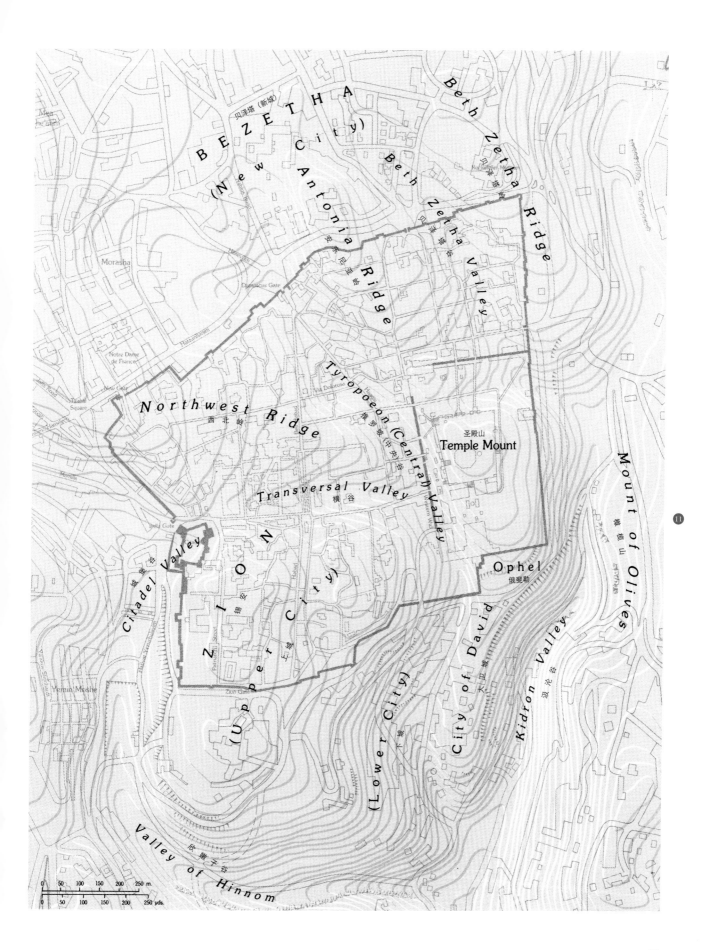

BEZETHA
贝泽塔 (新城)
(New City)

Beth Zetha Ridge

Beth Zetha Valley

Antonia Ridge
安东尼亚岭

Morasha

Damascus Gate

Notre Dame
de France

New Gate

Northwest Ridge
西北岭

Tyropoeon (Central) Valley
推罗蓬 (中央) 谷

Temple Mount
圣殿山

Via Dolorosa

Transversal Valley
横谷

Mount of Olives
橄榄山

Ophel
俄斐勒

Citadel Valley
城堡谷

ZION

(Upper City)
上城

(Lower City)
下城

City of David
大卫城

Kidron Valley
汲沦谷

Yemin Moshe

Zion Gate

Valley of Hinnom
欣嫩子谷

0   50   100 150 200 250 m.

0   50   100 150 200 250 yds.

⑪

蒙谷旁边。汲沦谷绕过耶路撒冷，最终流入死海（Dead Sea）。

耶路撒冷发源地大卫城旁边，山坡以南就是汲沦谷的支脉欣嫩子谷[8]。它发源于耶路撒冷西边的分水岭，即现在的法兰西广场（France Square）附近，向东转向直到雅法门，然后向南绕过锡安山，最后向东消失。直到1860年，欣嫩子谷都是耶路撒冷南部和东南部边界，老城外面的和平村[9]那时候刚刚落成，是耶路撒冷在欣嫩子谷西南的第一个住区。

推罗坡谷从老城正中穿过。推罗坡这个名字仅能从约瑟夫斯的记载（《犹太战纪》，5,4,1）[10]中找到，约瑟夫斯显然并未音译，而是把原来的名字改得简单了，推罗坡（意思是"做奶酪的人"）对他的非犹太读者来说比较好懂、好记。原来的名字，连同它在《圣经》中的"山谷"（希伯来语 gai）本义（《尼希米记》[11]2：15）反而遗失了。本书以下均称之为"推罗坡谷"。

推罗坡谷把城市分成了东西两个部分。它从现在城北的穆撒拉社区[12]开始，穿过大马士革门[13]，沿着哈盖大街[14]从北往南把老城一分为二，之后再穿过粪厂门[15]东侧，在西罗亚池[16]附近进入基训谷北段与欣嫩子谷的汇合处。山谷环绕着大卫城的西侧，上面是圣殿山的西墙[17]和安东尼亚堡垒[18]的西墙。对早期的耶路撒冷来说，推罗坡谷就是它西侧的一道天然屏障。后来，当城市确实需要向西扩张的时候，就修了一座桥横跨山谷的两岸。渐渐地，横跨山谷的拱桥多了起来，其中最晚的一座"威尔

⑫

逊拱桥"（Wilson's Arch）建造于倭玛亚时期[19]，至今尚存。

与基训谷相连的山谷中，最北面的一条是贝泽塔谷（Beth Zetha Valley，或圣安妮谷）。它发源于现在的亚美利加移民区（American Colony）附近，由洛克菲勒博物馆[20]西侧进入老城，穿过穆斯林区[21]后在圣殿山东北角下面进入基训谷。此前，它还与穿过圣殿山北部的一条小山谷交汇。从所罗门时期开始，贝泽塔谷一直是圣殿山和整个老城的北部边界；到公元41—44年希律王阿古利巴一世[22]统治时期，第三城墙穿越山谷而建。贝泽塔谷虽不算大，但能汇集大量雨水。这里有不少重要的城市水源地，比较知名的有羊池[23]和以色列池（Pool of Israel，阿拉伯语为 Birket Isra'in 或 Isra'il）。

老城西部被横谷（Transversal Valley）一分为二，它是唯一东西走向的山谷，也因此得名。它从城堡[24]附近开始，一直到推罗坡谷结束，靠近西墙广场[25]。作为横谷起点的分水岭就在雅法门以内，这里也是城堡谷（Citadel Valley）的起点。城堡谷短而深，最终汇入欣嫩子谷。第二圣殿时期这两条山谷界定了上城区（Upper City）的北缘，第一城墙（First Wall）就沿着山谷而建，犹大[26]君主国最后一个世纪的北城墙可能也建在这里。分水岭上的山谷起点是城防的薄弱之处，于是希律王就在此处修建了三座塔楼以加强防御，并亲自命名为"希皮库斯塔楼""米利暗塔楼"和"法撒勒塔楼"[27]。顺着现在犹太区[28]的犹太人大街（Street of the Jews）有一片南北方向的洼地，一直通往横谷，第一圣殿时期结束

1917 年 11 月 23 日拍摄的耶路撒冷航空照片，它是第一次世界大战期间德国空军拍摄的系列照片中的一张，拍摄时距英军进占此城不到一个月。

前一直制约着城市向西扩张。

上述山谷现在并不是都能看到，几个世纪以来，一些山谷已经被陆续垫高或填平。无论如何，通过在多个测点上钻孔勘探，依然能够找出这些河谷过去的准确位置。

了解古耶路撒冷的山谷地形有助于我们理顺城市历史的一些基本脉络。圣殿山和上城区得益于四周的天然屏障，而城市西北方向的西北岭（Northwest Ridge）、安东尼亚岭（Antonia Ridge）和贝泽塔岭（Beth Zetha Ridge）的高度都不足以抵御来自北方的攻击。中世纪时（具体时间不详，但显然是 1033 年大地震之后）曾采用挖掘城壕的方法来加强此处的薄弱防御能力，其中的一段保留至今，就在北城墙从扎哈广场[29] 通往洛克菲勒博物馆的道路两侧。按照约瑟夫斯的记载，第三城墙环绕着被称为新区[30]的城北地区。此外他还指出，当时在贝泽塔岭与安东尼亚堡垒之间还有一道壕沟（《犹太战纪》5,238—247），这条壕沟现已发现，就在穆斯林区的锡安姊妹修女院（Sisters of Zion Convent）以西。不管怎么说，"贝泽塔"（Bezetha）

这个名字在当时似乎也泛指现在老城城墙以北的整个区域和周边的山岭，这样就能弄清楚安东尼亚以东的山谷和山谷的东岭为什么都叫"贝泽塔"，与约瑟夫斯的说法也能吻合起来（《犹太战纪》5,247）。

了解了这些背景信息，我们就能更好地理解耶路撒冷是如何建起来，以及它在不同的历史阶段是如何变化发展的。

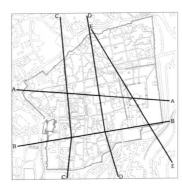

城市剖面图显示了周边地形是如何影响城市发展的，山岭和谷地决定了城市在不同时期的发展方向。

⑬

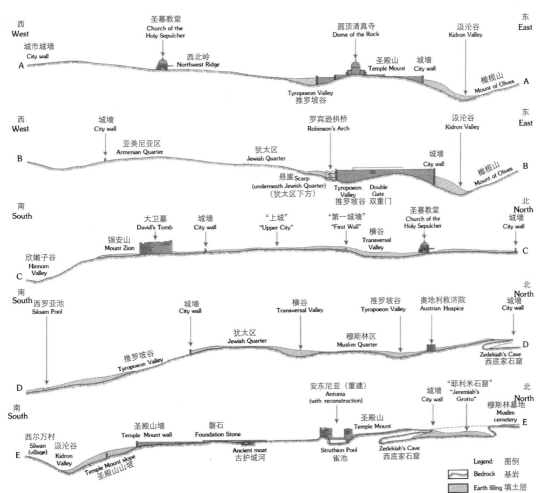

译者注

1. Kidron Valley，或 Qidron Valley、Cedron，位于耶路撒冷老城以东、圣殿山与橄榄山之间。

2. Mea She'arim，耶路撒冷最古老的犹太住区之一，现以极端正统派犹太居民为主。

3. Jehoshaphat，源自公元前 9 世纪犹太国王的名字，十字军时期更名为"义人西蒙"，也是《圣经》中所说的最后审判之地。

4. Mount Scopus，耶路撒冷东北部海拔 826 米的一座山，第一次中东战争（也称"独立战争"）后成为受联合国保护的犹太飞地，四周被约旦控制的防区包围，直到 1967 年"六日战争"之后才与以色列所控制的其他土地相接。

5. Mount of Olives，耶路撒冷老城东侧的一座山，也是传说中耶稣升天的地方。

6. Gihon Spring，间歇温泉，也是古耶路撒冷城的主要生活水源。

7. Tyropoeon Valley，耶路撒冷老城的一条河谷，由历史学家约瑟夫斯命名，位于摩利亚山和锡安山之间，最后并流入欣嫩子谷。

8. Valley of Hinnom，或 Gehenna，位于耶路撒冷老城西南的一处谷地，起自雅法门外，"欣嫩"原意是"异教徒献祭活人的地方"。

9. Mishkenot Sha'ananim，希伯来语意为"和平的住区"，位于锡安山正对面的小山上，是第一个建在耶路撒冷老城以外的犹太社区，被称作"新伊休夫"，即犹太人社区组织机构。

10. *The Jewish War*，公元 1 世纪的罗马犹太历史学家约瑟夫斯所著，记叙了从公元前 164 年塞琉古的统治者安条克四世占领耶路撒冷，到最后西卡里（犹太教的一个激进组织）消亡的历史故事。

11. *Nehemiah*，主要介绍尼希米重建耶路撒冷和净化犹太社区的故事。

12. Morasha，或 Musrara，耶路撒冷的一个犹太社区，其东南为老城，西侧是俄罗斯大院。

13. Damascus Gate，又称"示剑门"或"纳布卢斯门"，耶路撒冷老城的主要城门之一，向北可通往叙利亚首都大马士革。一般认为，现存城门由奥斯曼帝国的苏莱曼大帝修建于 1542 年。

14. Haggai Street，阿拉伯语 el-Wad，即山谷大街。

15. Dung Gate，耶路撒冷老城的七座城门之一，因古时运送粪便出城而得名，位于南城墙的东段。

16. Siloam Pool，或 Shiloach，本义为"输送"，大卫城南坡的一个石砌水池，通过两条水渠引入基训泉水。该池与耶稣的事迹相关，犹太人在耶稣之后继续用这个池子净身，直到罗马人在公元 70 年摧毁犹太圣殿。

17. Western Wall，也称"哭墙"（Wailing Wall），古犹太国第二圣殿仅存的一段护墙，长约 50 米、高约 18 米，由大石砌成，位于耶路撒冷老城。犹太教把该墙看作是第一圣地，教徒至该墙按例须哀哭，以示哀悼并期待恢复圣殿。

18. Antonia fortress，约公元前 19 世纪希律大帝在耶路撒冷的一个军营，建于早期托勒密和哈斯蒙尼堡垒上，以希律王的守护神、罗马将军安东尼的名字命名。

19. Umayyad Period，也称"伍麦叶王朝"或"奥美亚王朝"，公元 661—750 年，前叙利亚总督穆阿维叶创建，是阿拉伯伊斯兰帝国的第一个世袭制王朝，也是穆斯林历史上最强盛的王朝之一。

20. Rockefeller Museum，位于耶路撒冷东部，藏有大量 20 世纪 20—30 年代巴勒斯坦地区的出土文物，由以色列博物馆管理。

21. Muslim Quarter，耶路撒冷老城分为圣殿山地区和此外的四个区，基督徒区位于西北，亚美尼亚区位于西南，犹太区位于东南，穆斯林区面积最大，位于东北部。

22. Agrippa I，公元前 11 年—公元 44 年，犹大国王，希律王之孙。希律是罗马帝国在犹太行省耶路撒冷的代理王，公元前 40 年—公元 4 年统治加利利和犹太。

23. Sheep's Pool，或称"贝塞斯达池"（Bethesda），位于耶路撒冷穆斯林区，因靠近羊门而得名，《约翰福音》5 章 2 节原义为"橄榄之家"，周围曾有 5 条大型拱顶柱廊环绕，传说有治愈病患的神效。学界对该池的名称和位置有不同看法。

24. Citadel，位于耶路撒冷老城雅法门附近的一座古代堡垒，最初为加固城防而建，也称"大卫塔"。

25. Western Wall Plaza，位于耶路撒冷老城中心，西墙（也称"哭墙"）前面的广场。

26. Judea，也译作"朱迪亚"或"犹地亚"，有 Yehuda 或 Yahudia 等多种不同语种的名称和界定，一般指古以色列南部山地地区，泛指犹太人心目中的祖国。出卖耶稣的犹大一般写作 Judas，与此不同。

27. Hippicus、Mariamme、Phasael 这三座塔的名字分别来自希律王的朋友和将军希皮库斯、第二任妻子米利暗和他自杀了的哥哥法撒勒。

28. Jewish Quarter，耶路撒冷老城的四个区之一，位于老城东南部。

29. 即纪念第一次世界大战期间占领巴勒斯坦地区的英国陆军上将艾伦比的广场（Allenby Square），也称"以色列国防军广场"（IDF Square）。

30. "新区"（Bezetha）专指位于第二城墙以外、第三城墙以内的区域。

耶路撒冷考古研究

圣殿山上的双重门（Double Gate）是探险家蒂平（Tipping）于1841年发现的。圣殿山是19世纪耶路撒冷考古研究的重点，尽管土耳其当局明令禁止此类参观，一些欧洲探险家和游客还是成功进入了圣殿山地区，并公开了他们的发现。早在1807年，一名欧洲游客就已成功进入圣殿山并发表了他的记述。弗雷德里克·卡瑟伍德随后来到这里，他也是19世纪初期最有名的圣殿山研究者。1833年卡瑟伍德第一次登上圣殿山并绘制发表了一幅详细的圣殿山平面图，那时候耶路撒冷还在埃及的统治之下，允许外国人进入。随着奥斯曼帝国重新统治耶路撒冷，圣殿山的大门便对外国人关上了。由于担心被抓，蒂平的现场图纸画得颇为潦草，但无论如何，他是第一个进入双重门的欧洲人。

这些插图选自埃默特·皮洛蒂（Ermete Pierotti）的作品，他试着根据建造风格和石料切割方式来判断耶路撒冷古建筑遗迹的建造年代：图1所示是皮洛蒂认为的所罗门时期的墙面风格；图2是先知尼希米[1]时期的重建墙面；图3是希律王（Herodian）时期的墙面；图4是苏莱曼大帝[2]时期的墙面。

皮洛蒂[3]对古建筑遗迹年代的界定缺乏科学依据，很多学者对他的方法都持保留意见。除了在极为特殊的情况下，不太可能用这种方法来界定耶路撒冷石料的年代。这座城市曾被许多征服者统治过，每个时期都会把前朝的石头再次拿去建造，如果用开采和切割石料的方式作为确定建造时间的依据，不可避免会造成很多错误。

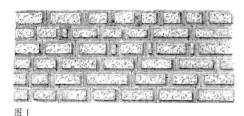

图1

图3

图2

图4

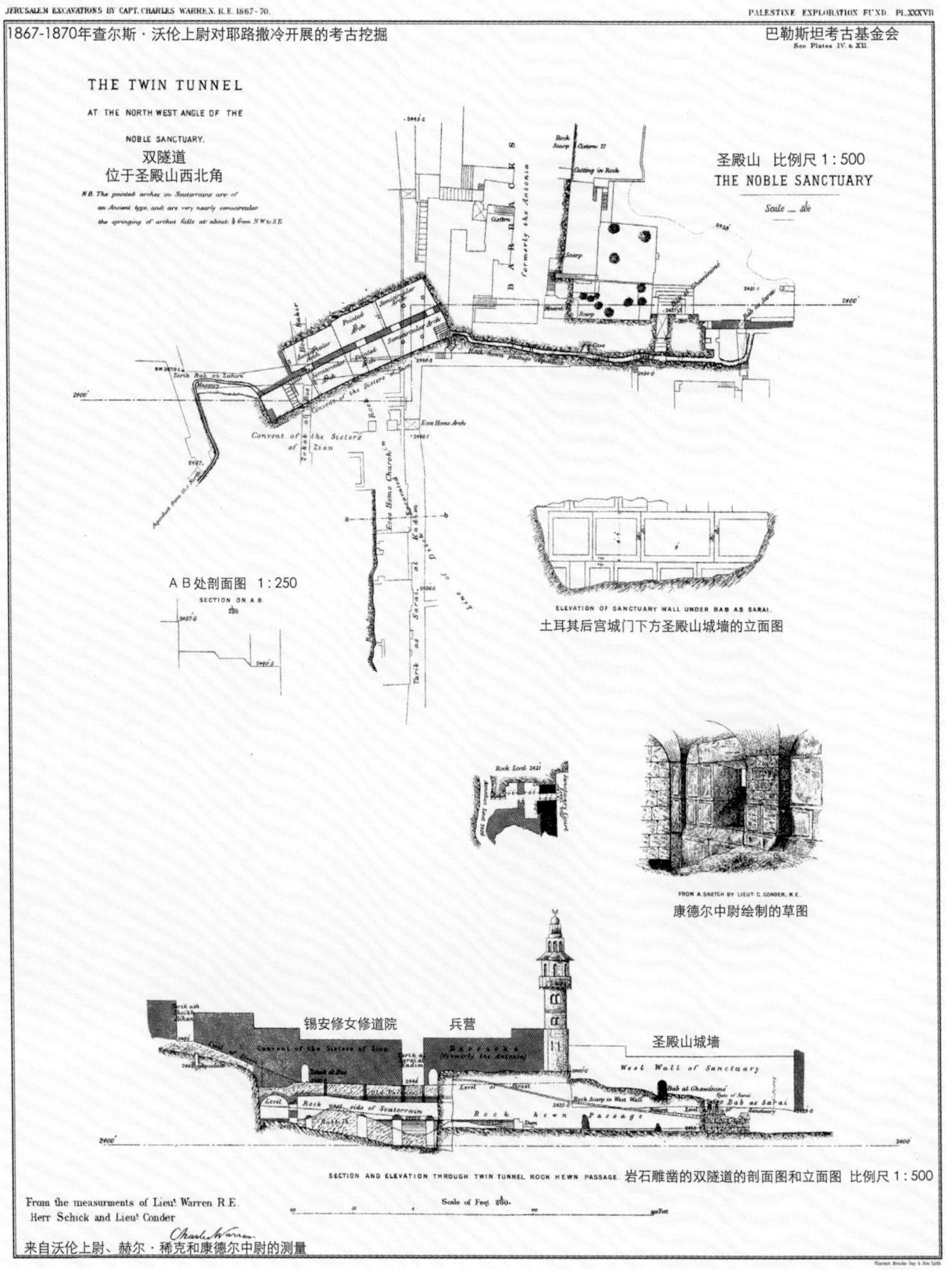
JERUSALEM EXCAVATIONS BY CAPT. CHARLES WARREN, R.E. 1867-70.
1867-1870年查尔斯・沃伦上尉对耶路撒冷开展的考古挖掘
PALESTINE EXPLORATION FUND. PL.XXXVII
巴勒斯坦考古基金会
See Plates IV. & XII.
THE TWIN TUNNEL
AT THE NORTH WEST ANGLE OF THE
NOBLE SANCTUARY.
双隧道
位于圣殿山西北角
圣殿山 比例尺1:500
THE NOBLE SANCTUARY
Convent of the Sisters of Zion
AB处剖面图 1:250
SECTION ON A B
ELEVATION OF SANCTUARY WALL UNDER BAB AS SARAI.
土耳其后宫城门下方圣殿山城墙的立面图
FROM A SKETCH BY LIEUT. C. CONDER, R.E.
康德尔中尉绘制的草图
锡安修女修道院
兵营
圣殿山城墙
West Wall of Sanctuary
SECTION AND ELEVATION THROUGH TWIN TUNNEL ROCK HEWN PASSAGE.
岩石雕凿的双隧道的剖面图和立面图 比例尺1:500
From the measurments of Lieut. Warren R.E.
Herr Schick and Lieut. Conder
Charles Warren
来自沃伦上尉、赫尔・稀克和康德尔中尉的测量

15

1884 年出版的沃伦地图集的第三十七张图，生动地描述了 19 世纪末他在耶路撒冷的工作。该图左上部分是雀池[4]的草图，其历史可追溯到第二圣殿时期，其上方是现在的街道。该页下图是雀池的东视剖面图。希律王时期，为了修建雀池，切断了从城北流向圣殿山某座蓄水池（可能是第 22 号蓄水池）的一条哈斯摩尼王朝[5]时期的水渠。雀池建成以后，水渠的上半部分（图中水池左侧）继续向蓄水池输水，至今仍在使用。蓄水池修建之后，水渠的下半部分也就不必再贯通了。

查尔斯・沃伦（Charles Warren）是巴勒斯坦地区最杰出的探险家之一。他在巴勒斯坦考古基金会（Palestine Exploration Fund）的赞助下工作，并于 1867 年 10 月由雀池朝着圣殿山方向乘木筏穿越了这条水渠，一直抵达西拉雅门（Seraya Gate，本书作者丹・巴哈特 1987 年再次考察这条运河时，该门已不存）附近的圣殿山城墙。克劳德・雷尼耶・康德尔[6]也是一名受该基金会赞助的探险家，他在沃伦之后不久考察了圣殿山，并发现了两段具有典型希律风格的城墙，城墙的上半段埋有一排支柱，图中可见其中一段城墙的草图。该图还有西拉雅门地区的平面图以及康德尔（Conder）所发现的第二圣殿时期的“房间”和沃伦所穿越的运河平面图。右上角为现在残存的局部图形，图中可以看到圣殿山城墙由壁柱装饰，类似于希伯伦祖屋的墙洞和壁柱。此后，所有对圣殿山地区风貌的复原都以康德尔的推断为基础。

1987 年 3 月 16 日，以色列考古学家重新勘察了上述地区。仔细核对了这张图后发现，新的勘察数据完全证实了沃伦在圣殿山西北地区的考古结论。

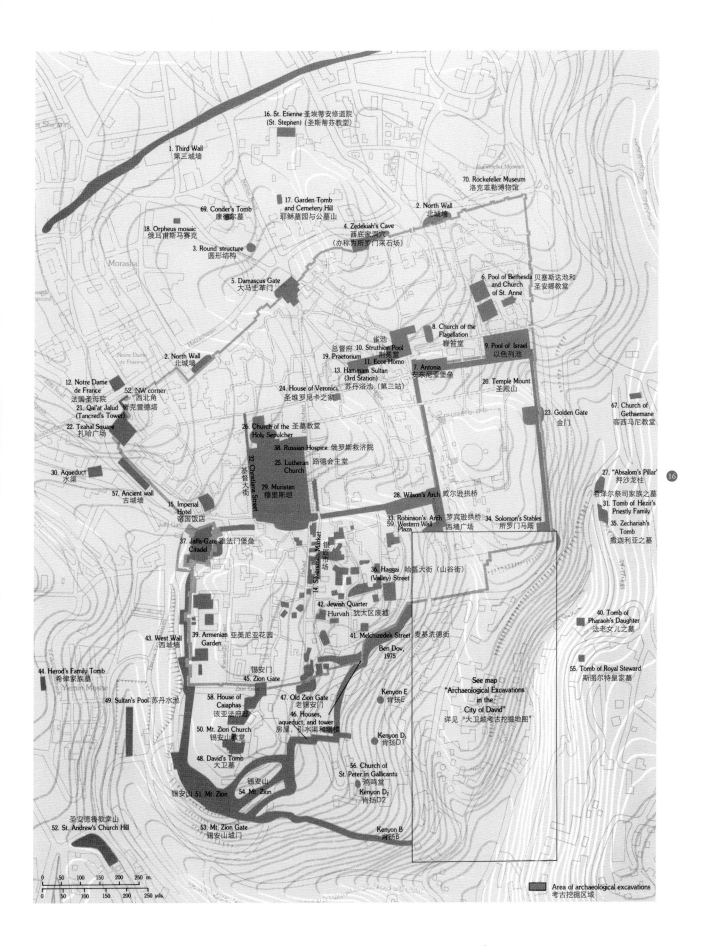

1. Third Wall
第三城墙

16. St. Etienne 圣埃蒂安修道院
(St. Stephen)（圣斯蒂芬教堂）

70. Rockefeller Museum
洛克菲勒博物馆

69. Conder's Tomb
康德尔墓

17. Garden Tomb
and Cemetery Hill
耶稣墓园与公墓山

2. North Wall
北城墙

18. Orpheus mosaic
俄耳甫斯马赛克

4. Zedekiah's Cave
西底家洞穴
（亦称为所罗门采石场）

3. Round structure
圆形结构

6. Pool of Bethesda 贝塞斯达池和
and Church 圣安娜教堂
of St. Anne

5. Damascus Gate
大马士革门

8. Church of the
Flagellation
鞭笞堂

9. Pool of Israel
以色列池

2. North Wall
北城墙

雀池
10. Struthion Pool
总督府 刑冕堂
19. Praetorium

11. Ecce Homo

12. Notre Dame
de France
法国圣母院

52. NW corner
西北角

13. Hammam Sultan
(3rd Station)
苏丹浴池（第三站）

7. Antonia
安东尼亚堡垒

20. Temple Mount
圣殿山

67. Church of
Gethsemane
客西马尼教堂

21. Qal'at Jalud
（Tancred's Tower)
坦克雷德塔

24. House of Veronica
圣维罗尼卡之家

23. Golden Gate
金门

22. Tzahal Square
扎哈广场

26. Church of the 圣墓教堂
Holy Sepulcher

27. "Absalom's Pillar"
押沙龙柱

30. Aqueduct
水渠

38. Russian Hospice 俄罗斯救济院

希泽尔祭司家族之墓

31. Tomb of Hezir's
Priestly Family

57. Ancient wall
古城墙

25. Lutheran
Church
路德会主堂

35. Zechariah's
Tomb
撒迦利亚之墓

15. Imperial
Hotel
帝国饭店

29. Muristan
穆里斯坦

28. Wilson's Arch 威尔逊拱桥

37. Jaffa Gate 雅法门堡垒
Citadel

33. Robinson's Arch 罗宾逊拱桥
59. Western Wall 西墙广场
Plaza

34. Solomon's Stables
所罗门马厩

36. Haggai 哈盖大街（山谷街）
(Valley) Street

42. Jewish Quarter
Hurvah 犹太区废墟

40. Tomb of
Pharaoh's Daughter
法老女儿之墓

41. Melchizedek Street 麦基洗德街

43. West Wall
西城墙

39. Armenian
Garden

亚美尼亚花园

Ben Dov,
1975

55. Tomb of Royal Steward
斯图尔特皇家墓

44. Herod's Family Tomb
希律家族墓

See map
"Archaeological Excavations
in the
City of David"
详见"大卫城考古挖掘地图"

49. Sultan's Pool 苏丹水池

58. House of
Caiaphas
该亚法府邸

47. Old Zion Gate
老锡安门

46. Houses,
aqueduct, and tower
房屋、引水渠和塔楼

Kenyon E
肯扬E

50. Mt. Zion Church
锡安山教堂

56. Church of
St. Peter in Gallicantu
鸡鸣堂

Kenyon D₁
肯扬D1

48. David's Tomb
大卫墓

锡安山

51. Mt. Zion 54. Mt. Zion

Kenyon D₂
肯扬D2

52. St. Andrew's Church Hill
圣安德鲁教堂山

53. Mt. Zion Gate
锡安山城门

Kenyon B
肯扬B

45. Zion Gate

32. Christians Street
基督大街

14. Silversmith Market
银器市场

0 50 100 150 200 250 m.

0 50 100 150 200 250 yds.

Area of archaeological excavations
考古挖掘区域

16

耶路撒冷的考古活动从 1860 年开始迅速发展，最初更像是掠夺文物而非科学挖掘；但随着时间的推移，他们的经验逐渐丰富，开始收集科学数据。有了大量史料和考古数据，就有可能复原不同历史时期的城市风貌，哪怕只是在纸面上的复原。考古现场图清楚地显示，这座城市的很大一部分地区已经被发掘过。然而，由于城市人口密集，导致大量的考古工作只能在未建设地区进行，依然无法核实城市的基本格局。

在老城及周围地区进行挖掘的考古学家和日期

1. 威尔逊（Wilson）：1864
   苏肯尼克和迈耶（Sukenik and Mayer）：1925—1927
   内策尔，本 - 利耶（Netzer, Ben-Arieh）：1973
   肯扬，哈姆里克（Kenyon, Hamrick）：1961—1967
2. 汉密尔顿（Hamilton）：1937—1938
   德 - 格鲁特，特勒（De Groot, Terler）：1979
3. 内策尔，本 - 利耶（Netzer, Ben-Arieh）：1977
   希克（Schick）：1879
4. 马扎尔（Mazar）：1983
5. 汉密尔顿（Hamilton）：1937—1938
   轩尼诗·亨尼诗（Hennessy）：1964？1966
   梅根（Magen）：1979—1981
6. 莫斯（Mauss）：1863—1876
   怀特法勒斯（White Fathers）：1889
7. 克莱蒙 - 加诺（Clermont-Ganneau）：1873—1874
   文森特（Vincent）：1912
8. 方济会（Franciscans）：1884，1889，1901
9. 沃伦（Warren）：1867—1870
10. 沃伦（Warren）：1867—1870
11. 克莱蒙 - 加诺（Clermont-Ganneau）：1873—1874
    贝努瓦（Benoit）：1972
12. 沃伦（Warren）：1867—1870
    巴哈姆特，歌德特（Bahat, Goethert）：1981—1985
    尚朋（Chambon）：1985
13. 克莱蒙 - 加诺（Clermont-Ganneau）：1873
14. 希克（Schick）：1876
15. 希克（Schick）：1887
    古特尔（Guthe）：1885
    梅丽尔（Merrill）：1902
16. 多米尼加人（Dominicans）：1881—1894
17. 沃伦，威尔逊（Warren, Wilson）：1867
    希克（Schick）：1867，1873，1894，1896
18. 必列斯（Bliss）：1894
19. 克莱蒙 - 加诺（Clermont-Ganneau）：1874
    希腊人（Greeks）：1906
20. 沃伦和康德尔（Warren and Conder）：
    圣殿山周围城墙的调查，1867—1870
21. 沃伦（Warren）：1867—1870
    文森特（Vincent）：1912
    韦克斯勒 - 博多拉（Wexler-Bdolah）：2004
22. 巴哈特，本 - 阿里（Bahat, Ben-Ari）：1971
23. 史克（Schick）：1872，1891
24. 希腊人（Greeks）：1895
25. 勒克斯（Lux）：1970—1971
26. 威尔逊（Wilson）：1863
    哈维（Harvey）：1933—1934

科博（Corbo）：1961—1963
布罗什（Broshi）：1975
27. 查尔斯·克勒蒙特 - 戛涅（Ganneau）：1870
    斯罗茨（Slouschz）：1924
    阿维迦德（Avigad）：1945—1947
28. 威尔逊，沃伦（Wilson, Warren）：1867
    巴哈特（Bahat）：1985—2007
    欧恩（Onn）：2007—2010
29. 沃伦（Warren）：1867—1870
    史克（Schick）：1872，1882，1888，1894，1895，1899，1900
30. 美林（Merrill）：1902
31. 阿维迦德（Avigad）：1945—1947
32. 马格利特和陈（Margalit and Chen）：1977
33. 沃伦（Warren）：1867—1870
34. 德 - 索尔希（De-Saulcy）：1863
    沃伦（Warren）：1867—1870
35. 斯罗茨（Slouschz）：1924
    约翰斯（Johns）：1936
    阿维迦德（Avigad）：1945—1947
    斯塔布里（Statchbury）：1960
36. 汉密尔顿（Hamilton）：1931
    韦克斯勒 - 博多拉，欧恩（Wexler-Bdolah, Onn）：2005—2007
37. 约翰斯（Johns）：1934—1940
    阿米兰和挨坦（Amiran and Eitan）：1968—1969
    格瓦（Geva）：1976—1980
    斯万，索拉（Sivan, Solar）：1980—1984
    锡安（Sion）：2009—2010
38. 梅尔施瓦·福格（de Vogüé）：1855，1862
    皮洛蒂（Pierotti）：1857-1860
    查尔斯·克勒蒙特 - 戛涅（Clermont-Ganneau）：1873—1874
    黑特沃（Hitrowo）：1883
39. 肯扬，塔欣厄姆（Kenyon, Tushingham）：1961—1967
    巴哈特，布罗什（Bahat, Broshi）：1970
40. 阿维迦德（Avigad）：1945—1947
    乌西施金（Ussishkin）：1968
41. 埃德尔斯坦（Edelstein）：1977
42. 阿维迦德（Avigad）：1969—1982
    格瓦，胡瓦（Geva, Hurvah），2003—2006
43. 布罗什（Broshi）：1970
44. 史克（Schick）：1891
45. 布罗什（Broshi），卡佛里（Tsaferir）：1971
46. 马格夫斯基（Margovski）：1970
47. 布罗什（Broshi）：1974
48. 平克菲尔德（Pinkerfeld）：1949
49. 克隆（Koner）：1974
50. 艾森伯格，赫斯（Eisenberg, Hess）：1984
51. 穆德里（Modsley）：1871—1875
52. 芬克斯坦（Finkielsztejn）：2008
53. 马格利特和陈（Margalit and Chen）：1979-1981
54. 必列斯和迪基（Bliss and Dickie）：1894-1897
    查尔斯·克勒蒙特 - 戛涅（Clermont-Ganneau）：1870
55. 阿维迦德（Avigad）：1945—1947
    乌西施金（Ussishkin）：1968
56. 革末 - 杜兰德（Germer-Durand）：1882—1912
57. 史克（Schick）：1878
58. 布罗什（Broshi）：1971
59. 韦克斯勒 - 博多拉（Wexler-Bdolah）：2007-2009

（下图）
在耶路撒冷进行挖掘的考古学家和日期

1. a. 苏肯尼克（Sukenik）：1928—1929
   b. 阿维迦德（Avigad）：1967
   c. 赖克，盖瓦（Reich, Geva）：1972
2. 德·索希（De Saulcy）：1863
   查尔斯·克勒蒙特 - 戛涅（Clermint-Ganneau）：1869
3. 卡佛里（Tsaferis），赖希（Reich），
   克隆（Kloner），巴哈特（Bahat）：1967—1980
4. 帕尔默（Palmer）：1898
   巴勒斯坦探索基金（Palestine Exploration Fund）：1900
   美国学校（Ametican School）：1902
   斯罗茨（Slouschz），苏肯尼克（Sukenik），本 - 兹维（Ben-Zvi）：1924
5. 阿维 - 尤纳（Avi-Yonah）：1949
6. 拉哈马尼（Rahmani）：1954
7. 巴尔开（Barkay）：1975—1983
8. 文森特（Vincent）：1910—1913
9. 巴加提和米利克（Bagatti and Milik）：1953—1955
   萨拉，勒梅尔（Saller, Lemaire）：1954
10. 奥法里（Orfali）：1909
11. 俄罗斯教堂（Russian Church）：1870，188，1893
12. 希克（Schick）：1881
13. 文森特（Vincent）：1913
    巴拉姆基（Baramki）：1931
14. 约翰斯（Johns）：1938
    卡西姆比尼斯（Katsimbinis）：1973

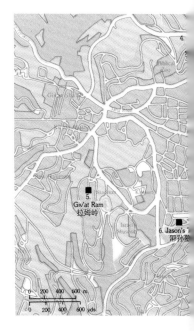

17

22

（右图）
在大卫城进行挖掘的考古学家和日期

1. 沃伦（Warren）：1867—1870
2. 马扎尔（Mazar）：1968
3. 肯扬（Kenyon）：1961—1968
4. 肯扬（Kenyon）：地区 J，L，1961—1968
5. 马扎尔（Mazar）：1968—1982
6. 肯扬（Kenyon）：1961—1968
7. 沃伦（Warren）：1867—1870
8. 肯扬（Kenyon）：1961—1968
9. 肯扬（Kenyon）：1961—1968
10. 肯扬（Kenyon）：1961—1968
11. 帕克（Parker）：1909—1911
    沃伦（Warren）：1867—1870
    希洛（Shiloh）：1980
12. 希洛（Shiloh）：1978—1984
13. 麦卡利斯特和邓肯（Macalister and Duncan）：1923—1925
14. 克劳福特和菲茨杰拉德（Crowfoot and Fitzgerald）：1927—1928
15. 古特（Guthe）：1881
16. 肯扬（Kenyon）：1961—1968
17. 希克（Schick）：1886—1900
    帕克（Parker）：1909—1911
    沃伦（Warren）：1867—1870
18. 帕克（Parker）：1909—1911
19. 希洛（Shiloh）：1978—1984
20. 希洛（Shiloh）：地区 K，1978—1984
    希洛（Shiloh）：1983
    肯扬（Kenyon）：1961—1968
21. 查尔斯·克勒蒙特 - 戛涅（Ganneau）：1873
22. 希洛（Shiloh）：1982—1984
23. 必列斯和迪基：1894—1897
24. 肯扬（Kenyon）：1961—1968
25. 肯扬（Kenyon）：1961—1968
26. 希洛（Shiloh）：1982
27. 古特（Guthe）：1881

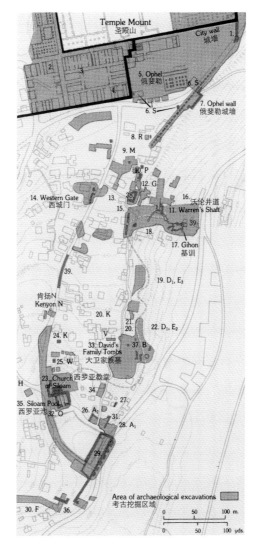

28. 希洛（Shiloh）：1978—1984
29. 必列斯和迪基（Bliss and Dickie）：1894—1897
30. 肯扬（Kenyon）：1961—1968
31. 威尔：1923—1924
32. 肯扬（Kenyon）：1961—1968
33. 肯扬（Kenyon）：1961—1968
34. 必列斯和迪基（Bliss and Dickie）：1894—1897
35. 沃伦（Warren）：1867—1870
    希克（Schick）：1880
36. 肯扬（Kenyon）：1961？1968
37. 威尔（Weill）：1913—1914
    希洛（Shiloh）：1978—1984
38. E. 马扎尔（E.Mazar）：2003—2010
39. 赖克，舒克朗（Reich, Shukron）：2000—

译者注

1. Prophet Nehemiah。

2. Suleiman the Magnificent，1494—1566 年，奥斯曼帝国第十任，也是执政时间最长的苏丹，1520—1566 年在位。

3. 皮洛蒂是一位意大利工程师，在土耳其统治时期被市政当局邀请到耶路撒冷，从 1854 年到 1860 年间一直居住在那里。他遍游全境，并用文字和插图作品描述他所参观过的地方，其中的许多地方现已无存。经考证，皮洛蒂对城市"历史地图"的描述似乎并不完全可靠。——原著者注

4. Struthion Pool，来自希腊语，也称"Parrow Pool"，位于耶路撒冷老城锡安山的长方形水池，建于公元前 1 世纪或更早些时候。

5. Hasmonean Dynasty，公元前 164 年犹大·马加比击溃敌人后所建立的短暂王朝，建都在耶路撒冷，统治约一个世纪。

6. Claude Reignier Conder，1848—1910 年，英国军官、探险家和古物学家。

古代史
至公元前 1000 年左右

耶路撒冷的早期定居点始于现在称为"大卫城"的山上，但实际上，这个时期的墓地多发现于周边山谷的外围。大卫城的范围里很少有公元前 4000 年铜石并用时期[1]的考古发现，因此也很难确认这些定居点准确的起始时间。不过，检视过伊戈尔·西罗（Y. Shiloh）的挖掘资料之后，铜石并用时期定居点的情况就越来越清晰，甚至有可能发现更早的遗存物。

新的定居者于约公元前 3000 年的青铜时期早期来到这里。考古发现了一处长墙环绕的定居点遗址，里面有沿墙搭建的木柱露棚。该定居点曾经被毁，青铜时期中叶的早期再次有人居住，具有部落临时住所的典型特征。这个判断的依据来自橄榄山西坡的墓葬。

永久居住点的形成过程以及如何逐步成为成熟的城市，都被记载于埃及诅咒文[2]中，上面还列出了整个地域的城市及其统治者。早期的诅咒文，即公元前 20 世纪的文书中，每座城市都记载了许多统治者，而在公元前 19 世纪以后的每座城市都只提到一两个统治者。早期文书中两个统治者的名字被写作 Shas'an 和 Y'qar'am，后来的文书则只有一位统治者，只有其名字的第一个音节"Ba"被保留下来。学者们将统治者数量的减少看作是青铜时期城市化进程的证明——从部落向城邦社会的转变。这两份文书是那个历史时期关于耶路撒冷的仅有资料。

《创世记》[3]第 14 篇第 18—20 行提到了塞勒姆的麦基洗德王[4]，也许与公元前 18 世纪这座城市的繁荣有关。这个时期最切实的证据是在大卫城东坡发现的城墙遗址，证明了这座城市曾经有过的繁盛。

这个时期还开凿了一条隧道将基训泉水引向西罗亚池，它是一座大型凿石水池，用来储蓄泉水。整个水池由四座巨大的塔楼拱卫，以保护城市的水源供给，防御外部攻击。该防御工事一直保存到公元前 586 年耶路撒冷被毁[5]。

塔楼或许属于《尼希米记》（2:14—15）里通往温泉的城门建筑群——"泉门"（fountain gate）。现已发现的一处井道也可能属于那个时期城市的引水系统，即后来第一圣殿时期"沃伦井道"的一部分。

由此，耶路撒冷成为一座位于山顶、有着坚固防御的迦南城邦，同时也是以色列地域里最重要的城市。

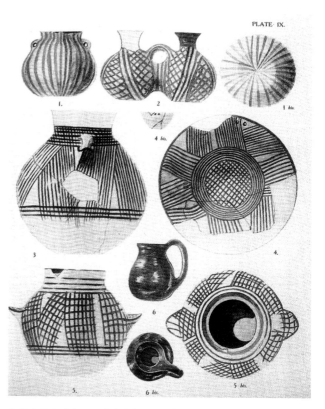

陶瓷容器主要发现于俄斐勒[6]的合葬墓，可追溯至约公元前 3200 年青铜时代早期的第一阶段。这些墓葬是英国寻宝猎人蒙塔古·帕克（Montague Parker）于 1909 年在基训泉附近发现的，证实古时大卫城存在定居点。图示的陶器体现了那个时期容器装饰的水平，也是佐证该地区其他遗址时间的一个参照。

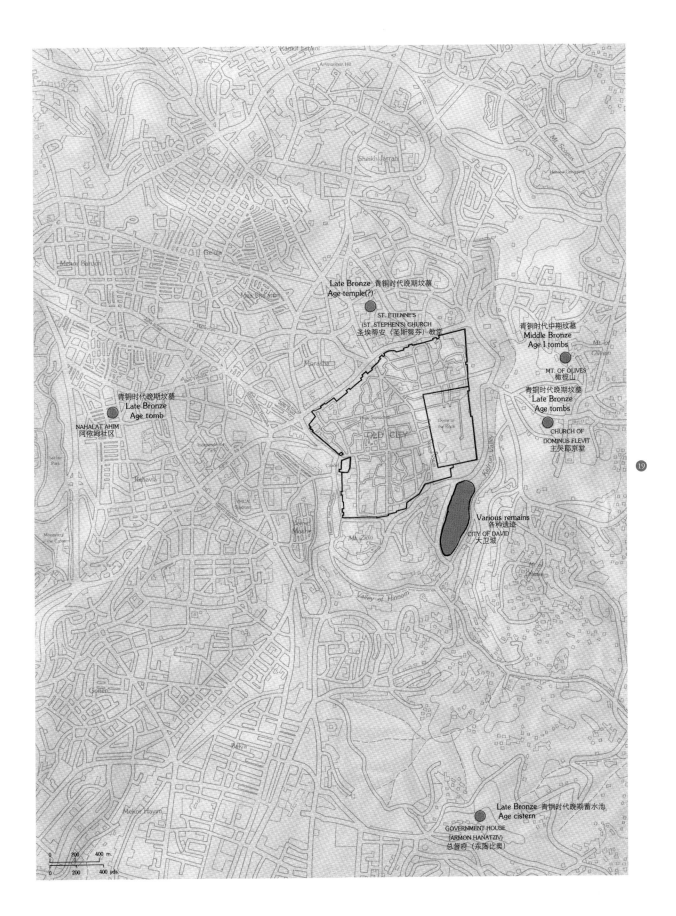

Late Bronze 青铜时代晚期坟墓
Age temple(?)

ST. ETIENNE'S
(ST. STEPHEN'S) CHURCH
圣埃蒂安（圣斯蒂芬）教堂

青铜时代中期坟墓
Middle Bronze
Age I tombs

MT. OF OLIVES
橄榄山

青铜时代晚期坟墓
Late Bronze
Age tombs

CHURCH OF
DOMINUS FLEVIT
主哭耶京堂

青铜时代晚期坟墓
Late Bronze
Age tomb

NAHALAT AHIM
阿依姆社区

OLD CITY

Dome of
the Rock

Various remains
各种遗迹
CITY OF DAVID
大卫城

Mt. Zion

Valley of Hinnom

Late Bronze 青铜时代晚期蓄水池
Age cistern

GOVERNMENT HOUSE
(ARMON HANATZIV)
总督府（东陶比奥）

0   200   400 m.

0   200   400 yds.

Sheikh Jarrah

Mt. Scopus

Mt. of
Olives

19

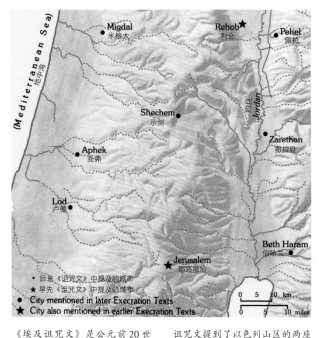

地图标注：
Mediterranean Sea 地中海
Migdal 米格大
Rehob★ 利合
Pehel 佩拉
Shechem 示剑
Aphek 亚弗
Jordan 约旦
Zarethan 撒拉旦
Lod 卢德
Beth Haram 伯哈兰
Jerusalem 耶路撒冷

• 后来《诅咒文》中提及的城市
★ 早先《诅咒文》中提及的城市
● City mentioned in later Execration Texts
★ City also mentioned in earlier Execration Texts

0　5　10 km
0　5　10 miles

公元前 14 世纪的阿玛纳书信 [7] 对此也有证实，这封书信是由耶路撒冷的迦南王阿布狄赫帕 [8] 发出的，是研究该时期最重要的资料来源。从信中可以得知，他的王国延伸覆盖了北部犹太山区的广大地域。耶路撒冷圣埃蒂安教堂（Church of St. Etienne）广场发现的埃及遗迹提供了这一时期的更多考古证据，祭酒托盘和埃及石碑碎片或许能说明该城曾有一座埃及寺庙，至少其周边地区一度属于埃及驻防区。

这一时期最引人注目的建筑群位于大卫山上。人工石砌台地很像梯田形的山丘，由保留至今的约 33 英尺（合10 米）高的石墙支撑，而这些挡土墙看上去似乎是一座大卫王统治的早期宫殿或城堡的地基。城市北部最易受攻击的地方就由这个建筑群保卫着，但是，对它的建造时间颇有争议。此外，最近还发现了大卫城南部总督府 [9] 山上的大量船只，橄榄山山坡上的墓地和阿依姆社区（Nahalat Ahim）也证明了这座城市的地位。

耶路撒冷的地位在公元前 12 世纪期间开始削弱，其国王亚多尼西德 [10] 在对抗约书亚 [11] 的战争中（《约书亚书》[12]10:1）领导南部诸王联盟，在基遍 [13] 的阿亚隆山谷 [14] 战役中被击败。《圣经》并未提及战败给城市带来的毁坏和国王之死，但《士师记》[15]（1:8）确实记载了犹太部落毁灭并火烧耶路撒冷城。这与士师时代后期对耶路撒冷的描述不符，那时它被描述成一座典型的异邦城市。（《士师记》1:21；19:12）

《埃及诅咒文》是公元前 20 世纪至前 19 世纪最早记载以色列地域地理数据的一份文件。这些文书刻在黏土容器上，或在绑缚双手造型的奴隶泥塑上，城市及其统治者的名字也刻在上面。现已发现两组诅咒文：公元前 20 世纪较早些的刻在泥碗上；其后公元前 19 世纪的刻在泥塑人像上。早期的文字中提及许多城市，每个城市均有多个统治者的名字，后期文字中统治者的数量减少至一两个。

诅咒文提到了以色列山区的两座拥有重要地位的城市——示剑（Shechem，也称"纳布卢斯"Nablus）和"耶路撒冷"。两组文字都提到了耶路撒冷。

至今没有证明诅咒文中城市重要性的考古发现，那时的遗迹可能已在公元前 18 世纪青铜时期中期被毁坏。

埃及萨卡拉（Sakkara）出土的泥人塑像上刻有诅咒文，其历史可以追溯至公元前 19 世纪（即诅咒文记载的晚期）。这些泥塑是埃及祭司用来诅咒城市泥塑义的巫术器具。爆发反抗埃及统治的起义时，祭司就会打碎刻有起义城市名字的塑像，他们相信这样可以摧毁反叛者的精神。

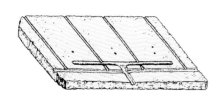

祭酒托盘残片，发现于圣埃蒂安教堂（Church of St. Etienne）19 世纪重建时期。

发现这个托盘的地方曾建有一座小型埃及寺庙，寺庙里有一条沟槽，水沿着沟槽流入一座凿石蓄水池。一块刻有象形文字的石碑（右图）说明寺庙曾服务于埃及驻防士兵，第十八王朝 [16] 时期他们驻防在耶路撒冷。

虽然确信这里曾有一座寺庙，但仍有学者认为，由于缺少同时期的其他建筑遗迹，这些古埃及遗物也可能只是当地寺院僧侣的收藏品。

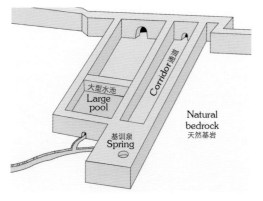

来自埃及的一封楔形文字书信的正反两面，是耶路撒冷寄出的阿玛纳书信中的一封。这是第一次在大卫城山上发现此类书信，证明了法老和耶路撒冷迦南国王之间的联系。

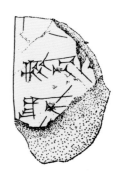

基训泉及其防御工事位于大卫城山脚下，是耶路撒冷唯一一直有水的泉眼。最近证实，由于地处城外，泉眼与城市之间的输水渠由厚墙防护着，但不确定它是否有顶覆盖，以及它的左侧围墙是否开敞。输水渠是石砌的，水池也是由岩石里雕凿出来的，还另有一条水渠继续向南把水送往西罗亚水池。整个工程建于公元前18世纪——这座城市的繁荣时期。

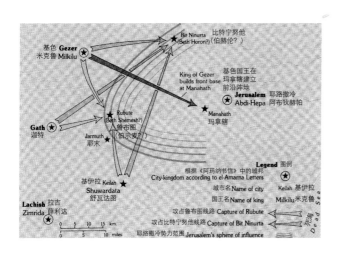

这座迦南城市的窘境吸引了新的定居者——耶布斯人[17]，《圣经》多次提到了这个新来的氏族及其与赫梯人有关的民族起源。比如，《以西结书》[18]第16卷第3行记有："耶和华上帝对耶路撒冷说：你的出生和你的圣诞是在迦南之地；你的父亲是亚摩利人，你的母亲是赫梯人"；这章的后半部分（诗，45）也有："你的母亲是赫梯人，你的父亲是亚摩利人"。大卫王时期耶路撒冷的统治者亚劳拿[19]就是一个赫梯人的名字，此外，在大卫王征服耶路撒冷之前，这座城市里耶布斯定居者的后裔乌利亚[20]也是赫梯人。耶布斯人统治耶路撒冷约200年，对此的描述主要见于《圣经》；但是，除了石砌台地，大卫城很少有这一时期的考古发现。

阿玛纳书信是关于迦南地和耶路撒冷在公元前14世纪时期的重要史实资料，发现于阿玛纳废墟[21]的皇家档案中。阿玛纳是埃赫那吞国王统治时期埃及中王国的国都。该发现包括350封黏土板上的阿卡德语[22]书信，由迦南国王寄给当时统治这个区域的埃及法老。许多书信中都有抱怨的文句和城市冲突中向埃及政府的援助请求。

从耶路撒冷的迦南国王阿布狄赫帕所寄的6封信中可以看出，山区定居点较为稀少，耶路撒冷、示剑（Shechem），或许还有伯利恒[23]才是这个地区的定居中心。阿布狄赫帕（Abdi-Hepa）与示剑国王拉巴育[24]之间为控制山区持续不断地争斗，这位耶路撒冷国王在冲突中向法老，也就是埃及国王请求援助。

这里的地图展示了阿玛纳书信中所提及的山区，尤其是第290号信，其内容如下：
"王上我主，您的仆人阿布狄赫帕在您的脚下行七七叩拜之礼，谨此奉禀：米克鲁[25]和舒瓦达图[26]觊觎王土，所行出人意表。而耶路撒冷，如主所知，忠诚如一。彼急调基色、迦特[27]和基伊拉之军队，意欲攻占鲁布图[28]，王上的土地将为哈卑路族人[29]染指。更有甚者，

比特宁努他[30]原是耶路撒冷所辖，亦即王上领地，现已落入基伊拉人之手。恳请王上尽遣弓弩勇士，您的仆人阿布狄赫帕愿赴汤蹈火，率军收复失地。王师不至，则国土尽入哈卑路族人之手，听命于米克鲁和舒瓦达图之流……如是，率土之滨，皆感王恩。"

大卫城剖面图，从东面的汲沦谷剖至西面的锡安山东坡。

因河床泥沙逐渐淤积，旧时河床（a）的位置要低于现在（b），从河床上很难看到基训泉，去基训泉必须经过一段台阶（c）从河床下到山谷里。通往汲沦谷的这处山坡蕴藏了古时大卫城的重要历史信息。

左侧洼地（d）是推罗坡谷，这幅剖面图描绘了河谷被填高的情况。拜占庭时期的房屋多建于泥沙层上，完全遮盖了河床（e）。东侧可以看到建于耶布斯晚期的驻防工事基础遗址（f），驻防工事上方也许曾有大卫王宫殿（g），现已湮灭不存，估计毁于第一圣殿时期。图纸还显示了青铜时期迦南的建筑遗迹，原来的规模肯定还要大得多。一些迦南建筑在希西家王[31]统治时期被毁，或许是建在此地的住宅建筑（h）。

上述遗址在哈斯摩尼王朝（Hasmonean Dynasty）时期都被掩埋在一层很厚的泥沙之下，准备在此建造驻防工事（i）。东边的半山坡上有建于公元前18世纪的城墙（j），一直保存至第一圣殿时期被毁。剖面图显示，玛拿西王[32]时期这段城墙也许还与迦南城墙（k）相连。《圣经》对这位国王的伟大建设成就描述颇多。剖面图还显示了城市的供水系统，特别是沃伦井道（l）和希西家隧道（m）。

西侧可以看到始建于第一圣殿时期规模庞大的驻防工事（n），这是20世纪20年代由克劳福特（Crowfoot）和菲茨杰拉德（Fitzgerald）考古发现的。考古过程中还发现了一座大门，建造时间不明，有些学者认为它建造于第一圣殿时期（所罗门王统治期间），其他学者更倾向于它建造于亚历山大·雅奈[33]时期（o）。凯瑟琳·肯扬[34]发现了一处第二圣殿时期的密集定居点（p），并推断其为建于公元前2世纪希腊化时期的公共建筑。

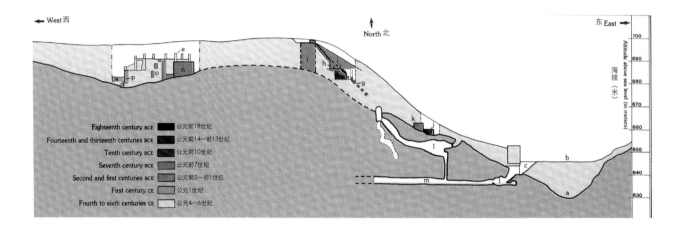

译者注

1. the Chalcolithic，属青铜时代的一个阶段，最初被定义为新石器时代和青铜时代之间的过渡。

2. Egyptian Execration Texts，古埃及神职文书，常在碗、黏土或石头块上列出法老或埃及的敌人。古埃及人相信打破它就能产生诅咒，碎片通常被放在墓葬或祭祀遗址附近。

3. *Genesis*，希伯来《圣经》和基督教《旧约》的第一本书。

4. Melchizedek king of Salem，也是伊勒伊罗安的祭司。

5. 指新巴比伦王国对所罗门圣殿的摧毁，也称"第一圣殿时期"。

6. Ophel，见于《犹太战纪》《列王》等，原意指"设有防卫的小山或高地"。《圣经》中称作"俄斐勒"的地方有两处：一处在古以色列国的都城撒马利亚；一处即为古城耶布斯，或是摩利亚山，也就是本书所说的耶路撒冷大卫城山，但确切位置仍有争议。有时候也具体指圣殿区东南的一角原有一道城墙环绕的狭长城区。

7. el-Amarna Letters，大多是新王国时期埃及政府与迦南等地的外交信函，刻在泥板上，发现于上埃及的阿玛纳。

8. Abdi-Hepa，阿玛纳时期耶路撒冷当地的酋长。

9. Government House，位于 Armon Hanatziv，现称"东陶比奥"，耶路撒冷东南的一个社区。

10. Adoni-Zedek，据《约书亚书》所述，他是以色列入侵迦南时耶路撒冷的国王。

11. Joshua，希伯来《圣经》的中心人物，摩西的助手和继承者。

12. *Joshua*，《旧约》的一卷书，本卷书共 24 章，记载了以色列人由约书亚带领进入应许之地的过程。

13. Gibeon，耶路撒冷以北、被约书亚征服的迦南城市。

14. Ayalon Valley，以色列古老的低地地区。

15. *Judges*，希伯来语《圣经》和基督教《圣经》的第七本书。

16. the Eighteenth Dynasty，公元前 16 世纪至前 13 世纪，即约公元前 1575—前 1308 年，新王国时期的第一个王朝，也是古埃及历史上最强盛的王朝，拥有图特摩斯三世等最著名的法老。

17. the Jebusites，据希伯来《圣经》，他们是在征服者大卫王之前建造并定居于耶路撒冷的迦南部落。

18. *Ezekiel*，《塔纳赫》中第三大先知书和《旧约》的主要先知书之一，记录了先知以西结的七愿景。

19. Araunah，塞缪尔书中提到的一个耶布斯人，拥有摩利亚山顶上的禾场，并把它作为上帝的祭坛。

20. Uriahthe Hittite，第二本《塞缪尔书》中提到的大卫王军队的一个士兵。

21. Tell el-Amarna，即 Akhetaton，上埃及埃赫那吞城遗址和墓葬区。

22. Akkadian，古美索不达米亚人所说的一种闪族语言，现已灭绝，以公元前 2334—前 2154 年阿卡德帝国时期最重要的闪族城市阿卡德命名。

23. Bethlehem，原意为"面包屋"，约旦河西岸中部城市，耶路撒冷以南约 10 公里处，据信是耶稣诞生地。

24. Lab'ayu，或称 Labaya，公元前 14 世纪迦南南部山区的统治者。

25. Milkilu，公元前 1350 年—前 1335 年的基色统治者，也是给埃及法老 5 封阿玛纳书信的作者。

26. Shuwardata，同时期犹大低地城市基伊拉的统治者，也是给埃及法老 8 封阿玛纳书信的作者。

27. Gezer，是位于犹大山麓的迦南城邦，其考古遗址位于耶路撒冷与特拉维夫之间。Gath，建立在西北非利士的 5 个非利士城邦之一，扫罗王、大卫王和所罗门时期，城邦的君主是亚吉，阿玛纳书信中的迦特被舒瓦达图王统治。

28. Rubutu，古代以色列北部城邦，在基色与耶路撒冷之间，也有说是耶路撒冷以西约 30 公里的古城伯示麦（Beth Shemesh）。

29. Apiru，约公元前 1800—前 1100 年间从东北美索不达米亚入侵迦南的游牧民族。

30. Bit Ninurta，即《圣经》中的伯赫伦（Beth Horon），位于基遍亚雅仑路上的小镇。

31. King Hezekiah，希伯来《圣经》中最显著的犹大君王之一，公元前 715—前 686 年在位。

32. King Manasseh，公元前 687—前 642 年在位的犹太国王、约瑟长子。

33. Alexander Jannaeus，公元前 103—前 76 年的犹太国国王。

34. Katheleen Kenyon，即 Dame Kathleen Mary Kenyon，1906—1978 年，英国考古学家、牛津大学圣休学院院长、20 世纪最有影响的女性考古学家。她最为著名的事迹是 1952—1958 年间对杰里科和班加罗的考古发现，其率先使用的"肯扬—魏勒法"至今仍是考古开挖探勘的主要方法。

第一圣殿时期

公元前 1000—前 586 年

第一圣殿时期开始于大卫王征服耶布斯[1]，对这场征服的描述可见于《圣经》的两处：《撒母耳记·下》[2]（5:6—9）和《历代志·上》[3]（11:4—7）；但两本书对此的描述是相悖的。前者将大卫王描述为这座城市的征服者，而《历代志》将其归功于洗鲁雅之子约押[4]。由于种种原因，《撒母耳记·下》中有关《圣经》的文字有一定程度的扭曲，很难说清楚其中的矛盾或差异。

《圣经》中对攻城方式的叙述也是谜一般地令人费解。最初认为是大卫王利用诡计攻占了城市。据《撒母耳记·下》记载，大卫王利用供水系统的一条通道进入城市，该通道现在被称为"沃伦井道"；但最新研究证实该竖井的建造显然是在那个事件之后，很可能是在所罗门王统治末期或他之后的某个王国时期建造的。《圣经》中两次提到的希伯来词语"兹诺"（Tzinor）可能有两种含义：据《撒母耳记·下》（5:8），它像是一种干草杈，可以当做抵御敌人攻城的魔法工具。这种说法的来源是耶布斯国王也曾用过类似的魔法，他把盲人和跛足的人置于城墙之上作为警示，任何妄图攻占城市的人都将遭受同样的命运。"兹诺"的第二种含义是一种类似喇叭的乐器，根据这种解释，它类似于攻占杰里科[5]时借助的羊角号[6]。这种猜想的证据见于《诗篇》[7]（42:7），其中提到了"兹诺"，似乎是一种能发出巨大吹奏声的乐器。公元 10 世纪的犹太圣人梅纳赫姆·本·沙鲁克[8]也将这个术语解释为一种"乐器"。

原来被称作"锡安城堡"（Zion's Citadel）[9]的皇室宫殿在被占领之后更名为"大卫城"（City of David），城区仍跟原来一样，边界还是原来的老城墙，考古并未证实大卫王向北和向圣殿山扩建城市的猜想。大卫王统治时期确有新建活动，但都在原来的范围以内。据《圣经》记载，最初固防时"大卫王依靠米罗（Millo，可能是一种台地，

J.G. 邓肯[11]于 1924 年在大卫城山上所发现的俄斐勒瓦片（Ophel Ostracon，即黏土板），其时间可以追溯至公元前 8 世纪到前 7 世纪，这也是在耶路撒冷发现的最长的花体文。碑文用抄写笔写在粉底陶片上，没能完整保存下来，它的确切释义还未有定论。

碑文的一种解读是"希西家王是卡拉（Karah）

之子、赛里斯（Sharash）之孙、巴基胡（Bakihu）之曾孙，阿西胡（Ahihu）是哈沙拉克（Hasharak）之孙、阿玛基胡（Amakihu）之曾孙，耶和华[12]是卡里（Kari）之子、阿玛基胡之曾孙"。当然，此外还有其他不同的解读。

以便在斜坡上建造城市）向内建造城市"（《撒母耳记·下》5:9），之后也建了国王的宫殿，"希兰[10]……派来信使……他们为大卫王建造了宫殿"（《撒母耳记·下》5:11）。由此看来，耶布斯人建设的要塞即"锡安堡垒"（Stronghold of Zion），也是大卫王占领这座城市后临时居住的地方，就位于古时大卫城的东北角。这里也是大卫王宫殿的选址，在这里发现了一处人工"丘阜"（tell）——一种由石头堆砌的台地系统，环环相套，层层相叠。估测这个系统的尺寸为 39 英尺 × 66 英尺（合 12 米 × 20 米），但

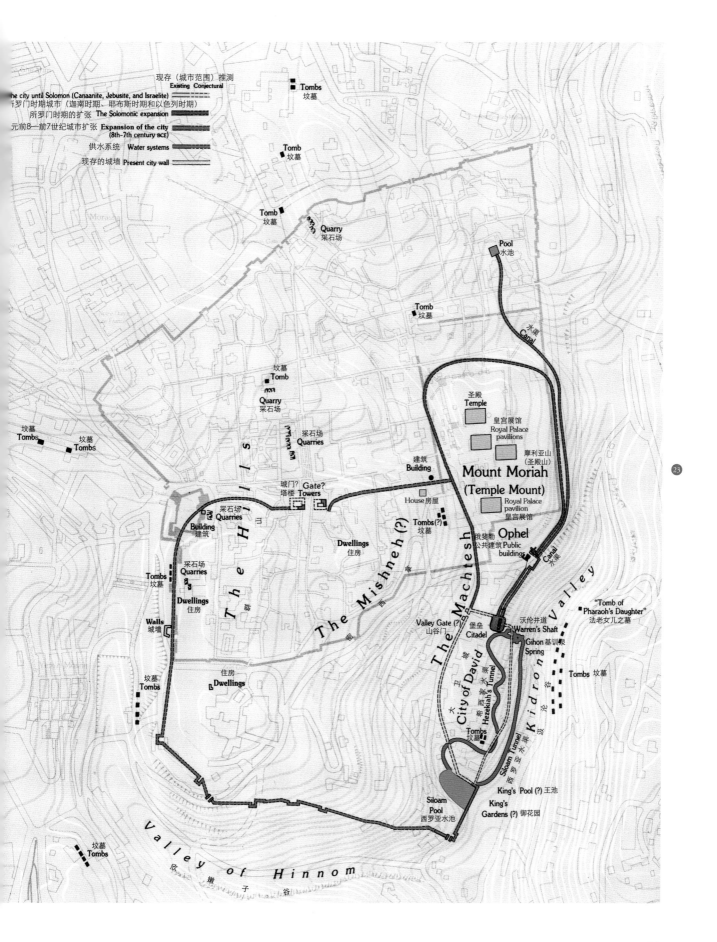

现存（城市范围）推测
Existing Conjectural
The city until Solomon (Canaanite, Jebusite, and Israelite)
所罗门时期城市（迦南时期、耶布斯时期和以色列时期）
所罗门时期的扩张 The Solomonic expansion
公元前8—前7世纪城市扩张 Expansion of the city
(8th–7th century BCE)
供水系统 Water systems
现存的城墙 Present city wall

Tombs 坟墓

Tomb 坟墓

Tomb 坟墓

Pool 水池

Tomb 坟墓

Quarry 采石场

坟墓 Tombs

坟墓 Tombs

水渠 Canal

坟墓 Tomb

Quarry 采石场

圣殿 Temple

皇宫展馆 Royal Palace pavilions

摩利亚山（圣殿山）

采石场 Quarries

Mount Moriah (Temple Mount)

建筑 Building

城门？ Gate? 塔楼 Towers

House 房屋

Tombs(?) 坟墓

Royal Palace pavilion 皇宫展馆

Dwellings 住房

Ophel

我斐勒
公共建筑 Public buildings

采石场 Quarries

Building 建筑

The Hills

The Mishneh (?)

The Machtesh

"Tomb of Pharaoh's Daughter" 法老女儿之墓

采石场 Quarries

Dwellings 住房

Tombs 坟墓

Valley Gate (?) 山谷门

堡垒 Citadel

沃伦井道 Warren's Shaft

Gihon Spring 基训泉

Kidron Valley

Tombs 坟墓

Walls 城墙

坟墓 Tombs

City of David 大卫城

希西家水渠 Hezekiah's Tunnel

住房 Dwellings

Tombs 坟墓

Siloam Tunnel 西罗亚水渠

King's Pool (?) 王池

Siloam Pool 西罗亚水池

King's Gardens (?) 御花园

23

坟墓 Tombs

Valley of Hinnom 欣嫩子谷

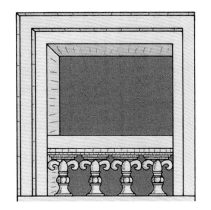

复原图中的窗框带有第一圣殿时期的石刻装饰，发现于拉哈高地[14]。其中一部分装饰有浮雕，另一部分是雕塑，明显不属于同一扇窗户，这也反映了其变化情况。该遗据信是公元前9世纪亚撒或约沙法统治时期[15]的一座皇室宫殿。

如图所示，这些窗户与亚述[16]的迦拉[17]等地相似，在这些地方也发现了类似的象牙板。

耶路撒冷附近地区所发现的宫殿是犹大皇室财富与文化的代表。

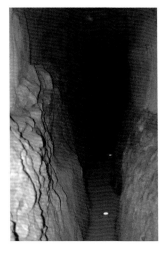

西罗亚输水渠（Siloam Tunnel）。公元前18世纪大卫城山上显然就已建有为西罗亚水池输水的设施。这项伟大的工程始建于公元前19世纪，当时基训泉位于城外，有防御工事保护，由一条长达数百米的输水渠把泉水引向蓄水池。这条输水渠开凿在岩石中，很狭窄，仅能容一人通过。弯曲的输水渠旁散布着小开口，使渠水暴露在阳光中。后来，泉水水位下降致无法正常输水，该水渠被逐渐废弃，荒废了近千年。再以后，希西家王用他著名的凿石输水渠替代了它。

之前可能更高、更宽。考古证明是大卫王建造了这些台地，用以覆盖和加固之前的地基。1978—1984年间先后发现了55处这样的台地，1992年在早先发掘过的地方发现了更多台地。根据碎片可以推测，宫殿应该是建在更高的台地上。可以想象，在推罗[13]王希兰派来的建筑工人的帮助下，大卫王就是在这个垫高的台地上扩建了他的宫殿，但其上部建筑并没被保存下来。凯瑟琳·肯扬所发现的遗迹很有可能是像宫殿一样的宏伟建筑，其爱奥尼克柱头与同期邻国的建筑构件一样。这座宏大的建筑让我们能够追溯耶路撒冷行政中心的演变：最初大卫王在圣殿山上建造了一座宫殿和一处行政中心，即"大卫之屋"（House for David）（《撒母耳记·下》5:11）；后来所罗门王建了新的中心，老宫殿便逐渐衰败了。

史料中再没有出现过"大卫之屋"。其私人住宅建于台地之上，有人认为这些巨大的台地就是《圣经》中的俄斐勒，但我们认为俄斐勒指的是高地或陡坡，或许就是大卫

沃伦井道（Warren's Shaft）是耶路撒冷最古老的供水设施之一，发现于1867年，以其发现者查尔斯·沃伦爵士（Sir Charles Warren）的名字命名。很显然，井道是在第一圣殿末期开凿的（第一圣殿始于青铜时代中期），目的是为城内居民提供城外的泉水，并在被围时免于敌军威胁。类似的供水设施在夏琐[18]、基色、米吉多[19]、基遍和其他遗址都有发现，但这一处可能是最复杂的。很难弄清楚它是如何建造的，但其剖面图仍颇有启示。

拱形房间是沃伦井道的起点。第一圣殿时期的房间形状与现在不一样，可能还有另外的通道通往山顶和城市。现在的房间建于第二圣殿时期，加建了一条拱形地道以便进出（现在仅用作出口），进入竖井也更为便利。房间尽头有一处开口，原打算下挖至水源，但因故中止并代之以另一条隧道。地道开口位于阶梯平台处，水平延伸至另一条通往泉水的垂直井道（实验竖井现已停用并掩埋）。井道上方有个开口，或者说是天然洞穴，当时的工人可能用它来采光或提升采石产生的土方，与取水没有关系。最近推测，这个天然洞穴或许有保障施工工人安全的作用，这种猜测也未被证实。

大约两个世纪之后，希西家王开始营建他那不朽的供水工程。他利用已有竖井和输水渠进行挖掘，避免在

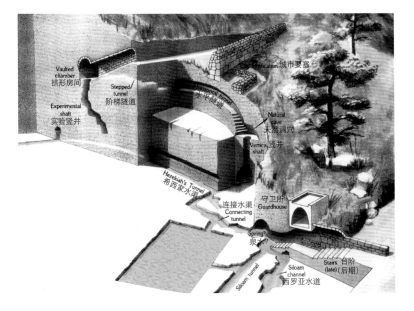

泉眼附近大量采石。就在这个时期，沃伦井道被荒废，这又引发了对第二圣殿时期这套供水系统使用状况的疑问；因为约瑟夫斯从未提到过该处泉水，也未指明"西罗亚泉"是希西家王输水渠的水源。显然，中世纪之前从未使用过包括希西家王所建

部分在内的整套供水系统，直到中世纪才再次使用基训泉。

阶梯从汲沦谷河床一直修建到上方的警卫室，图中并没有显示最新发现的防御工事和其他设施。

城以北、圣殿山以南城墙外某个高而陡的地方。2005 年在台地附近发现了一座公共建筑，是迄今为止在大卫城山上规模最大、最重要的考古发现。据埃拉特·马扎尔[20]考证，其历史可追溯至公元前 11—前 10 世纪。《撒母耳记·下》（5:9）记有"大卫王居住在堡垒里，并称之为大卫城。"这项最新的考古发现恰好符合《圣经》的描述，巨大的石头台地相互连接，像堡垒一样拱卫着这座建筑。据说是大卫王建造（或说是"堆填"）了米罗（Millo），也就是那些借以在陡坡上建造大量建筑的台地系统。后来又有记载称，推罗王希兰运送建筑材料并派遣工人，帮着建造了"大卫之屋"，但现在还不能确认这里就是大卫城。

所罗门在他父亲营建的台地以北建造

1880 年在西罗亚输水渠旁边发现了西罗亚碑文（Siloam Inscription），其历史可以追溯至约公元前 700 年。希西家王建造新的城墙，将西罗亚池环绕在城墙以内，以便保障供水，尤其是在敌军围困时期确保基训泉水能继续流入西罗亚池。希西家王的建设活动在《列王记·下》[21]（20:20）和《历代志·下》（32:30）中都有记载。

这块碑文现藏于伊斯坦布尔的古代近东文物博物馆（Museum of Ancient Near Eastern Antiquities）内，是耶路撒冷《圣经》时期最古老的文物。碑文记述了两队挖掘工人在岩层深处隧道中碰面的情景，还有他们的担忧："……隧道即将贯通……那时每个人都向前用凿斧挖掘。还有 3 肘尺[22]即将挖通的时候，面前仍有重重叠叠的岩石，已经能听到有人呼喊队友的声音。隧道马上就要贯通时，工人们拼命猛挖，每个人都全力向前。最终，在厚达 100 肘尺的岩石下方，泉水从基训泉沿着渠道流向 1200 肘尺之外的蓄水池"。

"大卫王宫殿"（David's Palace）。自 1880 年大卫城山开始考古以来，没有发现任何早期文献提到该建筑；但在山顶最窄处曾建有防御工事的地方发现了一处公元前 11—前 10 世纪的大型建筑遗址。它很快就被认为有可能是锡安城堡，也就是大卫王曾居住并更名为"大卫城"的地方（《撒母耳记·下》5:9）。上述猜测还未经证实。

多层台地位于大卫城东北角，建于公元前 14—前 13 世纪的青铜时代晚期或公元前 12—前 11 世纪的铁器时代早期。台地由石墙围护、中间用土石填充，就像是一座人工丘阜，构成了迦南耶路撒冷卫城的基础。这里是耶路撒冷的重点防卫区，也是迦南和耶布斯城的行政中心所在地。

攻占这座城市之后，大卫王重新改造这个台地以便居住作为他自己宫殿的基础；但《圣经》上却没有大卫王建造宫殿的记载。他应该是沿用了前任国王的宫殿，即锡安城堡，并就此更名为"大卫城"。为了加固基础，他用一层层的石墙圈出台地，中间用土石填实，这就是现在看到的遗迹。台地上的宫殿可能就是推罗王希兰帮助建造的（《撒母耳记·下》5:11），也可能是《圣经》（《撒母耳记·下》5:9）中所记载的大卫城堡。随着时间流逝，当所罗门王在圣殿山上建造宫殿和圣殿时，大卫王的宫殿便不再重要。过去的宫殿只

剩下人工台地，台地旁边后来又建了住宅，完全改变了原来的面貌。即便现在仅剩下很小一部分，我们仍能从中窥见大卫王统治时期皇家工程的规模。

1978 年考古时再次勘察了此处的多级台地。虽然麦卡利斯特[23]早在 1923—1925 年间、肯扬于 1967—1968 年间就发现了此处遗址，但那时还没有人了解它的重要性。

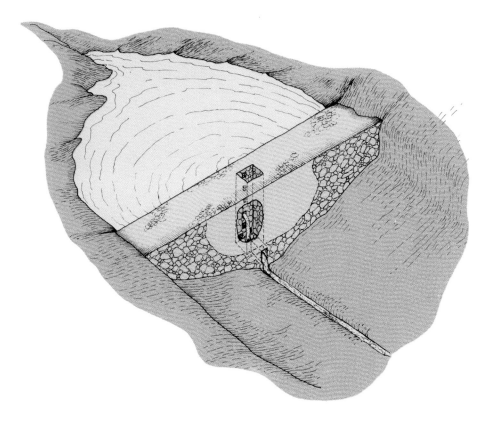

犹大王国末期建造了一座横跨贝泽塔山谷（Beth Zetha Valley）的大水坝。第二圣殿时期那里曾是羊池（Sheep's Pools）所在地，现位于圣安妮教堂院内。这座水坝长约 131 英尺（合 40 米），上部宽 20 英尺（合 6 米），底部宽 23 英尺（合 7 米），高 43 英尺（合 13 米），它把沿贝泽塔山谷向南流的水蓄积起来。这座水池与第二水池建于不同的时期，它位于第二水池的南侧上方。

水坝中间建有一条 3 英尺 ×3 英尺（合 1 米 ×1 米）的方形井道。井道中每隔 6.5 英尺（合 2 米）开凿一个孔洞连接其上方（北部）的水池，底部有两个与水池基底等高的开口，用来调节水量及向南排水。这样看来，这座水坝的作用是蓄水并导流，将水输送至圣殿山东侧，沿其到达俄斐勒地区（即发现石刻碎片的地方）和上城区的山上，希西家王时期这两个地区都已经成为城市的一部分。这片土地的所有者、白衣神父会（White Fathers）主持了这里的考古挖掘，现已发现约 164 英尺（50 米）长的一段输水渠，从水坝通往南部，深 3 英尺（1 米）、宽 30 英寸（76 厘米）。水由蓄水池经圣殿方向流入输水渠，估计圣殿里的人也使用这些水。

㉖ 了自己的圣殿和皇室宫殿，《列王传·上》中对此有详细描述。可以想见，城市向北扩张时也加强了对圣殿的防御。凯瑟琳·肯扬在大卫城 P 区发现了一段双层城墙，所罗门王在他的几座城防系统中都使用了这种类型的城墙，它很有可能就属于所罗门王向北扩建的圣殿防御体系；但这一点尚未得到证实，事实上也没有再找到这套防御体系的其他遗迹。第一圣殿时期之后，尤其在希律王时期之后，这个地区没有留下所罗门建筑的任何遗迹。上图中的防御工事并非基于考古发现，而是基于圣殿山的地形图——图中圣殿山被河谷和季节性河床包围，这倒是有助于确定防御工事的位置。更多线索来自圣殿山西北侧的城壕，这条护城河正对着安东尼亚堡山，早在希律王时期之前就已开凿。由于山上没有发现其他公共建筑，似乎也可以认为这条城壕开凿于第一圣殿时期，甚至是在所罗门统治期间。如果是这样，所罗门王时期的圣殿山就更有可能是位于此地了。

应当注意到，《历代志》记载圣殿是建在摩利亚山 [24] 上的。《弥迦书》 [25]（3:12）最早提及"宫殿之山"（Har Ha-Bayit，即 "mountain of the house"）。这个名字使用较久，

变得非常普遍，在《耶利米书》 [26]（26:18）中也不断出现，其希伯来语词汇一直沿用至今。

克劳福特和菲茨杰拉德于 1927 年发现了一座壮丽的城门，即上图中的山谷门（Valley Gate），猜测它建于所罗门王统治时期，但未经证实。由于考古技术的原因，其历史只能追溯至哈斯蒙尼时期。

这种情况同样适用于基训泉的沃伦井道，没有切实证据可证明其建造时间；但是，夏琐（Hazor）和米吉多（Megiddo）等其他城市也有同样类型的建筑，比照其相似之处，有助于推测沃伦井道建造于所罗门统治晚期或是某位后继国王的时期。最近在沃伦井道的考古证实，这项工程的建造时间为犹太君主制早期。

所罗门王在圣殿山地区建造了包括宫殿和圣殿在内的新建筑群，城市的行政中心搬过去之后，用来支撑大卫王宫殿的巨大台地就变得不再重要，逐渐荒废。到公元前 9 世纪，人口逐渐增长，公元前 18 世纪的大型凿石

水池也被废弃，有人开始利用废弃的建筑材料填埋水池，并在新的地坪上建造更多住房，在此定居。

复原《圣经》时期的耶路撒冷城市面貌，主要是根据考古发现和《圣经》中有关城市的描述。人们一直认为《尼希米记》佐证了第一圣殿时期耶路撒冷的城市结构；但 20 世纪 60 年代大卫城山的考古证实，尼希米时期的城市规模较第一圣殿时期明显缩小了，城墙的位置也改变了。由于很少有像《尼希米记》这样的史料保存下来，很难重现这个地区完整的演进过程。

耶路撒冷城市发展的第三阶段开始于乌西雅[27]统治时期，即公元前 8 世纪中叶。《圣经》记载，国王"乌西雅加固了城墙，此外还在耶路撒冷的角门、山谷门和城墙转弯处建造了塔楼"（《历代志·下》26:9）。他的儿子约坦[28]继续巩固了城防（《历代志·下》27:3）。《圣经》中虽然并没有明确的记载，但相信这时的城市应该已超出原有范围。

随着亚述帝国逐渐强大，以色列王国于公元前 722 年毁灭。犹大和沿海各城邦之间为西犹大的主权不断争斗，特别是由于西拿基立[29]对犹大城镇的包围，迫使当地难民纷纷涌向耶路撒冷。因此，在大卫城考古 B 区、锡安山地区、面朝苏丹水池[30]的老城西坡等地，这个时期的城外住宅遗迹比比皆是。

前文所述的事件发生在公元前 727—前 698 年希西家王统治的时期，这也促使他在耶路撒冷大兴土木，比

犹太区考古现场还发现了铁箭头，制造于尼布甲尼撒[32]公元前 586 年毁灭耶路撒冷时期。扁平状的箭头位于一座铁器时期的高塔废墟下的毁弃物（烧焦的木头、灰烬和烟灰）底层，其中一支是青铜制造的赛西亚[33]箭头，是由公元前 7 世纪的征战军队带到以色列的。似乎可以看出，侵略者进攻城市时曾投掷火把焚烧建筑，第一圣殿被毁前的那段时间里，耶路撒冷内外一派围攻高塔的乱象。

如环绕城外新营房的新城墙（《以赛亚书》[31]22:10）；《历代志·下》32:5）和从基训泉至城内西罗亚水池的输水渠（《列王传·下》20:20）。19 世纪的学者和非专业人士都认为这条输水渠是希西家王主持建造的。

阿维迦德教授在犹太区考古时发现了希西家王建造的城墙。城墙沿着城里干涸的河床建造，为此还曾拆除沿线的建筑。在 A 区城墙两侧发现了当初建墙时拆除的房屋遗迹，正如《以赛亚书》所描述的："将耶路撒冷的房屋编号，并拆除这些房屋来加固城墙"（20:20）。据此可以推断，犹太区发现的城墙是希西家王于公元前 701 年所建城墙的一部分，目的是防御亚述王西拿基立对耶路撒冷的围攻。附近的 S 区和 11 区发现了两段附建的城墙，可能是那个时期整个防御体系的一部分，也可能是之后玛拿西王时期防御工事中的一段，此事一直无法确认。参照那个时期的建筑范例，阿维迦德教授推测它们应该是一座四室城门，用于加强北部四分之一城区的防线。

据《圣经》（《历代志·下》33:14）记载，玛拿西

塔伊奈特废墟（Tell Ta'yinat）上壮丽的圣殿入口复原图。这座圣殿和《圣经》所描述的耶路撒冷圣殿有很多相似之处，图中支撑屋顶的两根柱子让人想起《圣经》中《历代志·下》（3:17）和《列王传·上》（7:21）提到的雅斤柱和波阿斯柱[34]。在叙利亚建筑中也有类似的柱脚石狮，但它们并没有出现在耶路撒冷的圣殿中。

王对犹大国漫长的统治期间（公元前697—前642年）非常重视建造城墙，不断加固城防。

凯瑟琳·肯扬在西罗亚池附近的锡安山东坡发现了一段希西家王建造的城墙。此前对第一圣殿时期耶路撒冷的城市规模一直存在着争论，这些争论因城墙的发现而告终。许多学者认为耶路撒冷的边界就是大卫城和圣殿山所在的山界，其他学者则认为城市规模要大得多，其西部边界跨越了如今的老城地区，意味着城市曾位于现在犹太区和亚美尼亚区（Jewish and Armenian Quarters）所在的锡安山。犹太区的考古已经证实，城市在公元前8世纪末确实超出了其早期边界。包括各种碑文在内的考古发现也证实了《圣经》的记载，反映了公元前8世纪至前6世纪期间的城市状况。

现在有一些学者认为，第一圣殿时期的这段城墙就是第二圣殿时期的第一城墙（First Wall），证据来自弗拉维奥·约瑟夫斯——他宣称第一城墙建造于大卫王和所罗门王以及其后执政的国王统治期间（《犹太战纪》5,4,1）；

此外，考古也证实了第一圣殿时期的城墙遗迹毗邻着第一城墙。约瑟夫斯（《犹太古事记》[35] 10:44）还提到玛拿西王曾在上城（Upper City）建造了一座要塞，而且河床就是城墙的位置所在。据此可以推测其城墙已越过了现在的犹太人大街（Street of the Jews）。这说明，犹太区早在第一圣殿时期已经相当繁盛，现在的山麓以西也就是当时的城堡位置。

亚美尼亚区和锡安山发现的房屋遗址远比犹太区要少，说明这里的情形与大卫城B区很像。犹太区城墙外当时还建有一些新来居民的房子。除了犹太区，其他地方都没有发现第一圣殿时期的遗址，这一点验证了少数派学者的观点。但是，除了在要塞周边和老城墙以西，并未在周边地区发现更多遗址，降低了该观点的可信度。话说回来，即便在城外发现更多遗址，也不会推翻主流学者们的看法。

老城北部的考古发现证实了城市在这个方向的扩张。可以看出，在穆里斯坦[36]和圣墓教堂[37]附近发现的采石

阿维迦德（N. Avigad）在犹太区发现了第一圣殿时期耶路撒冷的一段城墙，约213英尺（合65米）长、25英尺（合7.6米）宽、超过10英尺（合3米）高。这项发现让关于第一圣殿时期耶路撒冷范围的长期争论尘埃落定。除了这段引人注目的城墙，还在该区发现了城门上的塔楼。这套防御工事体系可以证明，今天的犹太区自公元前8世纪末以来就已被纳入耶路撒冷城墙的范围。

塔伊奈特废墟圣殿[40]。这座圣殿山建筑无疑是第一圣殿时期的典型代表,《圣经》中《列王传》和《历代志》对此都有详细的记述,但很少提及毗邻的配殿。比较这一时期邻近国家的建筑,再看看圣殿山的筑城观念,可以发现行政区的划分和组织都是以圣殿和宫殿为基础的,其典型例证可见于叙利亚北部[41]的塔伊奈特圣殿和艾因达拉圣殿(下图)的行政建筑群。这也证实了《圣经》中的记载,增加了我们对所罗门王圣殿山建筑的理解。虽然塔伊奈特圣殿建筑群实际上是所罗门之后200多年才建的,但它让我们得悉复杂的宫殿布局和宏大的配殿规模。要说明的是,其他同类建筑的情况还不清楚,比如《列王传·上》所说的"黎巴嫩森林之屋"(house of the forest of Lebanon)(7:2)和"法老之女之屋"(house of Pharaoh's Daughter)(9:24)。《圣经》记载,所罗门王耗费13年时间为自己建造宫殿,仅用6年建圣殿(《列王传·上》7:1)。这说明,从时间和重要性两方面来说,宫殿都胜过圣殿。

在米吉多(Megiddo)已发现所罗门王统治时期的这种宏伟宫殿,包括一间圆柱厅(用作门厅)、一座内庭(《圣经》中称其为"别院",是国王及其侍从的居所)以及一间大厅(《圣经》中称其为"王座大厅")。据《圣经》记载,图中所示的宽墙(Broad Wall)也可见于耶路撒冷王宫。圣殿面朝东

方,其内部尺寸为20肘尺×70肘尺(约30英尺×105英尺,合9米×32米),圣所(Hekhal)与庭院之间由一间有楼梯的前厅过渡。可以说,塔伊奈特圣殿里立在狮子背上的柱子起到了雅斤柱和博阿斯柱(《列王传·上》7:21)的作用。大厅的一个入口引向圣所、即圣殿最主要的部分,祭司在这里主持各种仪式。塔伊奈特圣殿与耶路撒冷圣殿的主要区别是放置圣柜和小天使的内部圣所(即至圣所)的长度,在耶路撒冷圣殿中,至圣所长20肘尺,而在塔伊奈特废墟圣殿仅有10肘尺长,两者相差两倍。

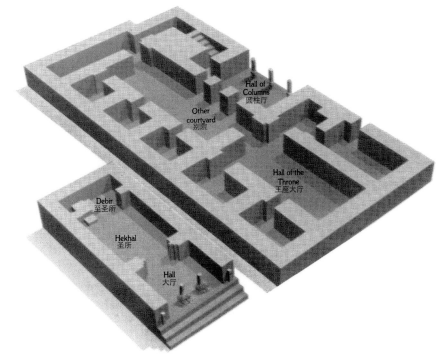

Hall of Columns 圆柱厅
Other courtyard 别院
Hall of the Throne 王座大厅
Debir 至圣所
Hekhal 圣所
Hall 大厅

Eastern entrance to corridor 廊道东入口
Corridor 走廊
柱基 Column bases
Platform 平台
Stairs 台阶
Front room 前厅
3 Stairs 3级台阶
Western entrance to corridor 廊道西入口
N 北

一座位于叙利亚艾因达拉[42]的铁器时代圣殿平面图

场遗址那时仍处在城市之外。希西家王时期的两座羊池(即贝塞斯达池,Bethesda Pools)也在城市最北部被发现,进一步证实了大量设施位于城外的猜想。当时在贝泽塔山谷修建了一座水坝,用来阻留山谷洪水,大坝上留有孔洞以便将水引入水渠。这条水渠因为亚述人的围攻而闻名,"他们来此,站在上方水坝的水渠边,这里正是漂染区的咽喉要道"(《列王传·下》18:17)。根据对西拿基立(Sennacherib)围攻的《圣经》记载,城内被困居民应该是位于大坝分流水渠附近的圣殿山北侧。最近在西墙广场又发现了一座巨大的建筑,西墙的坑道中还找到了一些器皿,这些考古发现都是关于城市规模的新证据。

城市扩张的更多证据来自周边的墓地。直到1967年的"六日战争"[38],学者们才发现了大卫城和西罗亚村的墓地,尤其是西罗亚墓穴,采用了耶路撒冷第一圣殿时期典型的埋葬方式。正如《以西结书》(43:7—9)所记载的,西墙广场考古过程中还在罗宾逊拱桥[39]西侧发现了另外一些这一时期的墓地。墓穴紧邻大卫城山,与山的关系不言自明,但这些并不能增加对第一圣殿时期城市状况的认知。

当城市北部、大马士革门附近和更北的一些地方不

29

这六幅耶路撒冷城平面图分别由探险家佩顿（Paton，1908 年）、达尔曼[43]（1930 年）、加林[44]（1937 年）、西蒙斯（Simons，1952 年）、肯扬（Kenyon，1967 及 1974 年）和阿维迦德（Avigad，1980 年）绘制，也是对《尼希米记》（Nehemiah）的研究结果。由于缺少足够的考古证据，只能把《尼希米记》中对犹太人重返锡安后城市状况的记述与第一圣殿时期联系起来，这是绘制这些图纸的基础。

佩顿地图 1 描绘了玛拿西王和希西家王统治时期的整个西部山区。佩顿认为这段城墙的许多地方与现在的老城城墙是相同的，他的依据是当时的西罗亚池位于城墙以内，说明大卫城南部和锡安山也是位于城内的。

达尔曼地图 2 中第一圣殿末期的城市状况符合现在的主流观点，在佩顿 1 和西蒙斯 4 的地图中也能看到。西蒙斯将尼希米比作《圣经》时代的约瑟夫斯，认为《尼希米记》描述了毁灭前后的耶路撒冷景象。抛开西蒙斯的学术分析，在犹太区、锡安山和亚美尼亚区的考古挖掘已经证实，尼希米时期的耶路撒冷西山地区并没有人居住，直到城市毁灭前夕这些地区才有少量人定居，这就对《圣经》资料的可靠性提出疑问。因此，不能认为耶路撒冷毁灭前后的边界是一样的。

加林 3 图示了第一圣殿末期耶路撒冷的扩张，图中可以看出尼希米城墙与毁灭前的城墙相同。加林相信《尼希米记》第 4 章第 7 节中的"修造耶路撒冷城墙，着手进行堵塞破裂的地方"，这句话说明城墙的确经历修缮，但并未重建。

地图 5 印证了凯瑟琳·肯扬提出的两个观点。她于 1967 年推测耶路撒冷仅限于大卫城山的范围；1974 年她根据自己的考古发现和阿维迦德在犹太区发现的一段"宽墙"（地图 6）提出了第二个观点。修正之后的平面图与加林的图很相近，但我们并不清楚她是如何准确界定这段城墙的。

基于对犹太区、亚美尼亚区东部等地的考古研究，阿维迦德（地图 6）推测犹大王国时期的城墙与之前第二圣殿时期的第一城墙是一致的。这个观点既来自约瑟夫斯关于大卫王朝第一城墙的记述，也基于阿维迦德自己的勘测，他发现两座城墙的一些段落是一致的。阿维迦德认为，与城防体系不一致的那些段落是较晚时候才建的。这张图代表了大流散[45]前耶路撒冷城市建设的主流观点，但仍有待更多的证据。

在几十年来的耶路撒冷研究中，学者们一直认为第一圣殿末期和尼希米时期是同一个时期，导致无法区分这两个时期的城市边界。在某些地方，尼希米城墙的确是建在早期城墙的遗址上，但根据最新的考古发现，这两者仍有不同。

Legend 图例

▩	**Walls of Jebusites/David** 耶布斯城墙/大卫城墙
▬	**Walls of Solomon** 所罗门城墙
▩	**Walls of Hezekiah** 希西家城墙
▬	**Walls of Manasseh** 玛拿西城墙
▥	**Walls of Nehemiah** 尼西米城墙
▤	**Walls of Herod, Hasmoneans, Agrippa** 希律城墙，哈斯摩尼城墙，阿古利巴城墙
▤	**Present city walls (from Turkish period)** 乡村城墙（自土耳其时期起）
═	**Road** 道路
═════	**Road** 道路

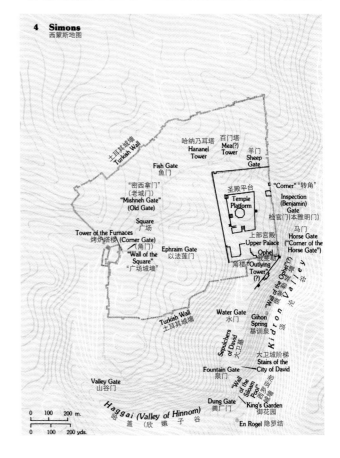

1　**Paton** 佩顿地图

Fish Gate or Middle Gate 鱼门或中门
玛拿西城墙 Manasseh's Wall
Hananel Tower 哈纳乃耳塔楼
圣墓教堂 Church of the Holy Sepulcher
Mea 百门村
Sheep Gate or Upper Gate (Benjamin Gate) 羊门或上门（本雅明门）
Court 庭院
Temple 圣殿
Miphkad (Inspection) Gate 检官门
所罗门城墙 Solomon's Wall
Old Gate 老城门
Zion 锡
Palace 宫殿
Porch Lebanon House 黎巴嫩之屋
Ephraim Gate 以法莲门
Corner Gate 角门
Horse Gate 马门
Ophel 俄斐勒 Wall of Ophel 俄斐勒城墙
Water Gate or East Gate 水门或东门
Great Tower
"宽墙" "Broad Wall"
Millo 米罗
Gihon Spring 基训泉
City of David 大卫城
Ascent of Wall 城墙上升部分
Furnace Tower 烤炉塔楼
所罗门城墙 Solomon's Wall
Fountain Gate 泉门
Stairs 阶梯
Siloam 西罗亚池
Valley Gate 山谷门
Turn of Wall
Old Pool 老水池
King's Garden 御花园
Hezekiah's Wall 希西家城墙
Dung Gate 粪厂门
Valley of Hinnom 欣嫩子谷
Kidron Valley 汲沦谷
En Rogel 隐罗结

0　100　200 m.
0　100　200 yds.

4　**Simons** 西蒙斯地图

土耳其城墙 Turkish Wall
哈纳乃耳塔楼 Hananel Tower
百门塔 Mea(?) Tower
羊门 Sheep Gate
Fish Gate 鱼门
"密西拿门"（老城门） "Mishneh Gate" (Old Gate)
Square 广场
圣殿平台 Temple Platform
"Corner" "转角"
Inspection (Benjamin) Gate 检官门（本雅明门）
Tower of the Furnaces 烤炉塔楼（角门）(Corner Gate)
"Wall of the Square" "广场城墙"
Ephraim Gate 以法莲门
角楼
上部宫殿 Upper Palace
Ophel 俄斐勒
Horse Gate ("Corner of the Horse Gate") 马门
"Outlying Tower (?)"
"Wall of the Ophel(?)" 俄斐勒城墙
Water Gate 水门
Gihon Spring 基训泉
Turkish Wall 土耳其城墙
Sepulchers of David 大卫墓
Stairs of the City of David 大卫城阶梯
Fountain Gate 泉门
"Wall of the Siloam(?)" 西罗亚城墙
Valley Gate 山谷门
Siloam 西罗亚池
Dung Gate 粪厂门
King's Garden 御花园
Kidron Valley 汲沦谷
Haggai (Valley of Hinnom) 盖（欣嫩子谷）
En Rogel 隐罗结

0　100　200 m.
0　100　200 yds.

30

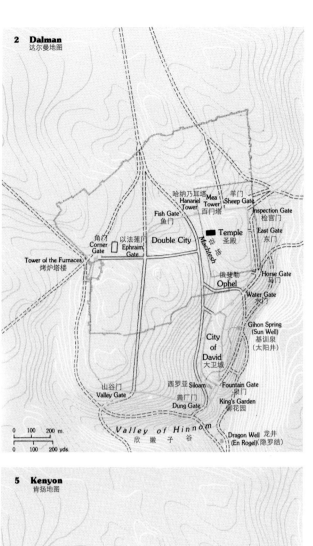

2 Dalman
达尔曼地图

哈纳乃耳塔 Hananel Tower
Mea Tower 百门塔
羊门 Sheep Gate
Fish Gate 鱼门
Inspection Gate 检官门
East Gate 东门
角门 Corner Gate
以法莲门 Ephraim Gate
Double City
Machtesh
Temple 圣殿
Ophel 俄斐勒
Horse Gate 马门
Water Gate 水门
Tower of the Furnaces 烤炉塔楼
Gihon Spring (Sun Well) 基训泉 (太阳井)
City of David 大卫城
山谷门 Valley Gate
西罗亚 Siloam
Fountain Gate 泉门
King's Garden 御花园
粪厂门 Dung Gate
0 100 200 m.
0 100 200 yds.
Valley of Hinnom 欣嫩子谷
Dragon Well 龙井 (En Rogel)(隐罗结)

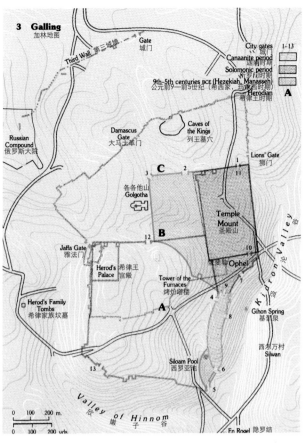

3 Galling
加林地图

Third Wall 第三城墙
Gate 城门
City gates 1-13
Canaanite period 迦南时期
Solomonic period 所罗门时期
9th-5th centuries BCE (Hezekiah, Manasseh) 公元前9—前5世纪 (希西家, 玛拿西时期)
Herodian 希律王时期
A
Damascus Gate 大马士革门
Caves of the Kings 列王墓穴
Russian Compound 俄罗斯大院
各各他山 Golgotha
C
B
Lions' Gate 狮门
Temple Mount 圣殿山
Jaffa Gate 雅法门
Herod's Palace 希律王宫殿
Tower of the Furnaces 烤炉塔楼
俄斐勒 Ophel
Kidron Valley 汲沦谷
Herod's Family Tombs 希律家族坟墓
A
Gihon Spring 基训泉
西尔万村 Siwan
Siloam Pool 西罗亚池
0 100 200 m.
0 100 200 yds.
Valley of Hinnom 欣嫩子谷
En Rogel 隐罗结

㉛

5 Kenyon
肯扬地图

希律王时期的圣殿平台
Temple Platform (Herodian)
肯扬考古挖掘发现的城墙
Excavated wall
1974
1967
Gihon Spring 基训泉
0 100 200 m.
0 100 200 yds.

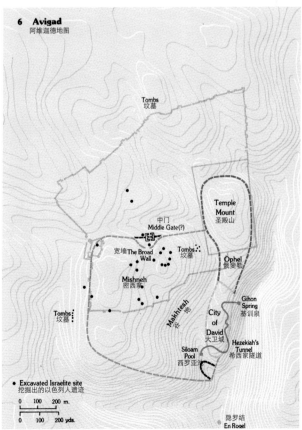

6 Avigad
阿维迦德地图

Tombs 坟墓
Temple Mount 圣殿山
中门 Middle Gate(?)
宽墙 The Broad Wall
Tombs 坟墓
Ophel 俄斐勒
Mishneh 密西塞
Makhtesh 谷地
Tombs 坟墓
Gihon Spring 基训泉
City of David 大卫城
Hezekiah's Tunnel 希西家隧道
Siloam Pool 西罗亚池
• Excavated Israelite site 挖掘出的以色列人遗迹
0 100 200 m.
0 100 200 yds.
隐罗结 En Rogel

39

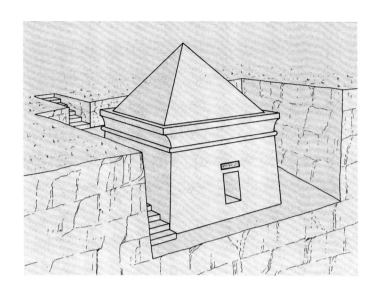

法老之女墓（Tomb of Pharaoh's Daughter）位于西罗亚村。按照阿拉伯地区的习俗，任何奇异现象都与法老相关，该墓因此得名。比如，在同一个地方，"押沙龙柱"[49] 的阿拉伯语名字叫"法老的头饰"（Pharaoh's Headdress）。因此，《圣经》中所罗门王的妻子也可以称作"法老之女"，犹太人更易接受其"法老之女墓"的称谓（《列王传·下》9:24）。

这是一座建造工艺娴熟的贵族墓穴，拜占庭时期曾多次改变其结构。一个小房间被辟为僧人住所；锥形屋顶被拆下来，石材另作他用，门楣处还开了一个洞口。原先刻在洞口上的碑文已经被抹去，只有两个词：vav 和 reish，它们可能是一句诅咒语里某些单词的最后几个字母，正像在该区另一座第一圣殿时期的墓穴里发现的一句碑文："诅咒打开这墓穴的人"。

断发现一系列墓地之后，这座城市才算是有了相应规模的墓地区，真正符合一座特大城市的身份。在城北圣埃蒂安修道院[46]庭院里发现了以色列迄今为止最为壮观的墓地。那时的大量墓葬都位于今天的基督徒区（其中之一发现于圣墓教堂附近的哥普特东正教区），其他墓穴则分布在朝向苏丹池（Sultan's Pool）的西坡和欣嫩子谷河床上。圣安德鲁教堂（St. Andrew's Church）和贝京中心[47]所在的山上有大量考古发现，其中有一处墓葬群。早些时候在玛米拉大街[48]也发现了一些墓穴。很显然，这些墓地在城中的分布很广。虽然这些无法帮我们厘清城市边界，但城里其他地方还有大量的考古发现，足以证明这座城市在第一圣殿毁灭之前的两个世纪里非常重要。

"本墓葬……谁打开它"是希伯来语石刻碑文的几个单词，刻在第一圣殿凿石墓穴的壁面，1946年在西罗亚村被发现。西罗亚村民封闭了洞穴并将其改成一个蓄水池，一直使用至今。这块碑文历经1967年的六日战争之后仍完好无损，最近却被村民毁掉了。

法国学者查尔斯·克勒蒙特-夏涅（Charles Clermont Ganneau）1870年在耶路撒冷附近的西罗亚村发现了两块陵墓碑文。该区有耶路撒冷第一圣殿时期最大的墓葬群，碑文来自其中最为精美的一座。较大的一块碑文刻有："这座陵墓主人是……耶胡 (Yahu)，他掌管圣所。此地并无金银财宝，只有他和合葬妻子的尸骨。打开这座陵墓的人将被诅咒。"看上去它像是一座贵族陵墓，碑文所载 yod、heh、vav 等字母很有可能是舍伯那[50]名字的最后几个字母，他在《以赛亚书》（22:15—16）中出现："来，你去见掌管银库的人，就是家宰舍伯那，对他说：你在这里做什么呢？有什么人竟敢在这里凿坟墓，就是在高处为自己凿坟墓，在磐石中为自己凿出安身之所？"第二块碑文刻在附近房间入口的石头上，碑文可能是 heder be-katef ha-

tzur、意思是"岩石背后的房间"，也可能是 heder be-katef ha-tzariah，意思是"洞穴后面的房间"。两种版本的碑文都说明，大墓室旁边还有另一间墓室，该陵墓的建造者意图警示其他掘墓人不要挖得太近。

陵墓 T1 和 T2。雷蒙德·维尔
（R.Weill）于 1913—1914 年间大
卫城考古时发现了古罗马时期的
采石场。这些采石行为破坏了大
卫城的部分地区，后来还破坏了
古罗马城市边界以外的地方。考
古发现了一些已遭破坏的、古罗
马时期之前的遗迹和两座人工开
凿的洞穴，威尔认为这是大卫王
时期的皇家寝陵。编号为 T2 的
陵墓保存下来的东西不多，T1 还
留有不少遗物，可以用来复原陵
墓的原貌。

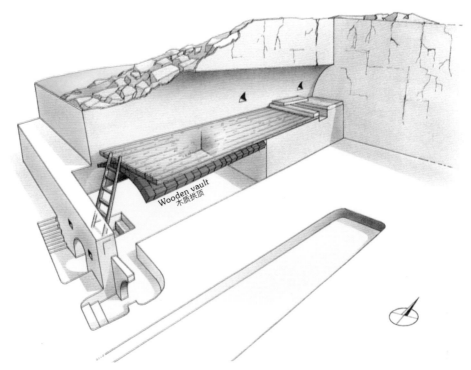

威尔认为有两个通往陵墓的阶梯。
沿第一个阶梯有一条 52.5 英尺（合
16 米）长的通道，入口位于南部，
北端稍高于地面处建有一座壁龛，
用于放置尸体或石棺，后来这条
通道被石板封住。墙上凿有放置
蜡烛的三角形壁龛，说明这里还
有多用途。后来，墓穴变得非
常拥挤。《圣经》中关于大卫王
朝第一任国王墓地的记述证实了
这一点："他与他的父亲一同安
葬在大卫城"，此后称墓地为"大
卫城"而非"约兰和约阿施国王
的陵墓"[51]，再往后就用"乌撒
花园"[52]代指墓地。第二个阶梯
处也开有一条通道，并与第一条

通道前段底部的洞口相连，洞口
和旁边的大部分楼梯都保留了下
来。后来的石棺被放置在下层通
道尽端，考古时损坏了石棺的上
层。通道尽端两侧的墙上开了一
些槽口，用来支撑木质拱顶，上
面放着一个新的木制楼梯。

该遗址在古罗马时期变成了一座
采石场，两条通道都被侵入，陵
墓里的陪葬品被盗。因此，它的
用途、确切的建造时间以及是否
确为大卫王朝的国王墓地都没有
留下相关证据。

圣埃蒂安修道院里的墓穴。19 世
纪末重建圣埃蒂安教堂时，在庭
院里发现了两座大型墓穴。当时
的考古学家并未准确判定其建造
时间，后来比照公元前 8—前 7
世纪其他的此类墓穴，才断定该
墓穴属于第一圣殿晚期。此类陵
墓的特征是墓室沿墙的三个架子
（包括入口一侧），尸体就放置
在架子上，头部搁在石枕凹槽上。

"枕头"造型源自埃及女神哈
托尔[53]的发型，墙壁与天花板
之间的檐口也有一些装饰。大
多数墓室都有装尸骨的深洞，早
先埋葬的尸骨被放置其中，以便
为后来的尸骨腾出空间。有三个
台阶通向洞口上方的架子，这也
是墓室里三个架子中最显眼的
部分。第二间墓室现在用作僧
人墓穴，一些巴勒斯坦地区的著
名学者也埋葬于此，如亚伯神父
（Father R. M. Abel）、文森特神父
（Father L. H. Vincent）、德·沃克斯
神父[54]，还有伯诺阿神父（Father P.
Benoit）、拉格朗日神父[55]和其他
学者。

这是迄今发现的第一圣殿时期墓穴
中最美的两座。近来有学者认为，
它们就是约瑟夫斯描述第三城墙
（Third Wall）时提到的"王室墓穴"
（Royal Caves）；但尚无证据支持这
一猜想。此外，大马士革门以北还
发现了其他墓穴，足以证明这里就
是第一圣殿晚期的墓地。

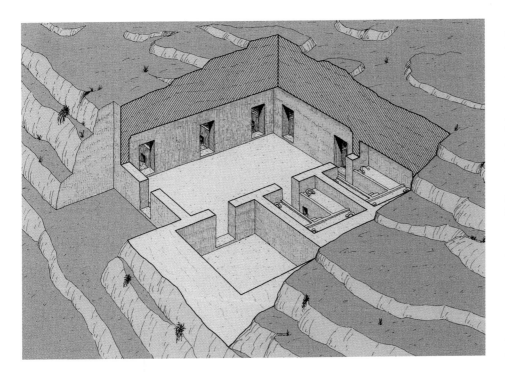

译者注

1. Jebus，耶路撒冷城市名称，合并自《圣经》里的耶布斯和撒冷两个城市名，前者的意思是"基石"或"城市"，Salem 在《创世纪》里是大祭司麦基洗德的住处，文字本义是"和平"，故耶路撒冷也被称为"和平之城"。

2. *Second Book of Samuel*，《申命记》的一部分，是希伯来《圣经》的一系列典籍之一，由以色列人的神学历史组成，解释了以色列在先知指导下所遵从的上帝法令。

3. *Book of Chronicles*，希伯来《圣经》中按顺序排在最后的书，为现代犹太教和基督教普遍遵循。

4. Joab，《圣经》记载为洗鲁雅之子、大卫王的侄子和军队的统帅。洗鲁雅 Zeruiah 是大卫王的姐姐，其三子亚比筛、约押、亚撒黑都是大卫王军队的士兵。

5. Jericho，也称"耶利哥"，位于约旦河西岸 7 公里处的约旦谷，西距耶路撒冷 38 公里，据信是世界上最早的人类聚居地之一，希伯来《圣经》中称之为"棕榈树之城"。

6. Shofars，也称"箫法"，现常作为乐器用于犹太新年或赎罪日等宗教活动中。

7. *Psalms*，《圣经·旧约》的一卷书。本卷书共 150 篇，是耶和华真正敬拜者大卫所记录的一辑受感示的诗歌集，包括 150 首可用音乐伴唱的神圣诗歌，是整本《圣经》中第 19 本书。

8. Menachem ben Saruk，西班牙籍犹太人、诗人，编纂了第一本希伯来语言词典，并将早期的《圣经》字典翻译成希伯来文，在西班牙系犹太人即赛法迪的崛起过程中极有影响力。

9. 考古学家 Eli Shukron 认为锡安城堡遗址位于耶路撒冷 16 世纪城墙以南西尔万的巴勒斯坦社区中间，但其他考古学家并不认同这一说法。

10. Hiram，公元前 978—前 944 年，《圣经》中的人物，推罗王，即腓尼基王希兰一世，从大卫时代起就与以色列修好，并极力帮助大卫和所罗门。

11. J.G.Duncan，1936 年著有《关于希伯来人起源的新发现》一书。

12. Yahu，犹太教尊奉的神。

13. Tyre，意为"悬崖"，古代腓尼基南部的奴隶制城邦、良港和工商业中心，位于地中海东岸、即今黎巴嫩之苏尔，约建于公元前 2000 年初。

14. Ramat Rahel，希伯来语原意为"瑞秋高地"即 Rachel's Heights，耶路撒冷以南的高地，属于市政边界之外的一处飞地，其上有一座同名的"基布兹"，即集体农场。

15. Asa，亚撒，？—前 870 年，犹大王国的第三任君主。Jehoshaphat，约沙法，犹大王国的第四任君主、亚撒之子。

16. Assyria，美索不达米亚地区的东闪米特王国，位于底格里斯河中游，作为一个独立的国家自公元前 2500—前 605 年存在了约 19 个世纪。

17. Calah，《圣经》中广为人知的亚述古城，位于美索不达米亚北部、摩苏尔以南的底格里斯河上，尼姆鲁德（Nimrud）是其后来的阿拉伯名字。

18. Hazor，《圣经》中的北方圣城，位于加利利海以北约 15 公里处的高地上，面积庞大，是迄今为止在巴勒斯坦地区发现的最大的古代城市。

19. Megiddo，原意为"军队集结地"，位于以色列北部加利利地区的一处山丘，是亚非贸易、军事要冲和著名的古战场。

20. Eilat Mazar，生于 1956 年，以色列第三代考古学家，致力于耶路撒冷和腓尼基考古，参与过圣殿山和亚革悉的发掘。

21. *Book of Kings*，与《撒母耳记》紧相接连，分为上下两卷，记述大卫王死后至犹大流亡在外的君王约雅斤在巴比伦被释放的近 400 余年的时间跨度内（公元前 960—前 560 年）古代以色列王国的历史。

22. cubit，也称"腕尺"，古时长度单位，1 肘尺约合 45 厘米，即成人的指尖至肘关节的距离。

23. Robert Alexander Stewart Macalister，1870—1950 年，爱尔兰考古学家，其最为著名的就是 1902—1909 年间发现了刻在石头上的基色历。

24. Mount Moriah，锡安山的早期名字。亚伯拉罕差点在此把自己的儿子以撒献为燔祭，后来建造神殿时该山改称"锡安山"。

25. *Micah*，《圣经》第 33 卷，弥迦是公元前 742—前 687 年的犹大先知和预言家，和以赛亚生活在同一时代。

26. *Jeremiah*，《旧约》中的一卷经文。耶利米是祭司希勒家的儿子，继以赛亚之后第二个主要的先知。

27. Uzziah，古犹大王国的国王、亚玛谢的儿子之一，公元前 783—前 742 年在位。

28. Jotham，犹大王国的第十一任君主，乌西雅之子。

29. Sennacherib，萨尔贡二世之子，亚述国王，公元前 705—前 681 年在位。

30. Sultan's Pool，老城城墙西侧古老的蓄水池，可能为希律王时期所建。名字来自之后的奥斯曼苏丹，也有学者认为它是约瑟夫斯所说的蛇池（Snake Pool）。

31. *Isaiah*，《圣经》的第 23 卷书，是上帝默示由以赛亚执笔，大约在公元前 723 年之后完成。记载关于犹大国和耶路撒冷的背景资料，以及当时犹大国的人民在耶和华前所犯的罪，并透露耶和华将要采取判决与拯救的行动。在第 53 章整章描述大约在 700 年之后将临的弥赛亚耶稣的遭遇与人格特质。

32. Nebuchadnezzar，新巴比伦帝国的迦勒底王，公元前 605—前 562 年在位，也是巴比伦空中花园的建造者和耶路撒冷圣殿的毁灭者。

33. Scythia，指古典时期欧亚大陆的中央，古希腊人将欧洲东北部和黑海北部海岸地区统称"赛西亚"。

34. Jachin and Boaz，耶路撒冷第一圣殿即所罗门圣殿门廊立着的两根铜柱。

35. *Antiquities,* 犹太人史籍，是投降罗马的犹太叛将约瑟夫斯在公元 93 年前后用希腊文写成，是一部从创世纪至公元 66 年反罗马大起义为止的犹太通史。

36. Muristan，耶路撒冷老城基督徒区的一条综合性街道，原为古罗马市集广场和最早的医院骑士团所在地。

37. Church of the Holy Sepulcher，位于耶路撒冷老城，又称"复活大堂"，是耶稣基督遇难、安葬和复活的地方，耶稣坟墓所在地、基督教圣地、耶路撒冷基督教大教堂之一。

38. Six-Day War，即 1967 年 6 月初发生在以色列和毗邻的埃及、叙利亚、约旦等阿拉伯国家之间的第三次中东战争，历时 6 天，以方最终获胜。以色列称之为"六日战争"，阿拉伯国家称其为"六月战争"。

39. Robinson's Arch，圣殿山西南角一座非常宽阔的石拱桥。

40. Temple at Tell Ta'yinat，位于现土耳其东南部奥伦提斯河古河床东岸、亚拉勒古城附近，此处有可能是《圣经》中的甲尼古城所在地。

41. 原文如此。

42. Ein Dara，叙利亚铁器时代的赫梯寺，位于艾因达拉村附近，因与所罗门圣殿相似而闻名。

43. Dalman，即 Gustaf Hermann Dalman，1855—1941 年，德国路德教派神学家和东方学家，第一次世界大战前在巴勒斯坦地区收集碑刻、诗歌等。

44. Galling，即 Kurt Galling，1900—1987 年，德国《旧约》学者，曾于 1930 年任耶路撒冷德国古圣地基督教研究中心主任。

45. 犹太人有三次大的流散，第一次约在公元前 1700 年，雅各率全家南下埃及，直到 400 多年后摩西率众出埃及；第二次大流散是公元前 587 年巴比伦灭犹大王国并毁第一圣殿，犹太人被掳至巴比伦，也称"巴比伦之囚"；第三次流散是在公元 70 年罗马人镇压犹太起义后，第二圣殿被毁。此处指第二次大流散。

46. St. Etienne's Monastery，也是圣斯蒂芬教堂（St. Stephen's Church）所在地。

47. 即 the Menachem Begin Heritage Center，位于耶路撒冷欣嫩子谷边上，以色列第六任总理贝京的国家纪念中心和以色列独立战争研究中心，2004 年开放。

48. Mamilla Street，即现在的拉姆班街；Ramban Street，以中世纪西班牙裔犹太哲人名字命名。

49. Absalom's Pillar，押沙龙是大卫王的第三个儿子，他立柱为自己留名，柱子顶部像一个倒转的雪糕筒，成了汲沦谷现在的标志。

50. Shebna，也可能是 Shebnayahu，即舍伯那耶胡，他是希西家王的宫廷管家。

51. Jehoram and Joash，分别是犹大王国的第五任君主和第八任君主。

52. Garden of Uzzah，乌撒是《圣经》中因擅自用手去扶约柜而被神击杀的人。

53. Hathor，古埃及女神之一，司欢乐、爱和母性。

54. Father R.de Vaux，法国籍考古学家，道明会神父。

55. Father M.J. Lagrange，其在耶路撒冷建立"《圣经》学院"，并培训了一批《圣经》研究学者。

第二圣殿时期

公元前 538—公元 70 年

刻有犹大名字的硬币。这种银质或铜质的硬币铸造于公元前 4 世纪或前 3 世纪初期，其一面是一只没有展翅的鹰、猫头鹰或其他有翅类动物，并有犹大的铭文。这些硬币很可能是在当时的犹大省首府耶路撒冷铸造的，但硬币上并没有城市印记，也没有任何犹太符号。希腊化 [15] 初期犹大国也铸造了类似的硬币，上面有托勒密一世 [16] 的形象，他于公元前 301 年至前 258 年间 [17] 统治这个国家。

第二圣殿时期从《居鲁士宣言》[1] 起至第二圣殿毁灭，持续了 600 多年。期间耶路撒冷的形象发生了巨大改变，从一个局部破损的小型定居点发展成一座最重要、最著名的东方城市。

这个时期的城市历史篇章可分为三部分：尼希米 [2] 时期、哈斯摩尼 [3] 王朝时期和希律王 [4] 统治时期。

本章篇首的地图综合了考古发现和历史文献资料，展示了被罗马人毁灭之前的耶路撒冷，涉及上述三个历史时期。图中某些地名尚未核证，位置也并不确切。

从重返锡安到哈斯摩尼王朝

自公元前 586 年第一圣殿被毁后，耶路撒冷的规模再一次缩至大卫城和圣殿山的范围。城西的西山（Western Hill）仍被几英尺高的城墙遗址所围绕；但墙内的许多地方都已变为废墟。《尼希米记》的记载和后来的考古都证实，那时候的耶路撒冷满目疮痍，破损的城墙遮蔽着留下来的少量居民。

公元前 538 年颁布的《居鲁士宣言》开创了新时代，犹太人开始在自己的土地上重振精神，重新恢复自己的政治生活。居鲁士承诺让犹太人返回犹大之地并在废墟上修建他们的圣殿。22 年后（即公元前 516 年），在约撒答（Jehozadak）之子耶书亚（Jeshua）和撒拉铁 [5] 之子所罗巴

伯 [6] 的领导下重新修复圣殿。为建造第二圣殿，犹太人奉献了大量财力物力，还有从黎巴嫩（Lebanon）运来的雪松木，来自推罗（Tyre）和西顿 [7] 的石匠和木匠。竣工仪式异常盛大，令人振奋，神职人员和利未人 [8] 再次履职主持宗教仪式。耶路撒冷现在变成了波斯帝国耶胡德省 [9] 的首府，再次成为犹大之地的中心。考古发现了这一时期的一些图章，可以证明这一点。无论如何，耶路撒冷已经荒废了很多年，从圣殿 [10] 落成到 58 年后文士以斯拉 [11] 抵达，耶路撒冷一直被毫不相干的人统治着。

以斯拉在波斯王阿塔塞克西斯一世 [12] 的宫廷中拥有很高的地位，于公元前 457 年从巴比伦来到耶路撒冷，是返回者的领袖。借助国王给他的授权，以斯拉努力传授《托拉》[13]，加强犹太人的信念，恢复圣殿仪式。此后，尼希米也来到耶路撒冷，他们的共同努力让耶路撒冷面貌一新。

尼希米于公元前 445 年来到耶路撒冷，给城市带来了巨大的变化。他很快就意识到修复城墙的必要性，并马上付诸行动。关于被毁城墙的位置，从他的夜间巡查记录中有所了解："他从大卫城西北的山谷门（Valley Gate）为起点开始巡视，然后沿推罗坡谷走到龙井 [14]。根据名字，粪厂门应该就在西罗亚池附近。从龙井向东走，爬上汲沦谷西坡，俯视半坡上的城墙废墟，然后从大卫城东北角往西沿推罗

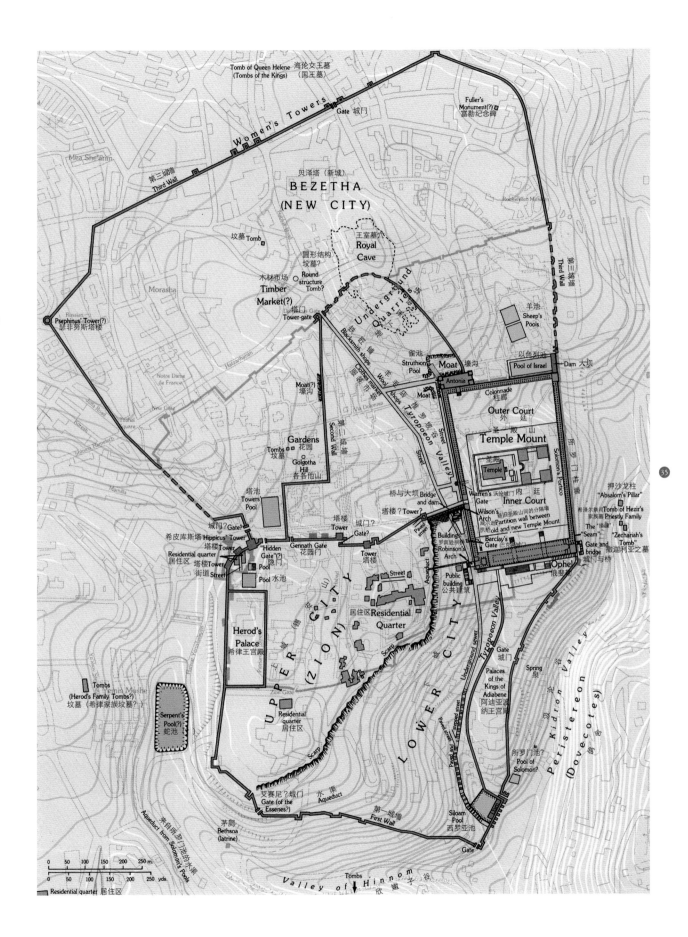

Tomb of Queen Helene 海伦女王墓
(Tombs of the Kings) （国王墓）
Gate 城门
Fuller's Monument(?) 富勒纪念碑

Women's Towers

第三城墙
Third Wall

Mea She'arim

贝泽塔（新城）
BEZETHA
(NEW CITY)

Rockefeller Museum

第三城墙
Third Wall

墓墓 Tomb

王室墓穴
Royal Cave

圆形结构
坟墓?
Round structure Tomb?

Morasha

木材市场
Timber Market(?)

地下采石场
Underground Quarries

羊池
Sheep's Pools

Psephinus' Tower(?)
瑟菲努斯塔楼

塔楼门
Tower-gate

铁匠铺 Blacksmith shops
羊毛市场 Wool Market

雀池
Struthion Pool

壕沟
Moat

以色列池
Pool of Israel

坝 Dam 大坝

Antonia

Notre Dame de France

New Gate

Moat(?) 壕沟

壕沟
Moat

派隆市场
Tyropoeon Valley

Street

柱廊
Colonnade

外廷
Outer Court

圣殿山
Temple Mount

Solomon's Portico
所罗门柱廊

押沙龙柱
"Absalom's Pillar"

Gardens 花园

Tombs 坟墓

Golgotha Hill 各各他山

第二城墙
Second Wall

圣殿
Temple

内廷
Inner Court

希泽尔家族墓 Tomb of Hezir's
Priestly Family

桥与大坝 Bridge and dam

Warren's Gate 沃伦城门

Wilson's Arch

新旧圣殿山间的分隔墙
Partition wall between
old and new Temple Mount

"接缝"
The "Seam"

"Zechariah's Tomb"
撒迦利亚之墓

塔池
Towers' Pool

塔楼?Tower?

Paved street

Buildings
罗宾逊拱门

城门?Gate?

塔楼Tower

Barclay's Gate 巴克莱门

Robinson's Arch

Gate and bridge
城门与桥

希皮库斯塔 Hippicus' Tower
塔楼Tower

城门?Gate?

Gennath Gate
花园门

Aqueduct

俄斐勒
Ophel

Residential quarter
居住区

塔楼Tower

"Hidden Gate"(?)
隐门

Street
街道Street

Pool 水池

Street

Public building
公共建筑

居住区Residential
Quarter

Tombs
(Herod's Family Tombs?)
坟墓（希律家族坟墓?）

Temin Moshe

Herod's Palace
希律王宫殿

U P P E R   C I T Y   (锡安山)
(Z I O N)

L O W E R   C I T Y
(下城)

Serpent's Pool(?)
蛇池

Residential quarter
居住区

Scarp

Palaces of the Kings of Adiabene
阿迪亚波纳王宫殿

Spring
泉

Kidron Valley 汲沦谷

Peristereon
(Dovecotes) 鸽舍

所罗门池?
Pool of Solomon?

Paved street

Scarp

Underground sewer

Gate 城门

0 50 100 150 200 250 m.
0 50 100 150 200 250 yds.

Aqueduct from Solomon's Pools
来自所罗门池的水渠

Residential quarter 居住区

艾赛尼?城门
Gate (of the Essenes?)

水渠
Aqueduct

第一城墙
First Wall

Siloam Pool
西罗亚池

茅厕
Bethsoa
(latrine)

Tombs

Valley of Hinnom 欣嫩子谷

Gate

尼希米时期的耶路撒冷地图,根据《尼希米记》(2,12—15;3,1—33;12,31—39)以及大卫城、城墙等地的考古发现绘制。

图中的城墙建在第一圣殿时期城墙的基础上,名字都在《尼希米记》里有所提及。第一圣殿时期与尼希米时期的城墙并不完全相同,但在圣殿山等一些地方没有很大改变。根据《尼希米记》里关于

城墙的记述可以确定多处位置,但本图只标注了那些能核证的地点。比如,在大卫城基训泉附近发现了《尼希米记》里所说的水门,也就是老城门[19]所在地,于第一圣殿时期被毁。由于尼希米时期在此建了新的城墙,而且没有发现别的城门,水门的位置就标注在发现遗迹的地点。

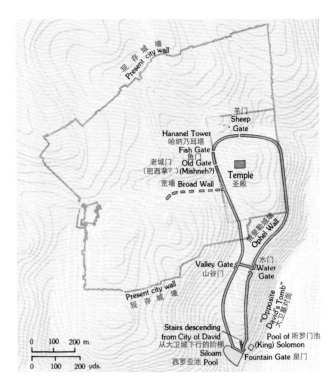

坡谷而下,最后回到山谷门。"

耶路撒冷的犹太人修复城墙一共用了52天。亚扪人[18]、阿拉伯人(Arabians)和阿什杜德人(Ashdodites)等这些并不友好的邻居们不断骚扰,犹太人被迫自卫,正如《尼希米记》(4,17)所载:"每个人都一只手工作,一只手拿武器。"所有劳动力都按照神职人员家庭、城

在约瑟夫斯对上城四周第一城墙的描述中,东北角的城墙位于圣殿山西柱廊附近,朝着议会大楼(Council Building)的方向。一般认为,议会大楼就是史料中记载的圣殿山附近的石屋(Chamber of Hewn Stones)。奥斯曼末期,耶路撒冷犹太人用石屋指代玛卡玛(Mahkama),也就是位于圣殿山西侧、链门[20]附近的一座马穆鲁克建筑(Mamluk building)。沃伦在1867—1869年间发现了威尔逊拱桥(Wilson's Arch)附近的一间大厅,他将其命名为"共济会大厅"(Freemasons),本图即为大厅复原图。其天花板在第二圣殿时期是平的,不是现在的拱顶样子。

大厅极为宏伟,其建筑风格与希律王时期的建筑很相似,据此可判定它的建造时间。图中远处右墙角的柱头仍保存完好,其他柱头是据此复建的。另外,大厅中间有一根柱子明显是中世纪才加建的,图中并未表示出来。

看起来这座大厅并不是议会大楼,但毫无疑问它也是公共建筑。第二圣殿时期,耶路撒冷没有其他如此壮丽的建筑保存下来,这座大厅是那时高超建筑水平的唯一代表。在它西边还有一座同样规模的大厅,中间有走廊相连,它们共同组成了一组公共建筑群,具体功能不详。

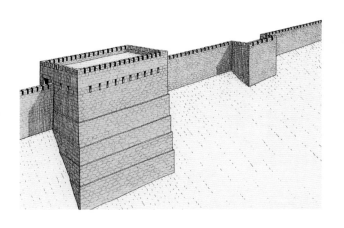

大卫城G区的第一城墙东段及其两座塔楼，由麦卡利斯特（Macalister）和邓肯（Duncan）于1923年发现，他们将此地命名为"耶布斯堡垒"（Jebusite Bastion）。即便没有在西北段城墙发现哈斯摩尼风格的石材，肯扬（Kenyon）和伊戈尔·西罗（Shiloh）的考古也可以证明，这些城墙很明显就是那个时期的防御工事。

《马加比书》也曾多次提及哈斯摩尼统治者修复了耶路撒冷城墙。此外，各段城墙的建造风格并不完全相同，说明它们是建于不同时期的。插图所示是哈斯摩尼时期用多层土壤和石灰岩修建的护坡，遮盖住阶梯状的城墙基础和第一圣殿时期的建造遗址，用以防止敌方破坏。

内居民、犹大村民、耶路撒冷贵族家庭进行分组，每一组都被指定负责修建一段城墙。这种组织方式有助于我们复原当时的城墙位置，但只有少数几个沿线地点能确定下来，包括宽墙（Broad Wall）、山谷门、粪厂门、泉门（Fountain Gate）、西罗亚池的护墙和大卫城的山坡。城墙完工时举办了一场庆典仪式，参加仪式的人分成两队，绕着修好的城墙行进：一队从圣殿山下来前往大卫城，经过粪厂门爬上大卫城、水门[21]等地；第二队反向环行，最后在圣殿山上会合。

即便修复了城墙，城市人口依然很少："现在城市规模很大，也很宏伟，但其中人口很少，很多房屋还没有造起来"（《尼希米记》7:4）。城墙远比其他防御措施重要得多，它强化了耶路撒冷作为全国精神中心的地位，与该地区的其他民族区分隔开来，凸显了其独特性。《尼希米记》的记述说明，尼希米时期的城市规模要小于第一圣殿时期。新城墙建在大卫城山顶稍微偏东处，大卫城山东坡及其城墙并不在耶路撒冷的城墙范围里面。目前我们还不确定尼希米时期东部城墙的位置，凯瑟琳·肯扬所发现的可能只是采石场和城墙内挡土墙的遗址，并非城墙。这些遗迹都是城市大兴土木的证明，建造城墙的石材可能就是从这里开采的。

这段时期只有关于城墙的记载，没有任何城内其他建筑的信息。《尼希米记》中除了提到一些当地富有居民的房屋外，对第一圣殿时期的宽墙、山谷门，以及西罗亚池附近一些地点（如粪厂门、泉池门、西罗亚池城墙）的描述也比较准确。圣殿山北部还发现了另一组构筑物，其中有羊门[22]、百门塔[23]和哈纳乃耳塔楼[24]，但确切地址未知。

大卫城山与圣殿山仍是这座城市的中心。大卫城山

有大量公元前4至前3世纪的考古发现，相比之下西山（Western Hill）的发现就很少；但是，早在哈斯摩尼时期之前城市就开始向西山方向扩张了。

诸如《亚里斯提书信》[25]等史料，提供了公元前3世纪或公元前2世纪初期耶路撒冷扩建的旁证，其中最大的扩建项目是位于圣殿山西北角的比拉堡垒[26]，也就是后来建造安东尼亚堡垒[27]的地方。比拉堡垒建有很多塔楼，守卫着圣殿周围。此外还扩建了从城外泉眼引水入城的地下供水系统，新建了两座羊池（其中一座实际上是建造于第一圣殿时期）。圣殿内部和前院的铺地都进行了整修，围墙也加固了。

《尼希米记》《提莫恰里斯[28]手稿》和《亚里斯提书信》都是关于耶路撒冷从重返锡安到哈斯摩尼时代的宝贵史料，跨越了近350年的时间。

哈斯摩尼时代

研究哈斯摩尼时代的主要资料是《马加比书》[29]，其他信息来自考古挖掘和相关史料。

大卫城地区第一圣殿末期就有人居住，圣殿被毁后遭遗弃，直到重返锡安时代都无人居住。公元前167年哈斯摩尼反抗爆发时，耶路撒冷的边界仍和尼希米时期一样，仅限于大卫城和圣殿山的范围。哈斯摩尼时期代前夕，耶路撒冷开始向西扩张，这是其发展史上最重要的一座里程碑，现存的第一圣殿时期城墙（如宽墙）就是城市扩张后的边界。

很难确定西山重新有人居住的准确时间，只能推测始于公元前2世纪初，即安提阿哥三世[30]战胜托勒密的时候。塞琉古王朝[31]的中心在叙利亚北部的安提阿

（Antioch），在该王朝统治下爆发了关于国家精神形象
与耶路撒冷统治权的斗争，希腊文化进一步渗透进这个
国家，尤其是耶路撒冷。大量受希腊化影响的当权者推
动了这个进程，促使上城（Upper City）在哈斯摩尼时代
成为耶路撒冷的城市中心。

约瑟夫斯所称的"老城墙"是哈斯摩尼时代最大的建
设项目（《犹太战纪》5,4,2），考古证实其始建于公元前
2世纪中叶。《马加比书》（1,10,10）曾记载哈斯摩尼的
约拿单[32]在锡安山上建造城墙，也佐证了这个事实。约拿
单的弟弟西门[33]接手了这项工程（《马加比书》1,13,1），
并由其继任者约翰·许尔堪一世[34]完成。建造这座城墙时
利用了第一圣殿时期的城墙遗址，导致约瑟夫斯误将第一
城墙（老城墙）的建造时间定为大卫王时期。

哈斯摩尼城墙应该是分阶段建造的。第一阶段显然
是在西山的西侧，东侧则由一道近乎垂直的陡坡保护着
（其遗迹尚存，面向犹太区的西墙广场）。据2006年考
古显示，陡坡可能建于罗马或拜占庭时期，上城东侧的
城防细部仍不清楚。在西罗亚池附近大卫城最南段的城
墙建成之前，这段陡坡一直起着保护城市南部的作用。
西山的西坡被人工加高了，建筑风格也不统一，说明这
一段城墙并非建于同一时期，建造者也不同。

上城

如《马加比书》所
载，在耶路撒冷政治文化
发展进程中建造了第一城
墙，这引发了两个问题：
城市向西山扩张的原因是
什么？在此建立的上城有
什么特点？人口增长可能
是原因之一，更多的原因
是受希腊化影响的当权者
想把耶路撒冷变得更为希
腊化，为此需要扩张城市。
这一目的得以在西山上实
现，希腊化风格的建筑从
哈斯摩尼时代开始盛行，
尤其体现在富人宅邸中。
考古发现印证了约瑟夫斯
的记述，他提到了议会大

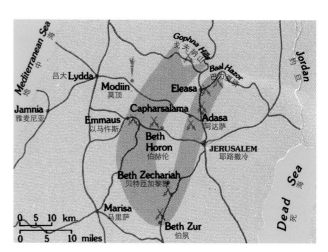

此图展示了由马加比家族领导的、把犹大地区从塞琉古王朝的统治下解放出来的战争。他们从莫顶[35]开始起义，在戈夫纳[36]山附近与塞

琉古及其盟军激战，之后南下至伯凤[37]，再从那里向北，以耶路撒冷为中心继续抗争。

犹大摆脱塞琉古王朝统治的解放战争地图。虽然战场离塞琉古军队盘踞的耶路撒冷较远，但耶路撒冷仍然是这场战役的中心。

为了防止援军抵达耶路撒冷与被

围困在阿克拉[38]的塞琉古军队汇合，哈斯摩尼据守在前往耶路撒冷的主要路线上。这张地图显示了耶路撒冷在第二圣殿时期，尤其是在哈斯摩尼末期的重要战略地位。

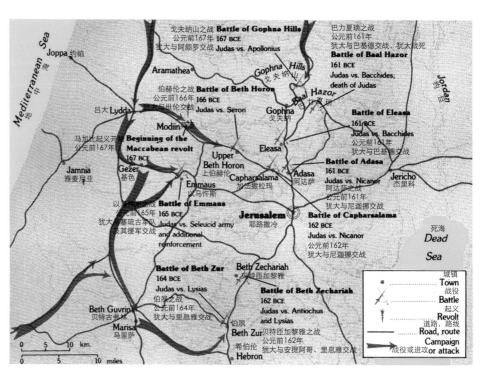

楼（Boule）、体育场和室内运动馆 [39]，这些建筑都是每个希腊化城市中不可缺少的。哈斯摩尼王朝还在上城建造了一座宫殿，俯瞰整个圣殿山地区（《犹太战纪》2,17,3）。阿古利巴二世 [40] 做了进一步装修，还加建了一间远眺圣殿山的厢房（《犹太古事记》20,89）。这一时期的遗迹并不多，尤其是此后希律王大规模重建耶路撒冷，为开挖大型基础，拆毁了许多哈斯摩尼时代的建筑，因此很难复原西山上希腊化城市的全貌。无论如何，西山地区在哈斯摩尼时代就已有人定居，直到第二圣殿被毁为止，一直在耶路撒冷城市化进城中起着重要作用。

公元前 2 世纪晚期的城市扩张超出了大卫城边界，这片地区也划入耶路撒冷的范围，这座哈斯摩尼时期的堡垒即位于上城西北角。哈斯摩尼建造的第一城墙绕过了堡垒（图中城墙背靠现在的堡垒），图中三座哈斯摩尼塔楼（暗色的）在希律王时期的变化很大。

在堡垒一角的希律住宅下方发现了一片哈斯摩尼时代的居住区遗址。这片房屋离城墙很近，朝向也顺着城墙。希律王继位后，整个城市发生了重大变化，拆除了哈斯摩尼时期的屋顶，房间填满土石，用作新建筑的地基，房屋的朝向也统一了。希律王的宫殿曲朝南方，坐落在希皮库斯塔 [41] 以北，也就是现在的大卫塔（David's Tower）。第二圣殿被毁后不久，罗马第十军团（the Tenth Roman Legion）在此扎营。

哈斯摩尼时代的耶路撒冷地图只显示了那些被考古证实了的遗址，仅有历史记载的构筑物并没有被标示进去，比如前文所说的犹太里的住宅区。地图上灰色轮廓线标示的是哈斯摩尼王朝的宫殿。

哈斯摩尼建造的第一城墙是该图上比较确实的几个细节之一，圣殿山和巴里斯（Baris）堡垒的位置也核实了，但这个时期它们的规模和形式仍不确定。《密西拿》 [42] 所载哈斯摩尼圣殿山的规模为 500 肘尺 × 500 肘尺 [43]，但受到圣殿山周围的地形限制，很难建造方整的广场，只能修建一座东北部边界是弧形的广场。

关于阿克拉（Acra）堡垒的位置也有争论，图中标注的位置参考了圣殿山南部的考古发现。

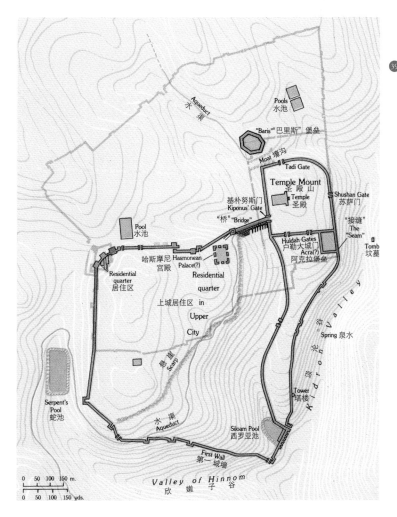

公元前63年，庞贝[47]围困耶路撒冷长达3个月，最终攻破城池。约瑟夫斯对此的记述并不多，只说许尔堪[48]的军队将上城交给了庞贝。这次围城战斗的破坏主要在圣殿山周围，除了平民放火烧毁自己房屋并自杀以外，没有任何征服城市居民区的证据。大卫城是在圣殿山沦陷后才被占领的。

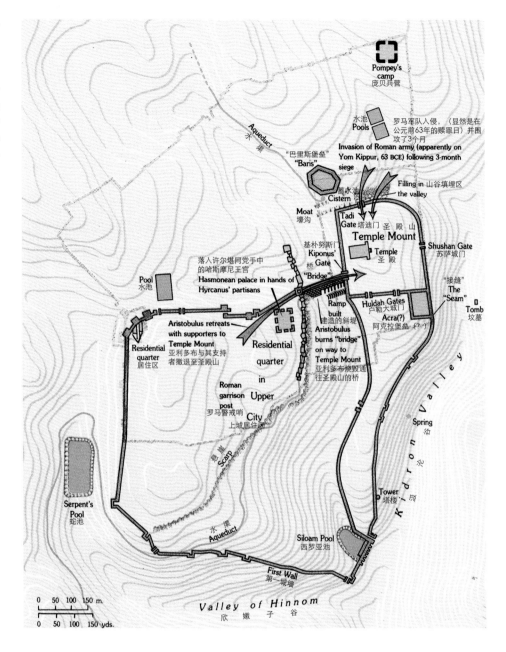

圣殿山

重返锡安的人们是如何建造圣殿的，史料中几乎没有记载，《圣经》所载的也非常简单（《以斯拉书》[44]3,12—13），圣殿山主要的发展时期是在公元前3世纪哈斯摩尼时代。

根据《密西拿》（《释经七律》短文）对圣殿山的描述，圣殿山地区的规模为500肘尺×500肘尺（合225米×225米），与查尔斯·沃伦（Charles Waren）1867—1870年在圣殿山区考古时的测量结果十分接近。

沃伦确定了摩利亚山的边界，它是圣殿山的崇敬之本。把拱形的摩利亚山改建成平台状的圣殿山，需要保

留和改建四周的城墙，其中的东城墙至今可见。判断圣殿山的建造时期主要依据两种文献：《亚里斯提亚书信》（Letter of Aristeas）和《便西拉智训》[45]。对这两本著作的成书时间一直有争论，但应该早于哈斯摩尼时代。

如《密西拿》所载，500肘尺×500肘尺就是哈拉奇克律法[46]现在的适用范围，这个神圣区域早在希律王时期就已广为人知。约瑟夫斯称圣殿山为"内廷"（Inner Court），希律王时期的扩建部分相应地被称作"外廷"（Outer Court）。摩利亚山的范围大约是250米×250米，今天所知的希律王时期的圣殿山为1600英尺×1050英尺（即西墙长488米、北墙长320米）。扩建工程包括一系列纪念性建筑，包括下挖安东尼亚山（Antonia hill）；局部填高推罗坡谷（Tyropoeon Valley）；抬高摩利亚山南侧突出部（在其东南端可能建有一座地下构筑物，也就是后来的所罗门马厩）；填高贝泽塔谷；截留其西部支流并由此输送至以色列池（Pool of Israel）。

约瑟夫斯将一些希律王之前的建筑物划归到所罗门王时代和哈斯摩尼时代（《犹太战纪》5,4,1）。那时有五座通往圣殿山的城门：两座户勒大城门[49]在南；基朴努斯门（Kiponus' Gate）在西；塔迪门[50]在北；苏萨城门（Shushan Gate）在东。这些城门都未经考古确认，现存的双重门（Double Gate）和三重门（Triple Gate）也被错误地称作"户勒大城门"，所有城门都暂定在现在的圣殿山下方区域[51]。

沃伦勘测威尔逊拱桥（Wilson's Arch）时发现了一些砌石，可能属于哈斯摩尼时期连接上城与圣殿山的某座桥梁。约瑟夫斯在《犹太战纪》（1,7,2）中写道，在庞贝到来之前，亚利多布[52]于公元前63年从上城撤退到圣殿山并烧毁了桥梁。圣殿山是耶路撒冷防御者对抗古罗马军队的最后阵地。这个地点在哈斯摩尼统治时期就已有城防设施，后来似乎还加固过，特别是尼希米时期就已有的巴里斯堡垒（更广为人知的名字是"比拉堡垒"），哈斯摩尼时代之前的《亚里斯提亚书信》中对此就有华丽的描述。约瑟夫斯记载这座堡垒是由哈斯摩尼王朝的国王建造的（《犹太古事记》15,403），其中写道："大祭司许尔堪一世在圣殿附近建造了……巴里斯，他大多数时间都居住在那里……"（《犹太古事记》18,91），显然就是指该堡垒。巴里斯堡垒后来被拆，又由希律王重建。唯一保留至今的是堡垒下方的一条石砌水渠，它通向圣殿山下方的一座石砌蓄水池。此外，哈斯摩尼时代的许多传说都提到了阿克拉堡垒，它由亚利多布三世[53]建造；但是约瑟夫斯对此的记载颇为模糊。这座堡垒建得比圣殿山更高，能够俯视周边全景，后来又由巴基德[54]进行加固。公元前141年，堡垒被西门·哈斯摩尼[55]占领并夷为平地。按约瑟夫斯的描述，堡垒所在的山头都被推平了，难以修复，这也是现在无法发现它的原因。

虽然很多学者都在苦苦追寻，但阿克拉堡垒的确切位置已无从知晓。最初曾在犹太区尝试发掘，因为那里

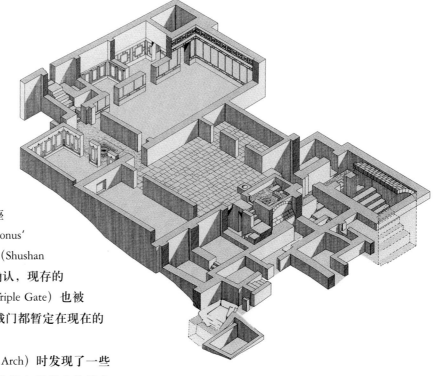

犹太区发现了许多第二圣殿时期的宏大建筑，证明其主人非常富有。其中，大祭司宫[56]最令人印象深刻。

这座大宅位于上城东坡和圣殿山之间，那里的推罗坡谷极为陡峭，豪宅遍布。由于坡度大，建筑只能建在不同的台地上。较低的台地上建有各种各样的供水设施——水池、洗礼池、蓄水池，还有储藏室，第二层台地上才是宅邸里装饰最精致的部分。尽管地势陡峭，建筑的规模仍然非常宏大，实测下来约有600平方米。主要楼层的中心是一个有着豪华

铺砌的庭院，下方挖有蓄水池，一条走廊从庭院通往精心装饰的卧室和仆人房。

整栋房屋都用马赛克地板、石膏镶板、彩色镶板和石膏天花板精心装饰。屋内的遗物包括桌子、玻璃器皿、陶制器皿和一座软石灰岩的日晷。虽然遗物数量并不多，仍然可见房主的富有。

这座大宅占据了整个街坊的大部分，最终于公元70年被毁。那一年的犹太历12月（Elul）5日，耶路撒冷城被攻破，整个上城被夷为平地。

可以俯视圣殿山。但根据约瑟夫斯的记载，阿克拉堡垒矗立在下城（大卫城山）与圣殿山之间的某个地方（《犹太战纪》5,4,1；《犹太古事记》12,252）。如果他对铲除堡垒及所在山头的叙述是真实的，那就应该在圣殿山附近，很可能位于东南角的某处。圣殿山东南角附近曾发现过一处古建筑废墟，像是一座巨大的人工石砌柱基遗址，说不定堡垒曾建此处。

希律王朝和罗马总督，公元前67年—公元70年

耶路撒冷在希律王的统治下达到其繁荣的巅峰，直到19世纪才再一次达到这样的高度。考古学家已找到这个时期的许多史料，尤其是约瑟夫斯的亲眼所见和记述，有望据此复原耶路撒冷史上最宏伟的一座建筑。

很多原因促使希律王固防和美化首都耶路撒冷，还包括促进城市经济繁荣、增加自己的财富、酷爱装饰，并希望借此让自己不朽于世，以及彰显对内的权威与对外的震慑力、安抚和控制民众等。希律王喜爱希腊文化，而且想给他的罗马主人留下好印象，于是就着手将耶路撒冷打造成具有纯粹希腊化风格的城市。这些都体现在他主持建造的建筑风格、雄伟气势和建筑类型上，比如剧院和竞技场。他不断建造宫殿、修建防御工事、整修圣殿山、修复圣殿，达到了从未有过的壮丽程度。他所修建的许多建筑至今仍在，比如圣殿山的城墙、城堡等。公元前4年希律王死后，城市依然大兴土木，在公元41—44年阿古利巴一世统治期间尤其如此，直到公元70年第二圣殿被毁。西墙坑道里的遗物显示，那时似乎正在经历一次宗教复兴，拆除了希律王的一些建筑，以便给洗礼池之类的建筑物腾出空间。

希律王修复哈斯摩尼时代的第一城墙（First Wall），可能还加建了第二城墙（Second Wall），从而使城市越过上城山（Upper City hill）向北扩张。希律王加固第一城墙的主要工事就在今天的城堡附近，在这个地区还建造了他自己位于上城的宫殿（《犹太战纪》5,4,3），加固并装修了哈斯摩尼时代建造的法撒勒塔楼和米利暗塔楼[57]，还在第三座塔的位置上建造了希皮库斯塔楼，也就是现在的大卫塔。希律王整修了位于堡垒南部、上城岩壁上的哈斯摩尼城墙，然后在该区的一块高地上建造了他的宫殿。希律王保留了原有的城墙，并加建了城墙凸出部位。这段城墙局部高10英尺（合3米），大部分都成为后来奥斯曼城墙的基础。最引人注目的是围绕着锡安山的凿石城墙遗迹，其中一段穿过戈巴学校[58]和附近的新教徒公墓（Protestant cemetery）下方。考古人员还发现锡安山附近的城墙上曾有一座城门，很可能就是艾赛尼城门[59]，艾赛尼派的人可以经此门到欣嫩子谷一个叫作"茅厕"（Bethsoa）的地方去方便。

图中再现的是大祭司宫（Palatial Mansion）中最大的一间（36英尺，即11米长），它显然也是重大活动的接待厅。该厅的装饰很特别，所有墙壁都粉刷成白色，并用镶边巨石装饰。天花板也用类似装饰，还有三角形和六边形的拼花。从装饰和建筑风格上来说，这间大厅集中反映了希腊化的影响和富裕阶层的特点，足以媲美罗马帝国的任何同类建筑。

1894—1897 年间，布里斯（Bliss）和迪奇（Dickie）沿着锡安山南部山峰找寻城墙的遗迹，证明该城墙从现在的新教徒公墓所在地一直朝古西罗亚池的方向延伸。城墙在水池开口处越过大坝，然后沿着大卫城山的东坡向东、向北延伸，经过俄斐勒山，最终与圣殿山的城墙连接起来。它与圣殿山城墙的接合点在山的东南角偏北，在被称为"接缝"（Seam）的地方可以分辨出两种不同的建造风格。

在希皮库斯塔楼的另一侧，城墙向东朝圣殿山方向延伸。塔楼旁曾有一座城门，可能是约瑟夫斯所说的隐门（Hidden Gate）（《犹太战纪》5,6,5）。由此再向东发现了两段城墙，当时认为它们属于第一城墙，其中一段靠近现在的圣方济各信息中心（Franciscan Information Center），而另一段位于路德旅店（Lutheran hostel）附近。威尔逊在第二段城墙处发现了相隔 59 英尺（合 18 米）的两座塔楼，符合对第一城墙塔楼的已有记载；但尚不清楚这两座塔楼的建造时间，它们也有可能建于中世纪。此外还在犹太区发现了与第一城墙北段有关的文物，包括一座城门和一座有着精美石雕的塔楼。按约瑟夫斯所说，城墙朝体育馆方向继续延伸，一直到议会大楼（the Council Building）。体育馆和议会大楼都位于现在的犹太区内，但均未有考古证实。

显然，第一城墙并没有像约瑟夫斯所说的那样通往圣殿山的西柱廊，而是连接至上城东边的一座塔楼。通常情况下，城墙总是用塔楼来收头。城墙降至推罗坡谷，那里有一段圣殿山输水拱桥[60]，2006 年在其西侧还发现了两座希律王时期的拱桥。可以推测，为了保卫城墙末端和拱桥，曾经在此修建过一座塔楼，但很难想象城墙竟会跨越这座桥。根据约瑟夫斯的记载（《犹太战纪》2,16,3），这座拱桥连接了圣殿山与哈斯摩尼宫殿附近的体育馆。面向推罗坡谷的西山一侧全部是陡坡峭壁，现在仍能在西墙广场对面看到其中的一段陡坡，这成了防御罗马军队从圣殿山地区向上城进攻的天然防线（参见下文）。

当耶路撒冷继续向北扩张时，新建了一道城墙，也就是约瑟夫斯所说的第二城墙。早先的史料和攻占耶路撒冷的记述中都没提到它，那时围绕城市的只有一座城墙（《犹太战纪》1,17,8—9;18,2），而且考古遗迹和约瑟夫斯的记述都表明它与希律王建造的安东尼亚堡垒（Antonia fortress）相连，这都说明它有可能建于希律王统治时期。20 世纪 30 年代在大马士革门（Damascus

哈斯摩尼最后一位国王马提亚斯·安提古纳斯（Matthias Antigonus）时代的铜币。安提古纳斯于公元前 40—前 37 年统治国家，在此期间希律与哈斯摩尼间的冲突达到顶点，很可能因为这场战争导致这一时期铸造了很多铜币。

铜币的一面描绘了小圆点围绕着摆有祭神面包的桌子，边上刻有希伯来语"马提亚斯大祭司"。如图，大多数发现的铜币铭文都歪曲变形、无法辨认。

铜币的正面是圣殿烛台（枝状烛台），周边是希腊语铭文"马提亚斯国王"，这句铭文也是变形的。

Gate）附近发现了与第二城墙有关的重要证据，城墙的一段是用希律风格的石材建造的（这些遗迹现已被重新覆盖），其位置也说明它是与城门西侧塔楼毗连的。另一种观点则认为，这些遗迹实际上是城门侧翼罗马塔楼的基础，因为除此之外并未发现更多的城墙，只有约瑟夫斯简略地提到过。在救世主教堂[61]和圣墓教堂（Church of the Holy Sepulcher）附近的俄罗斯救济院[62]地区的考古发现曾被认为是第二城墙的一部分，但现在确定这些文物属于罗马时期，与第二城墙没有任何关系。

因为缺少证据而无法准确定位第二城墙的位置，也引发了许多猜测。只能试着根据约瑟夫斯的记述和已发现的少量遗迹来复原城墙原貌（部分尚存），同时也兼顾这一地区的地面构筑物：城墙始于安东尼亚堡垒（Antonia Fortress），向北沿着贝泽塔谷（Beit Zetha）斜坡一直延伸到希律门[63]的西侧，然后沿着现在的北城墙继续向上到达大马士革门。该区的这段城墙沿着中世纪开凿的护城河（现存）延伸，经大马士革门向南到达穆里斯坦（Muristan）地区，沿着哈巴德街[64]、染工市场（ed-Dabagha，即 Dyers' Market）街和基督徒街，最终与大卫街（David Street）交汇。花园门（Gennath Gate，或 Garden Gate）或许也在附近，但尚未发现，只能推测它就在第二城墙与第一城墙的交汇点附近。关于耶稣墓园[65]的记述（《约翰福音》[66]19,41）使我们推测这一地区应该有很

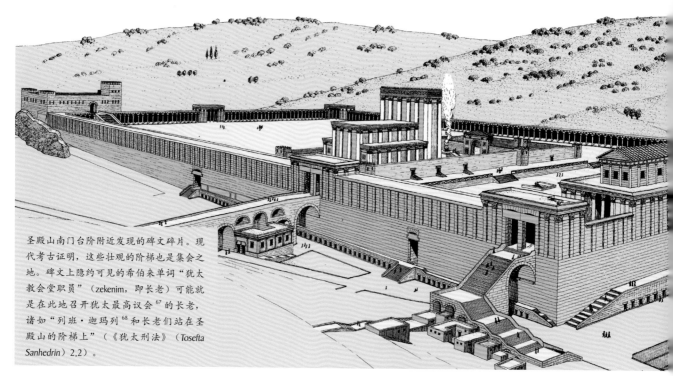

圣殿山南门台阶附近发现的碑文碎片。现代考古证明，这些壮观的阶梯也是集会之地。碑文上隐约可见的希伯来单词"犹太教会堂职员"（zekenim，即长老）可能就是在此地召开犹太最高议会[67]的长老，诸如"列班·迦玛列[68]和长老们站在圣殿山的阶梯上"（《犹太刑法》（Tosefta Sanhedrin）2,2）。

第二圣殿时期圣殿山的平面图和复原图，该图综合了圣殿山的所有历史文献和考古资料，并将圣殿山上的建筑与其他国家的类似建筑进行比对。

图中央是圣殿、庭院和其他附属建筑。圣殿分为三部分，东边是女庭与四间附属用房，中间是以色列庭，西边是圣所，圣所前方是祭坛。圣殿山周围显然就是哈斯摩尼区，即古以色列法律的禁入区，它由一道矮墙围绕，矮墙上有石刻铭文，表明这里是通往圣所的入口。希律王在哈斯摩尼的基础上进一步扩建了圣殿山地区，围绕新庭院建了四座柱廊，其南柱廊，也就是王室柱廊（Royal Portico）特别精巧，当时的其他圣殿也有类似的形式。普遍认为，朝圣节期间来耶路撒冷的朝圣者就在这里消磨时光。

之所以称作"王室柱廊"，不仅因为它是第二圣殿时期由所罗门王建造的，它还可能是唯一留存至今的圣殿山早期遗迹。希律王在他自己修建的台地上向南北两侧扩建了圣殿山，据《新约》（New Testament）（《使徒传》5,12）记

载，早期来耶路撒冷的基督徒主要聚集在这里。

王室柱廊下方发现有地下通道，从柱廊南侧的街道通往圣殿山，圣殿山西侧也有类似的两条地下通道通往上城。拱桥上面还有两条通道：一条从所罗门水池至圣殿的输水渠位于威尔逊桥拱上；另一条位于罗宾逊桥拱（Robinson's Arch）上，从那里通向王室柱廊临街的大阶梯，一直通向上城区。东南角附近有一条向东的通道，东城墙"接缝"附近的拱门石材证实了它的存在。另外还有一条北部通道通往安东尼亚堡垒，安东尼亚堡垒与圣殿山之间原来应该有一座城门，但在圣殿山地区并没有找到它的任何遗迹。

这张平面图显示了圣殿山外的路网，考古挖掘已证明了它们的存在。沿着圣殿山西城墙有一条铺装精美的街道，最近发现的是其西北角一段。街道宽度并不固定，为了美观，每座城门前面都扩建了广场。这条主街道沿着推罗坡谷向北通往现在的大马士革门，向南通往西罗亚池。这条主街连接着许多朝西的小街道，另有一条

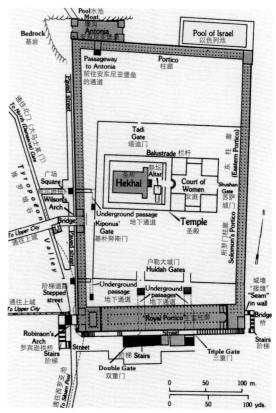

沿着圣殿山南城墙向东延伸，结合地形建有两处台阶，通往现在的双重门和三重门（即户勒大城门，Huldah Gate），由此可以进入圣殿山。

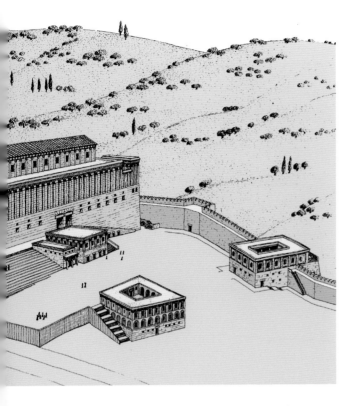

多类似的园地，这也是该城门名字的来源。在犹太区发现了第一城墙的一座城门，使学者们猜测城墙的实际路线可能比较短，它经过城市中心市场后就直接转向安东尼亚堡垒。

第二城墙比第一城墙和第三城墙要短。相比第一城墙的 60 座塔楼、第三城墙的 90 座塔楼，根据约瑟夫斯记载，第二城墙只有 14 座塔楼。扩增出来的城区里只建有住房和公共栈房。该城墙穿过推罗坡谷中段，在那里经过沃伦门 [69] 进入圣殿山和安东尼亚堡垒。

第二圣殿时期的圣墓教堂里存有陵墓，这说明公元 1 世纪时该教堂仍是城墙外面的墓葬地，不太可能位于耶稣时期的第二城墙以内。

约瑟夫斯详细记录了第三城墙（《犹太战纪》5,4,2）。阿古利巴一世谋划建造了这座城墙，后迫于罗马帝国 [70] 的禁令才停止。耶路撒冷被围困之前，由狂热奋锐党 [71] 于公元 41—44 年和公元 67—69 年间最终把它建成了。

根据约瑟夫斯记载，城墙从希皮库斯塔楼延伸至城西的瑟非努斯塔楼 [72]，经过海伦女王陵墓（Tomb of Queen Helene）和王室墓穴（Royal Cave）的背后，绕过富勒纪念碑 [73]，最终抵达圣殿山的老城墙和汲沦谷。虽然按照推测的路线进行了大量考古挖掘，仍未发现城墙的东西两段，还是不清楚它是如何与老城墙相接的。希律王曾在贝泽塔谷修建大坝、在圣殿山北部建造以色列池（Pool of Israel），或许以色列池就是第三城墙与圣殿山城墙的相接处。

早在 19 世纪就在城北（在现在的大马士革路东西两侧、城东的美国领事馆附近）发现了第三城墙北段的遗

查尔斯·沃伦在西街附近发现了希律王时期的建筑物，其中一座被他称为"共济会大厅"（Hall of the Freemasons），另一座建筑在罗宾逊桥拱北边，面朝圣殿山西墙附近的那条铺装精美的主街。很显然，这些都是重要的公共建筑。

据《密西拿》的《释经七律》（Middoth of the Mishnah）短文记载，公元前 3 世纪圣殿山早期有五座城门：两组户勒大城门（Huldah Gates）在南，基朴努斯门（Kiponus' Gate）在西，塔迪门（Tadi Gate）在北，苏萨城门（Shushan Gate）在东。后来希律王在南边加建了两座城门，在西边加建了四座城门，北边加建的城门数量尚不清楚。希律王并未改建东侧城墙，仍然只有一座城门。本图并未刻画更多建筑细部，主要突出了圣殿与整个圣殿山的比例关系。

术语"接缝"特指圣殿山城墙东部的一处拼缝，位于城墙西南角以北 105 英尺（合 32 米）处。图中可以清楚地看出两种风格的料石截然不同，接缝北边（右侧）是圣殿山城墙，由略加雕凿的粗糙石材建成，而南边（左侧）是精细雕凿的石材，有较光滑的表面和典型希律风格的精致收边。

有学者认为，该城墙的北段就是哈斯摩尼时代圣殿山城墙东南角的东段，也有人认为这些是希腊化时期阿克拉堡垒（Acra Fortress）的遗迹，接缝以南石材的切割风格和该段遗迹的建造风格都体现了希律王时期的典型特征。现在普遍认为这段城墙是圣殿山城墙的扩建部分，是希律王向北、西和南三个方向扩建圣殿山时建造的，这也佐证了接缝以北属于前希律王时期城墙的猜想。毕竟，此处的石材和建造风格与地中海地区其他地方公元前 3—前 2 世纪的建筑颇为相似。

接缝南边的城墙上保存了一处可以辨别的碑刻 [74]。这些石头

通常用来建造运送大型石材的通道，但竣工后并未清除这些通道，一座大型拱形运输通道的部分遗址保存至今，这说明拱桥上方原有一条道路连接两座城门。它还表明，这两座城门比圣殿山的其他城门要小，而且使用的人似乎不多。沃伦爵士在基石上方的城墙处发现了古希伯来碑文，碑文中有 kof 字样，说明这座巨大城墙的建造者们使用了"神圣"（Kadosh, 即 holy）这个词。

45

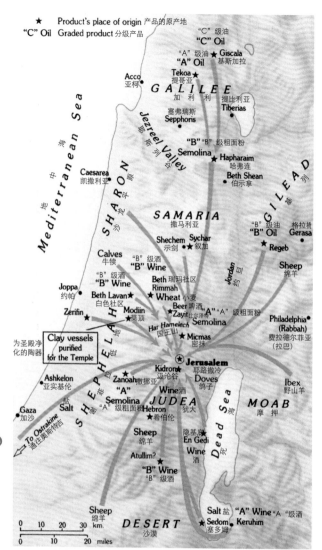

Product's place of origin 产品的原产地
"C" Oil Graded product 分级产品

"C" Oil
"C" 级油

"A" Oil Giscala
"A" 级油 ★ 基斯加拉

Acco Tekoa ★
亚柯 提哥亚

GALILEE
加利利 Tiberias
提比利亚
塞弗瑞斯
Sepphoris

Jezreel Valley
耶斯列谷

Caesarea
凯撒利亚 "B" "B" 级粗面粉
Semolina
★ Hapharaim
哈弗连
Beth Shean
伯示拿

SHARON
沙仑平原

SAMARIA
撒马利亚 GILEAD
基列

"B" "B" 级油
Gerasa
Shechem Sychar 格拉撒
示剑 ★ 叙加
★ Regeb

Calves
牛犊 "B" 级酒
"B" Wine Sheep
绵羊
Beth 瑞玛社区
Rimmah
Joppa Beth Lavan ★ Wheat 小麦
约帕 白色社区
★ Beer 啤酒 "A" "A" 级粗面粉
Modiin Zayit比尔采特村 Semolina
Zerifin 莫顶
Har Hamelech Philadelphia
国王山 (Rabbah)
费拉德尔菲亚
Micmas (拉巴)
密抹

Clay vessels
purified
for the Temple
为圣殿净
化的陶器

Jerusalem
Kidron 耶路撒冷
Zanoah撒挪亚 汲沦谷
Doves Ibex
鸽子 野山羊
"A" Wine 酒
Ashkelon Semolina JUDEA MOAB
亚实基伦 "A"级粗面粉 犹大 摩押
Gaza Salt En Gedi
加沙 盐 Hebron Sheep 隐基底
To Ostrakine 希伯伦 绵羊 Wine 酒
通往奥斯特拉吉 Dead Sea
死海
Atullim?

"B" Wine
"B" 级酒

Sheep Salt 盐 "A" Wine "A" 级酒
绵羊 Sedom ★ Keruhim
DESERT 塞多姆
沙漠
0 10 20 30 km.
0 10 20 miles

耶路撒冷圣殿在三大朝圣日和平
常时间都有大量的朝圣者，充分
证明了这座城市在第二圣殿时期
的中心地位。《犹太圣法》(halakha)
规定了素祭、教会什一税，还要

求祭品必须是来自犹太产区最好
的农产品，上图就列出了那些适
合献祭给圣殿的上等农产品的
出产地（源自《密西拿》Minhot
88,1）。

环绕圣殿山神圣区域的城墙上都
有希腊语或拉丁语的禁入碑文。
本图中的文字再现了 1871 年圣
殿山"暗门"[77] 附近的希腊语碑
文。字后的图片是 1935 年在狮

门[78] 附近发现的另一块石碑残片。
两块碑文的内容都清晰可辨："异
邦人禁止进入格栅和圣殿周围区
域，否则，后果自负（包括死亡）。"

对巴克莱门[79] 的复原主要建立在
考古发现和约瑟夫斯文献的基础
上。很久以来，这座城门原来的
结构形式已经改变，尚存的一部
分被改作圣殿山的一座清真寺和
蓄水池，在西墙的女性祷告区还
可以看到原来的一幅门楣和西边
的一个洞口。

古发现。早期圣殿山的西墙和希
律王时期的圣殿山下可以看到推
罗坡谷的河床，靠近西墙还有一
条排水渠。一般认为，此处的圣
殿山城墙是建立在哈斯摩尼时代
的城墙之上的，推罗坡谷就是它
的西部边界，此后希律王又继续
向西扩建，超出了山谷的范围。
为此，希律王还在推罗坡谷西坡
增建了一套排水系统。

复原图展示了圣殿山西侧通道的
台阶。

这张剖面图还根据约瑟夫斯的记
载（《犹太战纪》5,5,2）复原了
西侧柱廊的面貌。其中，矮墙的
复原是根据"安息号石"[80] 等考

"上街"（Upper Street）是一条
沿着圣殿山西侧的长街，许多商
店临街开门，即图中街道下方的
拱廊处。

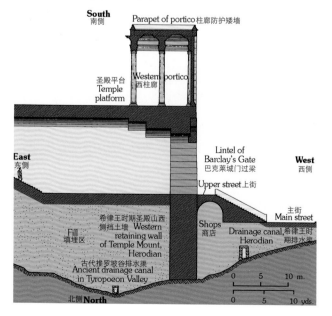

South 南侧
Parapet of portico 柱廊防护矮墙

圣殿平台 Western portico
Temple 西柱廊
platform

East
东侧
Lintel of
Barclay's Gate **West**
巴克莱城门过梁 西侧

Upper street 上街

主街
Main street

希律王时期圣殿山西 Shops
侧挡土墙 Western 商店 Drainage canal 希律王
Fill retaining wall 时期排水渠
填埋区 of Temple Mount, Herodian
Herodian
古代推罗坡谷排水渠
Ancient drainage canal
in Tyropoeon Valley

0 5 10 m.
0 5 10 yds.

北侧 **North**

迹，约 2950 英尺（合 900 米）长，东西走向，至今仍存。
1925—1974 年间沿城墙全线所进行的大量考古，特别是
以苏肯尼克和迈耶为首的考古情况 [75] 来看，这些明显是
公元 70 年耶路撒冷被毁时拆除的城墙。但某些学者对此
有不同看法，甚至认为它属于巴尔科赫巴[76] 起义时期。
无论如何，20 世纪 80 年代的考古最终证实，它的建造
时间可以追溯至第二圣殿时期。

老城城墙与第三城墙之间几乎没有发现第二圣殿时
期的任何建筑遗迹，这说明，直到耶路撒冷被毁，当时
的城市新区（即贝泽塔区（Bezetha Quarter），或约瑟夫
斯所说的"新城"）很少有建设活动。

圣殿山西南角复原图，描绘了工程竣工后圣殿山上的壮丽景象。图纸清楚地展示了经过装饰的、通往王室柱廊的西门。柱廊位于圣殿山西南角，有台阶可以下到推罗坡谷，现存遗迹都是支撑上方台阶和罗宾逊拱桥的基础。虽然查尔斯·沃伦认为此处的构造不是桥梁，但学术界始终相信这里曾有一座桥，最终由本雅明·马扎尔于20世纪70年代证实，其构造应如本图所示。柱廊西北角还保存了少量用来装饰圣殿山城墙的突起壁柱，由康德尔在英国赞助的一次巴勒斯坦地区考古活动中首次发现。

该图还原了城墙末端的角石，它们与城墙旁边街道上发现的"安息号石"相一致。P58图中城墙角落的吹号人标示出了安息号石的安放位置和号手站立的地方。

约瑟夫斯在《犹太古事记》（15,11,5）中记述了由此向西的阶梯和街道，图中拱门脚下可以看到部分城市路网。

圣殿和圣殿山是第二圣殿时期耶路撒冷的宗教、精神和政治生活中心，考古复原了圣殿山的壮丽面貌，它在希律王统治时期达到巅峰。希律王极大地改变了圣殿山的地形。他在西北角采石并平整地坪，扩建了圣殿的附属建筑区和圣地。他打造了一个宽阔的平台，从北、南和西三个方向把圣殿山环绕起来，然后在平台上建造柱廊。看来从一开始圣殿山差不多就被建成正方形，《密西拿》记载其尺寸为500肘尺×500肘尺（约740英尺×740英尺，合225米×225米）。对圣殿山形状和规模的记述是非常早的，甚至早于哈斯摩尼时代，《以西结书》第45章第2节曾说它是正方形的。如前所述，了解圣殿山变化的关键是东边城墙上的"接缝"（圣殿山东南角以北105英尺，即32米处），两种建造风格在该处对接，北侧的建造时间更早，是典型的希腊化风格，这种风格在其他遗址也有发现，南侧则是典型的希律风格。但许多学者并不赞成这种观点，有人认为这个接缝是塞琉古王朝建造的阿克拉堡垒和希律王扩建部分的交汇点。

为了表示对罗马皇帝的尊崇，希律王时期建造了大量神殿，这种类型的神殿被称为"凯撒宫"[81]，通常是大型复合建筑，其中心是一座柱廊环绕着的圣殿。安提阿[82]、达

莫[83]、亚历山大[84]和昔兰尼[85]等一些东方城市中都发现有这种形式的凯撒宫。希律王就是按凯撒宫的模式建造圣殿山建筑群和圣殿的，此外他也受到此处遗存的旧建筑的影响。

据约瑟夫斯记载（《犹太古事记》15,420—421），希律王在其执政的第18年（即公元前19年）开始建造圣殿，整个过程持续了9年多，其中8年都用于建造柱廊和附属部分，圣所的建造用了1年零5个月。《新约》的《约翰福音》第2章第20节则说该工程长达46年。无论如何，这项工程耗时颇长，正如约瑟夫斯所说，整个工程结束于阿尔比努[86]任总督期间（《犹太古事记》20,209）。考古还显示，圣殿山上的其他建造工作也从未停止过。

希律王的主要时间和精力都用于建造柱廊，它是圣殿山最重要的建筑元素。约瑟夫斯曾详细描述过圣殿南端巴西利卡风格的王室柱廊（《犹太古事记》15,411—420）。它是出售宗教物品的商业中心，其他史料也称它为"商店"，它还有可能是第二圣殿毁灭前犹太教最高议会（Sanhedrin）的所在地（《巴比伦塔木德》[87]《犹太安息日》16,71）。希律王用街道、阶梯和一座拱桥——现在的罗宾逊拱桥把王室柱廊与上城联系起来。

安息号石。考古显示，圣殿山城墙的西侧和北侧都有街道环绕[91]，公元70年耶路撒冷被毁时，城墙上的巨型石块都被推倒在这些街道上。曾在圣殿山西南角附近发现一块巨石，其上刻有："在吹号的地方……"（Leveit hatekiya lehav…）（《密西拿》（Mishnah），《苏克》（Sukkah）5:5）[92]，句末单词可能是 lehavdil，意为"分开"。约瑟夫斯在《犹太战纪》（4:577）中记载，安息日是由神圣之地宣告四方，他所指的宣告之处可能就是城墙被毁前该石块所在的城墙西南角。

随着圣殿山地区的扩张，需要把古老的神圣区域与新的扩建部分区别开来，新建区域并不适用于神的律法。为此特别建造了一道矮墙，隔墙以内的圣殿山神圣地区[88]适用于犹太人最重要的禁令，并设立希腊语和拉丁语石碑，用以警示异邦人[89]不要跨越此界（《犹太战纪》5,5,2）。

希律王时期，安东尼亚堡垒对耶路撒冷起到了至关重要的保卫作用。为了保卫圣殿及其最易受到攻击的西北角，希律王将此处的巴里斯堡垒改造为一座大型堡垒，并命名为"安东尼亚"堡垒以纪念马可·安东尼[90]。古老的巴里斯堡垒一度曾为哈斯摩尼王朝统治者和国王的居所，在希律王向北扩建圣殿山时被安东尼亚堡垒所取代，并被拆毁，没有遗迹留存下来。拆掉老房子，腾出空间给新建筑，这是希律王扩建耶路撒冷的常用手法。

安东尼亚堡垒位于一处148英尺×394英尺（合45米×120米）的石砌台地之上，北侧和西侧是护城河，向东是一处天然陡坡，南部是圣殿山台地。堡垒的每个角上都有一座塔楼，位于西南角的斯特拉顿塔楼（Straton Tower）十分坚固，石砌基础很大，北边甚至到了现在的巴尼·加尼姆宣礼塔（Bani Ghawanima minaret）附近。据约瑟夫斯记载，安东尼亚堡垒有公共浴场、庭院、柱廊和许多房间，马穆鲁克时期还在其中大规模加建；有阶梯通往圣殿山的柱廊（《犹太战纪》5,5,8）；还有一些通往圣殿山的隐秘通道，约瑟夫斯就提到了其中的一条（《犹太古事记》15,424），除此之外就不知道更多的内部细节了。

罗宾逊拱桥遗址位于圣殿山西墙的南段，以1838年第一个在文献中记载它的探险家爱德华·罗宾逊的名字命名。拱门遗址宽约44英尺（合13.4米），有凸于圣殿山城墙的起拱，下方也有从城墙凸出来的石头拱墩。

"狄奥多士[97]，维特诺斯（Vettenos）之子，犹太教会的祭司和首领，犹太教会首领之子，其父也是犹太教会首领之子，建造犹太会堂以供学习律法和训令，修建救济院、房舍和洗浴设施，安顿四海宾客。这座犹太会堂也是由其祖先、长辈和西蒙尼德斯所创建的。"上述碑文是用希腊语写的，其书写风格属于希律王时期，这说明圣殿未毁时就有犹太会堂存在。

碑文是由雷蒙德·维尔（R.Weill）于1913—1914年间在一座大型蓄水池中发现的，蓄水池里有许多附近被毁建筑的残存构件。从蓄水池里发现的装饰柱和石块可以看出，这座建筑尤为壮观，可能毁于第二圣殿被毁时，建筑构件被扔进蓄水池，希望将来有一天能复原。

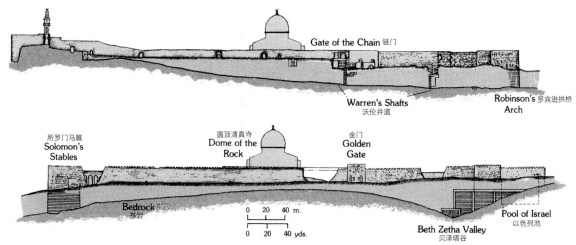

圣殿山东西城墙立面图，来自查尔斯·沃伦的著作和1867—1870年耶路撒冷考古图集。从圣殿山西墙立面图（上）可以看出，为建造安东尼亚堡垒，希律王从圣殿山西北角的天然基岩中开方取石，现在的巴尼·加尼姆宣礼塔就矗立在安东尼亚堡垒原先所在的石头台地中央。

圣殿山东墙立面图（下）显示了古老的贝泽塔谷地和建在基岩上的圣殿山东南角。沃伦就是在这里打下勘探竖井，向下一直挖到天然岩层，并发现了圣殿山城墙处的希伯来语kof，或许是单词kadosh（意为"圣洁"）的开头字母。

希律王时期上城是希腊化富人的聚集区，希律王宫殿、哈斯摩尼宫殿等都建造于此。希律王宫殿是其中最壮丽的，约瑟夫斯认为它的花园、柱廊和泉池是最好的。宫殿分为两个部分：尊奉奥古斯都·凯撒[93]之名的凯撒宫和纪念古罗马军事领袖维普珊尼乌斯·阿古利巴[94]的阿古利巴宫。以前认为堡垒和希皮库斯、米利暗和法撒勒等三座塔楼可能是用来保卫宫殿的，但从考古证据来看，如果确实是在堡垒区发现的，它们显然应该属于哈斯摩尼城墙（即第一城墙）的60座塔楼之一。由于有城墙围绕，宫殿自身几乎就是一座堡垒；它还可能曾是罗马总督如本丢·彼拉多[95]的居所。据《新约》（《约翰福音》19:13）记载，彼拉多就是坐在石铺地[96]上审判耶

1870年的圣殿山照片。通向圣殿山的古老台阶可以追溯至第二圣殿时期，它还有可能是500肘尺×500肘尺（合225米×225米）神圣区域的南侧边界。

稣的人，这里应该也在希律王宫殿范围内。

希律王宫殿与三座塔楼城墙之间是居住区，中间有一条街道，两侧建有房屋，宫殿与居住区都建造在一块抬高的台地上。台地位于哈斯摩尼时代的城墙废墟上，这些城墙是在堡垒（the Citadel）和现在的亚美尼亚花园（Armenian Garden）里的考古挖掘中发现的，亚美尼亚

花园是这座宏伟宫殿仅存的遗迹。

哈斯摩尼宫殿也是这个时期的遗址。哈斯摩尼在离开巴里斯堡垒后搬至此处（《犹太古事记》15,11,410），阿古利巴一世和阿古利巴二世也在此居住。宫殿位于上城区东坡，可以俯瞰圣殿山。犹太区考古发现了上城区东部的一大片富人宅邸区,至今还保留有大祭司宫（Palatial Mansion）和烧毁之屋 [99] 的遗迹,但没有发现哈斯摩尼宫殿的遗迹。几乎可以肯定,哈斯摩尼宫殿的建筑风格与这些豪宅极为相似。

史料所载的另一处宫殿聚集区是在大卫城山上发现的,现在仍然作为城市行政区的重要部分。它们是阿迪亚波纳 [100] 王室的宫殿群,包括海伦女王 [101] 宫殿（《犹太战纪》5,6,1；6,6,3）、蒙罗巴斯 [102] 家族的宫殿（《犹太战纪》5,6,1）以及属于格拉菲特（Graphte）家族的宫殿（《犹太战纪》4,9,11）。这些宫殿只有约瑟夫斯所做的一些简单记载,还没有被考古证实,也不能确定它们的位置。除了希律王统治时期耶路撒冷的宏伟宫殿,史料中还提及了其他遗址,如城市东北部的亚历山大纪念碑、西北部的约拿单（Jonathan）纪念碑和前文所说的阿迪亚

根据约瑟夫斯（《犹太战纪》5,8）对安东尼亚堡垒和比拉堡垒（即巴里斯堡垒）的描述,安东尼亚堡垒极为宏伟。以往研究显示,它有一个大型中央砌石庭院,基督教徒相信其上曾有耶稣圣迹（《马可福音》[98] 15:17；《约翰福音》19:13）。然而,现在所看到的石质铺地并不属于堡垒,它是在北侧护城河发现的。由此也可以看出,安东尼亚堡垒及其四座塔楼实际上位于 148 英尺×394 英尺（合 45 米×120 米）的岩座上,周边围绕着护城河。照片中,安东尼亚堡垒和马穆鲁克时期的建筑遗迹矗立在树木后面的峭壁上,奥斯曼时期这里还曾是苏丹使节在耶路撒冷的住所。

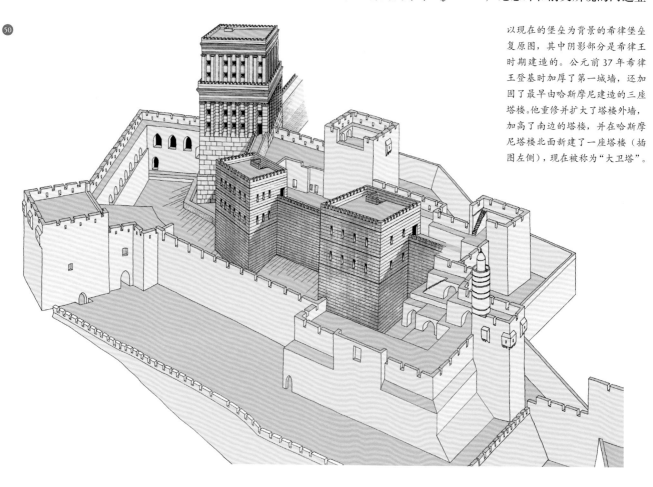

50

以现在的堡垒为背景的希律堡垒复原图,其中阴影部分是希律王时期建造的。公元前 37 年希律王登基时加厚了第一城墙,还加固了最早由哈斯摩尼建造的三座塔楼。他重修并扩大了塔楼外墙,加高了南边的塔楼,并在哈斯摩尼塔楼北面新建了一座塔楼（插图左侧）,现在被称为"大卫塔"。

波纳宫殿，它们的确切位置不得而知，因此也未在附图中标注出来。学者们还认为，约瑟夫斯曾多次提及的一座竞技场应该位于圣殿山南部，但一直没有考古证据，也无法证明这个说法是错误的。

供水一直是耶路撒冷的重要问题，希律王时期曾大力建设供水设施。直到最近，学者们一直认为基训泉在希西家王统治时期被阻塞了，其泉水流进了西罗亚池（Siloam Pool）；然而，最近的考古挖掘显示，基训泉在希律王时代还是大卫城山最重要的一处水源。

耶路撒冷城内还有很多蓄水池。源自基训泉的西罗亚池主要为大卫城及其附近地区供水。约瑟夫斯描述第

一城墙时还曾提到另一座蓄水池，他称其为"所罗门池"（Solomon's Pool）。人们一直错误地认为它就是西罗亚池；但最近偶然发现了大卫城最南端、汲沦谷河床上的一座大型蓄水池遗迹，显然，这才是约瑟夫斯所指的水池。

另一座蓄水池——塔池（Tower's Pool），普遍认为就是著名的希西家池（Hezekiah's Pool），唯一的史料仍然来自约瑟夫斯的记述（《犹太战纪》5,11,4）。他记述说，罗马军团在塔池附近修建了一条攻城坡道，在距大祭司（the High Priest）约翰纪念碑30肘尺（合14米）处也建有一处坡道。该文献还说，大祭司约翰纪念碑是一座针对上城的攻城塔（《犹太战纪》5,9,2）。塔池历经多次改造，第二圣殿时期的痕迹荡然无存。水池东边有一段城墙残迹，有学者认为它们属于第二城墙，但它们也可能只是围护水池的宽墙的一部分。

第二圣殿时期挖掘的另一座水池是雀池（Struthion Pool），它为安东尼亚堡垒及其附近地区供水。雀池位于安东尼亚堡垒西北角附近、前文提到的护城河河床上，是一座171英尺×46英尺（合52米×14米）的大型露天水池，不仅收集来自护城河的雨水，显然也汇集了哈斯摩尼水渠里的水，推罗坡谷（现在的大马士革门地区）上游的水由此流入圣殿山上的蓄水池。还有两座希律王时期给城市供水的蓄水池，被探险家和基督教朝圣者称作"贝塞斯达池"（Bethesda Pool），后来确认是羊池（希腊语中称为"Probatica"）。早在第二圣殿时期，这些水池还被认为具有某种疗效，罗马时期还为此建造了一座医神圣殿。

沿着贝泽塔谷河床还有一座蓄水池，即在希律王扩张圣殿山时形成的以色列池（Pool of Israel），为此还建

希律王时期双重门（Double Gate）的想象复原图。城墙上的两个门洞被大型石柱分开；后面有两条通道通往圣殿山；中间是一排柱子；通道穹顶经过精心装饰。现在还保存了希律王时期的三处原始装饰，有一小部分被灰泥覆盖，呈现出那一时期的耶路撒冷流行风格。这种装饰风格也可以在那个时期的墓穴和石棺中看到，包括葡萄藤、葡萄串、拉花和其他饰物。

据《密西拿》（《释经七律一》）

记载，前希律王时期圣殿山的南城墙有两座城门，即户勒大城门（Huldah Gates）。当希律王向南扩大圣殿山时，他在新建的南城墙上又建造了两座城门，东边的那座叫"三重门"，西边的叫"双重门"；但没有证据说明这些城门被称作"户勒大城门"。城门后面的通道直接通往圣殿山内部。

这两座城门的遗迹现在可以在圣殿山城墙东端558英尺（合170米）处看到。

三重门精致装饰的门框是由城门四周的石头厚板雕凿出来的。城门还保留着希律王时期的最初风貌，这是目前发现的那个时期的

唯一装饰遗迹。城门边的石头上刻有来此朝圣的犹太朝圣者的名字，可能属于阿拉伯时期末期。

由于安东尼亚拱桥所在的北部山丘较高，圣殿山西北角一直是最易受攻击的地方。有证据显示，为了保卫圣殿山，《圣经》时期曾在此建有一座堡垒；第一圣殿末期这里建有哈纳乃耳塔[103]；哈斯摩尼时代这里建有巴里斯堡垒。然而，希律王彻底改变了这座山的面貌：部分山丘被削平至圣殿山的高度；南面较低处用土填高；北和西两侧开挖了城壕，最终成为一座石制高台，上面建有安东尼亚堡垒，并以希律王的庇护者、罗马军团指挥官马可·安东尼的名字命名。这座岩石平台是该堡垒的唯一遗迹。本图片显示了采石过程中安东尼亚堡垒山脚下暴露出来的岩石。

哈斯摩尼地下水渠，由此送水至哈斯摩尼统治者所在的巴里斯堡垒下方的蓄水池中。水渠在流至圣殿山的多处被切断，因此现已弃用。水渠是查尔斯·沃伦于 1867 年 8 月发现的，1870 年阻塞，后又于 1987 年 3 月 16 日被以色列探险家再次发现，其遗址现在对公众开放。毫无疑问，这是最令人兴奋的耶路撒冷历史遗迹之一。

造了一道宽 46 英尺（合 14 米）的大坝来围合河床。这座耶路撒冷最大的蓄水池长 328 英尺（合 100 米），宽 125 英尺（38 米），最深处达 98 英尺（合 30 米）。20 世纪 30 年代，耶路撒冷市政当局封闭了这座水池并在其上方建造了一座停车场。除了西罗亚池，城市中心推罗坡谷里其他水池的情况并不明朗；但有迹象显示，应该还有其他水池。比如，威尔逊拱桥下方也有一道横跨推罗坡谷的大坝，其宽度与以色列大坝一样为 46 英尺（合 14 米），位于现在的街道下面，绕过圣殿山西南角朝推罗坡谷的南方延伸。这座大坝像是一道分水渠的渠首。

另外值得一提的是现在被称为"苏丹池"（Sultan's Pool）的水池，早先它被当做约瑟夫斯所说的"蛇池"（Serpent's Pool）（《犹太战纪》5,3,2）。在池中的试验性勘探未能证实其存在于第二圣殿时期，它可能早在拜占庭时期就启用了。

城市还通过一套引水渠系统从伯利恒南边的泉眼获得供水。根据犹太区的考古发现和锡安山上的水渠遗址，能够判定这些泉水仅供圣殿山使用。引水渠可能建于公

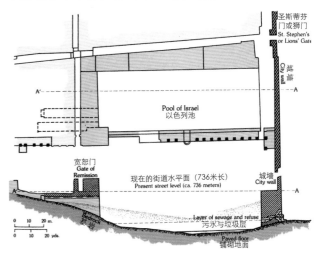

希律王时期之前，圣殿山以山谷溪流为其西、北、东三侧的自然边界。此后，希律王扩建圣殿山建筑群时间断了贝泽塔谷向北和推罗坡谷向西的水流，沿河谷建造大坝蓄水。

第一圣殿时期就在贝泽塔谷北部建造了大坝和水池，又于第二圣殿初期在其河床上建造了羊池。扩建后的圣殿山城墙横跨河谷南部，东北角附近建造了一座大坝，形成了耶路撒冷最大的水池，即

以色列池，长 361 英尺（合 110 米），宽 131 英尺（合 40 米），深 98 英尺（合 30 米）。在雨水充足的年份，水池蓄水量可达 12 万立方米。

巨大的水池给来访者留下了深刻印象，很多人都曾详细记述过它，也是许多 19 世纪画家的描绘对象。由于担心其水质危害健康，耶路撒冷当局于 1934 年排空了池水并封闭了水池。现在水池上方是一座停车场。

西罗亚池复原图，基于布里斯（Frederick Jones Bliss）和迪奇（Archibald Campbell Dickie）1894—1897 年间、赖希（Ronny Reich）和舒克伦（Eli Shukron）20 世纪 90 年代的考古资料绘制。此外，还再次发现了城门塔楼建筑群（图中右侧），同时发现的还有西罗亚池及其通道。

该池由希西家水渠（Hezekiah's Tunnel）供水，从第一圣殿时期一直持续至第二圣殿时期。河床上修建有一座宽 66 英尺（合 20 米）的大坝，由扩建的基础和一系列立柱加固。布里斯和迪奇在其下方考古开挖时发现了这些立柱。有人也许质疑复原图的准确性，大坝的宽度仅是估算的，图中构筑物的规模也是结合第二圣殿和第一圣殿两个时期的考古发现推算的。城墙横跨大坝，由此穿过大卫城（右侧）和锡安山（左侧）之间的河谷，此地当时已是城市的一部分。如图所示，锡安山脚还发现了一条石板铺就的街道，街道通往城墙上的一座便门。公元 5 世纪欧多西娅皇后[106] 重建

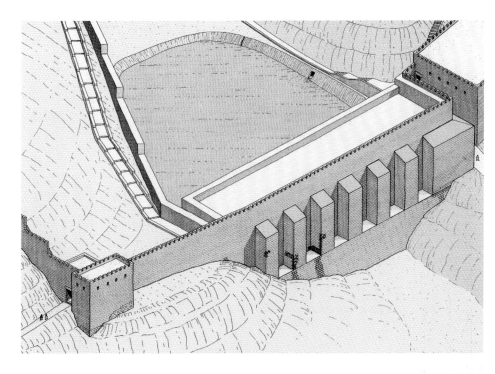

南部城墙时，这座便门再次启用，一直到 11 世纪城墙被毁。西罗亚池位于现在的旧池[107]处。

元前 2 世纪的哈斯摩尼时期，但一直都在翻修，最早始于希律王统治时期，罗马总督彼拉多时期再次翻修，后来的几个世纪也翻修过数次，并一直沿用至 20 世纪。

　　第二圣殿时期，城内住房下面大多建有蓄水池。犹太区的考古证实，许多房屋下面都有石头雕凿出的洗礼池、水池以及蓄水池，让居民不受基训泉等天然泉水供应的限制，也利于城市向各个方向扩张。《亚里斯提书信》中记载，圣殿山较低的平台上也挖有蓄水池，现已发现至少 39 座大小不一的蓄水池的遗迹。这些蓄水池在第二圣殿时期并不都是用来储水的，其中 3 座是圣殿山的入口，如沃伦门[104]（即 30 号，水池）和巴克莱门[105]（即 19 号水池）。第二圣殿时期建成的蓄水池系统一直使用至 20 世纪中叶，千百年来一直都是城市居民最主要的供

第二圣殿时期的西罗亚池，现在只发现了其北侧的部分遗址。水池最早建于哈斯摩尼时代，当时是用石灰涂抹表面的；希律王时期经过改进，原来的台阶换为石制阶梯。由于它是耶稣使盲人复明的显圣之地，信徒和游客从此纷纷前来朝拜；之前他们主要参观公元 5 世纪欧多西娅皇后指定的"西罗亚遗址"。

水来源。这些蓄水池的水都是从所罗门池和大马士革城门附近地区（经由雀池）通过引水渠输送来的。其他蓄水池主要依靠收集雨水。

第二圣殿时期的耶路撒冷全景中少不了谈及墓地。城市墓地的建造方式并不陌生，多数墓地并未受到战争的影响，反而是19世纪末开始的建设活动对其有所破坏。耶路撒冷老城四周的墓地极为分散，第二圣殿时期它们均位于老城之外。大多数墓地都是成群的家族墓穴，用相对较软的石头雕凿而成。

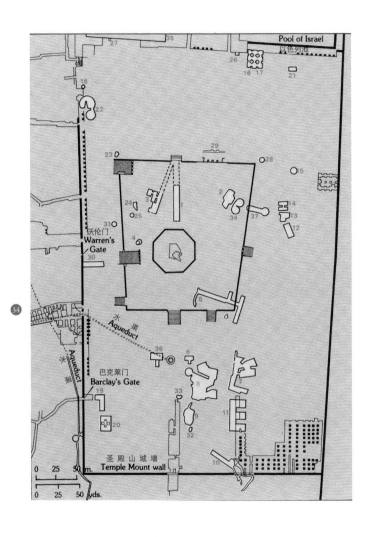

圣殿区的巨大耗水量需要一套复杂的供水系统。建造圣殿山平台时，特意保留了一些洼地用作蓄水池，后来又经过开挖修建。由于19世纪沃伦之后没有再进行勘察，很难证实这些推测。

图示是圣殿山上已知的37座雨水蓄水池，由沃伦和康德（Claude Reignier Conder）于19世纪发现并编号，沿用至今。

第二圣殿时期并未启用全部水池。据约瑟夫斯记载，19号水池（即巴克莱门）和30号水池（即沃伦门）是圣殿山通往西墙的长街门，就在通向圣殿山的隧道口，封闭隧道后它们才改为蓄水池。还可以看出，5号水池是圣殿山平台的排水口，10号水池也是排水系统的一部分。

有人认为1号水池是从圣殿建筑群通往山外的隧道，也有人认为它连接着通往圣殿西北角洗礼池的一条地下通道。

8号水池是其中最大的一座，容量达12 000立方米，由所罗门池经水渠送至耶路撒冷。自马穆鲁克时代起，引水渠可达14世纪坦基兹[108]修建的36号水池旁的净身池。

由大马士革城门附近开始的水渠通向建于哈斯摩尼时期的22号水池。

6号和36号水池形状相似，可能是圣殿周围神圣地区前的净身洗礼池，也可能是户勒大城门最初的入口，两者相距不远。

刻在一块14英寸×13.6英寸（合36厘米×35厘米）石板上的乌西雅碑文（The Uzziah Inscription），亚美尼亚语碑文如下："这里埋有犹大国王乌西雅尸骨，严禁开启。"

由碑文可知，第二圣殿时期乌西雅国王的遗骸移葬于此，这块石头是用来封闭墓穴壁龛的。虽然有证据显示，第二圣殿时期大卫王朝的陵墓未被破坏（《陀瑟他》，《巴伐巴特瑞》[109] 1,7）；但似乎乌西雅从一开始就是另址埋葬的。《圣经》诗歌中记有"他们埋葬他……在国王的墓地；因为他们说，他是个麻风病人"（《历代志·下》第26章第23节）；约瑟夫斯也说"乌西雅单独埋葬在他的墓园中"（《犹太古事记》10,277）；因此，乌西雅的遗骸很可能是由原来的墓地移葬过来的。

由于这块石板于19世纪被存放在橄榄山（Mount of Olives）上的俄罗斯教堂，与其他的不明来源文物放在一起，无法据此判断乌西雅的移葬地点。1931年，这块石板由苏肯尼克教授（E.L.Sukenik）鉴定，并于1968年被以色列博物馆购买、收藏并展出。

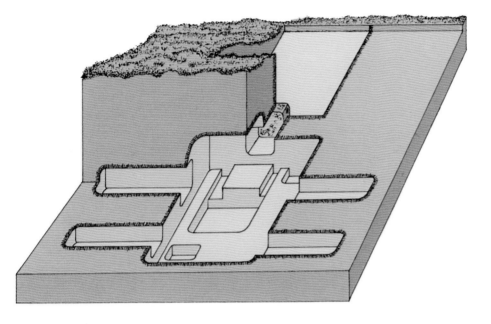

图示家族墓穴是第二圣殿时期耶路撒冷众多墓地的常见样式。那时，城市四周的墓地从现在的罗梅玛[110]向北蔓延至法丘[111]，向南至拉哈高地（Ramat Rahel），向东至斯科普斯山（Mount Scopus）和橄榄山（Mount of Olives），向西至拉姆岭[112]，历次战乱和破坏都很少影响到这些"亡者之所"（City of Dead）。

1967年六日战争之后，城市到处都开展了密集的建设活动，在此过程中发现了第二圣殿时期的许多墓穴，包括埋葬者的姓名、头衔、碑文和骨瓮。

图中展示了岩石中雕凿出来的前院（图上部），通往墓穴的狭小洞口由一块墓石封住，墓室中央是一人高、可供站立和举行葬礼的宽阔墓坑，左侧低处较小的墓坑用来放置先前埋葬的尸骨，墓室两侧有骨瓮的壁龛。第二圣殿时期，埋葬多年的死者遗骸被挖掘出来并放置在骨瓮中，从而为后来的死者腾出墓坑。

一座陵墓或纪念碑的复原图，由康拉德·希克（Conrad Schick）于1879年发现，位于大马士革城门以北约820英尺（合250米），埃胡德·内策尔[113]于20世纪80年代再次对其进行勘测。这是一座有两层外墙的圆形建筑，里层的墙是用希律王时期常见的网格镶嵌[114]方式建造的，外层墙覆盖着当时比较时尚的装饰石材。两墙之间是拱顶长廊，建筑中央覆盖着圆锥形屋顶。类似的陵墓在罗马也有发现，如奥古斯都大帝和哈德良皇帝[115]等人的陵墓。这座纪念碑位于耶路撒冷第三城墙内，由阿古利巴一世建造。由于陵墓或纪念建筑通常都在城墙之外，这座特殊的建筑或许可以追溯至阿古利巴一世统治之前，有人认为它就是在描述提图斯[116]所建城墙时约瑟夫斯所提及的"希律王纪念碑"（Herod's Monument）（《犹太战纪》5,3,2;5,12,2）。

55

65

撒迦利亚[117]之墓和希泽尔祭司家族之墓[118]（剖面图）是汉沧谷最著名的两座陵墓，位于圣殿山东南角的对面。第三座陵墓是"押沙龙之柱"（Absalom's Pillar），位于这些陵墓的左侧（不在图中）。

希泽尔祭司家族之墓从公元前1世纪中叶罗马统治起就是一位著名祭司的家族墓穴。有关碑文记载："这是以利亚撒（El'azar）、汉纳（Hanniah）、约以谢[119]（Yo'ezer）、西蒙（Simon）、约哈南[120]之众子和俄备得[121]之子的陵墓和纪念碑。"约瑟和以利亚撒是希泽尔家族祭司汉纳之子。文献中，词语nefesh的字面含义为"精神"（spirit），这里翻译为"纪念碑"。可能是指入口左侧的石柱立碑，表示该墓可能是一座金字塔式的建筑，就像当时常见的岩石雕凿建筑。

发现碑文之前，犹太传说中都认为这座陵墓是"隔离之屋"（Beth Hahofshit），也就是乌西雅王患上麻风病、被逐出耶路撒冷之后的住所（《历代志·下》26:21）。碑

文确认了这是希泽尔家族之墓；但另外两座陵墓的名字仅仅出自传说。

撒迦利亚之墓建于公元1世纪初，但不知为何人而建。此墓似乎并未完工，可能也从未启用。撒迦

利亚之墓右侧是另一座凿石陵墓，根据《铜卷书》[122]中的记载，可能是撒督祭司[123]之墓。

56

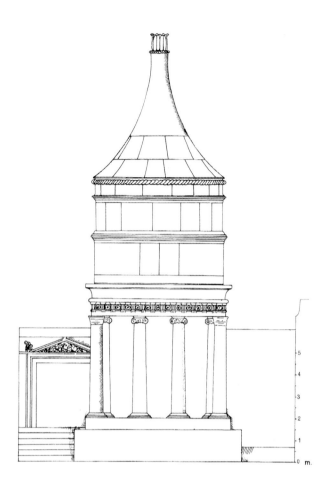

汉沦谷的押沙龙柱（Absalom's Pillar）名字起源于犹太传说，是大卫王之子押沙龙为自己建造的纪念碑（《撒母耳记下》第18章第18节）。在希伯来语中，词语"纪念碑"和"手"是相同的；所以通常纪念碑绘画中都会在顶部画一只手。由于押沙龙背叛其父，耶路撒冷犹太人常常向这座纪念碑扔石头，倔强调皮的孩子们也会被带到这里，用反叛之子的命运来警示他们。

这座纪念碑由石头雕凿而成，高26英尺（合8米），矗立于周围岩壁之外，很可能是建于希律王统治时期。其最底部是一间正方形凿石墓室，里面可以放置两具遗骸。

墓室上方是石制圆形坡顶，所用石材切割得非常精细。再往上是一座圆锥形石制尖顶，最顶部是一束石制花萼形装饰物。

这间墓室在拜占庭时期被挖开，像汉沦谷的其他陵墓一样改作僧人住所。

2000年，在纪念碑上发现了一块基督教碑文，上面刻有耶稣的弟弟雅各[124]的名字。

图示第二圣殿时期典型的犹太艺术风格的装饰品是在那时最华丽的一具石棺中发现的，石棺所在陵墓可能属于以奢华著称的希律家族，现存于耶路撒冷希腊东正教博物馆（Greek Patriarchate Museum）。约瑟夫斯记述公元70年提图斯（Titus）围攻耶路撒冷时（《犹太战纪》3,2）曾提到过希律家族陵墓，大卫王酒店（King David Hotel）附近发现的这座陵墓被认为与之相关。

列王陵[125]是这座大型陵墓广为人知的名字，是耶路撒冷此类陵墓中最美丽的一座，位于老城墙以北约2625英尺（合800米）处。本图为陵墓正立面复原图。

墓里发现的一些石棺被运往巴黎的卢浮宫（Louvre Museum），其他石棺在19世纪60年代重修圣殿山时分置于各处建筑中，它们都有精致的希腊化装饰。

传说大卫王朝的国王埋葬于此，也有人宣称它属于拉比阿基巴[126]的父亲柯巴·萨瓦（Calba Savua）。现在大多学者都赞同公元1世纪海伦女王和阿迪亚波纳王室成员埋葬于此的观点。这里的一具石棺上刻有阿拉米语碑文"苏丹王后"[127]，佐证了这种观点。

据约瑟夫斯（《犹太古事记》20,4,3）记载，陵墓中有令人印象深刻的三座金字塔。即便现在看来，陵墓的正立面也是极为华丽的，它装饰有一条带状装饰，门框上有葡萄串、卷叶饰、水果和花圈的浮雕。封闭墓穴入口的巨石至今仍在现场附近，墓中还发现了搬运巨石的神秘机械。

征服朱迪亚金币[128]是在罗马铸造的金币上雕刻的，以纪念罗马成功占领朱迪亚地区。金币正面是罗马皇帝维斯佩基安[129]的半身像，背面是"朱迪亚"坐在一个掠夺者的雕像旁，沉浸在哀悼中，下方是一句拉丁语铭文："征服朱迪亚"。

排水渠。第二圣殿时期，城内有一条沿着西墙从西罗亚池向北延伸的街道，上面铺着典型的希律风格的漂亮条石，下方建有一条做工考究的、大块石材铺成的排水渠，其最低的一段向西弯转以免污染西罗亚池。

据约瑟夫斯记载，罗马围攻耶路撒冷并攻陷部分城区后，大量居民曾在此避难，但后来仍被罗马军队俘获。

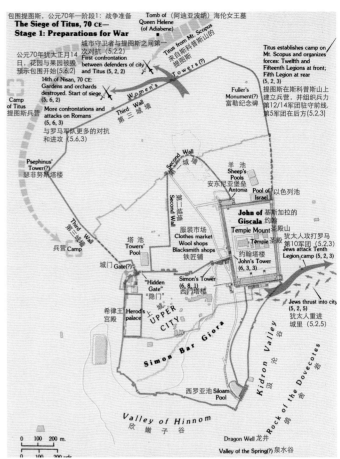

The Siege of Titus, 70 CE—Stage 1: Preparations for War
包围提图斯，公元70年—阶段1：战争准备

Tomb of (阿迪亚波纳) 海伦女王墓
Queen Helene (of Adiabene)

城市守卫者与提图斯之间第一次对抗 (5.2.2)
First confrontation between defenders of city and Titus (5, 2, 2)

公元70年犹太正月14日，花园与果园被毁预示包围开始(5.6.2)
14th of Nisan, 70 CE: Gardens and orchards destroyed. Start of siege (5, 6, 2)

来自斯科普斯山的提图斯
Titus from Mt. Scopus

Titus establishes camp on Mt. Scopus and organizes forces; Twelfth and Fifteenth Legions at front; Fifth Legion at rear (5, 2, 3)
提图斯在斯科普斯山上建立兵营，并组织兵力第12/14军团驻守前线，第5军团在后方(5,2,3)

More confrontations and attacks on Romans (5, 6, 3)
与罗马军队更多的对抗和进攻 (5.6.3)

Camp of Titus 提图斯兵营

Women's Towers

Third Wall 第三城墙

Fuller's Monument? 富勒纪念碑

Psephinus' Tower(?) 瑟非努斯塔楼

Second Wall 第二城墙
第二城墙

Sheep's Pools 羊池

Antonia 安东尼亚堡垒

Pool of Israel 以色列池

Towers' Pool 塔池

Camp 兵营

服装市场 Clothes market
Wool shops
Blacksmith shops 铁匠铺

John of Giscala 基斯加拉的约翰
Temple Mount 圣殿山
Temple 圣殿
John's Tower 约翰塔楼 (6, 3, 1)

第10军团 (5,2,3)
犹太人攻打罗马
Jews attack Tenth Legion camp (5, 2, 3)

Gate(?) 城门

"Hidden Gate" "隐门"

Simon's Tower 西门塔楼

Jews thrust into city (5, 2, 5)
犹太人重进城里 (5.2.5)

Herod's palace 希律王宫殿

UPPER CITY 上城

Simon Bar Giora

Siloam Pool 西罗亚池

Kidron Valley 汲沦谷

Valley of Hinnom 欣嫩子谷

Dragon Well 龙井
Valley of the Spring(?) 泉水谷

0 100 200 m.
0 100 200 yds.

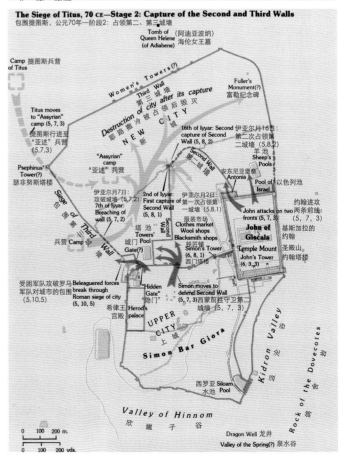

The Siege of Titus, 70 CE—Stage 2: Capture of the Second and Third Walls
包围提图斯，公元70年—阶段2：占领第二、第三城墙

Tomb of (阿迪亚波纳) 海伦女王墓
Queen Helene (of Adiabene)

Camp 提图斯兵营 of Titus

Women's Towers(?)

Third Wall 第三城墙
Destruction of city after its capture 耶路撒冷被占领后毁灭

NEW CITY 新城

Fuller's Monument(?) 富勒纪念碑

Titus moves to "Assyrian" camp (5, 7, 3)
提图斯行进至"亚述"兵营 (5,7,3)

16th of Iyyar: Second capture of Second Wall (5, 8, 2)
伊亚尔月16日：第二次占领第二城墙 (5.8.2)

"Assyrian" camp "亚述"兵营

Psephinus' Tower(?) 瑟非努斯塔楼

Second Wall 第二城墙

Sheep's Pools 羊池

Antonia 安东尼亚堡垒

Pool of Israel 以色列池

伊亚尔月7日：攻破城墙 (5.7.2)
7th of Iyyar: Breaching of wall (5, 7, 2)

2nd of Iyyar: First capture of Second Wall (5, 8, 1)
伊亚尔月2日：第一次占领第一城墙 (5.8.1)

John attacks on two fronts (5, 7, 3)
约翰进攻两条前线 (5, 7, 3)

兵营 Camp

Towers' Pool 塔池

Gate(?) 城门

服装市场 Clothes market
Wool shops
Blacksmith shops 铁匠铺

John of Giscala
Temple Mount 圣殿山
基斯加拉的约翰
John's Tower 约翰塔楼 (6, 3, 3)

Simon's Tower 西门塔楼

受困军队攻破罗马军队对城市的包围 (5.10.5)
Beleaguered forces break through Roman siege of city (5, 10, 5)

"Hidden Gate" "隐门"

Simon moves to defend Second Wall (5, 7, 3) 西蒙前往守卫第二城墙 (5, 7, 3)

Herod's palace 希律王宫殿

UPPER CITY 上城

Simon Bar Giora

Siloam Pool 西罗亚水池

Kidron Valley 汲沦谷

Valley of Hinnom 欣嫩子谷

Dragon Well 龙井
Valley of the Spring(?) 泉水谷

Rock of the Dovecotes

0 100 200 m.
0 100 200 vds.

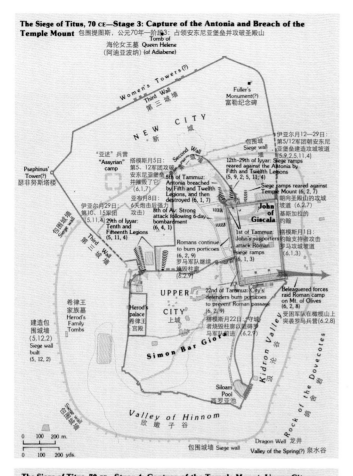

The Siege of Titus, 70 CE—Stage 3: Capture of the Antonia and Breach of the Temple Mount 包围提图斯，公元70年—阶段3：占领安东尼亚堡垒并攻破圣殿山

Tomb of
Queen Helene
海伦女王墓
(阿迪亚波纳)(of Adiabene)

Women's Towers(?)
第三城墙
Third Wall
NEW CITY
新 城
Fuller's
Monument(?)
富勒纪念碑
Second Wall
"亚述"兵营
"Assyrian" camp
搭模斯月5日：
第5、12军团攻破
安东尼亚堡垒
并摧毁了它
(6,1,7)
6th of Tammuz:
Antonia breached
by Fifth and Twelfth
Legions, and then
destroyed (6, 1, 7)
伊亚尔月12—29日：
第5/12军团朝安东尼
亚堡垒建造攻城坡道
(5,9,2,5,11,4)
12th-29th of Iyyar: Siege ramps
reared against the Antonia by
Fifth and Twelfth Legions
(5, 9, 2, 5, 11, 4)
Siege ramps reared against
Temple Mount (6, 2, 7)
朝向圣殿山的攻城
坡道 (6,2,7)
John of
Giscala
基斯加拉的
约翰
伊亚尔月29日：
第10、15军团
(5,11,4)
29th of Iyyar:
Tenth and
Fifteenth Legions
(5, 11, 4)
亚布月8日：
6天炮击后强攻了
8th of Av: Strong
attack following 6-day
bombardment
(6, 4, 1)
Psephinus'
Tower(?)
瑟非努斯塔楼
1st of Tammuz: 搭模斯月1日：
John's supporters 约翰支持者攻击
attack Roman 罗马攻城坡道
siege ramps (6,1,3)
(6, 1, 3)
Romans continue
attack porticoes
(6, 2, 9)
罗马军队继续
攻城柱廊
(8,2,9)
包围城墙
Siege wall
第三城墙
Third
Wall
UPPER
CITY
上城
22nd of Tammuz: City's
defenders burn porticoes
to prevent Roman passage
(6, 2, 9)
搭模斯月22日：守城
者烧毁柱廊以阻碍罗
马军队前进 (6,2,9)
Herod's
palace
希律王
宫殿
Beleaguered forces
raid Roman camp
on Mt. of Olives
(6, 2, 8)
圣围军队在橄榄山上
突袭罗马兵营(6,2,8)
希律王
家族墓
Herod's
Family
Tombs
建造包
围城墙
(5,12,2)
Siege wall
built
(5, 12, 2)
Simon Bar Giora
Kidron
沧谷
Valley
Rock of the Dovecotes
岩石的鸽舍
Siloam
Pool
西罗亚池
包围城墙
Siege wall
包围城墙
Valley of Hinnom
欣嫩子谷
0 100 200 m.
0 100 200 yds.
Dragon Well 龙井
包围城墙 Siege wall
Valley of the Spring(?) 泉水谷

The Siege of Titus, 70 CE—Stage 4: Capture of the Temple Mount, Upper City, and Lower City 包围提图斯，公元70年—阶段4：占领圣殿山、上城和下城

Tomb of
Queen Helene
(阿迪亚波纳) (of Adiabene)
海伦女王墓
兵营
Camp
Women's Towers(?)
第三城墙
Third Wall
Second Wall
第二城墙
NEW CITY
新 城
Fuller's
Monument(?)
富勒纪念碑
"亚述"兵营
"Assyrian" camp
Psephinus'
Tower(?)
瑟非努斯塔楼
羊池
Sheep's
Pools
亚布月10日：
圣殿被从北边投
掷的火把烧毁
(6,4,5)
10th of Av*:
Temple burned by
torch thrown from
the north (6, 4, 5)
外廷
Outer Court
内廷
Inner Court
罗马人守卫议会大楼
(即石屋)、西门桥
Roman rampart to the
Chamber of Hewn Stones,
Simon's Tower, and bridge
(6, 8, 1)
楼和桥 (6,8,1)
圣殿
Temple
约翰塔楼
兵营
Camp
占领三座
Capture of
the three
towers
(6, 8, 5)
古门楼
Simon's
Tower
(8, 6, 1)
西门塔楼
John's Tower
(6, 3, 3)
守卫者进攻 (6,4,5)
Defenders
attack (6, 4, 5)
罗马军队烧毁档案馆、
议会大楼，从"阿克
拉堡垒"到海伦女王
宫殿 (6,6,3)
Romans burn archive,
council building, and
"Acra," up to Queen
Helene's palace (6, 6, 3)
Until 7th of Elul: The
four legions set up siege
installations (6, 8, 1)
到以禄月7日：4个
军团设置围城装置
(6,8,1)
Herod's
palace
希律王
宫殿
UPPER
CITY
上城
8th of Av*:
Capture of
Upper City
(6, 8, 5)
以禄月8日：
占领上城
(6,8,5)
LOWER
CITY
下城
Kidron Valley
沧谷
根据《列王传下》第25卷第8行，
公元前586年亚布月7日第一圣
殿被烧毁，然而据《耶利米书》
第3卷第12行记载，第一圣殿被
烧毁于亚布月10日。据约瑟夫斯
《犹太战纪》(6,4,5)记载，第
二圣殿被毁于公元70年亚布月10
日，而根据犹太传统，它被毁于
亚布月9日。
7th of Elul:
Breaching of city
(6, 8, 4)
以禄月7日：攻破
城市 (6,7,2)
Burning of Lower
City (6, 7, 2)
下城被烧毁
(6,7,2)
欣 嫩 子 谷
Valley of Hinnom
Rock of the Dovecotes
岩石的鸽舍
0 100 200 m.
0 100 200 yds.

* According to 2 Kings 25:8, the First Temple was burned on the 7th of Av (586 BCE), whereas in Jeremiah 3:12, it is said to have burned on the 10th of Av. The destruction of the Second Temple, according to Josephus (*The Jewish War* 6, 4, 5), occurred on the 10th of Av (70 CE) or, according to Jewish tradition, on the 9th of Av.

一块高8英寸（合20厘米）、刻有三角形基座枝状烛台（menorah）的石刻，被发现于距圣殿烛台仅数百英尺的地方。祭坛和祭品桌等处还有更多类似的石刻。这块带有烛台图案的石刻，连同马提亚·安提哥努[130]时期钱币上的浮雕，甚至还有罗马的提图斯凯旋门[131]上的枝状烛台，都是有关圣殿烛台仅存的几件遗物。

在一栋希律王时期建筑的地板下面发现了这块刻着图案的石灰板和一枚希律硬币，这应该不是它最初的位置。由此推断，石板原先所在的建筑在希律王死后不久被拆毁了。

The Siege of Titus, 70 CE 包围提图斯，公元70年
Legend 图例

Jews
犹太人

Romans
罗马军队

Positioning of Roman forces
罗马军队的方位

Roman camp
罗马兵营

Battlesite
战斗遗址

Retreat
撤退

Roman siege camp
罗马前线营地

Siege wall
包围城墙

Area burned by the Romans
罗马军队烧毁区域

(5, 3, 1) Passage from *The Jewish War*
节选自《犹太战纪》

59

1. Proclamation of Cyrus，居鲁士，或称"塞鲁士"，公元前 590—前 529 年，波斯帝国的创建人。

2. Nehemiah，约公元前 5 世纪，波斯阿塔塞克西斯一世的执杯侍从，后为波斯治下的犹大省执政官，以第二圣殿时期对耶路撒冷的建设闻名，也是《尼希米记》的主要人物。

3. the Hasmoneans，公元前 140—前 37 年，古典时期统治犹大及周边地区的王朝。

4. the Herodian kings，公元前 74—公元 4 年间统治加利利和犹太。

5. Shealtiel，犹大王国国王耶哥尼雅之子，大卫王的后代，耶稣基督的祖先。

6. Zerubbabel，犹大国王耶哥尼雅之孙，于居鲁士元年带领第一批犹太人返回耶路撒冷，并为建造第二圣殿打下基础。

7. Sidon，黎巴嫩西南部港口、第三大城市。

8. Levites，希伯来利未部落，负责祭祀工作。

9. Yehud，现为以色列中心区的一座城市，古时也指较大的地区，如犹大王国的领地。

10. 圣殿是古代以色列人的最高祭司场所。一般认为，第一圣殿指所罗门圣殿，由以色列王国时代的第二位国王大卫准备材料，其子所罗门兴建，公元前 586 年被新巴比伦王国摧毁；第二圣殿于公元前 515 年建成，公元前 37 年由希律王扩建，至公元 70 年罗马将军提多攻占耶路撒冷并焚毁圣殿。此处应指第二圣殿。

11. Ezra，公元前 480—前 440 年，大祭司，希伯来《圣经》中的一个重要人物，精通摩西的律法书，公元前 460 年左右著成《圣经·旧约》中的《以斯拉书》。文士（the Scribe）是与法利赛人相关的犹太教派，是专注于抄写和研究摩西律法的专家，始创了会堂崇拜。

12. Artaxerxes I，公元前 465—前 424 年，波斯国王。

13. Torah，犹太律法，往往指《旧约》的前五卷，据说是上帝授予摩西的。

14. Dragon Well，可能就是"隐罗结"（En Rogel，或 En-rogel），《圣经》故事中的一处地名，有泉水，位于耶路撒冷附近。

15. Hellenistic，从公元前 323 年马其顿国王亚历山大去世到公元前 30 年罗马征服托勒密王朝的时期。

16. Ptolemy I，公元前 367—前 282 年，埃及托勒密王朝创建者。

17. 原文如此。

18. Ammonites，居住在约旦河以东的民族。

19. the Old Gate，也称"耶沙拿门"（Jeshanah Gate），耶路撒冷诸多城门之一，位于北侧城墙，尼希米时期重建城墙时修复。

20. Gate of the Chain，耶路撒冷圣殿山 11 座古城门之一，位于西翼，也是第二圣殿时期科波尼乌斯所在地。

21. Water Gate，即老城门。

22. Sheep Gate，耶路撒冷老城七座城门之一，位于东侧城墙偏北，也称"圣斯蒂芬门""狮门"。古时献祭的羊会被带到此处，故得此名。

23. Mea Tower，或 Meah Tower。

24. Hananel Tower，耶路撒冷城墙的一座塔楼，东临百门塔，与羊门相连。

25. *Letter of Aristeas*，公元前 2 世纪希腊化时期的著作。据称是 72 位文字翻译应亚历山大图书馆之邀将希伯来语律法翻译成希腊文，也称《七十子译本》。

26. Birah fortress，希腊语称为"巴里斯"（Baris），哈斯摩尼时期圣殿山北部的一座堡垒。

27. Antonia fortress，公元前 19 年希律大帝建造的一座军营和堡垒。

28. Timocharis，公元前 320—前 260 年，希腊天文学家和哲学家，可能出生于亚历山大。

29. *Books of the Maccabees*，关于马加比带领犹太人反抗塞琉古王朝及相关事件的典籍。

30. Antiochus III，塞琉西王，公元前 222—前 187 年在位。

31. Seleucid Dynasty，公元前 312—前 63 年，希腊化时期的国家。

32. Jonathan the Hasmonean，哈斯摩尼王朝统治者，公元前 161—前 143 年在位。

33. Simon，即西门·马加比，与其兄约拿单一起夺回第二圣殿，并建立了哈斯摩尼王朝。

34. John Hyrcanus I，哈斯摩尼统治者，公元前 164—前 104 年间在位。

35. Modiin，位于约旦河西岸耶路撒冷与特拉维夫之间的一座哈西德城市。

36. Gophna，现为吉夫纳（ifna）约旦河西岸的一座巴勒斯坦村庄，位于耶路撒冷北部 23 公里。

37. Beth Zur，位于犹大南部希伯伦山区，《圣经》中多次提及，现属于约旦河西岸地区。

38. Acra，位于以色列北部加利利西部的一座古老城市，距离耶路撒冷约 152 公里。阿克拉的希腊语原意为"高地"或"堡垒"。此处应指位于耶路撒冷城内的阿克拉堡垒。

39. Xystos，或 Xystus，来自希腊语，原意是抹油的竞技馆地板或柱廊环绕、覆有顶棚的运动场所，供冬季和雨天运动，此处指古时耶路撒冷的体育馆。

40. Agrippa Ⅱ，公元 27/28—92/100 年，第七位也是最后一位希律王。

41. Hippicus Tower，实际上希律王对雅法门附近的三座塔楼都有所改建，希皮库斯塔楼比建于公元前 200 年的塔楼更大、更雄壮。三座塔楼的名字分别来自希律王自杀离世的哥哥法撒勒、他的第二任妻子米利暗和他的一位朋友——希皮库斯将军。大卫塔的名称很可能始自公元 5 世纪前后，拜占庭基督徒认为该地就是大卫王宫殿遗址，因此得名。

42. Mishnah，犹太教经典典籍之一，将犹太教生活中具体应用的口传法规书面化后集结而成。

43. 约 740 英尺 ×740 英尺，合 225 米 ×225 米。

44. Ezra，是希伯来《圣经》的一本书，最初与《尼希米记》合为一本书，后在基督教时代早期的几个世纪分开，是希伯来《圣经》历史叙事的最后一章。

45. Ben-Sira's Ecclesiasticus。西拉是公元前 2 世纪的犹太学者、文士、智者和预言家，著有《便西拉智训》。此处原文 Eccliasticus 疑有误。

46. Halakhic prohibition、Halakha 或 Halachah，源自摩西五经，书面和口头的犹太宗教律法汇编。

47 Pompey，公元前 106—前 48 年，古罗马共和晚期的军事和政治领袖。

48 Hyrcanus，即 John Hyrcanus，公元前 164—前 104 年，哈斯摩尼领袖，在位 30 年。

49 Huldah Gates，位于耶路撒冷老城圣殿山南墙的两组城门，分别为"双重门"和"三重门"，现已封闭。

50 Tadi Gate，圣殿山五座城门之一，位于北部，此门不作为朝圣者的出入口。

51. 一般认为，圣殿山共有 11 座城门可供进入，分别是 氏 族 门（Gate of the Tribes）、宽 恕 门（Gate of Remission）、暗 门（Gate of Darkness）、巴 尼·加尼姆门（Gate of Bani Ghanim）、帕夏宫门（Gate of the Seraglio or Palace（closed））、检 官 门（Council Gate）、铁门（Iron Gate）、棉商门（Cotton Merchants' Gate）、净洗门（Ablution Gate）、静谧门（Tranquility Gate）、链 门（Chain Gate）、摩 尔 人 门（Gate of the Moors）等。另有 6 座已经封闭的城门，分别是金门（Golden Gate）、沃伦门（Warren's Gate）、巴克利门（Barclay's Gate）、户勒大城门（Huldah Gates）、单重门（Single Gate）、殡葬门（Gate of the Funerals or of al-Buraq）等。这些门都有多个名字，包括阿拉伯语和希伯来语名字以及因历史变迁而变更的其他名字，部分城门的位置也有争议。

52. Aristobulus，应为亚利多布二世，哈斯摩尼时期的犹大祭司和犹大国王，公元前 67—前 63 年执政。

53. Aristobulus Ⅲ，公元前 53—前 36 年，哈斯摩尼王室的最后一个子孙。

54. Bacchides，希腊化时期的希腊将军，幼发拉底河流域国家的统治者。

55. Simon the Hasmonean，哈斯摩尼王朝的第一个国王，公元前 135 年遭女婿暗杀，由其子许尔堪一世继位。

56. Palatial Mansion，又作 Palace of Annas the High Priest，安纳斯大祭司的宫殿，规模宏大，配饰奢华。

57. Phasael and Miriamne Towers，耶路撒冷上城城墙西北角三塔中的两座，靠近雅法门。

58. Gobat School，1853—1855 年为阿拉伯男孩设立的学校，也称"戈巴主教学校"，位于古城墙外的锡安山上。

59. Gate of the Essenes，现已不存。艾赛尼是公元前 2 世纪至公元 1 世纪盛行的第二圣殿犹太教的一个教派，其教徒主张脱离大祭司撒督。

60. 曾发现该桥的很多段桥拱，其中最有名的一段就是连接西墙与圣殿山的威尔逊拱桥，由托布勒于 1845 年率先发现并记录。

61. Church of the Redeemer，耶路撒冷第二座新教教堂，1893—1898 年由普鲁士建造。

62. Russian Hospice，也称"亚历山大救济院"（Alexander Hospice）。

63. Herod's Gate，耶路撒冷老城最晚修建的一座城门，位于北城墙东部，毗邻穆斯林区，据说耶稣受难时希律王的住所就位于附近，因而得名。

64. Habad Street，位于耶路撒冷老城基督徒区。

65. Jesus'Garden Tomb，1867 年耶路撒冷出土的一座石砌墓园，后被一些基督徒认为是耶稣埋葬和复活的地方。

66. John，是《圣经·新约》的一卷书，本卷书共 21 章。记载了耶稣的生平。

67. Sanhedrin，以色列每个城市指派的 23 至 71 人的大会。

68. Rabban Gamaliel, 公元 1 世纪早期犹太最高议会的领袖。

69. Warren's Gate, 第二圣殿时期进入圣殿山台地的一个古老入口，通向圣殿山的一条隧道和阶梯，由沃伦最先记载。

70. Roman Empire, 从奥古斯都公元前 27 年开创帝国制度至 1453 年君士坦丁堡被土耳其人攻陷为止，存在约 1500 年。

71. Zealots, 第二圣殿时期的政党，煽动犹大省的人民反抗罗马帝国的统治，希望驱除圣地的外来者。

72. Psephinus' Tower, 位于第三城墙西北角，从其顶部可看见地中海和阿拉伯山。

73. Fuller's Monument, 约瑟夫斯在《犹太战纪》中提及的一处遗址，位于第三城墙拐角处的塔楼旁，靠近汲沦谷，尚未得到考古确认。

74. 约 40 平方厘米，此处原文为"投影图"。

75. E.L.Sukenik, 以色列考古学家和希伯来大学教授，1889—1953 年。L.A.Mayer, 即 Leo Aryeh Mayer, 耶路撒冷希伯来大学校长、伊斯兰艺术研究专家，1895—1959 年。

76. Bar Kokhba, 公元 131 年率先反抗罗马统治的犹大省犹太领袖，起义持续了 4 年，最终失败，这是罗马帝国境内犹太人发起的三次起义中的最后一次。

77. Dark Gate, 或 Gate of Darkness, 阿拉伯语 Bab al-Atim, 位于老城北侧。

78. Lion's Gate, 位于耶路撒冷老城东城墙，是老城的七座城门之一，也是参观苦路的开端。

79. Barclay's Gate, 圣殿山最初的城门之一，位于摩洛哥城门下，得名于 1852 年发现该门的基督教传教士詹姆斯·特纳·巴克莱（James Turner Barclay）。

80 Stone of the Trumpeting Place, 第二圣殿时期祭司在圣殿山南城墙石头所在之处吹号，宣告安息日开始。

81 Caesareum, 古罗马风格的宫殿建筑。古罗马城、意大利全境、罗马尼亚、不列颠岛、法国和地中海沿岸国家都曾建有大量的凯撒宫，以示对罗马帝国的臣服和尊崇。

82. Antioch, 奥特龙斯河东岸的古希腊城市。

83. Tadmor, 或 Tudmur、Tadmur, 叙利亚中部的一座绿洲城市。

84. Alexandria, 埃及第二大城市、港口和经济中心，由亚历山大大帝于公元前 331 年建造。

85. Cyrene, 利比亚夏哈特附近的一座古罗马城市。

86. Albinus, 公元 62—64 年任罗马犹大省总督，公元 64—69 年任毛里塔尼亚总督。

87. *Babylonian Talmud*, 古犹太教典籍，巴比伦时期之前经典研究及解释方面留下的很多存稿被统称为"塔木德"，意为"教训"，又称为"巴比伦塔木德"。

88. 也称"围地"。

89. Gentile, 通常指犹太人眼中的非犹太人，也称"异教徒"。

90. Marc Antony, 公元前 83—前 30 年，罗马政治家和将军，在罗马共和国的寡头政治转变为专制帝国中起到了关键作用。

91. 原文如此。

92. *Sukkah*, 是一本关于《密西拿》和《塔木德》的书，是《节期》的第 6 卷，主要是关于犹太住棚节假期的相关法律，有 5 个章节。

93. Augustus Caesar, 公元前 63—公元 14 年，罗马帝国创建人和首席执政官。

94. Vipsanius Agrippa, 公元前 63—公元前 12 年，罗马政治家、将军和建筑师。

95. Pontius Pilate, 罗马犹太行省第五任总督，公元 26—36 年在任，因对耶稣的审判而出名。

96. Lithostrotos, 希腊语，意为石头铺就的地方，阿拉米语作 Gabbatha, 即厄巴大，引申为彼拉多衙门前审判席所在的马赛克铺地。

97. Theodotus, 一位训练有素的雄辩家，托勒密十三世的导师。

98. *Mark*, 是《圣经·新约》的一卷书，本卷书共 16 章。收录了耶稣的言行。

99. Burnt House, 耶路撒冷出土的第二圣殿时期的住房，现位于犹太区街道以下 6 米深处，可能于公元 70 年罗马摧毁耶路撒冷时被烧毁，曾为祭司住所。

100. Adiabene, 亚述的一个古老王国，首都在阿贝拉，即今天伊拉克的埃尔比勒，于公元 1 世纪改信犹太教。

101. Queen Helene, 大约死于公元 50—56 年，阿迪亚波纳的王后和蒙罗巴斯一世之妻，公元 30 年皈依犹太教。

102. Monobaz, 公元 1 世纪阿迪亚波纳的国王，蒙罗巴斯一世是海伦女王的丈夫，其子为蒙罗巴斯二世。

103. Hananel Tower, 位于耶路撒冷老城的北墙附近，靠近东北角，毗邻百门塔，东连羊门。

104. Warren's Gate, 进入圣殿平台的一个古老入口，位于西墙隧道约 46 米处，第二圣殿时期它通往圣殿山的一条隧道和台阶。

105. Barclay's Gate，一座圣殿山的老城门，位于摩洛哥城门下。

106. Empress Eudocia，公元 401—460，狄奥多西二世之妻，拜占庭初期基督教兴起的一个杰出历史人物。

107. Birket el-Hamra，即《新约》时代供病人洗用的"西罗亚池"，也称"下池"。

108. Tankiz en-Nasiri，全名 Sayf al-Din Tankiz al-Husami al-Nasiri，叙利亚总督，1312—1340 在位。

109. *Tosephta*，或 *Tosefta*，公元 2 世纪末密西拿时代的犹太口传律法集。Baba Batra，或 Bava Batra，犹太口传律法的一部分、塔木德第三篇短文。

110. Romema，耶路撒冷北部靠近高速公路入口处的一个社区，地处耶路撒冷最高的一座山坡上。

111. French Hill，或 Giv'at Shapira，耶路撒冷东北部山丘。

112. Giv'at Ram，位于耶路撒冷中部，除文中提及机构以外，以色列博物馆、耶路撒冷《圣经》博物馆和以色列国家图书馆也均在此处。

113. Ehud Netzer，1935—2010 年，以色列建筑师、教育家和考古学家，以其在希伯来广泛的考古和发现希律王陵墓而闻名。本·阿里（Ben Arieh），生于 1955 年，以色列艺术家和雕塑家。

114. opus reticulatum，古罗马建筑的一种砖砌形式。

115. Hadrian，即 Publius Aelius Hadrianus Augustus，公元 76—138 年，罗马帝国安敦尼王朝的第三位皇帝，"五贤帝"之一，公元 117—138 年在位，也是著名的哈德良长城的建造者。

116. Titus，公元 39—81 年，罗马皇帝，公元 79—81 年在位。

117. Zechariah，撒迦利亚是《旧约·圣经》中的人物，犹大王国的先知。

118. Hezir's Priestly Family，又作 Tomb of Benei Hezir，最古老的四大石窟墓之一，位于汲沦谷，属于第二圣殿时期。

119. 又作 Jose ben Joeze，马加比早期的一位拉比。

120. Johanan，公元前 4 世纪第二圣殿时期的最高祭司，约瑟（Joseph）是希伯来《圣经》中的重要人物，伊斯兰教先知。

121. Oved，犹大支派的波阿斯和摩押人路得的儿子，耶西的父亲、大卫王的祖父，是追随摩西出埃及后的第三代。

122. *Copper Scroll*，1947—1956 年间在死海西北昆兰废墟附近洞穴发现的《死海古卷》之一，但明显区别于其他古卷。《死海古卷》（*Dead Sea Scrolls*）是研究伊斯兰教、犹太教、天主教、基督教和景教发展史的重要文献。

123. Zadok，继承亚伦之子以利亚撒之位的祭司。

124. James，于公元 62 年或 69 年殉道而死，是使徒时代的重要人物。

125. Tomb of the Kings，也是安迪亚波纳的海伦女王之墓。

126. Rabbi Akiva，或 Akiva ben Joseph，公元 50—135 年，犹太教最伟大的学者之一，参与了《密西拿》和《哈拉哈》的写作。

127. Queen Saddan，学界一般认为 Saddan 或 Saddah 是海伦女王的闪米特名字，但未经证实。

128. Judaea Capta，由罗马皇帝发行的一系列纪念币，纪念占领朱迪亚地区和其子提图斯于公元 70 年犹太人起义中摧毁第二圣殿。

129. Vespasian，罗马皇帝，公元 69—79 年在位。

130. Matthias Antigonus，犹大哈斯摩尼王朝的最后一位国王。

131. Arch of Titus，公元 1 世纪的纪念性凯旋门，位于罗马圣道上罗马讲坛东南，由罗马皇帝图密善于公元 82 年修建，以纪念其兄长提图斯。

耶稣时代的耶路撒冷

公元纪年开始时，耶路撒冷基本上仍是前章所述的希律王时期的景象。希律王最伟大的事迹就是重建圣殿山和第二城墙，还有在这城里加建的其他公共建筑，这些都已经载入《圣经》的《福音》，并成为基督教福音派的叙事背景。

在第二圣殿末期的耶路撒冷地图中，第三城墙和墙内的贝泽塔（Bezetha）区等内容都是在耶稣死后才加上去的。

虽然《新约》是研究耶稣时代耶路撒冷的重要史料，但它对城市细节的描述很少，更多地只能依靠约瑟夫·弗拉维斯（Josephus Flavius）的记载和《密西拿》，后者是有关公元70年的重要资料。《新约》一般只提及地名，但缺少能帮助确定其位置的记载。

公元70年毁城后，圣地周边保留下来的基督教社区规模很小，而且极为贫穷。另外，尽管缺少史料证明，基督教传说中的那些圣地很有可能就在锡安山上。此外，公元135年耶路撒冷成为一座非基督教城市，罗马当局对基督徒的迫害阻碍了圣地的发展和保护，许多圣迹因此荡然无存。尽管如此，圣墓教堂里一名信徒的古画仍能证明，公元2世纪耶路撒冷仍受到基督徒的敬仰。

基督教于公元4世纪成为主要的宗教，可以公开信仰，基督徒开始在他们心目中的各处福音派圣地上修建

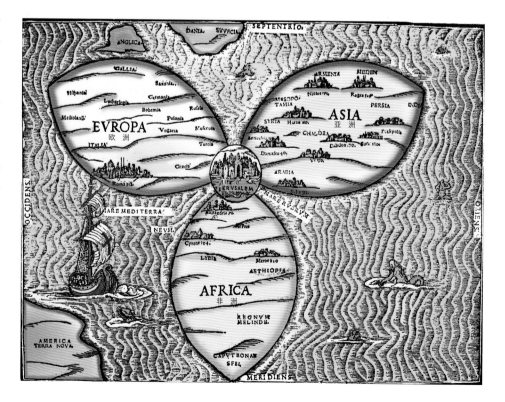

日耳曼汉诺威人海因里奇·贝德于1580年绘制的地图，其特征是由三叶草组成的世界。虽然它是一幅较晚的地图，但它突出强调了一种当时流行的看法，即：作为三大洲的中心点，耶路撒冷是世界中心，它在基督教世界中的地位极为重要。

那时，发现美洲大陆才不过100年，图中被称作"特拉诺瓦"（Terra Nova），位于图中左下角。

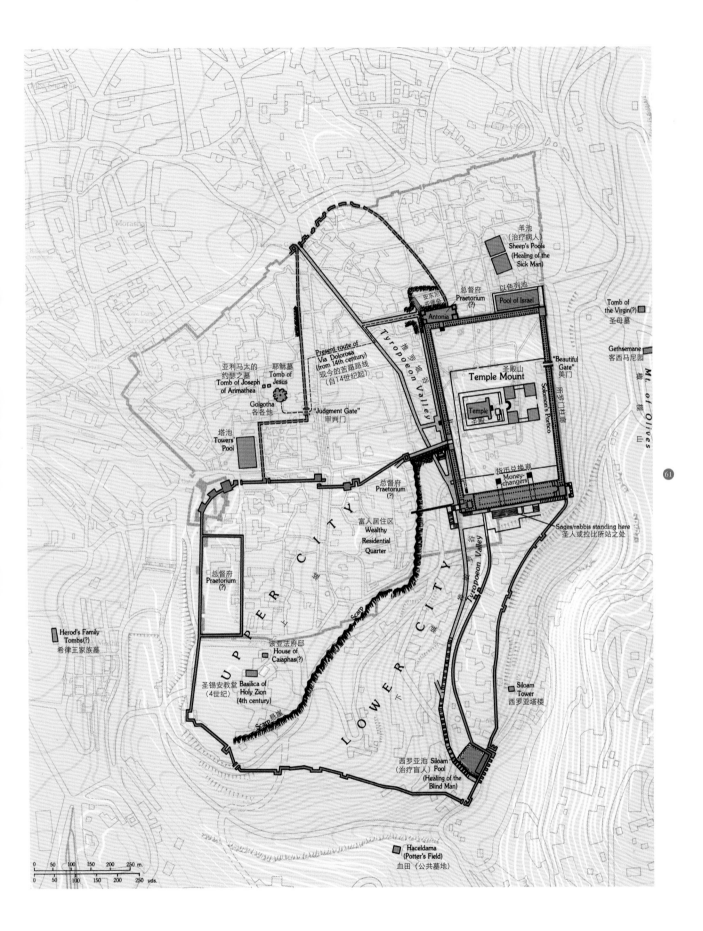

羊池
(治疗病人)
Sheep's Pools
(Healing of the
Sick Man)

总督府
Praetorium
(?)

以色列池
Pool of Israel

安东尼
亚碉堡
Antonia

Tomb of
the Virgin(?)
圣母墓

Gethsemane
客西马尼园

Present route of
Via Dolorosa
(from 14th century)
现今的苦路路线
(自14世纪起)

亚利马太的
约瑟之墓
Tomb of Joseph
of Arimathea

耶稣墓
Tomb of
Jesus

Tyropoeon Valley 推罗坡谷

圣殿山
Temple Mount

"Beautiful
Gate"
美门

Mt. of Olives 橄榄山

Golgotha
各各他

"Judgment Gate"
审判门

Temple
圣殿

Solomon's Portico
所罗门廊

塔池
Towers'
Pool

总督府
Praetorium
(?)

货币兑换商
Money-
changers

Sages/rabbis standing here
圣人或拉比所站之处

富人居住区
Wealthy
Residential
Quarter

UPPER CITY 上城

Tyropoeon Valley 推罗坡谷

总督府
Praetorium
(?)

LOWER CITY 下城

Scarp

Siloam
Tower
西罗亚塔楼

Herod's Family
Tombs(?)
希律王家族墓

该亚法府邸
House of
Caiaphas(?)

圣锡安教堂
(4世纪)
Basilica of
Holy Zion
(4th century)

Scarp 悬崖

西罗亚池 Siloam
(治疗盲人) Pool
(Healing of the
Blind Man)

Haceldama
(Potter's Field)
血田 (公共墓地)

0 50 100 150 200 250 m.
0 50 100 150 200 250 yds.

Morasha

61

客西马尼园[8]里的橄榄树。植物学家认为这些树约 2000 岁，耶稣在此休息时应该看到过它们。

橄榄山脚下的这座果园依然是朝圣者心中的敬仰之所。痛苦石窟[9]和圣母墓[10]等周边其他地方，也都是基督徒很早就认定的"神圣之处"。

果园旁有一座始建于拜占庭时期的教堂，后被穆斯林摧毁，又于十字军时期重建。现在看到的这座教堂重建于 20 世纪，被称为"万国教堂"[11]。

客西马尼园中的一些橄榄树可以追溯至耶稣时期，它们生长良好，主要得益于世世代代的信仰者对此地的尊崇。

客西马尼园的希伯来语意是"压榨橄榄（油）之处"，说明了生长于此的树种。

教堂。历经公元 1—4 世纪黑暗的 300 年，许多耶稣时期圣迹的发生地都模糊不清，第一基督教时期（即拜占庭时期）对圣地的看法在第二基督教时期（即十字军时期）被推翻，说明了鉴定圣地的困难性。

即便是现在，东正教、西方教会[2]和各教派仍然存在着互相冲突的传说，也增加了鉴别难度。

唯一一处已被彻底考古挖掘和研究的圣地是圣墓教堂，它是基督教传说中耶稣受难、埋葬和复活的地方。其研究可以总结如下：

教堂及周边发现的大量陵墓说明第一和第二圣殿时期这里曾是一座采石场，同时还是处决犯人和下葬的地方。公元 4 世纪教堂神父记述了哈德良和后来的君士坦丁大帝[3]在这里所进行的建设活动以及面临的种种困难，此地的多处墓穴也说明教堂当时是位于第二城墙之外的，这些事实都增加了圣墓教堂的可信度。

很自然，人们希望能明确苦路[4]的路线，它在成千上万信众心中占据重要地位。就像现在所认为的，苦路的整个概念始于十字军时期。在圣枝主日[5]那天虔诚的信徒们穿过金门[6]前往圣殿山，之后通过圣殿山哭墙的"悲伤之门"（Gates of Sorrow）继续前往圣墓教堂，以此回顾耶稣凯旋进入耶路撒冷的情景。

这是苦路的早期路线，后来——也就是现在的路线始创于 14 世纪。由于当时禁止基督徒进入圣殿地区，他们被迫另寻一条与其并行的外围路线。虽然后期苦路的终点现在已确认是圣墓教堂，但它早期的终点还不清楚，因此图中并未显示苦路十四处[7]。

按照《福音》所说，苦路的起点应该是彼拉多（Pontius Pilate）判决耶稣死刑的地方；但史料中却没有提到总督府（Praetorium），只在《约翰福音》第 19 章第 13 节中有些许描述。即便如此，仍有三个可能的地点供判断：

第一处是圣殿山西北角的安东尼亚堡垒（Antonia

除了圣殿山，大卫塔（David's Tower）是第二圣殿时期耶路撒冷最令人印象深刻的遗迹，耶稣时期改名为"希皮库斯塔"（Hippicus Tower），以此纪念希律王的一位朋友。然而，耶稣所在的大卫王朝时期给城市留下了深深的印痕，早期的基督徒早已以"大卫"之名称呼它，塔西侧的门也以"大卫"为名。

对基督徒而言，大卫塔象征了"尘世的"（earthly）耶路撒冷。到了十字军时期，耶路撒冷同时作为尘世圣地和天堂之城，大卫塔、圣墓教堂和圆顶清真寺就是二者最重要的象征。

现在，17 世纪建于堡垒上的宣礼塔被错误地当成是大卫塔。

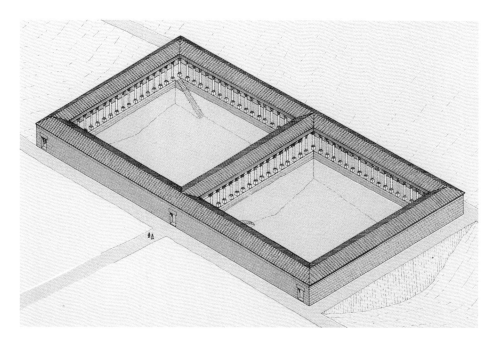

羊池（Sheep's Pool）位于贝泽塔谷，该谷始自现在的亚美利加移民区（American Colony），经过洛克菲勒博物馆[15]发起加建的。羊池一直存至第二圣殿毁灭时期。

羊池复原图主要基于基督教史料。《新约》中详细记载了耶稣在水池旁的柱廊显圣，从而使水池变得神圣。通常，绵羊要在此清洗后才能献祭圣殿，由此得名。

fortress）。这里是十字军时期以来总督府的所在地，但在拜占庭及其后很长的一段时间里，现在位于西墙广场旁的圣索菲亚教堂被当成是苦路的纪念地。

此观点与第二种可能性相关：本丢·彼拉多将犹太区的哈斯摩尼宫（Hasmonean palace）作为自己的住所，或许也是在这里审判耶稣的。不过另有学者指出，彼拉多更喜欢堡垒（Citadel）旁边奢华的希律王宫殿。如果接受上述任何一个观点，都意味着要改变现有苦路的路线。

圣锡安教堂（Basilica of Holy Zion）在早期和现代基督教中都拥有重要地位，它也是耶路撒冷早期基督教社团的聚集地。这座始建于公元4世纪的教堂遗迹现已被发现，但对耶路撒冷的朝圣者而言，圣锡安教堂的重要性仅次于圣墓教堂。教堂的发展历程还有待核证，此处的公元1世纪住区和保存完好的公元4世纪拜占庭教堂之间还有历史断层，期间发生的历史事件鲜为人知。

《福音》中的耶路撒冷还有客西马尼园（《马太福音》[12]26:36—46，《马可福音》14:32）、血田[13]（《马太福音》27:6—8）、西罗亚池（《约翰福音》9:1—12）和所罗门柱廊[14]（《约翰福音》10:23，《使徒行传》3:11，5:12）等地。这些地点都很重要，不仅与圣地地貌相关，也描述了耶稣时期城里居民的习俗和生活方式。

虽然这些地点的真实性毋庸置疑，但由于缺失了三个世纪的信息，目前我们仍缺少对它们的了解。

贝瑟尼教堂（Church of Bethany）保存的十字军时期的一块座石，上面描绘了耶稣凯旋进入圣城以及耶稣基督的其他生活场景，比如在拉撒路复活[16]。

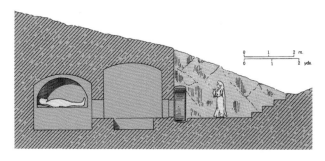

1922年绘制的耶稣墓（Jesus' tomb）复原图。墓门口有一块滚石，这是一种典型的墓穴形式。如图所示，墓穴基岩的形状源自推测，正如人们所知，这里曾是采石场。由于各个时代的朝圣者都喜欢拿走墓穴上的岩片作为纪念，因此完全改变了陵墓的面貌。

译者注

1. Heinrich Bünting, 1545—1606 年，一名新教牧师和神学家。

2. Eastern church，第二大基督教教派。作为世界上最古老的一个宗教机构，主张实践基督教的原始信仰，在东欧、近东，包括南斯拉夫和希腊等国的历史文化中发挥着突出的作用。Western church，西方教会（也有译为"西正教"）即通常所说的罗马天主教，主要起源和发展于原西罗马帝国的疆域，是西方基督教的主要部分，采取拉丁礼拜仪式，圣座在梵蒂冈。

3. Emperor Constantine the Great，又称"君士坦丁一世"，公元 272—337 年，罗马帝国第四十二代皇帝、东罗马帝国的第一位皇帝、也是世界历史上第一位尊崇基督教的罗马皇帝，于公元 313 年颁布"米兰诏书"，承认基督教为合法自由的宗教，为其后成为在欧洲占统治地位的宗教起了重大的历史作用。

4. Via Dolorosa，位于耶路撒冷老城内的两段街道，据信耶稣曾背着十字架从这里走过，每年"四旬期"举行一种重现耶稣被钉上十字架过程的宗教活动，称为"拜苦路"。

5. Palm Sunday，也称"棕枝主日"或"基督苦难主日"，在复活节前的星期日举行的基督教盛大活动，是圣周的开始，以此纪念耶稣进入耶路撒冷。

6. Golden Gate，圣殿山 16 座城门中最早的一座，阿拉伯语称该门为"永生门"，现已封闭。一说是公元 520 年由查士丁尼一世建于早期城门废墟之上的拜占庭建筑，一说由倭玛亚哈里夫在公元 7 世纪雇佣拜占庭工匠修建。

7. Stations of the Cross，耶稣在受难日背负十字架前往加尔瓦略山途中所经历的十四处苦难之地。

8. Gethsemane，耶路撒冷橄榄山下的一个花园，这里是耶稣祷告和受难日前夜其门徒睡觉的地方。

9. Grotto of the Agony，一般称为 the Grotto of Gethsemane，本义为"橄榄油作坊之地"，公元 4 世纪起被认为是《圣经》故事中犹大背叛之地。

10. Tomb of the Virgin，是汲沦谷橄榄山下的一个基督教墓，被认为是耶稣之母玛利亚的陵墓。

11. Church of All Nations，位于以色列耶路撒冷城东部橄榄山的客西马尼园旁，现存的教堂建于 1919—1924 年间，位于 12 世纪十字军教堂（1345 年废弃）和公元 4 世纪拜占庭教堂（746 年毁于地震）的遗址上。

12. Matthew，是《圣经·新约》的一卷书，本卷书共 28 章。记载了耶稣的生平与职事，其中包括耶稣的家谱，耶稣神奇的出生、童年、受浸与受试探、讲道、上十字架、复活，最后，复活的耶稣向使徒颁布大使命。

13. Haceldama，疑为 Aceldama，犹大出卖耶稣所得之地及其自杀处。

14. Solomon's Portico，或 Solomon's porch，耶路撒冷圣殿外院东侧的一个柱廊，不同于南侧的王室柱廊。

15. Rockefeller Museum 旁的老城城墙，止于狮门附近的汲沦谷，以色列池等一些大水池和大坝都建于这条河谷。如图所示，考古证实其北侧水池最早开掘于第一圣殿末期，其他部分是公元前 2 世纪初希腊化时期由大祭司西门（High Priest Simon，公元前 219—前 199 年，第二圣殿时期的犹太最高祭司）开掘的。

16. Resurrection of Lazarus，或 Raising of Lazarus，指耶稣复活升天的奇迹。

埃利亚·卡毗托利纳[1]：公元 135—326 年

船和野猪图案是罗马第十军团的标志，该图章发现于耶路撒冷的一块屋瓦上。在图章中央是首字母 LEG.X.F，即第十夫累腾西斯军团，源自他们取得巨大胜利的战场。

在平定犹太人大起义[2]的过程中，提图斯（Titus）摧毁了耶路撒冷，拆毁其城墙并将圣殿付之一炬。他保留了西墙和希律王建造的希皮库斯塔楼（Hippicus）、米利暗塔楼（Mariamme）和法撒勒塔楼（Phasael），罗马第十军团[3]随后将其用作驻防要塞，并作为向后世彰显自己曾征服这座城市的证据（《犹太战纪》7,8,1）。

考古发现证实了约瑟夫斯对西南城墙和三座塔楼的描述。这段城墙成为之后重修城墙时的基础；三座塔楼之一的希皮库斯塔楼至今尚存，现被称为"大卫塔"（Tower of David）。如米底巴地图（Madaba Map）所示，另一座塔楼也存至拜占庭时期，但是没有关于第三座塔楼何时毁坏的信息。

学术界普遍认为，第十军团在耶路撒冷的驻地位于现在老城内的亚美尼亚区（Armenian Quarter），在卡多[4]和西城墙之间以及大卫街（David Street）和南城墙之间，考古也证实了罗马军团在该区（约 820 英尺 ×1247 英尺，合 250 米 ×380 米）驻扎的事实。这些发现包括屋瓦、陶制烟管和砖块，上面通常都刻有第十军团的首字母 LEG.X.F 和他们的标志——一头野猪或海上的象征，如船、海豚或海神涅普顿[5]。该区内还发现有木构建筑和帐篷，从而解释了为何这里没有永久建筑。更多证据显示，罗马兵营位于两条主街之间：一条是现在从北向南的基督大街（Christian's Street）；另一条是锡安山上发现的一段街道。两条街道在兵营处与主街交汇，并把兵营一分为二。

20 世纪圣马可大街（St. Mark's Street）的路德旅店（lutheran hostel）下方发现了一段城墙，有人推测它是第十军团驻地北墙的一段；但是，这段城墙的建造时间晚于中世纪，不可能是罗马军团的兵营护墙。同样，也不能证明犹太区卡多西侧的一段城墙是兵营东墙。

堡垒、锡安山、大卫城、现在的民族大厦（Binyanei Ha'ooma）、拉哈高地（Ramat Rahel）和莫特扎[6]等地都发现了罗马第十军团的建筑遗迹，还有刻有军团标志的屋瓦和陶制管道。这样看来，第十军团的活动范围肯定超出了上述的兵营地区。

提图斯带来的第十军团士兵和退休士兵、叙利亚和东希腊人组成了罗马帝国统治下耶路撒冷的主要人口。塞维鲁皇帝[7]时期允许军团士兵结婚和组建家庭，耶路撒冷人口因此显著增长，只剩未婚士兵继续住在兵营里。犹太人大起义之前被驱逐到外约旦佩拉[8]古城的基督徒开始返回这座城市，似乎犹太人也开始再一次在此定居。伊彼法尼[9]观察到，耶路撒冷被毁之后有七座犹太会堂保存下来，其中一座遗址存至君士坦丁皇帝统治时期。考虑到哈德良皇帝禁止城内有任何犹太社团，他所说的显然是基督教堂。

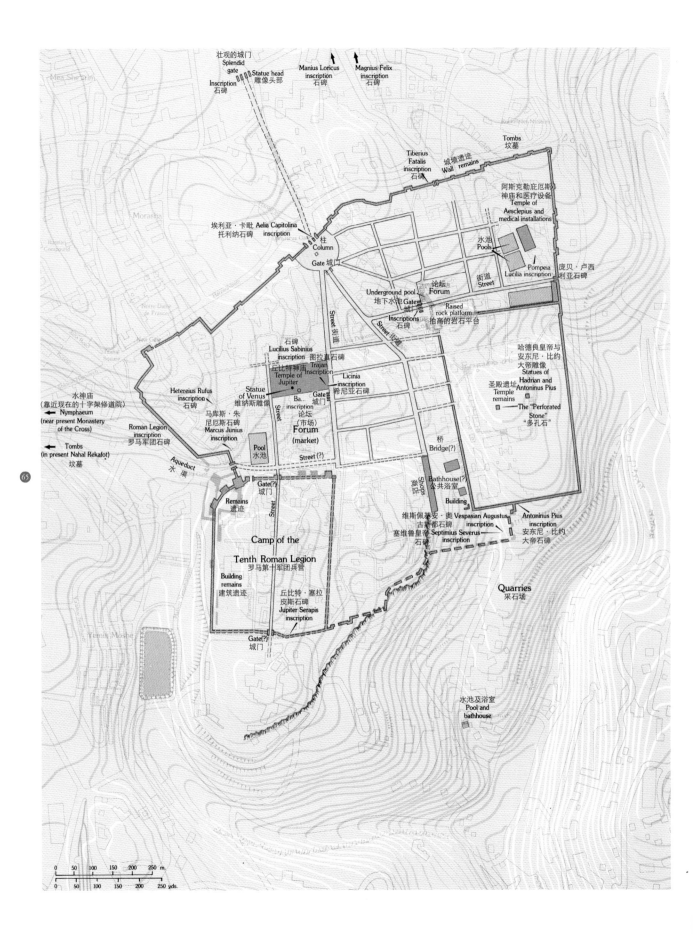

壮观的城门
Splendid
gate
Inscription 石碑
石碑 Statue head 雕像头部

Manius Loricus
inscription
石碑

Magnius Felix
inscription
石碑

Tiberius
Fatalis
inscription
石碑

城墙遗迹
Wall remains

Tombs
坟墓

阿斯克勒庇厄斯
神庙和医疗设备
Temple of
Aesclepius and
medical installations

埃利亚·卡毗
托利纳石碑
Aelia Capitolina
inscription

柱
Column

Gate 城门

水池
Pools

庞贝·卢西
利亚石碑
Pompeia
Lucilia inscription

论坛
Forum

街道
Street

Underground pool
地下水池 Gate
城门
Inscriptions
石碑

Raised
rock platform
抬高的岩石平台

哈德良皇帝与
安东尼·比约
大帝雕像
Statues of
Hadrian and
Antoninus Pius

石碑
Lucilius Sabinius
inscription

图拉真石碑
Trajan
inscription

丘比特神庙
Temple of
Jupiter

Licinia
inscription
蒂尼亚石碑

圣殿遗址
Temple
remains

The "Perforated
Stone"
"多孔石"

水神庙
(靠近现在的十字架修道院)
Nymphaeum
(near present Monastery
of the Cross)

Hetereius Rufus
inscription
石碑

Statue
of Venus
维纳斯雕像

Ba...
inscription
论坛
城门
Gate

Street 街道

Street 街道

马库斯·朱
尼厄斯石碑
Marcus Junius
inscription

Roman Legion
inscription
罗马军团石碑

Tombs
(in present Nahal Rekafot)
坟墓

Aqueduct
水渠

Pool
水池

Forum
(market)
论坛
市场

Street(?)

Street

桥
Bridge(?)

Shops
商店

Bathhouse(?)
公共浴室

Building

维斯佩基安·奥 Vespasian Augustus
古斯都石碑 inscription

塞维鲁皇帝 Septimius Severus
石碑 inscription

Antoninus Pius
inscription
安东尼·比约
大帝石碑

Remains
遗迹

Gate(?)
城门

Camp of the

Tenth Roman Legion
罗马第十军团兵营

Building
remains
建筑遗迹

丘比特·塞拉
皮斯石碑
Jupiter Serapis
inscription

Gate(?)
城门

Quarries
采石场

水池及浴室
Pool and
bathhouse

65

0   50   100 150 200 250 m.

0   50   100   150   200 250 yds.

80

安东尼·比约皇帝[10]时期的钱币，正面有他的头像，背面有第十军团的象征：一艘船头有船桨和攻城锤的军舰。

马库斯·朱尼厄斯[21]纪念碑，源自三世纪初，位于耶路撒冷老城帝国饭店（Imperial Hotel）旁广场上的一根石柱顶部。这块纪念碑是纪念第十军团的一名军官，由他的副官筹备且刻有拉丁语碑文："献给马库斯·朱尼厄斯，代表皇帝的安东尼尼第十夫累腾西斯军团指挥官，由卡西乌斯[22]、多米丢斯中士（Domitius Sergianus）和他的副官朱利叶斯·米诺图斯（Julius Honoratus）筹建"。其中的单词 Antonini 是后来于公元 216 年由草写体补上去的，这是卡拉卡拉大帝[23]赐予第十军团的名字。

这根圆柱是 1885 年在附近地下考古时发现的；但似乎这里并非其原始地点，应该是从其他地方搬来此，而且改变了用途。把罗马纪念碑挪作他用的现象在耶路撒冷其他地方也有发现，例如在北城墙还出土了其他纪念碑，但很难确认其原始位置。

公元 121 年哈德良皇帝（Publius Aelius Hadrianus）开始了对整个帝国的巡游，从英格兰开始，经过高卢[11]和西班牙到达东方帕提亚帝国[12]的边界。公元 130 年春前往埃及时他经过巴勒斯坦，并决定在耶路撒冷废墟上建造埃利亚·卡毗托利纳。埃利亚（Aelia）这个名字是以皇帝的家族姓氏命名，而卡毗托利纳（Capitolina）则以三位卡彼托[13]山神，也就是新城的守护神——朱庇特[14]、朱诺[15]、弥涅瓦[16]来命名。建造在圣墓教堂所在地的特里卡麦伦（Tricameron）圣殿（见下文）被指定为供奉卡彼托山诸神的地方。哈德良想在耶路撒冷废墟上建造一座非基督教城市，这也是公元 132 年巴尔科赫巴起义（Bar Kokhba Revolt）爆发的主要原因之一。公元 3 世纪的历史学家狄奥·卡西乌斯[17]认定在圣殿山上建立特里卡麦伦就是起义爆发的导火索，当然我们都知道，建造在圣墓教堂上的是朱庇特神殿（Temple of Jupiter）。对此，狄奥·卡西乌斯还认为朱庇特神殿也许是为了证明圣殿山不再是犹太圣地。很可能在起义的第一阶段，叛军取得了胜利并占领了这座城市——少数残缺不全的相关史料没有一份提到耶路撒冷，或许是因为其缺乏军事上的重要性。起义时期的钱币上经常刻有圣殿礼器图样，而且全部刻有"为了耶路撒冷的自由"铭文，这个时期的许多文献中也能找到类似的证据。一些学者认为这是犹太人占领耶路撒冷的证据，但也可能仅仅是反叛者心中愿望的表达。

公元 135 年镇压巴尔科赫巴起义之后，罗马帝国实行耶路撒冷重建计划：在遗址上建立非基督教城市埃利亚·卡毗托利纳，它是加强帝国东翼、抵御侵略的战略计划的一部分，与建造其他城市或道路体系没有区别；在朱迪亚地区修建道路，连接埃利亚·卡毗托利纳与凯撒利亚[18]、军团[19]驻地和罗马本土以内的其他城市。那时期的钱币上刻有"殖民地埃利亚·卡毗托利纳已建立"（condita）铭文，也刻有皇帝亲自定位未来城墙的情景——这条犁出来的沟就是罗马的城市象征和帝国疆界。犹太人把这些当作《耶利米书》[20]（26:18）的具体物化："锡安必被耕种得像一块田，耶路撒冷必变为乱堆，这殿的山必像丛林的高处。"然而，这些城墙迟至 150 年后才真正建立起来，并一直由罗马第十军团守卫。耶路撒冷城墙的建造时间仍不确定，某些学者认为它们直到公元 5 世纪才建成。

66

普遍认为，基督大街（Christian's Street）就是长老大街（Patriarch's Street），因街尾的长老宫（Patriarch's Palace）而得名，屡屡出现在十字军时期的史料中。沿街的考古活动还发现了大型齿状石板，这些石板与在厄巴大 [24]（锡安姊妹修女院）和大马士革门广场发现的罗马石板很相似，因此可以确认基督大街是在罗马时期铺就的。这条街不是埃利亚·卡毗托利纳建成时就有的，而是在相当一段时间之后、公元3世纪末或4世纪初罗马在耶路撒冷的建设高峰时，主要由君士坦丁大帝时期占领城市的基督徒修建的。

街道走向受长老池（Pool of the Patriarch）（希西家池）和第十军团驻地位置的影响，始于兵营入口，从那里向北与长老池相接。

此外，一条同样的街道从兵营南入口通往锡安山，那里至今保存着街道的遗迹。罗马兵营是罗马城市规划中一个重要因素，上述两条街道很好地吻合了这种要求。

　　埃利亚·卡毗托利纳是以罗马营寨城的模式（canabea）建造的。城内建造了一座罗马兵营，平民定居点围绕兵营发展，城市经济很大程度上依靠兵营。至今还不清楚城市是如何进行管理的，军队的权力范围是什么，市议会拥有什么权力。（大马士革门发现了市议员安放的一块石碑，碑文内容涉及市议会）尽管城市周边发现了相关遗址，罗马时期城市的扩张及其影响仍不明确。

　　公元195年再次修复了第二圣殿时期建造的引水渠，其虹吸石上刻有那时罗马总督的名字，由此可以确定修复的时间。尚待证实的一种猜想是，罗马时期所建的上层输水道由所罗门池送水进城，为希皮库斯塔附近地区供水。就像在罗马帝国的其他地方一样，建造工程由罗马第十军团的士兵承担，一些石头上还刻有士兵的名字。

　　与犹太人大起义（the Great Revolt）后仍有犹太社团留下来的情况完全不同，巴尔科赫巴起义之后，由于哈德良皇帝禁止犹太人入城，耶路撒冷城内几乎没有犹太人。虽然在执行过程中有所变化，这道禁令还是施行了很长一段时间，偶尔才有犹太人被允许参观圣殿。此外，罗马统治时期耶路撒冷城内还留有一个基督教社区，依靠凯撒利亚的社团提供管理和宗教服务。

　　公元235年开始，罗马帝国进入了长达四十年的无政府状态时期，罗马军队经历了毁灭性的失败，实际上几乎已荡然无存。叙利亚的达莫（帕尔米拉）[25] 人乘虚占领了帝国东部，其中包括巴勒斯坦地区。直到公元270年奥理安皇帝 [26] 登基，才重新恢复了秩序并加强了防卫。奥理安皇帝继续与国内外的帝国敌人作战，最

哈德良皇帝发行的印有其头像的
埃利亚·卡毗托利纳钱币，头像
上方有"凯撒·图拉真·哈德良
统帅"铭文，反面可见皇帝驾牛

犁出新城轮廓的景象以及拉丁语
铭文"殖民地埃利亚·卡毗托利
纳已经建立"，其背景是军团出
征时的旗帜之一。

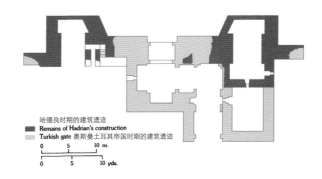

哈德良时期的建筑遗迹
Remains of Hadrian's construction
Turkish gate 奥斯曼土耳其帝国时期的建筑遗迹

0　　5　　10 m.
0　　5　　10 yds.

哈德良时期的建筑遗址——土耳其之门

终于公元 272 年打败达莫人，埃利亚·卡毗托利纳的
罗马第十军团也参与了这场战役。

按照戴克里先皇帝[27]制定的重建计划，罗马第十军
团结束了长达 200 年的驻守，于公元 289 年由埃利亚·卡
毗托利纳调防至埃拉特[28]。第十军团离开后，城市可能
需要加强城墙防御系统，但至今未发现这个时期的任何
史料。纵观历史，有可能是君士坦丁大帝或其后的某位
统治者建造了耶路撒冷的城墙。

罗马城市的结构

由于史料不足且缺少必要的考古发现，难以重现罗
马时期的城市面貌，只有从这个时期铸造的钱币上窥见
一些信息。这些钱币不仅反映了耶路撒冷当时的非基督
教活动，还体现了罗马皇帝巡视城市的情况、城市对皇
帝的忠诚度以及从皇帝处获得的恩惠。比如，埃利亚·卡
毗托利纳铸造的钱币上刻画了公元 176 年马库斯·奥里
欧斯[29]和其子科莫多斯[30]来到巴勒斯坦的场景。钱币上
的城市名字刻成"Commodiana Pia Felix"，这是因其对皇
帝忠诚而获得的头衔，此后的钱币上都有该名称的缩写
"COL.AEL.CAP.COMM.PIA.FELIX"，直到公元 274 年皇
帝收回耶路撒冷铸造钱币的权力。此外，另一种重现罗
马城市面貌的资料是《犹太逾越节纪事》[31]。

仅仅查核史料也是有问题的，因为罗马到拜占庭时

期是以口传故事而非书面文献记载的，更缺少建筑实体
遗存。基督教占据优势之后，耶路撒冷经历了一段快速
发展的时期，罗马时期的城市结构逐渐融合转变为拜占
庭城市风格；因此很难确定罗马统治时期的建筑，除非
它们在后期的变化很少。正是由于以上原因，罗马时期
是耶路撒冷最不为人所知的一段历史。

从公元 70 年第二圣殿被毁、一直到公元 3 世纪末，
耶路撒冷似乎没有城墙围护，任何人都能从城外直接看
见圣殿山高大的围墙。第二圣殿时期的城墙遗迹只有部
分得以保留下来，主要是在城市的西南部。公元 289 年
罗马第十军团调往埃拉特时，这座城市并没有任何防御
围护。似乎也正是从那时起，耶路撒冷开始修建保卫城
市的城墙，东西两侧的新城墙主要沿着第二圣殿时期原
来的位置。

耶路撒冷铸造的钱币，正面印有
哈德良皇帝半身像，背面图案是

皇帝用牛拉犁的方式划定城墙的
位置。

一般认为，圣殿山南墙是在罗马时期得到维修的；但是，如果当时山上并没有想象中的圣殿，罗马人也就根本不可能维修什么。哈德良时期的建筑中也有希律王时期的石材，这说明罗马人在公元70年毁坏圣殿后拆除了剩余的部分，并把石材用在了新建筑中。圣殿山墙的面材、顶部和横木的装饰都在朱庇特神殿中再次得到利用。从狮门到洛克菲勒博物馆附近的城墙东段，也就是第三城墙的一部分，也在那时得到修复。虽然尚未发现罗马时期的痕迹，但在老城东墙附近发现了可以追溯到公元4—5世纪的遗迹，证明现在的东墙和罗马帝国晚期是一致的。

大马士革门（Damascus Gate）是罗马时期埃利亚·卡毗托利纳的主城门，一条主路由这里通往当时的都城凯撒利亚。复原图可见当时的壮丽景象，其东侧入口处铭刻着："埃利亚·卡毗托利纳殖民地，本铭文由城市议会授权镌刻"。

这座罗马城门遗址于1938年由巴勒斯坦考古部（Palestine Department of Antiquities）首次发现。考古学家汉密尔顿[32]指导了此次发掘，还发现了古城门的部分遗址和一些铭文装饰，东入口的完整立面由约翰·罗勒·轩尼诗[33]于20世纪60年代发现，其前大门及毗邻建筑多属于中世纪。以色列考古学家于1979年发现城门的主体部分，包括完整的东入口和东塔楼（图中没有显示）。除了在奥斯曼时期苏莱曼大帝（Suleiman the

Magnificent）重修的顶部以外，城楼保存得非常完整，是巴勒斯坦地区最完整、壮丽的罗马时期建筑遗迹。城门和城楼上希律风格的石雕饰板都是第二圣殿被毁时从希律城墙的南墙上拆过来的。这座罗马城门的中间部分历经磨难而未能保存，只有西侧入口的一部分残存下来。

据米底巴地图（Madaba Map）所示，在大马士革门附近原有一处宽阔的广场，由6英尺×4英尺（合2米×1.2米）的石板铺砌而成，中间伫立着一根有帝王雕像的巨大石柱，有两条大道[34]通向城市。此处的考古发掘始于1982年，虽然并未找到广场的边界，但根据已发现的遗迹足以估测其尺度。米底巴地图所示的石柱至今未被发现。

哈德良时期的硬币上有城中神殿的形象。朱庇特（Jupiter）面对弥涅瓦（Minerva）坐在中间，在他后面是朱诺（Juno）。朱庇特和她们都是城市的守护神，被称为"朱庇特神殿的三位一体之神"（Capitoline Trinity）。

84

PUBLIUS ÆLIUS HADRIANUS
COLONIA ÆLIA CAPITOLINA DEC. DEC.

69

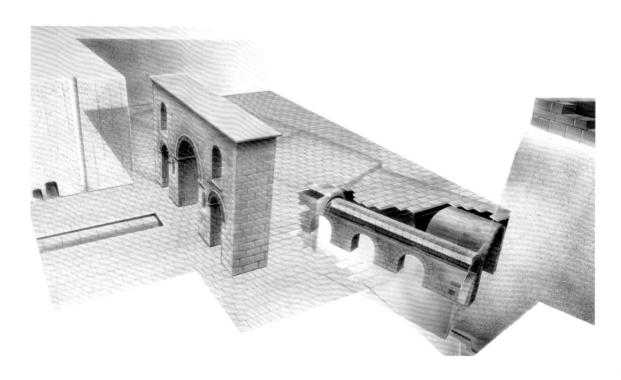

荆冕堂拱门[35]和旁边的锡安姊妹修女院（Sisters of Zion Convent）。右边可以看到公元70年大毁灭中被毁的安东尼亚堡遗迹，底部是支撑堡垒的希律王时期的遗存，峭壁之间的护城河从北侧保护着安东尼亚堡，把它和所在的山脊隔开。希律王时期还在护城河段挖了名为雀池的大水池。约瑟夫斯提到，为了围攻这一堡垒，罗马曾在这个水池上建造了攻城坡道（《犹太战纪》5,11,4）。罗马时期，水池被两个拱顶覆盖（如图所示），并和护城河的其他部分一起铺装，把这一区域改为城市集市。水池被拱顶覆盖着保存至今。市场入口处建有一座三个拱门的凯旋门，中间的入口被称为荆冕堂，意思是"看啊，这个人（Behold the Man）"。

根据中世纪末的基督教传说，耶稣就是由此拱门被带离安东尼亚堡垒，也是在此处被处以死刑。罗马总督本丢·彼拉多指着耶稣，向群众宣布："看啊，这个人（你们要杀哪一个）！"拱门正前方是一个建造时间未知、宽而长的城墙，正如现在所见，位于锡安姊妹修女院的地板下。这次改造的另一处遗迹是一段从岩石中凿出的输水道，它将雀池的水导向南面。输水道显然是开凿于哈斯摩尼王朝时期，水流从现在的大马士革门区域一直被送往圣殿山的贮水池，后于希律王统治时期因挖凿雀池和修建圣殿山西墙而被切断。自此以后，其功能就变成将大马士革门周边的水送往雀池。

在20世纪的30年代、70年代和90年代，沿着东墙开展了大量的考古发掘工作。考古证实，现在的城墙起源于公元3世纪或4世纪，也就是罗马帝国晚期或拜占庭帝国早期。建造城墙时，还把150年前的一座纪念性凯旋门一并拼合进去，也就在现在的大马士革门（见下文）。

对大马士革门和新门[36]之间的北城墙进行勘测后，人们猜测该城墙是在拜占庭时期修建的。这也是有可能的，因为没有发现第三世纪末修建该城墙的任何史料，考古也无法证实其具体的修建时间。关于城墙的修建时间，学术界仍未达成共识：是修建于公元3世纪末第十军团（Tenth Legion）撤离时的罗马时期？还是修建于耶路撒冷已经成为基督教大城市（大约在公元330年）的拜占庭时期？抑或更晚些？

对于西墙位于雅法门以北的一段的建造年代也有争议。学界一直倾向于认为罗马-拜占庭城墙在现存城墙以东，然而，偶然发现的拜占庭时期的一条小路推翻了这一观点。此外，2010年2月在现存城墙的东侧发现了推罗坡谷的西坡，新的城墙不可能修在其内侧，而应在其外侧。

至今未发现南城墙遗址。本章篇首地图只是根据城南的一段拜占庭城墙推测绘制的，南墙的大部分信息来自米底巴地图。看上去，地图所绘城墙与罗马时期南城墙的走向相似，至少很接近现在的位置。

埃利亚·卡毗托利纳的城墙上有四个主要的城门，分别面朝四个方向：朝北的大马士革门、朝西的雅法门、朝东的狮门和朝南的锡安门[37]。由于并不清楚它们在罗马时期的名称，只能用现在的名字称呼它们。四座城门中只勘测过大马士革门，但并不能据此推断其他城门的结构；因为大马士革门最初是作为凯旋门单独修建的，之后才被拼合，与城墙修在一起。

据信是罗马皇帝哈德良的雕像，发现于 1873 年，镶嵌在大马士革门以北、列王陵（Tomb of the Kings）附近的城墙上。

考古学家查尔斯·克勒蒙特 - 夏涅（Charles Clermont Ganneau）首先提及该雕像，并推测该雕像即为哈德良皇帝。尽管这座雕像的特征和其他哈德良雕像明显不同，这一假说仍被大多数学者所接受。根据头盔上模糊不清的符号，也有人猜测其是城市里某座寺庙祭司的雕像。

这座雕像在耶路撒冷的罗马艺术珍品中独具一格。它由大理石雕成，接近人类头颅的大小，发现后不久就被耶路撒冷的俄罗斯修道院长买走，很长一段时间都下落不明，直至最近才在俄罗斯圣彼得堡的艾尔米塔什博物馆[38]中被发现。

今天的穆里斯坦地区位于哈德良指定的公共集会广场（即中央市场）和埃利亚·卡毗托利纳的主要广场附近，这一区域在阿尤布时期[39]被命名为穆里斯坦。广场由罗马时期铺设并保存至今的街道所限定：南部是大卫街（David Street），西部是基督大街（Christians' Street），北部是染工市场街（Dyers' Market（ed-Dabagha）Street），东部是屠宰市场街（Butchers' Market Street）。目前还没有在广场上发现任何建筑遗迹；但是在广场东部的路德会救赎主堂[40]和圣母教堂附近的考古证实，大部分区域都铺设了大型石材。

罗马时期的中心广场大多建造于采石场和古时候的水池之上，这就使建造和铺设工作变得很有难度；因此，一些贮水池中建造了支撑拱，另一些水池则采用土石填埋。据肯扬（Kathleen Kenyon）考证，罗马人在广场建造过程中

普遍认为荆冕堂拱门是由哈德良皇帝建造的，因为它跟哈德良统治耶路撒冷时建造的其他拱门一样，都有三个拱门。

一些学者对该构筑物的建造年代表示怀疑。比照相近时期的建筑物，这些学者认为荆冕堂拱门建造于第二圣殿时期，而且是阿古利巴一世修建的耶路撒冷第三城墙（Third Wall）上的拱门之一。这一观点虽然难以接受，但也不能完全置之不顾。本图可能来自埃默特·皮洛蒂（Ermete Pierotti），在他 1864 年出版的描述锡安姊妹修女院遗址考古的《耶路撒冷考古》（Jerusalem Explored）一书中也有类似图片。左侧较小的拱门位于修女院入口内部，苦路在右侧的大拱门下方。

从苦路上拍摄的荆冕堂拱门中间部分，图中可见部分原貌，锡安姊妹修女院入口的城墙石头上有两处希腊铭文 "…EINON…Y…" "TOIC…A…"，第二处并不清晰，也许这块石头曾被重复使用。

⑦

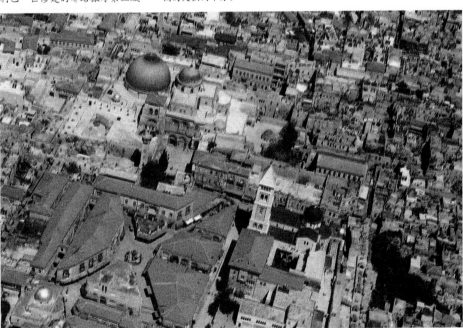

投入了巨大努力，为填埋采石场和水池，运来了大量土石抬高地坪。肯扬还在中央广场下面发现了一个排水系统。这个广场似乎从拜占庭时期就以开放的形式存在，一直到公元 8—9 世纪的阿拔斯时期（Abbasid Period）广场北部才建造了第一批建筑。随着时间流逝，此后不断增加新建建筑，逐渐填充了广场，完全变成了一处建成区。

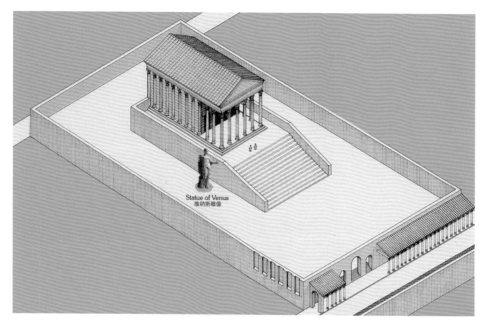

Statue of Venus
维纳斯雕像

朱庇特神殿（The Temple of Jupiter）是哈德良在耶路撒冷建造的两大神殿之一。在神殿的院子里可以看到各各他[44]山顶，这座山在基督教传说中扮演着重要角色。据史料记载，虽然阿佛洛狄忒[45]并不是这座神殿所尊崇的主神，仍有一座她的雕像伫立在山顶。史料的差异导致学者对这座神庙所尊崇的主神有不同看法。

街道格局至今仍保存完整，城门是其出口。始于北门（大马士革门）广场的两条主要道路被称为"卡迪那"或"卡多"[41]：其中一条街道的遗迹在今天的哈巴德大街（Habad Street）下被发现；另一条在哈盖大街（Haggai Street）下被发现。2006—2007 年在西城墙附近的考古证实，东段的卡迪那是在罗马时期、而不是拜占庭时期建造的；另一条横穿整个城市的街道位于现在的基督大街（Christians' Street），显然是罗马第十军团营地（Tenth Legion camp）主路的延长段（参见上文），考古证实其建于公元 3 世纪末或 4 世纪初。

穆斯林区（Muslim Quarter）东北部罗马时期的街道路网都保存下来了，这些街道相互平行，或垂直相交，两条主街之间的路网依旧完整。

每个罗马城市都建有德克玛奴[42]，埃利亚·卡毗托利纳也不例外；但它的建造时间一直悬而未决。东西大街由现在的雅法门通往圣殿山，途中略微偏北，穿过哈盖大街后通往狮门；但沿路的大量考古发现无法证明其属于罗马时代。必须指出，城市南部那时候居民很少，或许没有必要修建这条街道。一般认为，《犹太逾越节纪事》中所说的罗马凯旋门[43]有四个门拱，通常建造在城市南北和东西轴线的交汇处。然而，不仅南北大道那时也只修到城市中心位置，而且尚不清楚耶路撒冷东西大街的细节，甚至不能证明罗马时期就存在东西大街。

考古证明，从那时起一直到阿拉伯时期（Arab Period），耶路撒冷的街道一直采用铺砌路面。当时的学者特别提到了这一细节。

图为哈德良建造的朱庇特神殿所在台地的挡土墙遗迹，与在俄罗斯亚历山大救济院（the Russian Alexander Hospice）发现的一样，这座救济院也是圣墓教堂建筑群的一部分。

为了抬高神庙的基础，哈德良修建了挡土墙并用土石填充其中。图中所示是这些挡土墙的局部，用希律风格的装饰石料修建。很

显然，这些石料是第二圣殿时期从圣殿山墙上取来的，哈德良建造宫殿时再次利用了它们，并仍然延续了希律王圣殿山墙的形式，部分墙体还附有壁柱。

在俄罗斯亚历山大救济院一个罗马凯旋门形式的精美门拱中也发现了类似遗存，该拱门也是圣墓教堂南面的古罗马广场的入口。

埃利亚·卡毗托利纳当时有两座大型广场，较大的一座位于现在的穆里斯坦（Muristan），直到十字军时期都是公共集会场所，同时也用作集市。广场四周原先是街道，后来围着广场修了一圈大型豪华建筑，广场的面积就缩小了。两座广场都是铺砌地面，考古发现了其地坪砌石。

72

在圣安妮教堂[46]院子里的羊池（the Sheep's Pool）附近发现了一块罗马浮雕，它显然和罗马神阿斯克勒庇厄斯·塞拉比斯有关。

第二圣殿被毁后，在羊池附近建造了尊崇阿斯克勒庇厄斯的神庙。羊池被基督教认定为耶稣治愈盲、瘸、瘫的贝塞斯达池（the Bethesda Pools）（《约翰福音》5:1—15），该遗址还发现了大型供水系统，包括沐浴设施、小水池、建筑物、马赛克地板和排水管道等。前来求医的人躺在地下室和岩石中开凿出的水池中，相信仅仅身处这一圣地就能治愈沉疴。

另一处集会广场位于城市东部，靠近现在的锡安姊妹修女院（Convent of the Sisters of Zion）。希律王下令在此开挖了宽大的城壕，用以护卫安东尼亚堡垒，并在护城河的中间挖掘了蓄水用的雀池。后来，哈德良大帝用两个大拱顶把水池盖住，把整个护城壕沟连同水池拱顶一起铺上了条石，形成了一处新的大型广场。穿越广场的街道铺路石呈锯齿状排列，以防路人滑倒。罗马时期之后没有关于这个广场的任何文献，无法确认它存在的时间。此外，广场北部的悬崖上发掘出了储物室和贮水池，其中一些像是早期的墓穴。

罗马统治时期耶路撒冷的另一个特色是它的四座纪念性凯旋门。第一座在第二圣殿时期的第三城墙范围以内，位于城墙以北1312英尺（合400米）处、约沙法谷（Valley of Jehoshaphat）和推罗坡谷之间的山岭上。在这里偶然发现了一些刻有碑文的柱子和石块，其中一块碑文属于哈德良时期，其他碑文属于安东尼·比约大帝（Antoninus Pius）时期。19世纪的考古学家认为，这些是哈德良为纪念扑灭巴尔·科赫巴（Bar Kokhba）起义而修建的凯旋门，之后安东尼·比约也曾装修过它。这座凯旋门位于城市的主要入口处，彰显了它的重要性。遗址附近还发现了一座精美的罗马雕像，或许是哈德良大帝的半身像。

在这座凯旋门的南面、现在的大马士革门附近伫立着另一座凯旋门。它建造于哈德良时期，正中间有宽大的门廊，两侧入口稍小，整体气势雄伟。门内是一座砌石铺地的广场，考古仅发现了该广场的一小部分，但通过米底巴地图可以得知其宏大的规模。虽然该地图展示的是拜占庭时期的城市结构，但图中的许多地方一直没

有很大变化。根据地图，广场中央伫立着纪念柱，柱上安放着皇帝的雕像，与罗马帝国时期的其他城市一样。此后在基督教统治时期，罗马皇帝的雕像似乎被圣人像替代。

另外两座凯旋门位于两处市场（广场）附近。在圣墓教堂附近的俄罗斯亚历山大救济院发现了其中一座的遗迹，就沿着穆里斯坦附近的主路。该凯旋门曾有三个拱门，但由于现有遗存太少，其结构和原有面貌也在拜占庭时期被改变过，很难再准确复原它了。

罗马时期最著名的凯旋门是荆冕堂拱门（Ecce Homo Arch）。据基督教传说，这里是彼拉多（Pontius Pilate）把耶稣交给犹太人示众、并嘲笑说"看啊，这个人"（Ecce Homo）的地方，因此成为苦路上最重要的站点之一。该凯旋门的中部和北侧立面保存完好。

73

东侧的南北大道（Eastern Cardo）。罗马时期的城市规划现在仍不明晰，包括城市主干道在内的一些主要信息尚待探究。西墙广场发现的罗马街道铺装良好，说明罗马时期的城市呈月牙形，其北部是城市中心，包括市场区（公共集会广场）、寺庙等。城市中心的一部分后来成为罗马第十军团的军营，即现在的亚美尼亚区（Armenian Quarter），另一部分向东延伸至西墙附近，在此也发现了古罗马遗址，这也解释了这条街道为何在此。

89

公元 7 世纪的《犹太逾越节纪事》（即《复活节编年史》）中记载，埃利亚·卡毗托利纳建有典型的罗马式公共建筑，哈德良在城里建造了"……两间公共浴池、一座剧院、一个朱庇特三神殿（the Tricameron）、一座四仙女池[47]、一处大阶梯（dodecapylon）、一座广场[48]，并把城市分为七个片区……"。

2005 年，西墙附近的地下通道内发掘出了一座大型罗马浴场。这座浴场及其内设的大型公厕与在南墙（the Southern Wall）发现的另一公共浴场类似，那里的公厕砌石还被挪用到圣殿山附近的倭玛亚宫殿中。浴室附近还发现了第二圣殿时期的输水渠，至今仍存于拱桥上。公元 70 年西墙拱门被毁后，该水渠将附近的水输送至圣殿山，从这里再送往浴场。桥拱附近的西墙地下通道中还发现了第二圣殿时期的净化池，罗马时期曾用作公共洗浴池，那时候这一地区的公共活动很活跃。东侧的主路[49]已抵达西墙广场附近，而另一条[50]只到达市中心，并没有向南延伸至现在的犹太区。

《逾越节纪事》中记载了圣殿山的修整过程和为朱庇特众神建造神庙的信息，朱庇特三神殿就建在随后的圣墓教堂所在地。公元 3 世纪，历史学家狄奥·卡西乌斯（Dio Cassius）曾记录过在圣殿山上修建朱庇特神殿，但这份唯一的文献不过是 11 世纪的改抄版。学者们认为，记功碑原来应该镶嵌在圣殿山安东尼·比约大帝雕像的基座上，后来才被再次使用在双重门的修建中。公元 4 世纪的基督教文献中曾提到圣殿山上有两座雕塑，一座是哈德良，另一座显然是之后的安东尼·比约大帝，两座雕塑均在基督教统治时期被移除。

之后的资料记载，每年圣殿节（ninth of Av）期间拜祭圣殿山的犹太人不得不在这些皇帝雕像前清扫"磐石"[51]，却从未提及此处有一座神庙。然而，基督教关于此事的记载未必可信，因为他们希望造成犹太人那时被辱的印象。这些资料成文于基督教统治时期，当时许多异教寺庙被毁，其中包含的信息也许并不准确。

与西墙相反，南墙附近完全没有砖石碎块，说明砖石被拆下后又挪作他用。位于圣墓教堂的朱庇特神殿和大马士革门均可追溯至罗马时期，也印证了这一点。一般来说，在拆掉南侧挡土墙的同时不可能在山上造庙，由此推测罗马人并没有把朱庇特神殿造在圣殿山上。

《逾越节纪事》中的四仙女池是一座由四部分组成的泉池，或许它就是西罗亚池。文献中提及的其他构筑物位置目前仍不能确定。

城市的主要宗教活动是对朱庇特神殿的三位主神的

一块碑上的拉丁铭文，被颠倒放置在圣殿山南城墙"双重门"（Double Gate）城门上。这块石碑应该是被挪用过来的，铭文写道："献给凯撒皇帝埃利乌斯·哈德良（Imperator Caesar Titus Aelius Hadrianus）、安东尼·比约（Antoninus Pius）、国父以及受长老委托预测未来并置碑于此的神父。"

碑上的字母书写优美，说明它曾放置在王宫建筑之类的重要地点；

但究竟取自何处仍不得而知，有人猜测它原本应该是置于圣殿山的比约雕像上。从匿名的波尔多信徒（Bordeaux Pilgrim，公元 333 年拜访耶路撒冷的基督教朝圣者）的描述中可以得知，那时候的圣殿山上有两座帝王雕像。

这两幅图都引自梅尔施瓦·福格[52]的书，他是 19 世纪最著名的圣殿山研究者之一。

祭拜，他们的形象也出现在当时的硬币上；但是这并不是埃利亚·卡毗托利纳唯一敬奉的神。城中的神庙还供奉了其他神，其中最重要的是阿佛洛狄忒（Aphrodite），哈德良在圣墓教堂树立了她的雕像。考古发现，此处原本是采石场，为了建神庙，哈德良特意修建了挡土墙并

重建的西罗亚池（Siloam Pool），
位于推罗坡谷南部、老西罗亚池
以北的某地，显然是建造于罗马
时期或拜占庭初期（本章篇首地
图中并没有出现该池的名字。）

第一圣殿时期，希西家王（King
Hezekiah）挖掘了一条将水从基训
泉（Gihon Spring）输送到老西罗亚
池的渠道。但是，新水池建成后
就切断了这条渠道，基训泉水不
再流经此处，渠道南段成为流往
汲沦谷的输水渠。

推罗坡谷西坡上的道路有部分铺
装，第二圣殿时期就已存在。道
路和水池之间是通往水池的阶梯，
但是道路和水池入口之间的情况
并不清楚。

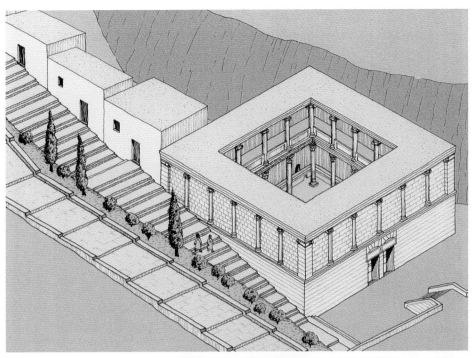

填高这块洼地。传统的基督教徒认为耶稣就葬于此处，
哈德良的这一行动也是为了毁掉耶稣墓地。挡土墙的遗
址四处可见，尤其是在上文提及的俄罗斯救济院。尤西
比乌斯[53] 记录公元 4 世纪的城市与建筑时曾指出，此处
建造的是阿佛洛狄忒神庙。但不久之后的圣哲罗姆[54] 却
宣称其是朱庇特神殿，同时指出阿佛洛狄忒雕像位于各
各他山（Golgotha）的岩石高处。根据最近的研究，哈德
良的填埋量巨大，使各各他山高高凸起，雕像就放在上面。
这样一来，关于这座神庙究竟敬拜哪位神的问题还是没
有定论。已发现的少量神庙遗迹大多被埋在地下的采石
场，还有一些是圣墓教堂圆形大厅地下的圆柱。檐口等
装饰构件在十字军时期被再次用于圣墓教堂，从而得以
保存下来。

　　在圣安妮教堂（St. Anne's Church）的院子里发现了
另外一座供奉阿斯克勒庇厄斯·塞拉比斯[55] 的神庙遗址，
硬币上也有他的肖像，说明这位东方神祇在埃利亚·卡
毗托利纳也受到尊崇。该庙在被基督教征服后夷为平地。

　　幸运女神堤喀[56] 也受到敬拜，对她的喜爱还体现在
硬币上，但并未提及她的神庙位置。

　　对罗马时期耶路撒冷的殡葬方式所知甚少。修建洛
克菲勒博物馆时发现了一些墓葬，另外一些墓地位于列
王陵（Tomb of the Kings）附近、城市北部以及纳布卢斯
路（Nablus Road）沿线。建于罗马时期的义人西蒙之墓
（Tomb of Simon the Just）是现在耶路撒冷最精美的地方
之一，在它的其中一面墙上刻有一名埋葬于此的人的名

描绘野外狩猎野猪的浮雕局部。　物。该神庙为纪念罗马的药神阿斯
它可能是异教[60] 神庙留下来的装饰　克勒庇厄斯·塞拉比斯而修建。

字——茱莉亚·莎宾娜（Julia Sabina）。

　　樱草河（Nahal Rekafot）位于莫迪凯[57] 和城西的沃岗[58]
之间，这一时期的许多发现都来自它的两座墓地。其中
一座墓地可追溯至公元 3 世纪的上半叶，另一座稍晚些。
先知撒母耳街[59] 发现了另外两座罗马时期的坟墓，一同
被发现的还有大量文物，其中的装饰品尤为精美。这两
组坟墓的风格很相似，它们极有可能是罗马第十军团士
兵及其家属的坟墓。奢华的遗物表明，公元 3 世纪中期
是罗马历史上的繁华时期，罗马帝国的其他行省也有类
似的证据。

　　罗马时期是耶路撒冷历史上重要的时期，那时的街
道路网和整体格局深刻地影响着耶路撒冷的城市风貌。

1. Aelia Capitolina，公元 131—312 年间，耶路撒冷被罗马皇帝哈德良重建并改名为"埃利亚·卡毗托利纳"，公元 312—395 年在君士坦丁大帝统治下又恢复了耶路撒冷的名称。

2. Great Revolt，或 First Jewish-Roman War，发生于公元 66—73 年间，是犹太省的犹太人反抗罗马帝国的第一次起义。

3. the Tenth Legion，或 Legio X Fretensis，即第十夫累腾西斯军团，该军团由屋大维在公元前 40 或前 41 年建立，以此纪念屋大维和塞克妥斯·庞培在夫累克敦战役的胜利。

4. Cardo，埃利亚·卡毗托利纳时期主要的南北大道，从大马士革城门内的广场开始、一直向南。

5. Neptune，或 Poseidon，希腊神话中的主海神、大地的震撼者，众神之王宙斯的哥哥。

6. Motza，或 Motsa，耶路撒冷西侧朱迪亚山上的一处犹太社区，《圣经·约书亚记》中曾提及此地的一个同名村落。

7. Emperor Septimius Severus，公元 145—211 年，罗马皇帝，公元 193—211 年在位。

8. Transjordan，外约旦泛指约旦河东西两岸的广大地域，包括现在的以色列、巴勒斯坦和约旦的部分地域。Pella，古代马其顿王国的都城，位于现在希腊佩拉地区。

9. Epiphanius，公元 4 世纪末塞浦路斯萨拉米斯主教、基督教作家。

10. Emperor Antoninus Pius，公元 86—161 年，罗马皇帝，公元 138—161 年在位。

11. Gaul，泛指从铁器时代凯尔特人部落就开始居住的西欧地区，包括今天的法国、卢森堡、比利时、瑞士大部分地区、意大利北部、荷兰部分地区和德国莱茵河西岸部分地区。

12. Parthian kingdom，公元前 247—公元 224 年间古代伊朗大国。

13. Capitoline，罗马七丘之一，位于罗马讲坛和胜利广场之间。

14. Jupiter，罗马神话中的宙斯神。

15. Juno，主神朱庇特的妻子。

16. Minerva，智慧女神，即希腊神话中的雅典娜。

17. Dio Cassius，公元 155—235 年，希腊史学家和罗马领事。

18. Caesarea，特拉维夫和海法之间、地中海东岸的罗马古城，现属以色列，希律王在位期间大力建设此城，并改名为"凯撒利亚"，以向罗马示好。

19. Legio，罗马帝国巴勒斯坦省米吉多以南的罗马军团兵营。

20. Jeremiah，记载了先知耶利米的预言。

21. Marcus Junius，公元前 85—42 年，罗马帝国晚期的一位政治家。

22. Cassius，罗马元老、密谋刺杀尤利乌斯·凯撒的主要煽动者，也是朱尼厄斯的连襟。

23. Emperor Caracalla，公元 188—217 年，罗马帝国第二十二任皇帝，公元 198—209 年在位。

24. Lithostrotos，又称"Gabbatha"（亚拉姆语），耶路撒冷的一处地方，仅在《圣经》中出现过一次。

25. Tadmor，或 Palmyra，古时的闪米特城市，位于叙利亚霍姆斯省。

26. Emperor Aurelian，公元 214/215—275 年，罗马皇帝，公元 270—275 年在位。

27. Emperor Diocletian，公元 245—313 年，罗马皇帝，公元 284—305 年在位。

28. Eilat，以色列港口城市和红海旅游胜地，位于阿拉伯谷地南端、亚喀巴湾最北端。

29. Marcus Aurelius，公元 121—180 年，罗马皇帝，公元 161—180 年在位。

30. Commodus，公元 161—192 年，罗马皇帝，公元 180—192 年在位。

31. Chronicon Paschale，也称《复活节编年史》（Easter Chronicle），公元 7 世纪希腊基督教的世界编年史。

32. R.W.Hamilton，曾任英国托管政府古物部门负责人，以其在圣殿山的考古发现而闻名。

33. J.B.Hennessy，1925—2013 年，澳大利亚考古学家，悉尼大学古代近东和近东考古学名誉教授。

34. the Cardines，卡迪那，即南北大道。

35. Ecce Homo Arch，荆冕堂是位于耶路撒冷老城苦路上的一座罗马天主教教堂，是锡安姊妹修女院的一部分。该拱门是由哈德良兴建的三个拱门之一，也是广场的东入口。

36. New Gate，位于耶路撒冷老城西北角，兴建于 1898 年，是最晚开辟的一座城门。该门曾称"哈米德门"，源自奥斯曼时期的哈米德国王二世之名，与第二圣殿时期的"新门"不同，后者通往犹太最高议会大楼、即石屋，也称"本杰明门"。

37. Zion Gate，又称"大卫门"，位于老城南墙，由苏莱曼大帝兴建于 1540 年，因为正对南面的锡安山而得名。

大卫墓位于锡安山，因此又称"大卫门"。

38. Hermitage Museum，即冬宫博物馆，位于俄罗斯的圣彼得堡，世界上最大的博物馆之一。

39. Ayyubid period，也称"艾优卜王朝"，埃及和叙利亚地区库尔德人建立的伊斯兰教王朝，1171—1250 年，以王朝创建者萨拉丁父亲之名命名。

40. Lutheran Church of the Redeemer，耶路撒冷老城唯一的东正教教堂，建于 19 世纪后期，建筑师是保罗·费迪南德·格罗斯。

41. Cardines，复数为 Cardo，此处指中轴路、南北大道，源自罗马时期的南北向主要街道，两侧有商店和摊贩的摊位。下文有时也指东西大街。

42. Decumanus，即东西大街，在罗马城市、军营或殖民地常见的东西向主要道路。

43. Tetrapylon，也称"四塔门"，多位于十字交叉路口。

44. Golgotha，又称"髑髅地"，位于耶路撒冷西北郊，相传为耶稣死难地。

45. Aphrodite，即维纳斯（Venus），古希腊罗马中主司爱与美的女神，同时执掌航海。

46. St. Anne's Church，罗马天主教教堂，位于耶路撒冷老城穆斯林区，苦路起始点。

47. tetranymphon，即 the Four Nymphs。

48. codra，本义为大型广场，此处特指圣殿山广场，当时的圣殿山上几乎还没有什么建筑。

49. 此处指哈盖大街。

50. 此处指哈巴德大街。

51. the Foundation Stone，位于耶路撒冷圆顶清真寺的黑褐色花岗岩，即亚伯拉罕圣石或圣石、基石（Holy Rock），传统的犹太信徒视它为地球与天堂的灵魂交界点，认为它是神庙至圣所的所在地。

52. Vicomte de Vogue，疑为 Charles-Jean-Melchior de Vogue，1829—1916 年，法国外交官、考古学家法兰西学院成员，Eugene-Melchior de Vogue 的叔叔，致力于巴勒斯坦和叙利亚地区的考古发掘和教堂研究，后任法国驻君士坦丁堡和维也纳大使。

53. Eusebius，或 Eusebius of Caesarea、Eusebius Pamphili，约公元 260—340 年，早期基督教神学家、基督教史学的奠基人，被称为"教会史之父"和"拜占庭的第一位历史学家"，著有《编年史》《基督教会史》《君士坦丁传》等，曾任凯撒利亚主教。

54. St. Jerome，约公元 347—420 年，早期拉丁基督教神父、神学家、《圣经》学者，尤西比乌斯之子，曾将希伯来文《旧约》和希腊文《新约》译为拉丁文，即"通俗拉丁文本《圣经》"。

55. Aesclepius Serapis，前者是古希腊医药神的名字，后者是据说拥有治愈神力的东方之神，它们在随后的古罗马神话中被合二为一。

56. Tiche，或 Tyche，希腊神话中的机缘女神，相当于罗马神话里的"福尔图娜"。

57. Giv'at Mordechai，或 Mordechai's Hill，位于耶路撒冷中部西南方向的犹太社区。

58. Bayit Vegan，耶路撒冷西南部的社区，位于赫茨尔山的东部。

59. Shmu'el Hanavi Street，或 Samuel the Prophet Street，耶路撒冷中北部的主要街道。

60. 此处指非基督教。

拜占庭时期

公元 326—638 年

从罗马时期过渡到拜占庭时期，之间并未经历动荡；但仍然对耶路撒冷的城市结构和地位带来了重大影响。耶路撒冷由异教[1]徒统治了很长时间，他们并不在意耶路撒冷的宗教特性。当君士坦丁大帝于公元 324 年掌控东罗马帝国时，情况有所改变。

硬币上的海伦娜皇太后[9]侧面像。

他确保了基督教相对于其他宗教的优先地位，并逐渐使其成为拜占庭帝国的官方宗教。从那时开始，耶路撒冷的基督教统治者对这座城市作为基督教城市的地位、形象和功能充满了热望，这也引发了犹太教徒和基督教徒在意识形态领域关于圣城精神的斗争。

从历史文献来看，拜占庭时期耶路撒冷的主要特征是其大量的纪念性建筑；但考古证据还不足以精确定位文献中的每一处建筑。有形形色色、多种语言的文献资料，如希腊语、拉丁语、格鲁吉亚语[2]和希伯来语[3]，后来甚至还有阿拉伯语、叙利亚语和阿拉米语[4]的文献记录。其中一些作品关注了特定对象，如尤西比乌斯主教描述了君士坦丁大帝的一生；历史学家普罗科匹厄斯[5]记录了查士丁尼大帝[6]时期的建筑；还有一些作品描绘了教父们的生活以及他们活动的场所。

很多资料来自那个时期到访耶路撒冷的信徒，其中一些信徒干脆在此定居下来，并成为城市精神生活的核心人物。最值得一提的就是"不知名的波尔多信徒"（Bordeaux Pilgrim），他于尤西比乌斯时期拜访此地，许多朝圣者都佐证了他对耶路撒冷的描述。

宗教手册也是拜占庭时期耶路撒冷的一种信息载体，其中最重要的就是《圣经纪述》（Holy Scripture），它结合了当时发生的一些具体事件。例如，公元 5 世纪的教父圣哲罗姆（St. Jerome）在《西番雅书》（Zephaniah）第 1 章第 4 节中写道："我将要断绝……从这个地方……直至不可靠的奴仆被禁止进入耶路撒冷，因为他们谋杀了神的仆人甚至神之子。他们只能到城市为此哭泣并用金钱补偿对城市造成的破坏。"从这段话中可以得知，对犹太人进入耶路撒冷的禁令从公元 2 世纪一直持续到公元 5 世纪圣哲罗姆时期依然有效。

基督教祈祷书和历代记也属于此类资料，它们写于后拜占庭时期，但是从中可以识别出拜占庭时期的建筑物，有时甚至能得到它们的详细信息。在西奈半岛[7]的圣凯瑟琳修道院[8]发现的格鲁吉亚历和耶路撒冷亚美尼亚人祷告书是这类资料的代表。还有写于拜占庭末期的《犹太逾越节纪事》，它记录了哈德良在耶路撒冷的建设活动，对罗马时期的研究特别重要，而且它也有拜占庭时期的城市信息。

圣地（the Holy Land）的地理信息也可作为这一时期的参考，例如《尤西比乌斯地名大全》（Eusebius' Onomasticon，又称《圣地地志》），作者试图标出《圣经》中所说的地名及其地理位置。还有就是"掘墓人"托马斯（Thomas "the Gravedigger"），他在书中记述了公元 614 年耶路撒冷被攻占后，他带人收集并埋葬被波斯人屠杀的犹太教徒遗体的各处地点。

关于当时的耶路撒冷，最重要的史料之一就是发现于外约旦（Transjordan）米底巴教堂的米底巴地图，它是一幅展现以色列地区及其居民点的马赛克地图，特别是展示了耶路撒冷的城市结构和建筑物。虽然一般认为该地图制作于公元 6 世纪，但图中描绘的一些地方直到公元 7 世纪才有，而且也不一定位于耶路撒冷；因而它也

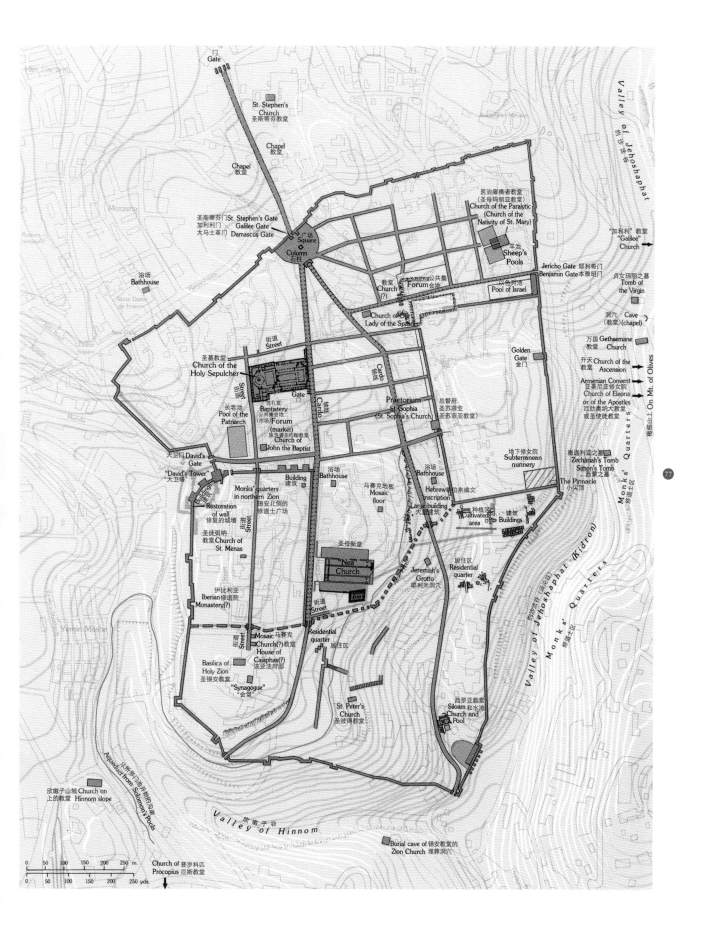

Gate
Gate

St. Stephen's Church
圣斯蒂芬教堂

Chapel 教堂

Chapel 教堂

医治瘫痪者教堂
（圣母玛丽亚教堂）
Church of the Paralytic
(Church of the Nativity of St. Mary)

圣斯蒂芬门 St. Stephen's Gate
加利利门 Galilee Gate
大马士革门 Damascus Gate

广场 Square
石柱 Column

羊池 Sheep's Pools

"加利利" 教堂
"Galilee" Church

Jericho Gate 耶利哥门
Benjamin Gate 本雅明门

以色列池
Pool of Israel

贞女玛丽之墓
Tomb of the Virgin

浴场 Bathhouse

教堂 Church

公共集地 Forum 会地

洞穴 Cave
（教堂）(chapel)

Church of Our Lady of the Spasm

万国 Gethsemane 教堂 Church

街道 Street

Cardo 卡多

Golden Gate 金门

升天 Church of the Ascension 教堂

On Mt. of Olives 橄榄山上

圣墓教堂
Church of the Holy Sepulcher

Street 街道

Gate

Praetorium
总督府
圣苏菲亚
St. Sophia
(St. Sophia's Church)
圣苏菲亚教堂

Armenian Convent
亚美尼亚修女院
Church of Eleona
or of the Apostles
厄肋奥纳大教堂
或圣使徒教堂

洗礼堂
Baptistery
公共集地
（市场）
Forum
(market)
施洗者圣约翰教堂
Church of John the Baptist

Cardo 卡多

长老池
Pool of the Patriarch

地下修女院
Subterranean nunnery

撒迦利亚之墓
Zechariah's Tomb
西蒙之墓
Simon's Tomb
小尖顶
The Pinnacle

大卫门 David's Gate
"David's Tower" "大卫楼"

浴场 Bathhouse
Building 建筑

浴场 Bathhouse

Hebrew 希伯来碑文
inscription
大型建筑
Large building

建筑 Buildings

Buildings 建筑

Monks' quarters in northern Zion
锡安北侧的修道士广场

马赛克地板
Mosaic floor

种植区
Cultivated area

居住区
Residential quarter

Restoration of wall
修复的城墙

圣徒玛纳
教堂 Church of St. Menas

圣母新堂
"Nea" Church

Jeremiah's Grotto
耶利米洞穴

Valley of Jehoshaphat (Kidron) 约沙法谷（汲沦谷）

Monks' Quarters 修道士区

Monks' Quarters 修道士区

伊比利亚修道院
Iberian Monastery(?)

Street 街道

Street 街道

Mosaic 马赛克
Church(?) 教堂
House of Caiaphas(?)
该亚法府邸

Residential quarter 居住区

Basilica of Holy Zion
圣锡安教堂

"Synagogue" "会堂"

St. Peter's Church 圣彼得教堂

西罗亚教堂
Siloam
Church and Pool
和水池

欣嫩子山坡 Church on 上的教堂 Hinnom slope

从所罗门水池来的沟渠
Aqueduct from Solomon's Pools

欣嫩子谷
Valley of Hinnom

0 50 100 150 200 250 m.

0 50 100 150 200 250 yds.

Church of 普罗科匹 Procopius 厄斯教堂

Burial cave of 锡安教堂的 Zion Church 埋葬洞穴

77

"DOMINE IVIMUS"（意即"主啊，我们来了"，"O Lord we have come"）是在圣墓教堂里发现的亚美尼亚礼拜堂里发现的铭文上的字，字和其上船的图案被刻在罗马皇帝哈德良所建造的朱庇特神殿的光滑石壁上，似乎出自《诗篇》第 122 篇（Psalm，122）的头几节："他们对我说：'我们往耶和华的殿去'，我就欢喜。"（I was glad when they said unto me, Let us go into the house of the Lord）。据此可知，铭文作者从远方来到耶路撒冷，拉丁文说明他是来自西方国家的基督教信徒。如果他从东方帝国

而来，他应该会用希腊文书写。对船的细致刻画，也佐证了该人从西方渡海而来的猜测。虽然无法确定该图文的日期，但罗马航海史的研究者一致认为，图中所绘船只来自哈德良统治时的公元 2 世纪。很显然，绘制该船的信徒到达之时，支撑朱庇特神殿的挡土墙仍是裸露的。该图位于教堂一角，说明当时基督教活动可能仍是被禁的；因为怕被异教徒发现，仓促绘制而成。以上两种推测表明该图画及铭文的绘制时间应为公元 2 世纪初期。

有可能制成于公元 7 世纪甚至更晚些时候。

对拜占庭时期耶路撒冷的认识也得益于各地的考古发现，如圣墓教堂、西罗亚教堂（Siloam Church）、北墙以北的礼拜堂、圣斯蒂芬教堂（St. Stephen's Church）等，帮助我们了解街道网络、集市和堡垒的情况。

公元 4 世纪的耶路撒冷

公元 326 年，君士坦丁大帝把君士坦丁堡作为他的东罗马帝国首都，代替位于博斯普鲁斯海峡[10] 岸边的老拜占庭[11]。尽管君士坦丁大帝在其生命的最后时刻才皈依基督教，但他仍不啻为基督教的坚定支持者。他于公元 312 年颁布了米兰敕令[12]，这是保证基督教作为合法宗教的基本法典。公元 344 年[13]，他将敕令条款列入东罗马帝国的法令，并在他统治期间竭力发展基督教。公

元 4 世纪期间，基督教逐渐被引入耶路撒冷和以色列，使其最终成为基督教的重要中心。它掀开了耶路撒冷历史上的新篇章。

君士坦丁深受母亲海伦娜皇太后（Empress Helena）的影响，在她的倡议下，君士坦丁大帝在耶路撒冷和以色列的其他地方修建了大量教堂。传说海伦娜皇太后于公元 323 年在耶稣受难地附近的水池中发现了钉死耶稣的十字架以及其他一些器具；但这一传说并未出现在任何现有文献中（参见下文）。看来，基督教的各种传说中对耶稣墓地还有不同的说法，不然，早先在原地修建教堂的时候，钉死耶稣的十字架应该早已被发现。将其归功于海伦娜皇太后，则应该是更晚些时候的事了。公元 325 年，因为传说此处是耶稣遇难地，君士坦丁大帝下令拆掉朱庇特神殿并修建了圣墓教堂。圣墓教堂的修建是拜占庭时期耶路撒冷最早的变化之一，它竣工于公元 335 年，尤西比乌斯对其建造过程做了详细的记述。教堂的纪念日定在 9 月 14 日，也是召开基督教耶路撒冷大公会议[14] 的日子。尼西亚会议[15] 是关于耶稣基督人性和神性的讨论，它导致了基督教的分裂。耶路撒冷会议在尼西亚会议之后十年召开，结果使基督教重新统一。耶路撒冷使所有基督徒都感到了平和，从而也提升了其神圣地位。

"不知名的波尔多信徒"于公元 333 年到访，他的记载是了解君士坦丁时期耶路撒冷的重要依据。波尔多信徒从现在城东的狮门进入耶路撒冷，参观了羊池。在他的记载中，当时的羊池有柱廊环绕，附近的异教徒寺庙遗迹曾经是罗马时期的康复所[16]，但看上去只不过是一些洞穴罢了。此外，他描述了圣殿山的地下建筑、蓄水池等地，犹太教徒在圣殿节对其进行一年一次的祭扫朝拜，这是我们首次获得对圣殿山"磐石"的描述。随后他描绘了一座被四面柱廊环绕的水池，认为那就是西罗亚池。他还提到了附近的另一座水池，即现在的旧池（Birket el-Hamra），实际上后者才是《圣经》中所说的西罗亚池。波尔多信徒在锡安山看见该亚法府邸[17]，在去往大马士革门的路上拜祭了推罗坡谷的耶稣被审判之地（即总督府（Praetorium）），然后去了修建中的圣墓教堂，也留意到各各他山上安置耶稣尸体的洞穴。新建筑中，他介绍了大教堂和洗礼堂。他描述了第二圣殿的墓地，如"押沙龙之柱"（Absalom's Pillar）和先知撒迦利亚之墓[18]。最后，他还在橄榄山看到了君士坦丁大帝敕令修建的厄肋敖纳大教堂[19]。

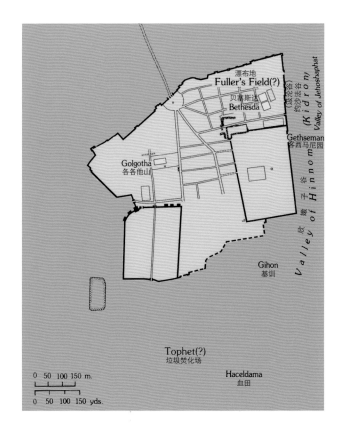

Fuller's Field(?)
漂布地

Bethesda
贝塞斯达

(汲沦谷)
约沙法谷
Valley of Jehoshaphat

(Kidron)
Gethseman
客西马尼园

Golgotha
各各他山

Valley of Hinnom
欣嫩子谷

Gihon
基训

Tophet(?)
垃圾焚化场

Haceldama
血田

0 50 100 150 m.

0 50 100 150 yds.

基于《圣地地志》（Onomasticon）的耶路撒冷地图。《圣地地志》是君士坦丁大帝统治期间由凯撒利亚（Caesarea）主教尤西比乌斯（Eusebius）编撰的拜占庭时期巴勒斯坦地名录，按《圣经纪述》（Holy Scriptures）中出现的顺序排列。《圣地地志》是用希腊文书写的，记录了尤西比乌斯时期存在的地名，并附有详细描述，后被驻伯利恒（Bethlehem）教堂的神父圣哲罗姆翻译成拉丁文。这幅地图记录了尤西比乌斯提到过的耶路撒冷及郊区的地名，其地名与位置至今仍具有一定的准确性。由《圣地地志》得知，拜占庭时期的一些地方已经无法辨认。

文献记载，橄榄山上成立了基督教慈善组织，修士们在汲沦谷定居下来，所谓的"押沙龙之柱"也在公元 352 年变成了圣雅各[23]教堂。特别值得注意的是一位于公元 378 年抵达耶路撒冷的罗马贵妇——老梅拉尼亚[24]在这期间的活动。她在橄榄山的西坡建造了修道院和救济院。公元 4 世纪末（约 390 年），客西马尼教堂[25]也在橄榄山坡上建起来了。

公元 5 世纪的耶路撒冷

公元 4 世纪末至 5 世纪初的耶路撒冷见证了基督教的复兴。基督教成为耶路撒冷的主要宗教，修建宗教建筑也推动了城市的发展，从而极大地提升了这座城市在基督教世界的地位和声望。

第一个重要建筑是有着"教堂之母"之称的圣锡安教堂（Basilica of Holy Zion），公元 390 年由主教约翰二世[26]主持建造，就在公元 347 年所建造的圣使徒教堂（Church of Apostles）所在地。新教堂雄伟壮丽、尺度惊人，旁边就是第一位基督教殉道者圣斯蒂芬（St. Stephen）的墓地，在教会等级制度上给予了耶路撒冷极高的地位。圣斯蒂芬墓对基督教极其重要，公元 451 年在甘美拉村[27]发现其遗骸后，耶稣再次降临橄榄山的传说就被迅速传开了。

公元 5 世纪早期，前文所说的老梅拉尼亚（Melania "the Elder"）的孙女小梅拉尼亚（Melania "the Younger"）在耶路撒冷非常活跃，她于公元 420 年在橄榄山顶峰主持修建了修道院。同其他修道院一样，尚未确认其具体位置，有人猜测它位于现在的升天教堂[28]附近。

约维安（Jovian）于公元 420 年被任命为耶路撒冷主教；但实际上，他在公元 449 年升任大主教之前就获得了其实际权力。尽管耶路撒冷基督教社团强烈反对，称其采用不正当手段获得该头衔，约维安还是在耶路撒冷

在尤利安[20]统治时期，耶路撒冷的基督教活动停息了两年。这位皇帝是君士坦丁大帝的堂兄弟，他把异教作为帝国信奉的宗教。他最初忙于与基督教斗争，当意识到无法取胜时，最终还是许可了市民的宗教信仰自由。尤利安改变了对犹太人的政策，废除了哈德良对犹太人入城的禁令。对基督徒而言，圣殿废墟就意味着耶稣的预言成真（《马可福音》13:2），尤利安意识到这一点，遂同意在公元 362 年重建圣殿并成立某种形式上的犹太国。犹太人对此并不乐观，总觉得在他统治期间的这些改革仅仅是暂时的。公元 262 年春天，圣殿动工，但很快就因一场大火而被迫停止，大火烧伤了建筑工人，建筑材料也被烧毁。大火由地震引发，起火点位于地下基础结构，很可能就是现在的所罗门马厩[21]。

尤利安于公元 363 年 6 月 16 日去世，由信奉基督教的约维安皇帝[22]继位，这也使得耶路撒冷不可能再成为犹太城市。

公元 4 世纪期间，基督教深深扎根于耶路撒冷，这期间修建了许多教堂，逐步形成了各种基督教社团。据

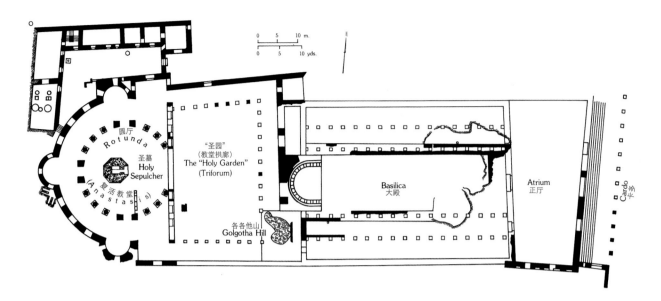

拜占庭时期的圣墓教堂由君士坦丁大帝在罗马时期的朱庇特神殿废墟上修建完成,于公元335年被圣化。至今仍可看到,教堂建造者借用了非基督教教堂的遗址,由一名叙利亚建筑师泽努比乌斯(Zenubius)规划设计。

㉗㉘ 拜占庭时期圣墓教堂的主立面位于东侧(现在位于南侧),正对南北大道即卡多(Cardo),经过台阶可以进入教堂。这段街道两旁都是大理石柱,其他街道旁则是石灰岩柱,显然是对圣墓教堂前大台阶的呼应。台阶和教堂东墙之间是一处广场,经此可由三个入口进入教堂,中间的一个入口最大。教堂正面全部用希律风格的石材修建,覆盖着君士坦丁大帝捐赠的大理石。残存至今的正面墙体位于附近的俄罗斯亚历山大救济院内,将大理石附着在墙上的特制铁钩尚存。

教堂可分为四个主要部分,每部分均有建筑结构和宗教上的重要性:正厅、大殿、圣园(the Holy Garden)及圆厅。

正厅由柱廊和通往教堂的三个入口所包围的内部庭院组成。

大殿是教堂的大型祷告殿,与这一时期的其他教堂类似,沿着石柱有五个祈祷侧廊。通过半圆形小室旁的边廊即可到达教堂的第三部分,即圣园。

圣园是一处柱廊环绕的大型院落,东南方向是各各他山和朝向庭院的礼拜堂。圣园的名字源自《新约》(New Testament),其中提及了耶稣墓所在地及其附近的园林山丘(《约翰福音》19:41)。

圣园西侧的圆厅是整个建筑的焦点,由金色穹顶覆盖,除了几处11世纪所做的改变,拜占庭时期的原有风貌保存至今。圆厅的中心是耶稣墓,以罗马风格建造,显然也模仿了哈德良所建造的罗马万神庙(Pantheon in Rome)。因为这里也是耶稣复活之地,穹顶中央开有一个透光口,可使耶稣墓朝向天空。

值得一提的是,并没有发现关于海伦娜皇太后找到真十字架(True Cross)所在地的描述。在基督教传说中,耶稣死时所背负的十字架残骸藏在一处深井中。

西罗亚教堂(Siloam Church)是耶路撒冷最重要的基督教建筑之一。根据基督教传说,所在之处是极负盛名的耶稣显圣地之一。《圣经》记载,耶稣在此用黏土抹住盲人的眼睛,并用西罗亚池水清洗,从而让他恢复了视力(《约翰福音》9:1—14)。基督教统治该城初期还修建了环绕整个水池的柱廊。这一教堂是欧多西娅皇后主持修建于公元5世纪中期,一直存至11世纪,与现在的老城城墙以南区域一起被毁。教堂位于推罗坡谷河床,所在地形决定了其建筑特点,入口位于北侧,通过门廊到达的第二个门厅实际上是通往教堂的台阶。在教堂的三个祈祷侧廊中,两侧的侧廊被抬高了。布里斯(Bliss)和迪奇(Dickie)于1894—1897年间的考古中发现了四根柱子,据此推测在中间祷告廊上方原有一个拱顶。

西罗亚教堂被发现之后,穆斯林很快就在上面建了一座清真寺,因此这个教堂的遗迹今天已经看不到了。此外,在基督教统治早期所建水池南侧不远处发现了"真"水池("real" pool)。

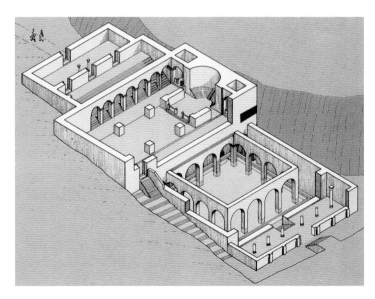

定居下来，尽心工作，把耶路撒冷打造成为基督教重镇。在公元451年迦克墩会议[29]上，耶路撒冷被授予宗主教区的地位。

公元5世纪，拜占庭皇帝狄奥多西二世[30]的妻子欧多西娅皇后（Empress Eudocia）开始在耶路撒冷崭露头角。欧多西娅之前名叫阿特纳奥斯（Athenaios），公元426年和国王完婚后就皈依了基督教，并两次来耶路撒冷朝拜。公元444—460年间约维安最活跃的时候，欧多西娅皇后正住在耶路撒冷，她慷慨地支持和推进城市发展的各项活动，如建造教堂、医院和收容穷人的庇护所等。

欧多西娅的名字和耶路撒冷南墙密切相关，正是她修建的南墙把锡安山和大卫城山包进城市中。这些山原来都在第一城墙的范围内，但在公元70年第二圣殿被毁之后，它们就算是在城外了，也很少有人在那里居住。欧多西娅重建了该城墙的主要部分，仅有几个地方和原来的城墙有细微差别。对她而言，重建耶路撒冷城墙就是遵循《旧约》训诫（《诗篇》，51:18）："求你随你的美意善待锡安：建造耶路撒冷的城墙"，而在希腊语中，欧多西娅即"美意"。然而，还有其他原因促使她在此重建城墙。大卫城和俄斐勒山的考古证明，圣殿山南部地区当时有人居住，锡安山和圣殿山东南部有大量教堂和修道院，有必要将它们纳入到城墙的保卫中来。这一段城墙在1033年的大地震中被毁，只有小部分留存，从那以后大卫城再未被纳入城墙之中，只是在萨拉丁[31]时期加强了锡安山的城防。

欧多西娅在城南修建了西罗亚教堂（Siloam Church），随后修建的西罗亚池现在仍有部分留存。城里的老人就是聚集在这座西罗亚教堂中，商议采取反对约维安任命自己为大主教的行动。圣斯蒂芬教堂（Church of St. Stephen）是为纪念基督教首位圣徒而设立祈祷所的最后一座教堂，也是由欧多西娅主持建造的，现位于大马士革门以北的圣埃蒂安[32]修道院内，她自己死后也安葬在该修道院。基督教传说，该教堂的所在地就是圣斯蒂芬被扔石头的地方。如前所述，公元451年，圣斯蒂芬的遗骸在其出生地贾迈勒被发现，随后被送往约维安建造的圣锡安教堂，并一直保存在那里，直到公元460年被重新安葬至圣斯蒂芬教堂。在其他基督教传说中，这座教堂的建造时间是在更早些的公元439年，圣徒遗骸从圣锡安教堂转移至圣斯蒂芬教堂的时候，欧多西娅和约维安就在仪式现场。橄榄山上有一座以圣斯蒂芬命名的教堂，也许圣斯蒂芬的遗骸先从锡安山转移到这里，

再从这里转移至欧多西娅建造的教堂中。关于圣斯蒂芬的埋葬地众说纷纭，这说明圣徒遗骸早在安放至最终安息地之前就已分散至各地。无论如何，前文的第一个传说更接近于实际情形。

很多学者将这一时期的其他一些建筑也归功于欧多西娅，其中之一就是位于圣殿山东南角的、被称为"小尖顶"（Pinnacle）或"耶稣摇篮"（Cradle of Jesus）的圣殿。他们还认为是欧多西娅建造了城外的圣乔治养老院（St. George's Home for the Aged）及教堂，其所在地已经无人知晓。它或许位于民族大厦[33]附近，那里发现了一处教堂遗迹以及与圣乔治有关的马赛克地板；第二个可能地点是大卫王酒店东侧，还有一种可能是城市西南圣安德鲁教堂（St. Andrew's church）附近的一处未知教堂遗址。

上述建筑都能在公元5世纪中叶的历史文献中找到，如公元445年里昂大主教（Bishop of Lyons）尤里卡乌斯（Eucharius）的记述："锡安山现由一堵城墙包围，虽然它曾一度处于城市之外。"从他的记载中可以得知，城市所经历的变化是欧多西娅和约维安共同努力的结果，锡安山北部和圣墓大教堂周围已经有许多修道士居所。他还描绘了圣殿建筑的废墟，也就是希律王时期的挡墙。那时还能看到圣殿山东南部的大多数遗迹，包括"小尖顶"，那是耶稣的兄弟雅各被抛向深渊的地方。尤里卡乌斯还描述了两座羊池和西罗亚水池，但并未提及西罗亚教堂和圣母玛利亚教堂（Church of Virgin Mary），它们应该是在那之后才修建的。

在欧多西娅所处的时期，对犹太人进入耶路撒冷的管制有所放松。在此之前犹太人平时是严禁进入耶路撒冷的，只能在逾越节的那个月进去祭扫"圣石"[34]并哀悼圣殿被毁。一个名叫巴尔·索马（Bar Zoma）的狂热分子甚至组织了针对犹太人的暴乱；但皇后不顾狂热的基督教徒反对，积极干预，让犹太人在其他时间也能进入耶路撒冷。然而，犹太人所获得的特权在公元460年欧多西娅死后就失效了。

欧多西娅之后，另一位重要人物，来自现在格鲁吉亚皇室家族的"伊比利亚人彼得"（Peter the Iberian）开始活跃。到达耶路撒冷后，他进入了修道院，并不断沿着教阶制度攀升职务，最后被任命为加沙（Gaza）附近的玛尤马斯[35]主教。基督教青年会附近发现的碑文和其他史料都能证实，大卫塔附近的修道院是由他主持建造的。他后来的同伴约纳斯·卢夫斯（Johannes Rufus）曾写过一部彼得传记，记录了那个时期的许多情况，包括

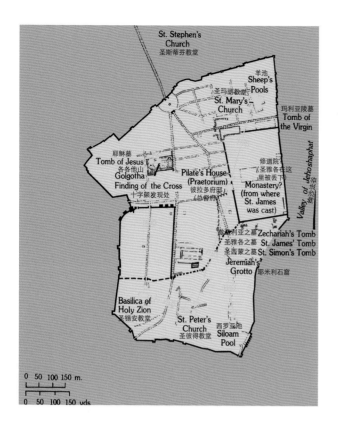

公元 5 世纪早期狄奥多西 (Theodosius) 所记录的耶路撒冷。狄奥多西突出了耶路撒冷及其基督教圣地,指引了不断来访的信徒。他以复步 (double pace, 1 复步约为 4.86 英尺,合 1.48 米) 为单位记录距离和长度,许多地方并不准确。如南半城的长度,也就是圣墓教堂和锡安山之间的距离大约是 200 米,相比之下,该亚法府邸 (House of Caiaphas) 和彼拉多府邸 (Pilate's house,即总督府) 之间的距离只有 100 米 (合 328 英尺)。看来这些数据并非来自狄奥多西本人,而是引用其他人的信息。除了数据不准确外,这幅地图对狄奥多西时期的地名及其定位都很有意义。

公元 5 世纪耶路撒冷的既有和新增建筑,如圣斯蒂芬教堂 (St. Stephen Church)、圣墓教堂、彼拉多的官邸、羊之教堂 (Church of Probatica)、万国教堂 (Church of Gethsemane) 等。这本书首次为大量教堂提供了历史依据,如建造于耶稣被审判之地 (总督府) 的教堂。这一地点已于公元 4 世纪被 "波尔多信徒" 提到过,卢夫斯所描绘的仅仅是它的废墟:"在下面的山谷中有一些城墙,它们曾是彼拉多的总督府。" 根据两位作者的记述,可以推测这座教堂建造于公元 5 世纪后半叶。此外,他们还为建造在两座羊池之间水坝上的教堂提供了可信证据。

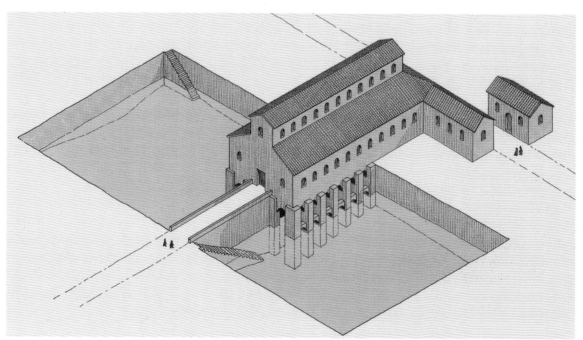

羊池,从拜占庭时期就被基督教朝圣者和学者贝塞斯达 (Bethesda) 如此命名。两个水池总长约为 312 英尺 (合 95 米),宽约 180 英尺 (合 55 米),深约 72 英尺 (合 22 米)。

基督教传说把它同耶稣医治瘫痪患者的所在地 (《约翰福音》5:2-4) 关联起来,这也是拜访耶路撒冷的大量基督教朝圣者屡屡提及该地的原因。池水很可能在第二圣殿时期被神化,罗马时期第二圣殿被毁后就在此兴建了一座疗养院。

公元 5 世纪拜占庭时期,在两个水池之间、建于第一圣殿时期的大坝上建造了一座壮观的教堂,两条祷告侧廊位于水池之上,由一列高达 43 英尺 (合 13 米) 的拱柱支撑。教堂由大坝上进入,往东到水池对岸还有 82 英尺 (合 25 米) 远。该教堂的主教之一阿摩司[36] 的坟墓于 20 世纪 30 年代在狮门外被发现。教堂旁的铭文称其为 "羊之教堂" (Church of the Sheep or the Probatica),希腊文原意即 "羊的"。

第六世纪的耶路撒冷

耶路撒冷在公元 6 世纪发展到了它的一个巅峰时期，尤其是在公元 527—565 年查士丁尼大帝（Emperor Justinian）统治时期。查士丁尼以他在整个拜占庭帝国的建造活动闻名遐迩，其中就包括他在耶路撒冷建造的圣母新堂[37] 以及对城市南北大道的修复。城市繁荣的另一个表现是当时有大量信徒拜访耶路撒冷，留下了许多文字记载。

查士丁尼称帝后不久就在耶路撒冷建造了一座教堂，还附带一个养老院。在希律门发现的一块碑文证明了养老院的存在，它还详细记录了其修建过程和两名君士坦丁堡女性捐赠者的姓名。

查士丁尼于公元 543 年主持修建圣母新堂。"新"字是为了区别于纪念圣母玛利亚的另一座耶路撒冷教堂，委托建筑师狄奥多罗斯（Theodoros）负责设计并前往耶路撒冷监工，当时的历史学家普罗科匹厄斯（Procopius）详细记录了该教堂长达 12 年的建造过程。由于建造地点并没有特别的神圣之处，为了美化它，突然涌现了建造工程受到神助的许多传说，神殿中的宝物也被说成是从罗马运来的，并作为查士丁尼本人捐赠的献礼。

圣母新堂被发现于老城犹太区南部，现在的南墙外面也发现了一小部分。这些遗迹很好地证实了普罗科匹厄斯的记述，说明它在耶路撒冷宗教生活中扮演了重要的角色，可能一直到阿拉伯人入侵时[38] 才被毁。该教堂的重要性早已超出耶路撒冷的范围，一处杰里科墓碑对此也有记载，叙利亚主教"做出捐赠，支持在耶路撒冷建设最神圣的新教堂，即我们的救世主母亲的教堂"。

"当你们看见这里，你们的心将欢欣鼓舞，你们的骨将像香草一样蓬勃生长"（And when ye see this, your heart shall rejoice, and your bones shall flourish like an herb）源自《以赛亚书》第 66 章 14 节中的这段文字被刻在圣殿山西墙的一块石头上。圣殿山地区发现了大量不同时期的犹太朝圣者刻下的铭文，他们还常常把自己的名字加在铭文里。

对该铭文的年代现在有多种推测。最初认为它是尤利安国王（the Emperor Julian）统治期间前往耶路撒冷的犹太朝圣者所刻；因为那时候尤利安允诺犹太人重建圣殿。然而，不仅缺少必要的佐证资料，这一推测还存在其他问题。

还有人认为它是倭玛亚王朝时期刻上去的。那时候的街道比现在的高，因此刻字的犹太人才能够得到这块石头。正是在这个时期，犹太人再次开始在城中定居，其居住地距此也不远。

最合理的刻字时间应该是拜占庭时期。该铭文应该和公元 5 世纪一个加利利（Galilee）犹太人的信有关。信中描述了犹太人当时的普遍感受、即救赎就要来临："看呀，罗马国王已经下令将耶路撒冷城门赐还我们，快来耶路撒冷参加住棚节[39]，我们的王国即将在耶路撒冷重建。"这封信的时间和信中所表达的情感与铭文相似。将二者与公元 5 世纪中期欧多西娅皇后定居在耶路撒冷的时候联系起来，正是在这一时期，她表现出了对犹太人的宽容，甚至允许他们拜访耶路撒冷。

看上去，刻字者非常匆忙，他未能刻完《圣经》中的这段话。

1868 年，沃伦（C.Warren）在哈巴德街（Habad Street）与圣马可街（St. Mark Street）的台阶对面发现了一座大型拱门遗迹，他推测是约瑟夫斯（Josephus）所说第一城墙（First Wall）的花园门[40]。但是，犹太区的考古已经证明了，第一城墙遗迹位于更低的水平面上，沃伦的推测并不合理。现在，一般认为它是拜占庭时期某个大型公建的门廊。

普罗科匹厄斯还提到了当时耶路撒冷的其他修道院和教堂，例如武拉琉斯修道院（St. Telalius Monastery）、圣乔治修道院（St. George's Monastery）、伊比利亚修道院（Iberian Monastery，即格鲁吉亚修道院（Georgian Monastery））以及橄榄山上的圣玛丽教堂（St. Mary's Church）等。

查士丁尼大帝统治期间，亚美尼亚建筑丰富了耶路撒冷的多样性。查士丁尼用耶路撒冷的大片土地回馈亚美尼亚国王的慷慨解囊，允许他们在上面修建教堂和修道院。公元 6 世纪期间亚美尼亚人在耶路撒冷一共建造了约 70 幢各类建筑，从中发现了许多刻有亚美尼亚碑文的马赛克地板，其中一些来自橄榄山顶；大马士革门以北还发现了一幅"鸟马赛克"（bird mosaic）拼贴画和一座大型亚美尼亚修道院。

公元 590—604 年间，教皇格里高利一世[41]为耶路撒冷的拉丁神职人员修建了安养所。这栋建筑的位置现在无从得知，也许是在现在的穆里斯坦街区西部，那里后来建造了许多拉丁建筑。

关于拜占庭时期的耶路撒冷，最重要的资料是在外约旦的米底巴发现的马赛克拼图。在大多数的学者看来，这幅地图描绘的是公元 6 世纪末的耶路撒冷，那时所有重要的拜占庭建筑都已建好，拜占庭城市正处于全盛时期。学者们一直在研究它的用途，一些人认为它是用来指引信徒前往耶路撒冷圣地的；但是随着在外约旦的乌姆·赖萨斯遗址[42]发现另一块类似的马赛克拼图地板，开始产生另一种不同观点：信徒不是从外约旦荒漠中来的，马赛克地图应该不是用来指引他们的，它或许只是一种基督教宣言，表明即使穆斯林入侵了《圣经》的主要发生地，耶路撒冷仍然信仰和属于基督教。从遗存的马赛克残片中可以辨识出地图的边界，它描绘了整个基督教世界。

犹太区东南角圣母新堂（Nea Church）中的铭文，镶嵌在该教堂地下室的一处挡土墙上。挡土墙后来被改作大型蓄水池的基础，储存教堂和附属建筑屋顶淌下来的雨水。水池内侧衬以防水灰泥，其中的一面墙上铭刻着："这项工程于本纪期[43]的第十三年，在最神圣的查士丁尼大帝、神父、教父的关怀和资助下，由我们最仁慈的圣康斯坦丁神父悉心监造"。从铭文中可以看出，该教堂由查士丁尼大帝发起和资助、由神父康斯坦丁监督建造。

这处铭文属于教堂的一幢附属建筑，大小为 26 英寸 ×48 英寸（合 66 厘米 ×122 厘米），其大致时间为公元 549 或公元 550 年。因此可以断定，在圣母新堂于公元 543 年开放后的 6 年里，对主教堂附属建筑的建造仍在持续。

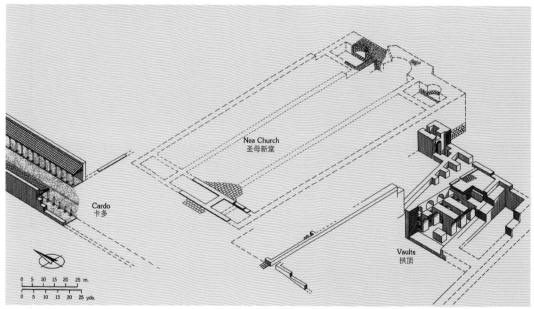

圣母新堂由查士丁尼大帝主持建造并于公元 543 年开放，缩写名字 Nea（希腊文原意为"新"）是对教堂全名"天主之母圣玛丽新堂"（New Church of St. Mary, Mother of God）的简称。

学者们从米底巴地图（Madaba Map）和其他一些资料中了解到这座存了几代人时间的教堂。资料之一是普罗科匹厄斯（Procopius）的作品，其中详细描述并赞誉了该教堂。

从普罗科匹厄斯的描述中得知，它实际上是一处占地广阔的建筑群，除了教堂之外，还有修道院、收容所、医院和图书馆等。考古发掘证实了这些描述，使我们对它有更为全面的了解。教堂伫立在由北向南、从犹太区横穿整个山谷的一处斜坡上，因山坡陡峭和教堂建筑群体量较大（约为 187 英尺 ×377 英尺，合 57 米 ×115

米），只能建造一系列挡土墙，抬高部分建筑的基础，这些基础后来又成为蓄水池的一部分。在其中一座拱顶上发现了一处铭文，对鉴别这座教堂有着重要作用。

考古发现，教堂中央大厅（即正厅）的东墙是一面巨大的、21 英尺（合 6.4 米）厚的挡土墙，墙体中有三个半圆形的祷告室，其中两个已经发掘出来，较大的一个祷告室半径约有 16 英尺（合 5 米）。目前尚未发掘其他附属建筑，但发现了前文提到的其他一些房间和拱廊。

《圣经》派信徒[44]的记载证实，圣母新堂于公元 638 年被攻占耶路撒冷的穆斯林摧毁，一份公元 808 年的"备忘"（Commemoratorium）文件记录了教堂被毁的整个过程。也有学者认为该教堂毁于公元 8 世纪中期的一场地震，但目前尚无证据支持这一说法。

俄耳甫斯[47]马赛克拼贴画装饰着一间小型墓室的地板,该墓室位于大马士革门以北、现在的穆撒拉社区,其时间为公元5—7世纪,以马赛克中间戴着弗里吉亚[48]帽子并弹着竖琴的俄耳甫斯命名。动物、半人马和潘神[49]聚集在周围,聆听他迷人的乐声。图案下部(图中未见)圆柱的外侧还有狄奥多西娅(Theodosia)和乔治娅(Georgia)两名妇女,她们埋葬在此,显然也是这座墓室的捐建者。

这幅马赛克拼贴画于1901年被发现,它是本地区最精美的文物之一,现藏于伊斯坦布尔的考古博物馆。它的大小与"鸟马赛克"相似,后者可能也是一间小型墓室地板的一部分。

蒙扎[50]壶腹(小壶),来自公元6世纪意大利蒙扎的一座大教堂,描绘了圣墓教堂的小龛,是关于那时候耶稣墓龛的重要资料。

一幅亚美尼亚马赛克拼贴画的局部,因描绘了大量不同种类的鸟而被称为"鸟马赛克",是拜占庭时期绘画的代表。画中有一段亚美尼亚铭文:"为纪念和庇佑所有的亚美尼亚人,主知晓他们的名字。"

1894年,这幅马赛克鸟图偶然发现于大马士革门以北的小墓室中,其大小为12.8英尺×20.7英尺(合3.9米×6.3米)。这片地区在拜占庭时期很少有人居住;但有证据表明,教堂、修道院、水利设施和少量住宅等都位于该处。

84

这张地图描绘了与基督教或《圣经》相关的场所,却忽视了那些已经出现的穆斯林建筑。比如,地图上出现了公元7世纪早期修建的金门、罗得教堂(Church of Lot)、死海以南阿拉巴荒漠[45]里的摩押[46]堡垒等。这些细节都说明,该地图的制作时间应该是公元7世纪后半叶而不是公元6世纪。

根据米底巴地图,那时的耶路撒冷城墙上有许多塔楼,包括大卫塔和希律王建造的其他几座塔楼,还有其他城门和便门。这段城墙大约建于公元4世纪;但因为还未发现其南段,这种说法还不确实,只能根据现在的城墙复原南墙的样子,主要的不同之处是现在粪厂门和圣殿山墙之间的一段。这里所说的南墙仅仅是其南段内墙,因为欧多西娅于公元5世纪建造的城墙当时还在,

它将锡安山和大卫城包围在城市的边界以内(米底巴地图上出现的内墙仅仅是圣锡安教堂南侧的一座塔楼)。

在城墙内侧,城市的南北向轴线,也就是两条主干道从圣斯蒂芬门(St. Stephen's Gate,即现在的大马士革门)附近延伸出去。西侧的主路从圣斯蒂芬门一直到南墙内侧的便门;东边的主路沿着推罗坡谷(现在的哈盖大街)向南延伸并引出一条街道通往本雅明门(Benjamin Gate,即现在的狮门)。城市的东西大街从大卫门(David's Gate,即现在的雅法门)向东一直到圣殿山。米底巴地图标示了这条路的西段;但是目前仅在狮门附近和哈盖大街通往狮门的路口处发现了它的遗迹,也不能证实它存在于拜占庭时期。以上主要街道的两侧都有覆顶的柱廊。

米底巴地图还标示了那时存在的许多重要教堂，如圣锡安大教堂、圣母新堂、圣慧教堂（Holy Wisdom Church，即总督府）、圣安妮教堂（St.Anne Church）、圣墓教堂及其洗礼堂等。此外还有一些难以辨识的教堂，如西罗亚教堂（Siloam Church）和鸡鸣堂[51]。

一枚以耶稣墓为装饰的金戒指。耶稣墓的形式是基督教的独特标志，也出现在拜占庭时期的许多物件中。这枚戒指于 1974 年发现于耶路撒冷南城墙处。

拜占庭时期亚美尼亚式和希腊式（右）马赛克地板，19 世纪被发现于橄榄山顶的俄罗斯升天教堂（Russian Church of the Ascension）。

南北大道（Cardo）和东西大街（Decumanus）是罗马城市规划的典型和重要特征。Cardo 在拉丁语中意为"轴"，两条主街穿越整座城市，是城市的主动脉，在罗马时期的埃利亚·卡毗托利纳和拜占庭时期的耶路撒冷都有。

耶路撒冷原有的南北大道相对较短，主要位于罗马时期耶路撒冷人口较多的北部片区，起点位于主要城门（即现在的大马士革门）内的广场。南北大道很宽，约 75 英尺（合 23 米），两侧为连续的列柱和有顶的人行通道。拜占庭时期，城市南部（现在的犹太区周边、城墙之外）人口变得稠密，需要铺设新的街道。作为罗马道路的延伸，南北大道的南段是公元 6 世纪查士丁尼一世统治时期修建的。查士丁尼扩建南北大道是为了将北部的圣墓教堂和他自己建造的圣母新堂连接起来，以便更好地服务于它们之间的宗教游行队伍。相比于罗马时期修建的北段（Roman Cardo），南北大道的南段受地形影响，走势略向西偏移。

米底巴地图对耶路撒冷南北大道有着详细描绘，因而广为人知；但直到重建犹太区时才在老城考古中发现其遗址，不仅出土了连续的列柱、炫目的铺装和两旁的排水管，底座和柱头等其他发现也有助于重现这条主街的壮观面貌。

穆斯林早期南北大道仍然存在，此后渐次被破坏。原有的圆柱被粗糙的柱子取代，宽敞的人行通道被阻塞，街道也被阿拔斯时期的建筑物所占据。

第二条南北大道沿着中央的推罗坡谷贯穿了整座城市，一直越过现在的南墙。该条街道原本建于罗马时期，拜占庭时期又重新铺设了多个路段。

米底巴地图是巴勒斯坦地区、尤其是耶路撒冷最早的地图，它原本是外约旦米底巴城中一座拜占庭教堂地板上的彩色马赛克拼贴画，于1884年在教堂的重建工程中被发现，发掘过程中有部分受损。

地图朝东[53]，城市上方标注着"耶路撒冷圣城"铭文。制图师以传统的拜占庭马赛克工艺创作了这幅地图，其典型标志之一是以椭圆形展现耶路撒冷，虽然现实中它是方形的。

米底巴地图中，环绕耶路撒冷的城墙上有许多塔楼。图中的城墙并未完整保存下来，拼贴画的东南角已经被毁。因此可以判断，那时的城市南墙已超出锡安山

和圣殿山南部，但具体形象不明。城墙上开有六座城门：大卫门（David's Gate，即雅法门，Jaffa Gate））、圣斯蒂芬门（St. Stephen'Gate，即大马士革门，Damascus Gate）、粪厂门（Dung Gate）、耶利哥门（Jericho Gate，即狮门，Lion's Gate）和另外两座位于锡安山附近的城门。城墙内部靠近圣斯蒂芬门的地方有一处设有中央立柱的广场，立柱是罗马皇帝哈德良统治时期放置的，上有雕像。这座广场正是两条有柱廊的南北大道的起点。

从城内的建筑物中很容易辨认出教堂，其红色屋顶将其与其他黄色屋顶的建筑物区分开来。图中锡安山上的构筑物也许是保存在甘美拉村（Kfar Gamla）发现的圣

斯蒂芬遗体的地方，此外还有圣墓教堂的洗礼堂和圣殿山上的诸多建筑。

米底巴地图是了解拜占庭耶路撒冷历史地理情况的重要资料。图

中所示地点也在其他史料中得到验证，而且更为准确。这些史料的相互印证有助于核实这些地方的准确位置。米底巴地图的比例约为1:1613。

整个拜占庭时期圣殿山都是一片废墟，基督教徒没在山上建造任何建筑物，他们相信耶稣关于神殿被毁的预言："你看见这大殿宇吗？将来在这里没有一块石头留在另一块石头上，都被拆毁了。"（《马可福音》13:2）不过，圣殿山的角落里还有一些古老的建筑遗迹，有些还是重建过的。在米底巴地图中，广场东南角有一座礼拜堂，根据《圣经·新约》，这座礼拜堂正是当时撒旦引诱耶稣的地方（《路加福音》4:9），而基督教传说这是从城墙上把雅各丢入山谷的地方，另一份公元6世纪的史料则表明这里曾有一座十字形的教堂。在广场西北角有一座显然不是教堂的黄色屋顶建筑，目前无法辨识，它或许是第二圣殿时期安东尼亚堡的残余部分。在这两栋建筑物之间是精美的金门（Golden Gate）。

在米底巴地图所绘的耶路撒冷城中，一定不能漏掉圣墓教堂南边的城市市集。从罗马时期始它就是公众集会的场所，就在现在的穆里斯坦附近。

公元7世纪的耶路撒冷

公元7世纪见证了拜占庭统治在耶路撒冷的终结，始于公元614年耶路撒冷被波斯人占领，终于在公元638年被穆斯林占领。

在罗马末期及整个拜占庭时期，边界纷争一直是罗马-拜占庭帝国及其东邻波斯帝国之间权力斗争的一部分，且不时演变为军事冲突。公元6世纪，因为拜占庭违反两国间的经济协定，两国关系走向恶化。为了惩罚拜占庭违背协定，波斯人侵略了拜占庭帝国统治下的国家并掠夺其城镇。

两国之间的边界纠纷在公元611年达到高潮，霍斯劳二世[52]率领波斯人发动了一次进攻。与以往不同，这次进攻一直抵达了以色列疆域，耶路撒冷扮演了其中的重要角色。圣城以其大量宝藏闻名，尤其是来自信徒和拜占庭帝国君主对圣城的捐赠，这使它成为波斯帝国旨在充实国库的侵略目标。后拜占庭时期的一份史料还表明，波斯侵略耶路撒冷的另一个动机是推翻基督教并证明其低下的地位。

公元614年初对耶路撒冷的征服并未造成流血伤亡。市民听从了波斯司令官沙赫·巴勒兹（Shahr Baraz，绰号"野猪"）的命令，主动开城投降。据基督教传说，犹太人帮助波斯入侵耶路撒冷，还随着侵略者进城并定居下来。随后波斯大部队继续前进，只留下少量驻军控制着耶路撒冷。

被侵占之后不久，基督教市民起义反抗波斯侵略者，消灭了城中驻军，同时大量屠杀犹太人，以报复他们协

助波斯人的进攻。沙赫·巴勒兹随即回军耶路撒冷，并于公元 614 年 4 月 15 日起围困耶路撒冷长达 21 天。波斯军队希望不战而胜，但基督教徒饱含着深厚的宗教感情，拒绝开城投降。作为报复，波斯军队进城后大肆屠杀了基督教徒，尤其是牧师。他们从圣墓教堂取走了圣十字架并把它带回了波斯，同时还带走了一队俘虏和耶路撒冷大主教撒迦利亚（Zechariah），他们在途中遭到了波斯人的残酷折磨。基督教徒对波斯入侵和随后的一系列事件做出了各种宗教解读，形成了大量文字资料，其中就有对犹太人在侵略中的角色和屠杀基督教徒的夸大描述，反映了基督教徒对犹太人的仇恨。

一名修道士以"斯特拉特吉乌斯"[54] 为名记录了对耶路撒冷基督教徒的残酷屠杀。这名修道士来自朱迪亚沙漠（Judean Desert）的玛尔·萨巴修道院（Mar Saba Monastery），在波斯包围耶路撒冷时被俘，后来侥幸逃脱。他记载了基督教徒被波斯人屠杀以及"掘墓人"托马斯（Thomas the "Gravedigger"）带人收集埋葬遗骸的整个过程。斯特拉特吉乌斯是用希腊文记述的，其格鲁吉亚及阿拉伯版本也被保存了下来，从侧面佐证了耶路撒冷当时的城市面貌。一般认为，他的记述是基于托马斯的行进路线，但有些地方与城市当时的实际情况并不相符。

在斯特拉特吉乌斯（Strategius）记述的不同版本中，大屠杀的受难人数差别较大，其中一个版本给出的受难人数是一万人，另一个版本中给出的只有其六分之一。可以想见，不同版本所给出的数据只是对这一暴行的印象，而并非对实际人数的具体统计。

根据 19 世纪末的阿拉伯版本，托马斯的行进路线始于城墙外由欧多西娅建造的圣乔治教堂祭坛（见前文，第 5 世纪章节），具体位置并不清楚。托马斯和他的帮手由此前往信仰之所（House of Faith），即市政所，也有可能是去了大卫塔。他们的下一站是"贮水池"（cisterns），这座大型水池的具体位置一直没能得到确认。之后，他们还途经圣慧教堂（Holy Wisdom Church，即威尔逊拱桥附近的圣索菲亚大教堂）；然后是位于两条南北大道之间的科斯马斯与达米安教堂（Cosmas and Damianus Church，有人认为这里就是苦路第六处）；接着前往各各他山——阿拉伯的版本称其是十字架所在地；再后去了附近的救世主教堂（Church of

the Redeemer）、圣墓和位于圣墓教堂以南的大型集会场地。从这里，托马斯一行人出了城墙，前往一座纪念曾遇见耶稣的撒马利亚[55]女人的教堂（Samaritica）（《约翰福音》4:7）。这座教堂靠近汲沦谷的河床，有人认为其暗指希泽尔祭司家族坟墓（the Tomb of Hezir's Priestly Family），后来被拜占庭修士改造成教堂。掘墓人一行的行进路线还不止于此，但书中只描述了其中一部分。伴随着对路线的描述，作者记述了在每个地方埋葬的遇难者人数，最后的总数是 62 455 人。在有关掘墓人托马斯的其他记载中，这一数字更大。

在波斯人统治耶路撒冷的初期，犹太人受到了很好的对待，让他们有了被救赎的希望。然而一段时间之后，波斯人疏远了犹太人，倒向占主要人口数的基督徒；因为和他们建立友好关系更有利于其统治。犹太人最终失去了波斯政府早先给予的权利，被救赎的希望也破灭了。

出于安抚基督徒的考虑，波斯人安排朱迪亚沙漠的狄奥多西修道院[56]院长摩代斯妥（Modestos）来修复耶路撒冷的教堂。在亚历山大主教（Bishop of Alexandria）的大力支持下，虔敬者约翰（John the Pious）修复了圣墓教堂、升天教堂和圣锡安教堂（Basilica of Holy Zion）。其他被摧毁的重要教堂并未得到及时修复，随着时间流逝，它们最终消失在城市历史的长河中。

波斯人对耶路撒冷的统治仅仅维持了 15 年。公元 622 年，拜占庭国王希拉克略[57]发动了驱赶帝国入侵者的战役，并在一系列胜利之后同波斯国王喀瓦德二世[58]签订了停战协议。波斯人同意从拜占庭帝国撤军，并把圣十字架（Holy Cross）归还给耶路撒冷基督徒。

公元 630 年 3 月 21 日，希拉克略率军凯旋，给耶路撒冷带回了圣十字架。根据基督教传说，国王及其扈从由金门（Golden Gate），也就是犹太人和穆斯林所称的"慈悲之门"[59]进入耶路撒冷。由此看来，希拉克略专门为此建造了位于东城墙的这座城门，并希望沿着耶稣进入耶路撒冷的原路进城。在此之后，基督教徒在每年的 9 月 14 日都举办纪念圣十字架的庆祝活动。

据信，直到公元 638 年穆斯林占领耶路撒冷，拜占庭统治的最后 8 年里并没有建造什么重要的建筑。即便如此，那些具有多样功能的重要建筑物连同城市的拜占庭风格，在拜占庭帝国灭亡后仍然存续了许多年。

福格（Vogue）于 1864 年绘制的金门（The Golden Gate），位于老城东城墙，源自第二圣殿时期一座名为"苏萨"（Shushan）的单拱门。金门于公元 630 年建造，犹太人把它作为圣殿，而不是圣殿山的东入口，也称"东门"（Eastern Gate）。穆斯林时期，犹太人只能在此祷告，不能进入圣殿山地区。

基督教徒相信这里就是"美门"（Beautiful Gate）的所在地，也就是耶稣在圣枝主日（Palm Sunday）进入耶路撒冷通往圣殿的东门（《约翰福音》12:13），故称其为金门。另一种基督教传说认为彼得在此显圣，治愈跛足者（《宗徒大事录》（Acts）3:1-6）。穆斯林的《古兰经》中有一段话："这里将建起城墙和城门，对内慈悲，对外惩戒。"[60] 与此有关，因此它的阿拉伯名字是 Bab er-Rahmeh，意为"慈悲之门"（Gate of Mercy）。它几乎同时出现在阿拉伯史料和犹太史料《开罗基尼扎》[61] 中，反而让人弄不清楚到底是谁率先使用这个名字。

对这座城门的建造时间仍存有争议。根据它的巨大尺度，一些学者认为它建于拜占庭国王查士丁尼一世统治期间，即公元 6 世纪。另一种理论认为其建于穆斯林早期，即倭玛亚王朝时期；因为那时有类似风格的其他建筑物。这座城门与那时修复的双重门（Double Gate）很相似；但是，这座城门位于较远的耶路撒冷东城墙，不便出入城市，说明它一定和某个特殊事件有关。由此可以合理假设，它是公元 7 世纪为纪念希拉克略皇帝（Emperor Heraclius）而建。这位皇帝于公元 630 年亲率军队凯旋通过这座城门，并把圣十字架（Holy Cross）从波斯带回耶路撒冷。

还可以推测，拜占庭传统艺术所装饰的金门非常华美，这也影响了建造圣殿山南部双重门（Double Gate）的穆斯林。

金门于十字军时期被关闭，只在每年的两个节日打开，随后在阿尤布时期被永久封闭。现在所见的上半部分是奥斯曼时期建造的。

译者注

1. 书中多次出现"异教"，根据不同的历史时期，分别指非基督教或非犹太教。同理，书中多个历史时期都出现的"以色列"也属于类似情况，反映了作者本人是耶路撒冷犹太人的感情色彩和立场。

2. Georgian，高加索语的一种，格鲁吉亚的官方语言。

3. Hebrew，犹太人的民族语言，也是世界上最古老的语言之一。

4. Aramaic，闪米特语族的一种，与希伯来语和阿拉伯语相近。

5. Procopius，也称"普罗可比"，约公元500—565年，查士丁尼时期的著名历史学家、古代晚期世俗史学家，其著作作为后世研究查士丁尼时期历史提供了重要史料。

6. Emperor Justinian，公元527—565年，东罗马帝国皇帝，一般将他的统治期看作是从古典时期转为希腊化时期的重要过渡。

7. Sinai，连接非洲和亚洲的三角形半岛，位于埃及东北端，与东边的以色列和加沙地带相连。

8. St. Catherine Monastery，坐落在西奈半岛腹地、摩西山麓，公元7世纪前后由东罗马大帝修建。

9. Empress Helena，公元246—330年，君士坦提乌斯一世的妻子，于公元274年生下君士坦丁一世，传说她找到了真十字架。

10. Bosporus，又称"伊斯坦布尔海峡"，北连黑海、南通马尔马拉海和地中海，是亚洲和欧洲之间重要的海上通道和战略要塞。

11. Byzantium，公元前657年由希腊人建立的殖民城市，公元326年君士坦丁大帝建都后改名为"君士坦丁堡"，1453年成为奥斯曼帝国的都城，1923年现代土耳其独立后将其改名为"伊斯坦布尔"。

12. Edict of Milan，又称"米兰诏令"或"米兰诏书"，罗马帝国皇帝君士坦丁一世和李锡尼在意大利米兰颁发的、关于宽容基督教的敕令。

13. 原文如此，疑有误，应为334年。

14. Christian Council of Jerusalem，基督教会的第一次会议，讨论有关入会以及如何与信主的犹太人相处等问题。

15. Council of Nicaea，公元325年和公元787年在小亚细亚的尼西亚城举行了两次基督教大公会议，对基督教影响深远，此处指前者。

16. 一种说法是麻风病人的隔离区。

17. the House of Caiaphas，该亚法是罗马人指派的犹太大祭司，被认为与耶稣之死有关。

18. Zechariah's Tomb，撒迦利亚是《旧约圣经》中的人物，犹大王国的先知。

19. Eleona Church，也称"厄肋奥纳大教堂"。

20. Julian the Apostate，也称"背教者尤利安"，公元331—363年在位，君士坦丁王朝的罗马皇帝，也是罗马帝国最后一位多神信仰的皇帝，曾努力推动多项行政改革。

21. Solomon's Stables，位于圣殿山东南角的地下，面积约500平方米，由多排拱顶柱廊组成，现供穆斯林祷告用。

22. Emperor Jovian，公元363—364年在位，统治仅八个月。约维安本人是基督徒，他恢复了之前受限制的基督教活动。

23. St. James，亚勒腓的儿子、耶稣十二门徒之一、第一位耶路撒冷主教，亦在那里殉道。

24. Melania "the Elder"，或称"Melania the Maior"，基督教禁欲主义运动中的活跃人物。

25. Gethsemane Church，也称"万国教堂"，其附近是客西马尼园、即榨橄榄油之地，据说是耶稣基督经常祷告与冥想的地方，位于耶路撒冷东部。

26. Bishop John II，公元356—417年，公元387年继承主教之位。

27. Kfar Gamla，即现在的贾迈勒社区 Beit Jimal 或 Beit Jamal。

28. Church of the Ascension，八角形建筑，中间是耶稣升天时留下右脚脚印的升天石，基督徒将其作为耶稣留在地上的最后痕迹加以膜拜。

29. Council of Chalcedon，或称"卡尔西顿会议"，即第四届基督教大公会议。

30. Theodosius II，公元401—450年，狄奥多西一世的孙子、阿卡狄乌斯的长子、东罗马帝国皇帝，公元408—450年在位。

31. Saladin，1138—1193年，埃及和叙利亚的伊斯兰教君主。

32. the Monastery of St. Etienne，基督教殉道者，死在耶路撒冷。

33. Binyanei Ha'ooma，也作 Binyenei HaUma，即耶路撒冷国际会议中心 International Convention Center (Jerusalem)，1950年始建，1956年开放使用，建筑师为伊夫·雷什特。

34. "Holy Rock"，即"磐石"（Foundation Stone）。

35. Mayumas，或 Maioumas，意为"港区"，位于加沙的一座罗马贸易港口，君士坦丁大帝时期曾名为"康斯坦尼亚"。

36. Amos，公元前 8 世纪的先知，《旧约》中《阿摩司书》记载了他的预言。

37. Nea Church，或 New Church of the Theotokos。

38. 指公元 638 年阿拉伯帝国的哈里发欧麦尔攻占耶路撒冷。

39. Festival of the Tabernacles，犹太节日，又称"收藏节"，为纪念以色列人离开埃及，并在上帝的旨意下获得独立。

40. Gennath Gate，或 Garden Gate。

41. Pope Gregory the Great，第六十四任罗马天主教教皇，中世纪教皇之父，

42. Umm Rasas，位于利比亚科姆斯地区的莱卜达河入海口、利比亚首都的黎波里市以东 120 公里处，是地中海地区面积最大的考古地之一，有北非保存最好的罗马建筑。

43. 古罗马每 15 年进行一次财产评估和公告，被称为一个"纪期"。

44. Karaite，该教派于公元 8 世纪在中东成立，不接受犹太法学教义或犹太法典，只信仰《圣经》。

45. Arava，或 Arabah，希伯来语原意为"荒芜干旱之地"，泛指约旦大裂谷一带。

46. Moa，摩押有时也写作 Moab 或 Moah，是源自亚伯拉罕的一个古老的中东民族，他们居住在约旦河东岸的狭长地带，常与以色列人发生摩擦。

47. Orpheus，古希腊神话种的著名诗人与歌手，父亲是太阳神兼音乐之神阿波罗，母亲是司管文艺的缪斯女神卡利俄帕，擅长竖琴。

48. Phrygian，弗里吉亚人是从欧洲迁入小亚细亚的民族。

49. Pan，又称"潘恩"，或"牧神"，希腊神话中司羊群和牧羊人的神。

50. Monza，意大利北部的一座城市，临兰布罗河，西南距米兰 15 公里。

51. Church of St. Peter in Gallicantu，罗马天主教堂，又称"加利康都的圣彼得教堂"，位于耶路撒冷城外锡安山的东坡，源自"彼得在鸡叫两次之前三次不承认耶稣"的《圣经》故事。

52. King Chosroes II，波斯帝国萨珊王朝第二十二代君主，号称"得胜王"，中国《隋书》里称其为"库萨和"，公元 590—628 年在位。

53. 指地图上方为东。

54. Strategius，拉丁文原意为"传声筒"。一说作者是优斯特拉图斯（Eustratus）。

55. Samaritan，撒马利亚人的概念见于《圣经·新约》的福音书中，他们是古代近东地区以色列人的后裔，也指耶稣年代罗马政府管理的撒马利亚省。

56. Theodosius Monastery，位于伯利恒东部 12 公里处一座村庄的东部，与狄奥多西墓同时修建于公元 476 年。

57. Heraclius，公元 610—641 年在位，拜占庭帝国希拉克略王朝第一任皇帝。

58. Kavad II，公元 628 年在位的萨珊王朝国王。

59. Gate of Mercy，也称"金门"。根据犹太教徒的说法，当世界末日来临之时，救世主弥赛亚将由此进入耶路撒冷，带领犹太人上天堂。

60. 原文是"And there was set up amongst them a wall and in it a gate, toward the interior it has mercy and toward the exterior it has punishment."

61. Cairo Genizah，希伯来语中"基尼扎"意为"存放处"，指开罗老城的本·依兹拉犹太会堂中发现的 30 万份犹太手稿碎片。

穆斯林早期：公元 638—1099 年

公元 638 年穆斯林哈里发欧麦尔·伊本·哈塔卜[1] 占领耶路撒冷，标志着长达 460 年的穆斯林统治的开端，直至 1099 年十字军占领城市。

这一时期关于耶路撒冷的基础资料很少。当时有两位穆斯林作家值得一提：耶路撒冷出生的、广为人知的穆斯林地理学家穆卡达西[2] 以及 1047 年游历耶路撒冷的波斯旅行家拿萨尔·克瓦斯罗夫[3]；但当时的穆斯林作家很少把耶路撒冷作为关注对象。此外也有基督教朝圣者的记述，还有登记城中祷告教堂的名册。另一份重要资料是《开罗基尼扎》（Cairo Genizah），对它的相关研究获得了关于这一时期耶路撒冷的丰富信息。由于多数穆斯林早期的建筑物在十字军大兴土木时都被毁坏了，许多考古活动，尤其是 1967 年以后才开始的挖掘，仅有极为有限的发现。

耶路撒冷从一开始就在伊斯兰教中享有特殊地位。为了教化阿拉伯半岛的伊斯兰教犹太人，先知穆罕默德

和公元 6 世纪的其他小型绘画一样，图为穆罕默德夜访耶路撒冷。受穆斯林教规所限，图中并未表现穆罕默德的脸部特征。在先知神圣之旅的陪伴人物中，图左一位就是带领大家前往"阿克萨"的天使加百利[5]。

阿拉伯占领后马上采用了新币，这或许是穆斯林统治耶路撒冷后铸造的第一种硬币（硬币上并未显示铸造地），它显然早于倭玛亚时期的一系列硬币。

硬币一面刻着"穆罕默德，真主的使者（Muhammad, Messenger of God）"，另一面是一座有五个分支的烛台。这个烛台或许与犹太传统无关，更像是该城成为伊斯兰圣地之前的穆斯林早期装饰图案。

早在公元 622 年就下令：虔诚的信徒应该面向耶路撒冷的方向进行祷告。当他意识到并不能使犹太人改变信仰时，先知穆罕默德于公元 624 年取消了之前的命令，同时宣布麦加[4] 才是伊斯兰教的中心。然而，耶路撒冷仍

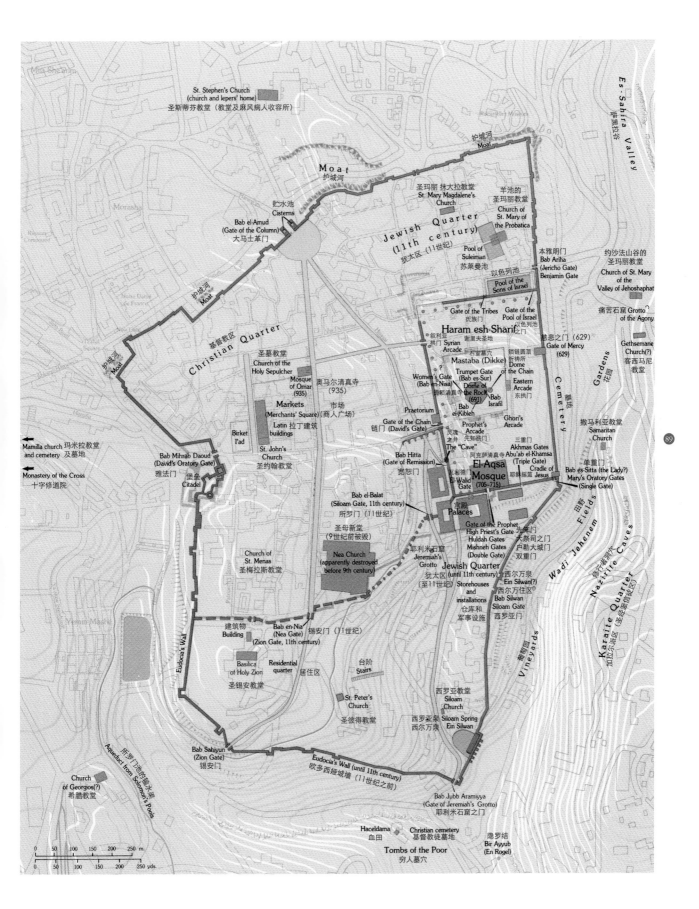

St. Stephen's Church
(church and lepers' home)
圣斯蒂芬教堂（教堂及麻风病人收容所）

Moat
护城河 Moat

圣玛丽 抹大拉教堂
St. Mary Magdalene's
Church

羊池的
圣玛丽教堂
Church of
St. Mary of
the Probatica

Es-Sahira Valley
赛赫拉谷

Mea Shearim

Morasha

Rockefeller Museum

贮水池
Cisterns

Bab el-Amud
(Gate of the Column)
大马士革门

Jewish Quarter
(11th century)
犹太区（11世纪）

Pool of Suleiman
苏莱曼池

Pool of the
Sons of Israel
以色列池

本雅明门
Bab Ariha
(Jericho Gate)
Benjamin Gate

约沙法山谷的
圣玛丽教堂
Church of St. Mary
of the
Valley of Jehoshaphat

护城河
Moat

Notre Dame
de France

New Gate

Gate of the Tribes
民族门

Gate of the
Pool of Israel
以色列池门

Haram esh-Sharif
谢里夫圣地

痛苦石窟 Grotto
of the Agony

Gethsemane
Church(?)
客西马尼
教堂

基督教区
Christian Quarter

叙利亚
拱门 Syrian
Arcade

慈悲之门（629）
Gate of Mercy
(629)

护城河
Moat

圣墓教堂
Church of the
Holy Sepulcher

Mosque
of Omar
(935)

奥马尔清真寺
(935)

石室圣地
Mastaba (Dikke)

Trumpet Gate
(Bab es-Sur)

折祷所
拱门 Dome
of the Chain

锁链圆顶

Markets
(Merchants' Square)（商人广场）
市场

Latin
buildings
拉丁建筑

Women's Gate
(Bab en-Nisa)
妇女门

岩石圆顶清真寺
Dome of
the Rock
(691)

Bab
Israfil

Eastern
Arcade
东拱门

撒马利亚教堂
Samaritan
Church

Gardens
花园

Cemetery
墓地

Mamilla church 玛米拉教堂
and cemetery 及墓地

Monastery of the Cross
十字修道院

Birket
I'ad

St. John's
Church
圣约翰教堂

Bab Mihrab Daoud
(David's Oratory Gate)
雅法门

堡垒
Citadel

Praetorium

Bab
el-Kibleh

Ghori's
Arcade

单重门
Bab es-Sitta (the Lady?)
Mary's Oratory Gates
(Single Gate)

Gate of the Chain
(David's Gate)
链门

Prophet's
Arcade
先知拱门

阿克萨清真寺
Abu'ab el-Khamsa
(Triple Gate)

Bab Hitta
(Gate of Remission)
宽恕门

The "Cave"
灵洞
之井

El-Aqsa
Mosque
(705-715)

耶稣摇篮
Cradle of
Jesus

Bab el-Balat
(Siloam Gate, 11th century)
所罗门门（11世纪）

El-Walid
Gate
瓦利德门

Church of
St. Menas
圣梅拉斯教堂

Nea Church
(apparently destroyed
before 9th century)
圣母新堂
（9世纪前被毁）

Palaces
宫殿

Gate of the Prophet
High Priest's Gate
Huldah Gates
Mishneh Gate
(Double Gate)

先知门
大祭司之门
户勒大城门
双重门

Wadi Jehenem
瓦迪杰汉姆

Nazirite Caves
拿细耳洞穴

Jeremiah's
Grotto
耶利米石窟

Jewish Quarter
犹太区 (until 11th century)
（至11世纪）
Storehouses
and
installations
仓库和
军事设施

Ein Silwan(?)
西尔万泉

Bab Silwan
Siloam Gate
西尔瓦门

Karaite Quarter
加拉尔派区（圣经康信徒区）

建筑物
Building

Bab en-Nia
(Nea Gate)
锡安门（11世纪）
(Zion Gate, 11th century)

Residential
quarter
居住区

台阶
Stairs

Siloam
Church
西罗亚教堂

Basilica
of Holy Zion
圣锡安教堂

St. Peter's
Church
圣彼得教堂

西罗亚泉 Siloam Spring
Ein Silwan
西尔万泉

Eudocia's Wall

Yemin Moshe

Bab Sahiyun
(Zion Gate)
锡安门

Eudocia's Wall (until 11th century)
欧多西娅城墙（11世纪之前）

Vineyards
葡萄园

Church
of Georgios(?)
希腊教堂

Aqueduct from Solomon's Pools
所罗门池的输水渠

Bab Jubb Aramiyya
(Gate of Jeremiah's Grotto)
耶利米石窟之门

Haceldama
血田

Christian cemetery
基督教徒墓地

隐罗结
Bir Ayyub
(En Rogel)

Tombs of the Poor
穷人墓穴

0 50 100 150 200 250 m
0 50 100 150 200 250 yds.

89

然十分重要，因为阿拉伯人将它视为拥有众多犹太先知约书亚（Joshua）、大卫（David）、所罗门（Solomon）和圣母玛利亚（Mary）、耶稣及其他基督教先知的城市。早期的法令并不成功，很久之后才通过《古兰经》[6]把穆罕默德和耶路撒冷联系起来，虽然这并不是《古兰经》的本意。《古兰经》第17章道："赞美真主，超绝万物，他在一夜之间，带领他的仆人，从圣寺行到我们为之祈福的最远寺。"（"Praise be the name of he who brought his servant in the night from the Holy Mosque to the farthest mosque whose environs we have blessed."）这段话即是穆罕默德对耶路撒冷神奇拜访的描述。他骑着他的传奇骏马布剌黑[7]从伊斯兰教中心的麦加直至阿克萨[8]，随后知道这里就是耶路撒冷。由此看来，伊斯兰教与耶路撒冷的联系是因叛教的犹太人而起的，这在具有犹太因素的大量穆斯林史料中都得到了印证。

公元634年7月穆斯林征战拜占庭，在以色列土地上获得的第一次胜利发生在阿纳代恩和古弗林之间[9]。穆斯林军队征服了拜占庭的大部分领土，只剩下耶路撒冷和亚实基伦[10]两块飞地。阿拉伯人摧毁了耶路撒冷周边的村庄、农田和修道院，但并没有进入耶路撒冷。城里的居民把他们自己关在城内，只在迫不得已的情况下

冒险打开过四次城门。拜占庭和穆斯林军队间的决定性战役于公元636年发生在耶尔穆克河[11]。拜占庭军队被击败，被迫撤离；穆斯林军队随后逐步收复剩下的飞地。耶路撒冷被持续包围了两年，直至公元638年2月被迫投降。

现在没有穆斯林攻占耶路撒冷的可靠资料，难以得知当时的情况。有各种关于耶路撒冷投降的传言，比如，拜占庭军队将耶路撒冷交给了穆斯林军队指挥官法米（Khaled Ibn Tabet el-Fahmi）。另一种没有科学依据的传言是，耶路撒冷主教索夫罗纽[12]只肯向哈里发本人投降，欧麦尔·伊本·哈塔卜只能临时赶到耶路撒冷。

进入耶路撒冷时，欧麦尔在他的一名随员——犹太叛教者阿克巴[13]的陪伴下前往圣殿山。他看到山上垃圾成堆，就下令清理这块场地，把备受尊崇的"磐石"（Foundation Stone）再次显露出来，还在其南面建造了一座清真寺。一名基督教旅行家阿克罗夫[14]于公元670年拜访耶路撒冷并提到了这座清真寺："他们（穆斯林）建造了一处简单粗糙的祈祷之所，将木板和木梁直接放置在废墟之上。据说这座建筑可以容纳3000人。"

哈里发欧麦尔拜访圣殿山的记录在很多资料中都能找到，大部分是犹太人写的，但最近几年出现了对其真实性的怀疑。

为纪念哈里发欧麦尔拜访耶路撒冷，中世纪还在橄榄山和斯科普斯山（Scopus）的山脊上建造了一座以其命名的清真寺。直至最近，仍能看到该清真寺的残迹。据传言，当欧麦尔从外约旦北部赶来时，这是他第一眼看见耶路撒冷和圣殿山的地方。

从拜占庭的耶路撒冷转变至阿拉伯的耶路撒冷相当顺利，这在城市里有极为具体的体现。穆卡达西（el-Muqaddasi，即al-Muqaddasi）等穆斯林和旅行家克瓦斯罗夫（Nasir-i Khusraw）都曾提到了城里宜人的街道铺装和运转良好的排水系统。

然而，耶路撒冷的市民人数在穆斯林统治初期明显地下降了。大量基督徒在同穆斯林侵略者的保卫战中被杀，幸存下来的则去往其他拜占庭城市寻求避难所。基督徒逐渐被从阿拉伯半岛移民来的穆斯林所取代。

基督教统治者被驱逐后，罗马和拜占庭时期强制执行的犹太人定居禁令也被废除了。哈里发欧麦尔给予犹太人的尊重犹如基督徒的肉中刺。基督教传说中提到了穆斯林和基督徒之间的一项协议，协议上说穆斯林同意

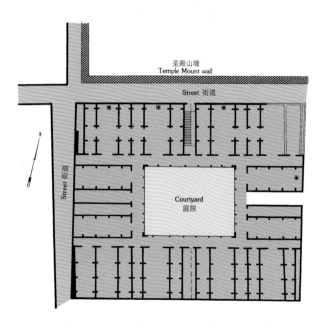

位于圣殿山南的倭玛亚王朝中央宫殿的平面图，它是一栋围绕着巨大庭院的方形建筑，庭院四周是划分成不同单元的房间。类似建筑也见于叙利亚和倭玛亚王朝哈里发统治下的其他国家。

圣殿山墙
Temple Mount wall

Street 街道

Street 街道

Courtyard
庭院

不让犹太人在耶路撒冷定居："在希腊历（Greeks）948年、赫拉克利乌斯王朝（Heraclius）25年、希吉拉[15]15年末，欧麦尔来到以色列，耶路撒冷的主教索夫罗纽来到他面前，得到了对这块土地的承诺。欧麦尔给了他一份书面约定，承诺耶路撒冷将不会再有犹太人定居。当欧麦尔进入耶路撒冷时，他命令在所罗门圣殿[16]的所在地为祷告者建造一座清真寺。"然而，我们从开罗基尼扎中得知，伴随着基督教徒与哈里发欧麦尔的后期协商，后者允许来自提比利亚[17]的70个犹太家庭在耶路撒冷定居。他们的愿望是靠近圣地、城门以及可供洗礼用的西罗亚池，在他们的请求下，他们被允许定居在"城市南部曾是犹太人市场的地方"。这使我们猜测，犹太区或许建造在圣殿山南部的俄斐勒山附近，一些考古发现也证实了这一猜想。

阿拉伯的穆斯林入侵者沿用了耶路撒冷在罗马 - 拜占庭时期的名字"埃利亚"[18]，这一名字出现在硬币和大量文件上，用来表明城市起源。从公元10世纪开始，逐渐开始使用阿拉伯名字"古德斯"[19]，这反映了穆斯林对圣殿山一带的尊崇。随着时间流逝，耶路撒冷的官方名称变成了"寺庙之城"（City of the Temple），这一名称也被犹太人接受。"圣城"（Holy City）、"王者至尊之城"（City of the Supreme King）等其他名称也出现在这一时期的犹太史料上。

圣殿山南视图，其下是倭玛亚王朝的宫殿。

在倭玛亚王朝[20]的统治下

哈里发阿里[21]于公元661年被谋杀。叙利亚总督穆阿维叶[22]被任命为耶路撒冷的哈里发，在这里他为持续至公元750年的倭玛亚王朝奠定了基础。可能是为了准备加冕仪式，他修复了圣殿山墙，也修建了山上的清真寺和城西至圣殿山的桥梁。因为穆斯林在进入清真寺之前也需要用水净身，他们或许从被修复的所罗门池（Solomon's Pools）中取水，跨过桥梁带到清真寺。虽然哈里发辖地的首都是大马士革[23]，但是哈里发一直尽全力发展耶路撒冷，不断建设、装点、美化，使圣城与这个强大的帝国相称。

为使耶路撒冷恢复往日荣光，倭玛亚王朝的首要举措之一就是修复其主要街道——它们曾属于罗马和拜占庭时期建立的街道网络，在穆斯林统治早期仍保持着原有的形式。城市干道（即罗马 - 拜占庭轴线（Cardines））从大马士革门（Bab el-Amud）至锡安门（Bad es-Sahiyun）再到粪厂门（Bab el-Balat），然后沿着长老大街（Patriarch's Street）直到现在的基督大街（Christians' Street）。倭玛亚王朝对耶路撒冷道路网所做的唯一重大改变位于圣殿山西南宫殿区，从主要街道到这些宫殿的道路一直延伸至所罗门池附近的阿拉米亚门（Bab Jubb Aramiyya）。圣殿山南部修建的一系列宫殿也许更能证明这些工程的雄心——试图将耶路撒冷变成倭玛亚王国的文化中心。

耶路撒冷的城墙在倭玛亚王朝早期、哈里发阿卜杜勒[24]统治时得到了修复，其墙壁、主体结构和城楼细部可以从1099年十字军围城时的记载中得知。哈里发马利克还修复了通往城市的公路，这一地区发现的公路里程碑说明了这一点。

考古发现，倭玛亚王朝还在现在的城堡（Citadel）地区进行了大量建造活动，这些建筑物属于哈里发瓦利德一世时期。

倭玛亚王朝建筑的无上光荣属于圣殿山的圆顶清真寺（Dome of the Rock），它是在圣殿山上建造的第一座宏伟建筑，由哈里发马利克于公元691年修建。这座建筑现在仍作为礼拜中心使用，但其最初目的与其说是作为祷告者的清真寺，还不如说是为了保护备受尊崇的"磐石"——犹太人和基督徒都视其为神圣之物，其建造原因也成为许多学者的研究对象。

犹太人的各种传说都认为圆顶清真寺是犹太教圣

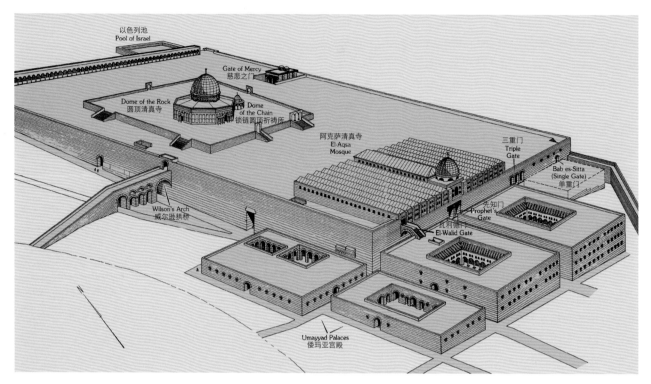

以色列池
Pool of Israel

Gate of Mercy
慈悲之门

Dome of the Rock
圆顶清真寺

Dome of the Chain
锁链圆顶祈祷所

阿克萨清真寺
El-Aqsa
Mosque

三重门
Triple
Gate

Bab es-Sitta
(Single Gate)
单重门

先知门
Prophet's
Gate

瓦利德门
El-Walid Gate

Wilson's Arch
威尔逊拱桥

Umayyad Palaces
倭玛亚宫殿

圣殿山及其南部的倭玛亚王朝建筑群复原图 26（西南视图）。

在圣殿山中央可以看到圆顶清真寺（Dome of the Rock），哈里发阿卜杜勒·马利克统治时建造，并于公元 691 年举行落成仪式。其东侧是这个时期建造的锁链圆顶祈祷所 27。两座清真寺都位于垫高的基座上，基座周边设有六处台阶可供进入。

圣殿山南部是哈里发瓦利德一世 28 统治时建造的阿克萨清真寺 29。现存建筑比复原图中所示的更窄、更长。圣殿山墙以南是一系列与阿克萨清真寺同一时期建造的壮观宫殿。瓦利德一世统治时期重新设计了整个地区，作为哈里发耶路撒冷寝宫的中央宫殿是其中最为壮观的。并不清楚其他宫殿的用途，或许一直被圣殿山清真寺职员和城中驻军占用。圣殿山南部发现了更早期的建筑遗迹，它们被泥土掩埋并成为建造上述宫殿所需的基座，也提供了普通僧侣的住宿之处。就像阿克萨清真寺一样，它们极易受到地震破坏，在公元 747 年地震前仅仅存在了很短的时间。上述宫殿在 1033 年地震中彻底毁坏。整个地区从此不再有人居住，成了取用建材和石料的地方。至 11 世纪末，这里再无之前的繁荣景象。

图中的宫殿和本章篇首地图有细节上的不同。篇首地图仅仅呈现了实际发现的遗迹，而复原图完整绘了所有建筑。

在圣殿山西侧能看到威尔逊拱桥（Wilson's Arch），它建于第二圣殿时期并在倭玛亚王朝时重修。它现在的样子是倭玛亚时期形成的，那时候城市里的主要街道也得到了修复。

年代更为久远的是那些开向圣殿山的城门。大量史料表明，圣殿山南部曾有四座城门：从中央宫殿屋顶到阿克萨清真寺的瓦利德门（Walid Gate），同为倭玛亚时期修复的先知门（Gate of the Prophet，即双重门，Double Gate），最初建于第二圣殿时期并于 1033 年地震后修复为三扇独立门的三重门（Triple Gate）以及单重门（Bab es-Sitta，即 Single Gate）。

殿 25 的升华。但当这座清真寺竣工之后，圣殿山被穆斯林圣化为祈祷圣地，只允许犹太人做一些看护工作，比如打扫、清理玻璃灯具并给它们加灯油。看管人可被免除人口税。犹太人视这项工作为一种巨大的荣耀，尽心尽职，直至他们再一次被禁止进入圣殿山区域。基督徒也把圆顶清真寺看作是圣殿的替代物；正因如此，十字军时期它被改建为教堂。在此之后，源于这一原形的宗教建筑在整个欧洲大陆广为建造，并像在耶路撒冷一样称其为"圣殿"。

在圆顶清真寺竣工后，哈里发瓦利德一世建造了阿克萨清真寺（Aqsa Mosque）。关于建造这座清真寺的仅

从西南方向看圆顶清真寺。

萨珊王朝[30]的王冠。圆顶清真寺建成的时候，穆斯林都知道它位于原来的犹太圣殿所在地。伟大的大卫王和所罗门王分别在这建造了一座祭坛和一座圣殿。为表达对往日圣地的敬意，建造圆

顶清真寺的工匠们负责装饰了王冠上的马赛克。图示的马赛克王冠图案位于圆顶下的两扇圆窗之间，以公元3—7世纪的萨珊王冠为原形，正如硬币中所描绘的样子（左）。

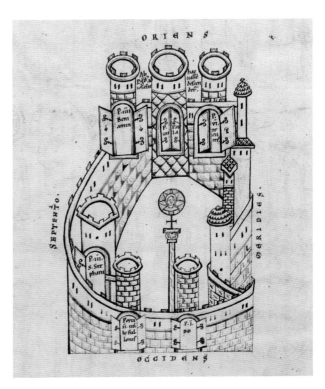

有信息都来自埃及阿佛勒狄式（Aphrodito）的纸莎草纸记录，说明其建造者和建造材料有可能来自这个国家。缺少有关记录的原因或许是这里之前就有木构建筑，新建筑物被看成是一种浪费，不值得多费笔墨。

　　一般认为，先知穆罕穆德是从耶路撒冷升宵的，圆顶清真寺和阿克萨清真寺的修建让该城在伊斯兰世界中进一步占据特殊地位。从那时起，大量祭品被送往耶路撒冷，极大地推动了它的经济状况。对于美丽的城市景观、舒适宜人的街道、组织良好的排水系统和多样的生活方式，前往耶路撒冷的朝圣者和旅行家留下了许多令人难忘的记述，其中的一些记述显然因朝圣者的情感而有所夸大。

　　一旦耶路撒冷成为伊斯兰教的焦点，穆斯林的内部派系争斗开始变得激烈，基督徒和犹太少数民族之间的关系也日益恶化。

　　对倭玛亚王朝的统治者而言，耶路撒冷尽管具有宗教上的重要性，但从未考虑把它作为首都。公元716年，拉姆拉（Ramla）成为巴勒斯坦地区的首都，而耶路撒冷仍继续作为精神中心，基本不具有政治上的重要性。

　　公元746年是耶路撒冷衰退的起点。以色列土地上的穆斯林居民反抗哈里发马尔万二世[34]时，因其对伊斯兰政权的重要性，耶路撒冷遭受了比其他城市更大的损害。倭玛亚王朝的统治最终在公元750年走到尽头，阿拔斯[35]的上台掀开了耶路撒冷编年史上的新篇章。

阿克罗夫（Arculf）是一名于公元670年前后旅居耶路撒冷的法兰克主教，他曾用蜡绘制当时的城市地图，并被阿德南[31]抄绘如本图。后者是苏格兰西部奥那修道院（Iona Monastery）住持，写过一本介绍圣地的书。这幅公元7世纪的地图从"受人尊敬的"比德[32]所著的《英国教会史》（Historia Eccelesiastica Gentis Anglorum）缩印版中复制过来，这部教会史中采用了圣阿德南书中的大量素材。

图中的耶路撒冷呈圆环状，周围是拉丁文书写的四个罗盘方位，

城墙上有许多城楼和城门：西边是大卫门（David's Gate）（图中i）和富勒门[33]（图中ii），北部是圣斯蒂芬门（St. Stephen's Gate）（图中iii），东部是狮门（Benjamin Gate）（图中iiii）和号手门（Trumpeter's Gate）（图中vi），之间是"窄门"（Small Gate），上面刻着："从这通往约沙法谷。（the Jehoshaphat Valley）"

圣墓教堂象征着十字架，其上是圆形的耶稣像。这幅地图绘制于穆斯林大规模建设之前，教堂是整幅图的焦点。

阿拔斯王朝 [36]

阿拔斯掌权后,于公元762年将帝国的首都从大马士革移至巴格达[37],权力中心就此远离耶路撒冷,耶路撒冷就此失去了之前的地位。新的哈里发很少前去访问耶路撒冷,它在这一时期或多或少地受到了忽视。圆顶清真寺内的黄金和白银被拿去铸造钱币,用于支付圣殿山建筑群的维护费用,圆顶清真寺也就被慢慢毁掉了。这一幕发生在哈里发曼苏尔[38]统治期间,即公元754—775年间。

阿拔斯王朝奠基之后不久,非穆斯林少数裔社区享有的宗教宽容显然也就不复存在了。犹太人和基督徒被征收高额的税赋,甚至经常无法承受。

这一期间,圣殿山对犹太人的禁令更加严格。公元

圆顶清真寺剖面图，来自耶路撒冷最有名的勘测者之一福格（Vicomte de Vogue）于1864年出版的图书。

这幅剖面图展现了其建造细节：双穹顶内部顶棚有装饰性木浮雕。支撑穹顶的是一个鼓座（圆形部分），装饰以拜占庭风格的马赛克拼贴画，但已明显受到当时伊斯兰艺术的影响而改变。建筑的下半部分呈圆筒状，由双列柱和六边形门环绕。"磐石"（Foundation Stone）位于图片中央，内部有两条围绕"磐石"的圆形走廊。在石头上人工开凿了一个孔洞，孔洞和石面之间有小孔。据最新理论，孔洞是一座公元前2300—前2200年青铜时代中期的贵族墓穴，这也许是其神圣性的来源。"磐石"之上设有布棚，许多于19世纪进入该建筑的西方旅行者都对此有所描述。"磐石"周边原有十字军时期的铁网，但后来在约旦人统治时被拆除，部分铁网现在移至圣殿山上的伊斯兰博物馆。

一幅公元785年阿拔斯时期的耶路撒冷马赛克地板画，于1986年由方济各会的修道士在外约旦南部乌姆·赖萨斯遗址（Umm Rasas）的圣斯蒂芬教堂（St. Stephen's Church）发现。该地位于米底巴东南19英里（合30公里）亚嫩河谷[41]的斜坡上，据信这里就是《圣经》中流便[42]的城市米法押（Mephaath）（《历代志上》6:79和《约书亚记》13:18）所在地，也是拥有大量教堂的拜占庭城市。阿拔斯时期很少在外约旦地区的基督教堂中发现马赛克地图，也许是因为该地较为偏远和靠近穆斯林朝圣之路的缘故。教堂内的柱廊里有描绘以色列地区和外约旦城市的镶板画，出现在马赛克拼贴画中的城市有耶路撒冷、示剑（Shechem）、撒马利亚[43]、凯撒利亚（Caesarea）、吕大[44]、古弗林、亚实基伦（Ashkelon）和加沙（Gaza）。

这幅画描绘了耶路撒冷城中的重要建筑。大马士革门出现在下部的双塔之间，门后是由三根柱子支撑的圆形建筑，它表示圣墓教堂的圆形大厅[45]。圣墓教堂两侧是两座教堂，一个可能是圣墓大殿（Basilica of the Holy Sepulcher），另一个显然是圣锡安教堂大殿（Basilica of Holy Zion）、圣母新堂（已不复存在）或者其他什么重要的教堂。在上述建筑物背后，可以看到高耸于其他塔楼之上的大卫塔[46]，最上面是希腊文"圣城"。除了1897年发现的米底巴地图，这幅马赛克拼贴画也很好地展示了穆斯林早期的耶路撒冷形象。

10世纪的一份史料中提到了在圣殿山门外祈祷的犹太人；11世纪的史料则表明，橄榄山才是犹太人朝圣之行的主要祷告地点。

穆斯林统治者的压迫变得难以忍受。公元797年，耶路撒冷的基督徒派出了一个代表团去请求查理曼大帝[39]介入。国王要求哈里发拉希德[40]改善基督徒在耶路撒冷的境况。作为感谢，基督徒在一个仪式上呈送给国王通往圣墓教堂的钥匙，此外国王还受到了罗马教皇的资助。耶路撒冷基督徒和国王的关系、哈里发和国王查理曼大帝之间关系均由此得到改善，帮助了基督教社区的发展。在国王的推动下，耶路撒冷建造了大量供来访的欧洲人居住的建筑。公元870年日耳曼旅行家伯纳德（Friar Bernard）的作品对此有所描述，这些建筑物由查理曼大帝建于现在的穆里斯坦（Muristan），其中包括一座修道院、一座修女院、一个市场以及一处祈祷者收容所。国王还收购了汲沦谷的庄园，其农产品收益为这些建筑提供了资金；他所建造的市场中出售的产品是另一项重要的经费来源。查理曼大帝还资助修建了欣嫩子谷（Valley of Hinnom）的血田修道院（Haceldama Monastery）。公元808年曾为查理曼大帝准备了一份《教堂和修道院备忘录》（A Memorandum on the Houses of God and the Monasteries）文件，其中罗列了当时城内的基督教建筑物。由于十字军时期在穆里斯坦地区进行了大规模重建，使查理曼大帝时期的建筑变得难以识别，这份文件对当时耶路撒冷的描述变得更具价值。

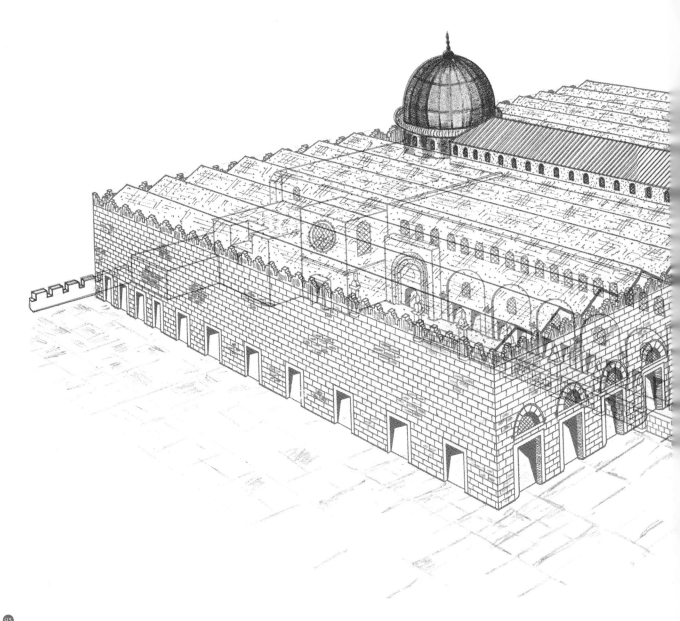

95

　　现在推测，这些建筑物应该位于穆里斯坦市场西边，靠近圣玛丽拉丁教堂（Church of St. Mary la Latine），后者是一组宗教建筑群中的主教堂。显然，穆里斯坦西部的施洗者圣约翰教堂（Church of St. John the Baptist）也是建筑群的一部分，它建在十字军时期之前，拜占庭时期之后。虽然查理曼大帝时期的建筑被狂热的法蒂玛王朝[47]哈里发哈基姆[48]尽数摧毁，但是随后在11世纪，来自阿马尔菲[49]的意大利商人作为欧洲新移民开始在城中定居时，这些建筑又被重建起来。这些建筑物一直保存至1071—1073年，在塞尔柱帝国[50]入侵时被毁。

　　哈里发马蒙[51]统治时期对圆顶清真寺进行了大量维修，建筑物上的铭文也是那时伪造的——阿拔斯哈里发马蒙用自己的名字替换了原来的建造者倭玛亚哈里发阿

11世纪与公元8世纪马赫迪[52]时期的阿克萨清真寺叠加复原图（北视图）。除了参考其他史料，该图主要基于穆卡达西（el-Muqaddasi）公元985年的记述，它是1033年大地震之前关于耶路撒冷的重要信息来源。

阿克萨清真寺是伊斯兰教在耶路撒冷的神圣中心，早在公元7世纪此地就有大型木构建筑的记录。基督徒阿克罗夫称这座清真寺沿着圣殿山的南墙展开，可以容纳3000名信徒，东西方向上比现有建筑更长。倭玛亚哈里发瓦利德一世拆掉了原有的木构建筑，新建了一座气势恢弘、尺度惊人的大清真寺。本图所示瓦利德一世之后的清真寺有15条祷告廊道，中央的一条廊道略有抬升。原有

装饰的唯一遗存是麦加朝拜圣龛旁的一块彩色马赛克，它也属于瓦利德一世之后的时期。

阿克萨清真寺建于圣殿山上希律王用土石垫高的区域，地基没有自然岩石坚固，这也是它在屡次地震中受损严重的原因。第一次损坏发生在公元747年，之后由阿拔斯王朝哈里发曼苏尔（Caliph el-Mansur）于公元771年重建；第二次发生在774年，再由另一位阿拔斯王朝哈里发马赫迪（el-Mahdi）重建；随后在1033年第三次被毁。不断重修的建筑物变得窄而长，逐步向北延伸。现有建筑大多是重建，但保留了11世纪的原有设计和12世纪由十字军引入并于随后不断完善的装饰。

卜杜勒·马利克的名字，但疏于更改时间。[53]

查理曼大帝统治末期，耶路撒冷的情况进一步恶化。一场蝗灾袭击了这块土地并导致了饥荒，大量穆斯林离开了耶路撒冷。基督徒在很短时间内成为主要的城市人口，并利用这一情形获得了修复圣墓教堂的许可；然而这一情形并未持续太久。基督教领袖因为这次修复运动于公元 861 年被判处死刑。

公元 841 年，耶路撒冷周边村庄的居民奋起反抗当局的勒索并占领了城市，大量建筑物被抢掠、毁坏。在平息这场叛乱的一年半时间里，城市遭受巨大损失并因此走向衰败。由于巴勒斯坦与位于首都巴格达的中央政府相距甚远，削弱了阿拔斯的控制，由阿拔斯任命的埃及统治者因此拥有一定的自主权，甚至将巴勒斯坦及其周边地区吞并至他们的王国。第一个这样做的是公元 868 年开始统治埃及的艾哈迈德·伊本·图伦[54]，他于公元 878 年将巴勒斯坦并入埃及，他的后代统治这一地区直至公元 915 年。

从图伦王朝[55]进入伊赫希德 (Ikhshidids) 的统治时期，后者认为耶路撒冷是能容纳他们宗教理想的城市。他们还有着死后葬于耶路撒冷的风俗，由伊赫希德任命的巴勒斯坦第一位统治者努士利 (Isa Ibn el-Nushri) 公元 909 年死后葬于耶路撒冷，历朝历代中最负盛名的黑人宦官卡富尔[56]也于公元 968 年葬于此地。虽然这些统治者的墓地不为人知，但普遍认为是葬于圣殿山东部的墓地中。

公元 10 世纪中期时，位于巴格达的中央政府权力日渐衰微，穆斯林极端主义的风潮席卷了整个帝国，出现了对非穆斯林人及其圣地的袭击。其中之一便是圣墓教堂东翼于公元 935 年改为欧麦尔清真寺[57]，欧麦尔在进入耶路撒冷之前曾在此祷告。三年之后，这座教堂被烧毁。公元 966 年，耶路撒冷长老在对抗基督徒的叛乱中被杀。

公元 969 年，整个国家被伊斯玛仪派[58]哈里发穆伊兹[59]的军队侵占。穆伊兹号称自己是穆罕默德之女法蒂玛[60]的儿子，他在北非建立国家，攻占了埃及，然后侵占了巴勒斯坦及其周边地区，建立了统治长达一个世纪（至 1071 ~ 1073 年，最迟至 1098 ~ 1099 年）的法蒂玛王朝。

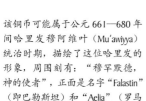

该铜币可能属于公元 661—680 年间哈里发穆阿维叶（Mu'awiyya）统治时期，描绘了这位哈里发的形象，周围刻有："穆罕默德，神的使者"，正面是名字"Falastin"（即巴勒斯坦）和"Aelia"（罗马时期耶路撒冷的名字，在一些地方直至十字军时期都这样称呼）。硬币背面是半月形图案，其下是字母"m"。和拜占庭时期相似，该字母可能是指硬币的面值。

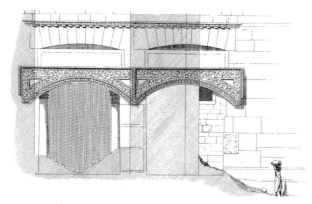

希律王时期的双重门（Double Gate）和先知穆罕默德拜访圣殿山的穆斯林传说有关：据说他将他的骏马布剌黑（el-Buraq）拴在城外，并由这座门进入圣殿区，这就是"先知之门"（Gate of the Prophet）的由来。公元8—9世纪期间这座门一直充当从圣殿山南部宫殿进入清真寺和圣殿的入口。由于它的重要性，这座门经过了一系列的修饰，最引人注目的就是留存至今的两块精美门楣，模仿了拜占庭风格，其纹饰和拜占庭时期的金门很相似。

这张门图由法国建筑师和考古学家福格（de Vogue）绘制，他在19世纪后期发表了大量以耶路撒冷为主题的插图。

这座门也备受犹太人的尊崇，称之为"户勒大城门"（Huldah Gate）或"大祭司之门"（Gate of the High Priest），门内装饰是希律王时期的重要遗迹。

这块碑刻于公元10世纪被镶嵌在圣墓教堂内。教堂原来由基督徒使用，后来成为清真寺的地方。据穆斯林传说，哈里发欧麦尔（Omar）公元638年占领耶路撒冷之后来到圣墓教堂，并在特定时间在教堂前的台阶上祈祷。这正是教堂被占用和基督徒被禁入的情节。

铭文被刻在从圣殿山墙上拆下来的希律琢石上："以仁慈的真主安拉之名，至臻无上的陛下颁布最高法令，必守卫这寺并保其纯洁。在他的保护之下，不洁人等不许入寺。各需留意，禁犯法止，谨遵主令。"

哈里发欧麦尔在此祈祷的传说在十字军时期逐渐被遗忘，圣墓教堂以南又建了另外一座欧麦尔清真寺（Mosque of Omar）。

最初看来，法蒂玛政权有望给长期政权动荡和压迫下饱受苦难的耶路撒冷带来一丝宽慰。比如，有两位犹太叛教者在管理层身居高位，其中雅各（Jacob son of Joseph，即卡尔之子）是王国主要的"维齐"[61]，而门那什（Menashe son of Abraham Ibn Alqazaz）是叙利亚税务官。那时候，加拉尔派[62]社区在巴勒斯坦，尤其是在耶路撒冷大量出现，他们的数量甚至和耶路撒冷犹太教士的数量相当。加拉尔派从公元9世纪开始由埃及向巴勒斯坦移民，他们的数量在法蒂玛时期迅速增长。得益于保存下来的两地通信，关于那时候加拉尔派社团的史料十分丰富。加拉尔派社团在耶路撒冷持续繁荣，直至被十字军摧毁，此后再未复兴过。

然而，由于贝都因人[63]的叛乱，这个地区很快就陷入了混乱，对居民、尤其是非穆斯林人造成了巨大伤害。对非穆斯林人的袭击在公元996—1021年间哈里发哈基姆（Caliph el-Hakimb'Amr Allah）统治时期达到高潮——他于1009年下令摧毁所有犹太人和基督徒的祈祷场所，其中也包括圣墓教堂。1020年，这位哈里发改变了他的心意并同意修复这些建筑物，但直到十年之后，从阿马尔菲（见前文）来的意大利商人才开始修复查理曼大帝所建的拉丁中心。圣墓教堂于1048年得到修复，由于基督教社团比较贫困，当时仅修复成一个非常简陋的建筑物，其在15年后才被十字军重建。

犹太人不可能重建他们被哈里发哈基姆摧毁的犹太教会堂。在这位哈里发的压迫下，犹太社区的数量在该世纪初期迅速减少；到世纪末，塞尔柱人又于1071年攻占了耶路撒冷并屠杀了大量犹太人。十字军的占领最终终结了耶路撒冷的犹太社区。

1033年的大地震将整个地区变得满目疮痍，耶路撒冷的防御体系被毁。随后的一年里，法蒂玛王朝哈里发阿里·查希尔[64]开始修复城墙。他拆掉了城墙废墟附近的教堂，用拆下来的石材修复城墙，位于城市南部、和现有城墙几乎一样的一段短墙应该就源于这一时期。早在1033年的大地震之前，由欧多西娅皇后修建的南墙环绕了锡安山和大卫城山。城墙内是重要的基督教建筑，例如西罗亚教堂（Siloam Church）、位于加利康都（Gallicantu）的圣彼得教堂（church of St. Peter）以及圣锡安教堂（Basilica of Holy Zion）。阿拉伯时期圣殿山南侧的犹太区本来也在城墙内，现在这段短墙把犹太区置于城市边界以外，犹太人被迫迁往东北部，也就是后来十字军所说的"犹太区"。

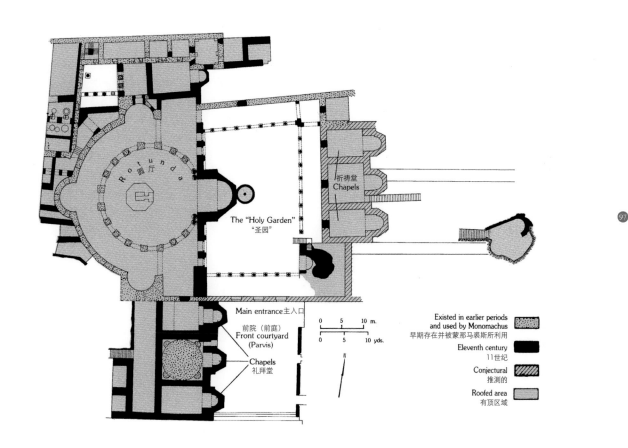

Rotunda 圆厅

祈祷堂 Chapels

The "Holy Garden" "圣园"

Main entrance 主入口

前院（前庭）
Front courtyard (Parvis)

Chapels
礼拜堂

0　5　10 m.
0　5　10 yds.

N

Existed in earlier periods and used by Monomachus
早期存在并被蒙那马裘斯所利用

Eleventh century
11世纪

Conjectural
推测的

Roofed area
有顶区域

97

圣墓教堂始建于约公元340年拜占庭君士坦丁大帝统治期间，历经耶路撒冷数百年的沧桑与磨难，幸存了几个世纪。尽管在穆斯林统治时期的境况非常困难，这里仍坚持举行宗教活动。1009年9月28日，在狂热的法蒂玛王朝哈里发哈基姆（Caliph el-Hakimb'Amr Allah）的命令下，圣墓教堂和城中的其他基督教建筑悉数被毁，唯一遗存是几英尺高的圆厅废墟。

自那以后，教堂再也没能恢复原先的壮观景象，基督徒重建教堂的尝试终未成功。然而，在拜占庭国王君士坦丁九世蒙那马裘斯[65]的介入下，通过他与法蒂玛王朝哈里发达成的协议，该教堂于1048年得以重建。蒙那马裘斯对原有结构做出重大改变，将主入口放在南侧（原来的建筑入口位于东侧，毗邻南北大道）。主入口旁是一个前院，它也是现在进出教堂的

前庭。教堂旁边有三个礼拜堂，中间那个在君士坦丁大帝（Emperor Constantine the Great）时期充当洗礼堂。有人认为入口柱廊建造于教堂的同一时期，只有其中一根柱头留存下来，后于十字军时期被修复。

圣园（Holy Garden）东侧建造了一间大型祈祷堂，有三个龛室，主要服务于教堂内的祷告者。虽然

史料中有所记载，但该祈祷堂并未留下任何遗存。

君士坦丁九世蒙那马裘斯所建造的圣墓教堂一直保持着原有形式，直至被十字军重建；然而，其重要性超越了这个短暂的时期，后世的教堂建造都遵循着它的形式和风范。

在开罗（Cairo）的本·以斯拉犹太会堂[66]的《开罗基尼扎》中发现了《耶路撒冷指南》（Guide to Jerusalem）的一页。从公元9世纪起，大量关于开罗犹太社区和犹太事件的信件、书籍和文件就储存在这座教堂里，对此的研究已获得穆斯林早期耶路撒冷犹太社区的大量信息。

《耶路撒冷指南》写于公元10世纪，采用希伯来形式的阿拉伯文字，是专门为前往耶路撒冷圣地的朝圣者设计的，有大量建筑和地理信息，因此成为了解这一时期耶路撒冷的重要史料。无法得知这一指南覆盖巴勒斯坦的多大范围，只能从仅存的两页版面中得到关于圣殿山南墙、汲沦谷、橄榄山的描述。

"圣殿山耶路撒冷城门祷告者名单"（the "Text of the Prayers of the Gates of Jerusalem on the Temple Mount"）出现在一个世纪之后，也是在开罗的教堂里发现的，记录了在城门和圣殿山外的祷告者，共20人。

98

两名犹太人在沃伦门[67]入口处祷告。这座城门在第二神殿时期就可通往圣殿山，并于公元7—11世纪的穆斯林早期被用作教堂。

122

SUQ AL-MA'RIFA
שוק היידע
市场

SOLOMON'S STABLES
אורוות שלמה
所罗门马厩

CRUSADER BUILDING (?)
בנין צלבני (?)
十字军建筑

THE TRIPLE GATE
השער המשולש
三重门

⑨⑨

所罗门马厩（Solomon's Stables）位于圣殿山东南角，1033年大地震之后修建。13世纪前在它上面建造了一座宗教学校，曾为了抬高地坪而在此大量填土。21世纪初，按照穆斯林瓦克夫[70]的法令，这些土石被再次移除。

基督徒被指派去修建西北段的城墙。由于无力承担这一任务，他们向拜占庭国王君士坦丁九世蒙那马裘斯（Constantine Monomachus）发出了请求。国王将他的所有财产都从塞浦路斯[68]转移过来，城墙最终得以于1063年完工。这一时期耶路撒冷防御工事的详细数据都被记录在1099年十字军围攻城市的记述中。

城墙完成后，基督徒被指定居住在城市东北部，那时建造的基督教社区一直保存至今。一份十字军史料表明，大部分穆斯林居民都从基督区迁往其他城区。这一进程对基督徒是有利的，从此他们就可以住在圣墓教堂附近。拜占庭时期圣墓教堂附近修建了许多修道院，许多史料，尤其是希腊语史料都提及它们的存在，其中一些修道院留存至今，有些修道院也在基督社区之间相互过让所有权。

这一时期保留下来的大量史料证实，耶路撒冷一直存有许多教堂和其他宗教机构。尽管从阿拔斯王朝起基督教徒就饱受压迫，他们仍成功保存了大量建筑，还设法增建了新教堂。僧侣们继续在耶路撒冷周围的山谷过着平静的集体生活，直到塞尔柱人攻占耶路撒冷，才被赶出汲沦谷和欣嫩子谷。

正如史料所载，1071年塞尔柱王朝的入侵带来了大规模破坏："他们烧毁了一切，驱逐所有……"占领之后，作为逊尼派[69]穆斯林的塞尔柱人下达禁令，祷告者不得背诵向什叶派法蒂玛王朝哈里发（Shi'ite Fatimid caliphs）致敬的祷告词，并重新引入阿拔斯王朝哈里发的祷告词，后者被塞尔柱人认为是真正的哈里发和逊尼派穆斯林。

1076年反抗塞尔柱人的叛乱失败了，反叛者被杀害。法蒂玛后裔于1098年重新占领了耶路撒冷，但他们的统治只持续了一小段时间。1099年，十字军占领耶路撒冷。

译者注

1. Omar Ibn el-Khattab，或 Umar ibn al-Khattab，即欧麦尔一世，公元 634—644 年在位。

2. Shams ed-Din Ibn Abdallah，即 el-Muqaddasi，公元 945/946—991 年，中世纪地理学家。

3. Nasir-iKhusraw，或 Naser Khosrow，1004—1088 年，波斯著名诗人、哲学家、马仪勒派学者、旅行家和作家。

4. Mecca，现沙特阿拉伯城市，伊斯兰教圣地，先知穆罕默德出生地。

5. Gabriel，也称"加百列"，在伊斯兰教中称为"吉布列"，替上帝或真主向世人通报信息的天使。

6. *Koran*，也作《可兰经》，伊斯兰教经典，穆斯林认为这是真主对先知穆罕默德在 23 年间陆续启示的真实语言。

7. el-Buraq，传说中从天上运送先知的坐骑。

8. aqsa，阿拉伯语，即尽端、最远处，本书中主要指耶路撒冷城。

9. Ijnadayn and Beit Guvrin，根据阿拉伯史料，前者位于特拉维夫 - 雅法城镇群东南沙漠中的古老城市拉姆拉（Ramla）附近，始建于公元前 8 世纪的倭玛亚时期。因地处大马士革与开罗之间，盘踞雅法和耶路撒冷的要道，一直是各方争夺的战略要地，此处疑为 Ajnadayn。后者是位于老城以西的基布兹。

10. Ashkelon，也称"阿什凯隆"或"阿什克隆"，以色列南部区内盖夫西部的一座城市。

11. Yarmuk River，也称"亚尔木克河"，西亚约旦河的最大支流，发源于叙利亚西南部的豪兰。

12. Sophronius，公元 560—638 年，公元 634 年起担任耶路撒冷主教。

13. Ka'b el-Akhbar，即 Ka'ab al-Ahbar，一名来自也门的重要教士，也是最早转向伊斯兰教的犹太人之一。

14. Arculf，一名法兰克主教，曾前往耶路撒冷朝圣。

15. Hegira，意为"迁徙"，指公元 622 年穆罕默德从麦加前往麦地那。

16. Solomon's Sanctuary，通常指第一圣殿。

17. Tiberias，位于加利利海西岸。

18. Aelia，公元 131—312 年间耶路撒冷被重建，曾改名为"埃利亚·卡毗托利纳"。

19. el-Quds，意即"圣城"。

20. Umayyad，也称"伍麦叶王朝"或"奥美亚王朝"，公元 661—750 年，前叙利亚总督穆阿维叶创建、阿拉伯伊斯兰帝国的第一个世袭制王朝，也是穆斯林历史上最强盛的王朝之一。

21. Ali，全名为"阿里·本·阿比·塔利卜"，穆罕默德的女婿，四大哈里发时期的最后一任。

22. Mu'awiyya，阿拉伯帝国的早期奠基人之一、倭玛亚王朝的创立者。

23. Damascus，伊斯兰历史上的第四圣城，阿拉伯帝国倭玛亚王朝的首都，今天为叙利亚共和国最大城市和首都。

24. Abd el-Malik，公元 685—705 年，全名"阿卜杜勒 - 马利克·本·马尔万"，阿拉伯帝国倭玛亚王朝的第五代哈里发。

25. Holy Temple，由大卫王之子所罗门王兴建，其后它成为希伯来人的祭祀中心。

26. 本书内容历经多次补充与修订。所附图形资料多为 1990 年英文版之后依据现有考古发现所绘制的想象复原图。

27. Dome of the Chain，位于圆顶清真寺东侧的圆顶建筑，始建于倭玛亚王朝，并非真正的清真寺，只是一处独立的祈祷场所，十字军时期改为基督教礼拜堂，之后又不断被各个朝代改建。

28. el-Walid，公元 705—715 年，阿拉伯帝国倭玛亚王朝第六代哈里发，在位期间见证了阿拉伯帝国的巨大扩张。

29. Aqsa Mosque，也称"阿克巴清真寺""远寺"，位于耶路撒冷老城东部，是仅次于麦加圣寺和麦地那先知寺的第三圣寺。"阿克萨"阿拉伯文意为"尽端""最远处"，指伊斯兰教创始人穆罕默德神奇的登霄夜游七重天的地方。

30. Sassanian，最后一个前伊斯兰时期的波斯帝国，公元 224—651 年。

31. Adamnan，也称"圣阿德南"，公元 624—704 年，圣徒传记作者、政治家、教规学家和圣徒。

32. Bede the Venerable's，公元 672—735 年，被誉为"英国历史之父"，著名学者、历史学家。

33. Fuller's Gate，耶路撒冷西侧城墙上的一座中世纪城门，通往基遍。

34. Caliph Marwan II，公元 744—750 在位，公元 750 年被杀。

35. Abbasids，也称"阿巴斯"，伊斯兰教先知穆罕默德叔父的后裔。

36. Abbasid Dynasty，公元 750—1258 年，阿拉伯帝国的

124

第二个世袭王朝，取代倭玛亚王朝，定都巴格达。该王朝统治时期，是中世纪伊斯兰教世界的鼎盛期。

37. Baghdad，现为伊拉克首都，伊斯兰历史名城。

38. Caliph el-Mansur，阿拉伯帝国阿拔斯王朝的实际奠基人，因为营建了巴格达这座"神赐的城市"而名垂千古。

39. Charlemagne，也称"查里曼（查里）大帝"或"卡尔大帝"，法兰克王国加洛林王朝的国王。

40. Caliph Harun el-Rashid，阿拔斯王朝第五位哈里发，公元786—809年在位。

41. Arnon Valley，亚嫩河为外约旦地区汇入死海的河流。

42. Reuben，据《创世记》，他是雅各的大儿子。

43. Samaria，以色列北部古城，位于耶路撒冷以北67公里处。

44. Lydda，以色列中部的一座小城市，又名"卢德"（Lod）。

45. 圣墓教堂的主体空间，其上部是混合了基督教装饰图案和伊斯兰风格拱券的穹顶，下面是传说中的圣墓，是基督教徒朝圣的圣地之一。

46. Tower of David，或Jerusalem Citadel，一座靠近雅法门的古老城堡。

47. Fatimid，公元909—1171年，中世纪伊斯兰教什叶派在北非及中东建立的世袭封建王朝。

48. Caliph el-Hakim，法蒂玛王朝第六位哈里发，公元996—1021在位。

49. Amalfi，意大利坎帕尼亚大区的一个市镇及坎帕尼亚大主教教区所在地，位于萨莱诺湾湾畔、那不勒斯以南。历史上阿马尔菲城是主教教廷，后来成为重要的商业中心。

50. Seljuk，1037—1194年塞尔柱突厥人在中亚、西亚建立的伊斯兰帝国。

51. Caliph el-Ma'mun，阿拔斯哈里发，公元813—833年在位。

52. el-Mahdi，公元775—785年，阿拔斯王朝的哈里发。

53. 据信，马蒙还窃取了圆顶清真寺穹顶上的黄金，直到20世纪60年代才再次恢复其金色外观。

54. Ahmad Ibn Tulun，中亚拔汗那突厥人，埃及图伦王朝的创建者。

55. Tulunid，也称"伊本·突伦王朝"，阿拔斯王朝时突厥人在埃及建立的地方割据王朝，公元868—905年。

56. Kafur, Abu al-Misk Kafur，公元905—968年，伊克士第兹王朝时埃及和叙利亚地区的名人，原为来自埃塞俄比亚的黑人奴隶，被任命为埃及地区的实际管理者。

57. Mosque of Omar，位于圣墓教堂南院对面。

58. Ismaili，七伊玛目派，伊斯兰教什叶派的第二大派别。

59. Caliph el-Mu'izz，法蒂玛王朝第四位哈里发，公元952—975年在位。

60. Fatima，伊斯兰教先知穆罕默德之女，因系圣裔，被尊称为"圣女"及"法蒂玛·宰赫拉"。

61. vizier，旧时某些穆斯林国家的高官。

62. Karaite，也称"《圣经》派信徒"。

63. Bedouin，以氏族部落形式在沙漠旷野过游牧生活的阿拉伯人，主要分布在西亚和北非广阔的沙漠和荒原地带。

64. al-Taher，即Ali az-Zahir，法蒂玛王朝第七位哈里发，1021—1035年在位。

65. Constantine Monomachus，东罗马帝国皇帝，1042—1055年在位。

66. Ben Ezra Synagogue，位于老开罗城，据说是发现婴儿摩西的地方。

67. Warren's Gate，第二圣殿时期进入圣殿山台地的一个古老入口，通向圣殿山的一条隧道和阶梯，由19世纪最早考古勘测圣地的欧洲考古学家、英国将军查尔斯·沃伦爵士最先记载。

68. Cyprus，现为欧洲与亚洲交界处、地中海东部的一个岛国。

69. Sunnite，伊斯兰教主要教派之一，与什叶派最早在穆罕默德的继任者问题上产生分歧，并逐步扩大到政治、神学和律法上的分歧。全称"逊奈与大众派"。

70. Muslim Waqf，意为"保留""属于真主"，特指保留安拉对人世间一切财富的所有权，用于符合伊斯兰教规的宗教与慈善事业。

十字军时期[1]:1099—1187 年

升天圆顶[6]位于圣殿山平台上，在圆顶清真寺（Dome of the Rock）西北侧。十字军时期圆顶清真寺显然已改为一座洗礼堂，作为教堂使用，到处都是大理石饰面，四面开敞，直到阿尤布时期外立面才被封闭起来。

在穆斯林传说中，这里是穆罕穆德升天前祈祷的地方，因此得名。为了纪念这一事件，早期穆斯林曾在这里修建了一栋建筑，后来被毁，现在的穹顶是阿尤布时期才建起来的。

建筑里面有一篇 1200—1201 年间的铭文，上面写着："这是历史学家文献中所描述的先知穹顶……"铭文的目的是为后人记录这一穹顶建筑。它是为纪念先知和那些十字军东征时期死去的人们而建，其装饰和建筑风格都说明它建于十字军时期。

铭文还记录有：该建筑物于 1781 年被再次翻修。

在持续五周的围攻之后，十字军于 1099 年 7 月 15 日攻占了耶路撒冷。从此，耶路撒冷从一个边远省份变成了一个独立王国的首都，成为基督教世界的重要中心。尽管耶路撒冷缺乏战略优势，并且远离十字军王国主要的商业补给线，远离大海，但由于它处在十字军和基督教世界的宗教情感中心，因而被赋予了特殊的地位。这座圣城吸引了众多携带大量金钱的朝圣者，他们中的一些人甚至就永久住了下来。从密集的建设和由此带来的城市变化可以看出，耶路撒冷曾经有过一段时期的繁荣。许多十字军时期的建筑一直保存到今天，有些甚至保留了当初建造时的功能。耶路撒冷老城在许多方面保留了十字军时期的城市形象。

耶路撒冷成为十字军王国的首都后，同欧洲诸国建立了广泛的联系，并保存了大量珍贵的文档，包括参观过这座城市的大量朝圣者的记述，如圣墓教堂、约沙法谷的圣玛丽教堂（Church of St. Mary）等主要教堂档案汇编、医院骑士团[2]文件和条顿骑士团[3]章程等，此外还有当时参观这座城市的一些犹太游客的手记，其中最出名的是 1167 年图德拉的本雅明[4]和 1180 年雷根博格的帕萨西亚[5]。由于有丰富的地图和书面资料，而且现存有大量十字军时期的建筑，十字军时期成为整个耶路撒冷历史上最为人熟知的阶段。

一旦十字军成功占领了城市，他们就屠杀大量非基督徒居民，并把剩下的人驱逐出去。由于大多数士兵此后回了欧洲，耶路撒冷遂变为一座空城。为解决这一问题，征服者想方设法吸引基督徒到耶路撒冷来，他们放弃对进城货物征税，对商业贸易也做出了让步，特别是对意大利人，目的是鼓励他们扩大在耶路撒冷的企业和贸易。他们颁布了新法律，阐述了十字军征服城市期间没收及废置财产的所有权问题；规定如果人们持有某项

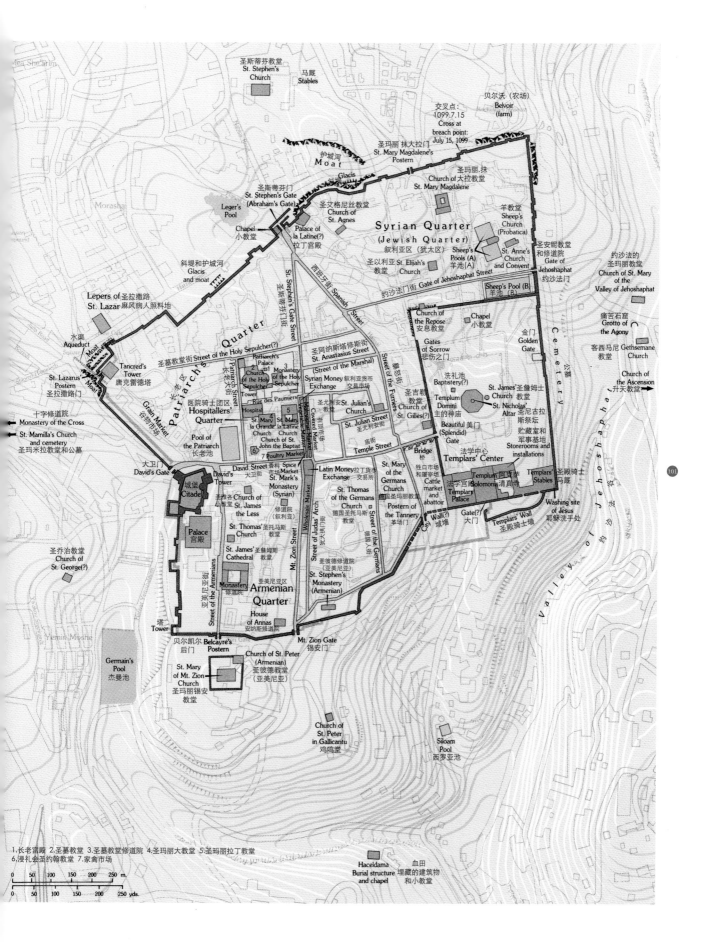

圣斯蒂芬教堂
St. Stephen's
Church

马厩
Stables

护城河
Moat

圣玛丽 抹大拉门
St. Mary Magdalene's
Postern

交叉点:
1099.7.15
Cross at
breach point:
July 15, 1099

贝尔沃 (农场)
Belvoir
(farm)

Glacis

圣玛丽,抹
Church of 大拉教堂
St. Mary Magdalene

Leger's
Pool

Morasha

圣斯蒂芬门
St. Stephen's Gate
(Abraham's Gate)

Chapel
小教堂

Palace
of la Latine(?)
拉丁宫殿

圣艾格尼丝教堂
Church of
St. Agnes

Syrian Quarter
(Jewish Quarter)
叙利亚区 (犹太区)

羊教堂
Sheep's
Church
(Probatica)

圣安妮教堂
和修道院
St. Anne's
Church
and Convent

圣安妮教堂
和修道院
Gate of
Jehoshaphat
约沙法门

约沙法的
圣玛丽教堂
Church of St. Mary
of the
Valley of Jehoshaphat

斜堤和护城河
Glacis
and moat

圣以利亚教堂
St. Elijah's
Church

Sheep's
Pools (A)
羊池(A)

约沙法门街 Gate of Jehoshaphat Street

Sheep's Pool (B)
羊池(B)

Lepers of 圣拉撒路
St. Lazar 麻风病人照料地

水渠
Aqueduct

Moat
护城河

圣拉撒路门
St. Lazarus'
Postern
圣拉撒路门

Tancred's
Tower
唐克雷德塔

Patriarch's Quarter

圣墓教堂街 Street of the Holy Sepulcher(?)

Patriarch's
Palace
牧首宫殿

圣阿纳斯塔斯街
St. Anastasius Street

Church of
the Repose
安息教堂

Chapel
小教堂

Gates
of Sorrow
悲伤之门

金门
Golden
Gate

痛苦石窟
Grotto
of the Agony

客西马尼
教堂 Gethsemane
Church

升天教堂
Church of
the Ascension

Cemetery 公墓

十字修道院
Monastery of the Cross

圣米拉教堂和公墓
St. Mamilla's Church
and cemetery
圣玛丽米拉教堂和公墓

Grain Market
谷物市场

Tower
塔

医院骑士团区
Hospitallers'
Quarter

Hospital
Rue des Paumiers

Church
of the Holy
Sepulcher
圣墓教堂

Syrian Money
Exchange
叙利亚货币
交易所

圣尤利安
教堂 Church
of St.
Gilles(?)

圣吉勒
教堂

St. Julian's
Church

洗礼池
Baptistery

Templum
Domini
主的神庙

St. James'圣詹姆士
Church 教堂

St. Nicholas'
Altar
圣尼古拉
斯祭坛

贮藏室和
军事基地
Storerooms and
installations

Pool
of the
Patriarch
长老池

St. Mary
la Grande
Church

St. Mary
la Latine
Church

Church of St.
John the Baptist

Poultry Market

St. Julian Street
圣尤利安街

Temple Street
庙街

Beautiful 美门
(Splendid)
Gate

圣詹姆士
Templars' Center
法学中心

David's
Tower
大卫塔

David Street
大卫街

Spice
Market
香料
市场

St. Mark's
Monastery
(Syrian)
修道院
(叙利亚)

Latin Money
Exchange 拉丁货币
交易所

Bridge
桥

牲口市场
和屠宰场
Cattle
market
and
abattoir

法学宫殿
Templum
Solomonis 所罗门清真寺
阿克萨

Templars'
Palace

圣殿骑士马厩
Templars'
Stables

Washing site
of Jesus
耶稣洗手处

城堡
Citadel

大卫门
David's Gate

Palace
宫殿

圣乔治教堂
Church of
St. George(?)

圣詹姆士 Church of
St. James
the Less

Mt. Zion Street

St. Thomas'
Church
圣托马斯教堂
(叙利亚)

Street of Judas' Arch
犹大拱门街

Wholesale Market

St. Thomas
of the Germans
Church
德国圣托马斯
教堂

St. Mary
of the
Germans
Church
圣玛丽教堂

Street of the Germans

Postern
of the Tannery
革场门

City Wall(?)
城墙

Gate(?)
大门

Templars' Wall
圣殿骑士墙

Valley of Jehoshaphat 约沙法谷

Yemin Moshe

Tower
塔

Armenian
Quarter
亚美尼亚区

Street of the Armenians
亚美尼亚街

Monastery
修道院

St. James'
Cathedral
圣詹姆斯
教堂

St. Stephen's
Monastery
(Armenian)
圣斯蒂芬修道院
(亚美尼亚)

圣彼德修道院
(亚美尼亚)

House of
Annas
安纳斯修道院

Belcayre's
Postern
贝尔凯尔
后门

Mt. Zion Gate
锡安门

Church of St. Peter
(Armenian)
圣彼德教堂
(亚美尼亚)

Germain's
Pool
杰曼池

St. Mary
of Mt. Zion
Church
圣玛丽锡安
教堂

Church of
St. Peter
in Gallicantu
鸡鸣堂

Siloam
Pool
西罗亚池

Haceldama
Burial structure
and chapel
埋藏的建筑物
和小教堂
血田

1.长老宫殿 2.圣墓教堂 3.圣墓教堂修道院 4.圣玛丽大教堂 5.圣玛丽拉丁教堂
6.浸礼会圣约翰教堂 7.家禽市场

0   50   100   150   200   250 m.

0   50   100   150   200   250 yds.

101

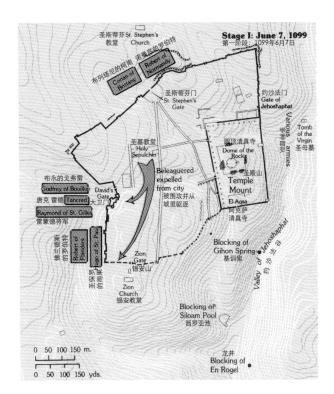

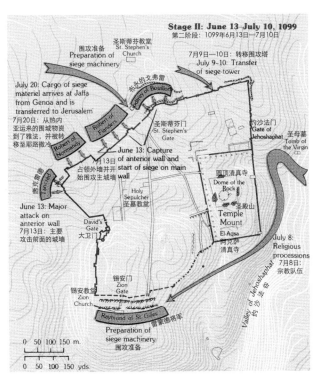

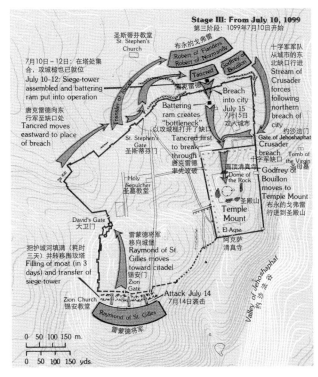

十字军对耶路撒冷的围攻从 1099 年 6 月 7 日持续到 7 月 15 日，在守军向圣吉勒的雷蒙德将军[7]投降后宣告结束。十字军必须攻破法蒂玛王朝（Fatimids）的防御工事，这一防御体系也可能是由塞尔柱王朝在 11 世纪建立的，整个防线包括主墙、突出部和最前面的护城河。尽管缺少对这一时期的考古发现，很难弄清楚这些防御工事的细节，但十字军指挥官随员的少量笔记可供参考。

尽管十字军的围攻不超过 5 周，但对当时和后代社会都产生了重大影响。此后的几个世纪里，欧洲人一直竭力组建更多的十字军队伍，以图再一次征服耶路撒冷。

第一次十字军东征的领袖鲍德温一世[8]的皇家印章。在印章的背面，大卫塔左边描绘的是圣墓教堂的穹顶，右边是圆顶清真寺。耶路撒冷的这一形象出现在十字军时期的大部分皇家印章上面，印章周边写着"Civitas Regis Regum Omnium"（国王中的国王之城），强调了耶路撒冷对十字军东部领地所有其他城市的霸权。在印章的正面，鲍德温一世端坐在宝座上。

资产超过一年，或虽留下资产离开但在一年内返回的，就能得到这些资产的所有权；此外，还在城市的废弃地区安置了来自外约旦（Transjordan）和巴勒斯坦边境地区的基督教阿拉伯人。正是因为大屠杀和十字军政府的居住政策，彻底改变了市民的民族构成，使耶路撒冷成为

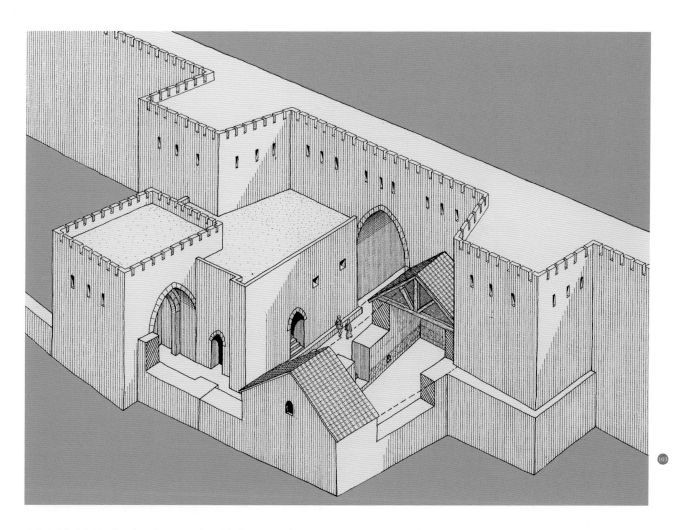

十字军时期的大马士革门复原图，有两座塔楼的罗马大门和一段城墙一直保存到奥斯曼时期。十字军时期被称为"圣斯蒂芬门"（St. Stephen's Gate）的大马士革门，矗立在当年奥斯曼门的位置，但是高度不及后者。十字军时期毗邻西塔新建了一道城墙，对西塔起到了加固作用；另外还在围墙内新建了许多建筑物。在东塔附近建了一座主门塔楼，塔旁立有高大建筑，由上图所绘楼梯进入，应该是一处管理用房。这栋建筑另有一个朝东的出口，像是通向倭玛亚王朝时期的蓄水池，该池在十字军时期仍在向居民供水。这个水池就像是管理用房的地下室，楼梯位于蓄水池拱顶上方。西塔旁边有一座从未见诸史料的礼拜堂，宽而短，以彩色石膏装饰为主，部分留存至今，用以纪念城门守护者圣玛丽（本图去掉了一部分教堂屋顶，也降低了一些墙的高度，以便展示内部结构）。

以基督教为主的城市。圆顶清真寺和阿克萨清真寺（el-Aqsa Mosque）等宗教机构被挪用并移交给罗马天主教廷。

布永的戈弗雷[9]是耶路撒冷王国（Kingdom of Jerusalem）的第一个统治者，被授予"圣墓守护者"（Protector of the Holy Sepulcher）头衔，随后他任命了一名耶路撒冷大长老。戈弗雷的任命意味着当局政府凌驾于耶路撒冷宗教领袖之上，这主要体现在城市司法权的划分上。大长老最初声称是教皇发起的十字军东征，要求对耶路撒冷整个城市拥有唯一的权威，所有被征服土地必须属于以他为代表的教廷；然而到最后，他同意只对耶路撒冷东北部（即长老区）拥有司法管辖权。这里主要是希腊化地区，划分之前就属于希腊教廷，现在十字军将其移交给了罗马天主教廷。

十字军占领耶路撒冷后不久，希腊大长老西蒙和希腊教皇便离开该城搬到了塞浦路斯。1099年，希腊长老宣告死亡，随后就任命了一名拉丁大主教，拉丁教皇取代了希腊教皇。希腊东正教[10]团体失去了十字军到来之前的地位，教会控制的财产也被拉丁教会接管。此外还颁布了一些基督教教规，允许人们使用圣墓教堂等处祈祷室中间的祭坛举行节庆仪式。然而，各基督教派之间的紧张关系仍在继续，在第一个十字军王国时期，人们一直都在试图缓解这一紧张局面。

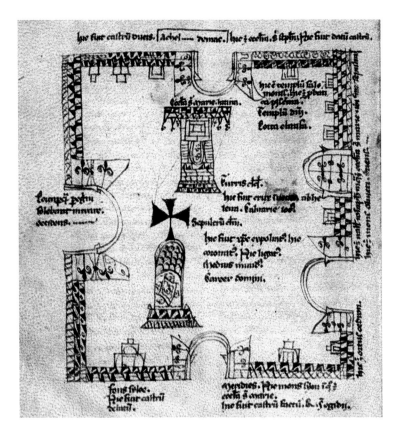

城市面貌

　　十字军时期，早先穆斯林修建的防御工事还在保卫着耶路撒冷。除了破坏以外，十字军并没有加强这座城市的防御工事，直到十字军王朝末期，城里的贵族为保自身安全而捐资时才加以修缮。在此期间，防御体系唯一的显著变化就是对城堡的加固和 12 世纪 60 年代城壕的挖掘。城堡山谷被纳入城壕体系之中，沿河修建了城墙，把城堡西北角与西北段城墙连接起来。大卫门（现今的雅法门）从原来的位置搬到了西侧，并作为新墙的一部分重建起来。大卫塔得到了加固，令人印象深刻并成为城市的标志之一，还出现在皇家印章上。

🔵103
🔵104
图中所绘的十字军围攻正是 1099 年这座城市的景象，该图现藏于法国蒙彼利埃医药学校（L'ecole de Medecine）图书馆。

图中显示了圣吉勒的雷蒙德或者布永的戈弗雷军队的位置。它并没有反映城内的所有细节，却描绘了当时在西方世界最著名的两栋建筑：圣墓教堂和圣玛丽拉丁教堂（Church of St. Mary la Latine）。该图的绘制者似乎对耶路撒冷内部并不太熟悉，也许他在这座城市投降之前便离开了。

圣墓教堂正立面及其入口都反映了这幢建筑不同历史阶段的面貌。

图中教堂正立面源自十字军时期，它把圣殿遗物（这里的两层檐口都是原来圣殿遗留下来的）和罗马皇帝哈德良修建的朱庇特（Jupiter）神殿风格结合在一起。君士坦丁大帝统治期间，通向洗礼堂的通道位于左侧入口处，11 世纪君士坦丁九世蒙那马裘斯[11] 把教堂正门改在了这个位置。十字军时期有两个宽大的正门，左侧一个至今还在使用，右侧一个则在阿尤布时期被关闭了。右侧楼梯尽头还有一个通向圣方济各会教堂（Franciscan chapel）的入口，该教堂是通向受难山教堂（Chapel of the Hill of Golgotha）的起点。这个入口在 16 世纪时仍在使用，不知何时关闭的。

教堂前院用作入口庭院，于 11—12 世纪重新铺装过。庭院周边由一列拜占庭柱头的圆柱环绕，这些圆柱曾被十字军挪去造新建筑。

天井下面是蓄水池和墓穴遗址，有些可以追溯至第二圣殿时期（Second Temple period）。照片左侧可以看到由君士坦丁九世蒙那马裘斯在 11 世纪建造的三座附属教堂中的两座。毗邻教堂正面的礼拜堂后来成为十字军时期建造的钟楼的基础，左侧的礼拜堂是拜占庭时期洗礼堂的加建部分。

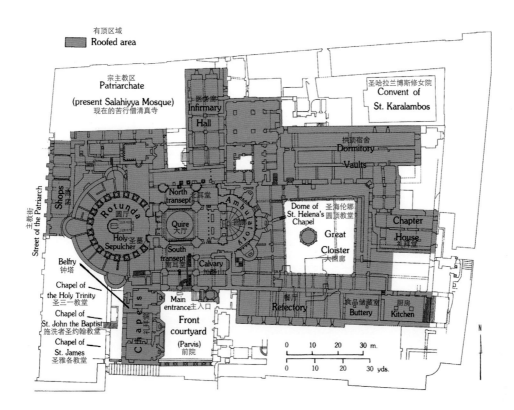

有顶区域
Roofed area

宗主教区
Patriarchate
(present Salahiyya Mosque)
现在的苦行僧清真寺

圣哈兰博斯修女院
Convent of
St. Karalambos

医务廊
Infirmary
Hall

拱顶宿舍
Dormitory

Vaults

Shops
商店

主教街 Street of the Patriarch

Rotunda
圆厅

North
transept
北翼堂

Quire
大厅

Ambulatory

Dome of
St. Helena's
Chapel

圣海伦娜
圆顶教堂

Great

Cloister

大回廊

Chapter

House
礼拜堂

Holy
Sepulcher
圣墓

Belfry
钟塔

South
transept
南翼堂

Calvary
加略堂

Chapel of
the Holy Trinity
圣三一教堂

Chapel of
St. John the Baptist
施洗者圣约翰教堂

Chapel of
St. James
圣雅各教堂

Chapels 礼拜堂

Main
entrance主入口

Front
courtyard

(Parvis)
前院

Refectory

餐厅

食品储藏室
Buttery

厨房
Kitchen

0 10 20 30 m.

0 10 20 30 yds.

N

圣墓教堂是耶路撒冷最重要的建筑，而十字军的主要目标[12]就是将其从异教徒的手中解放出来。十字军在耶路撒冷发现了这座大教堂，还附有许多礼拜堂和拜占庭皇帝蒙那马裘斯于1048年重建的圆顶大厅。为使建筑结构完整，人们将原有的建筑群都统一到宏大的屋顶下面，从而把所有耶稣受难和下葬的圣迹联系到一起。除了增建围绕圣墓教堂的侧廊，并点缀以马赛克装饰地板，君士坦丁九世蒙那马裘斯所建的圆厅也被完整地保存下来。

他们决定兴建一幢当时欧洲盛行的罗马风格建筑，十字军把精力主要集中在圆厅东侧的圣园上。他们在圣坛末端建造了教堂的十字翼和大厅（quire，现在称为"catholicon"，现在供希腊东正教徒祈祷用）。围绕它修建了回廊，经过回廊可以进入以耶稣受难和复活为主题的各个礼拜堂。特别有趣的是亚当礼拜堂（Chapel of Adam）。据基督教传统，亚当的头骨葬在了各各他山上，这也是山的名字来源。很多在耶路撒冷的十字军国王都葬在这座教堂；

但现在几乎没有留下这些坟墓的任何痕迹。其次，各各他山的礼拜堂是为了纪念耶稣受难而建，教堂里华丽的马赛克拼贴画唯一残留下来的部分可能是描绘耶稣升天的景象，只有耶稣的上半身被保留了下来。此外，大厅东侧长方形的拜占庭基督教堂附近还为守卫圣墓教堂的僧侣（Canonics）建了一座大修道院，通向回廊的通道就是从这里开始的。

这座教堂由拜占庭的皇帝蒙那马裘斯兴建，十字军把南侧入口当作教堂的主入口，有着漂亮的外观装饰。主入口右侧另有一个入口通向弗兰克斯礼拜堂（Chapel of Franks）。只有经过这座教堂，才有可能进入各各他教堂（Chapel of Golgotha）。在弗兰克斯礼拜堂下面是埃及玛丽教堂（Chapel of Mary the Egyptian），"埃及玛丽"是一个罪恶的女人，按说是不允许进入这座耶稣母亲的教堂的，因此她过着禁欲生活并在教堂洗清罪孽。

正立面和圆厅之间是三个建于君士坦丁九世时期的礼拜堂，其中

之一由十字军重建，另外两个成为钟楼的基础，钟楼是十字军为教堂的献堂礼所建。1149年7月15日，圣墓教堂专用于纪念十字军统治耶路撒冷地区50周年，除了一些微小的改动，至今都还保留着原来的样子。

圣艾格尼丝教堂（Church of St. Agnes）以公元4世纪的罗马圣人命名，位于现在的穆斯林区北部，是一座典型的、中等规模的（33英尺×41英尺，合10米×

12.5米）十字军教堂。虽然建筑本身保存完好，但原有的装饰完全没有保存下来。一份1165年的文件提到了这座教堂的存在，它提到一座"位于圣艾格尼丝教堂东部"的圣墓教堂火炉。

19世纪的学者认为圣艾格尼丝教堂与圣彼得教堂（St. Peter's Church）有一定关联，但没有确凿的证据支持这一观点。

直到20世纪30年代，教堂一直是"旋转舞"[13]的中心，当地居民现在把它当作穆拉维亚清真寺（al-Ma'ulawiyya Mosque）。

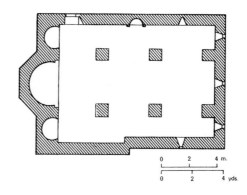

0 2 4 m.

0 2 4 yds.

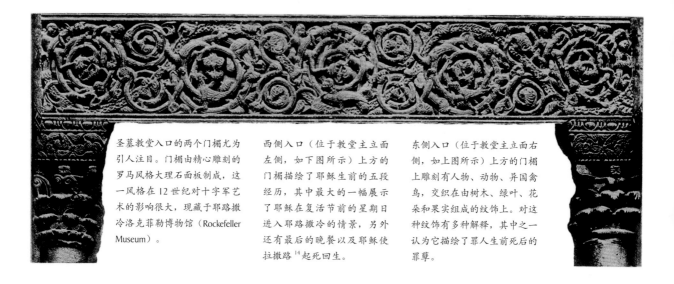

圣墓教堂入口的两个门楣尤为引人注目。门楣由精心雕刻的罗马风格大理石面板制成，这一风格在12世纪对十字军艺术的影响很大，现藏于耶路撒冷洛克菲勒博物馆（Rockefeller Museum）。

西侧入口（位于教堂主立面左侧，如下图所示）上方的门楣描绘了耶稣生前的五段经历，其中最大的一幅展示了耶稣在复活节前的星期日进入耶路撒冷的情景，另外还有最后的晚餐以及耶稣使拉撒路[14]起死回生。

东侧入口（位于教堂主立面右侧，如上图所示）上方的门楣上雕刻有人物、动物、异国禽鸟，交织在由树木、绿叶、花朵和果实组成的纹饰上。对这种纹饰有多种解释，其中之一认为它描绘了罪人生前死后的罪孽。

圣墓教堂东立面图再现了1860年福格（Vicomte de Vogue）对十字军时期圣地教堂的描述，其后没有任何扩建。最右端是一处壁龛，是君士坦丁大帝（Constantine the Great）在圆厅北、西、南三侧建的三个壁龛之一。其左侧是令人印象深刻的两层圆形建筑，十字军将锥形屋顶截断并向天空开敞。后来，1808年的一场大火将教堂毁坏，整修过程中原来的屋顶被圆形穹顶取代。图中钟楼的最高部分在1545年的地震中被毁，直到1719年希腊东正教才批准重建其中的一部分，这一部分至今仍然存在。

圆厅与圣园之间的分隔墙建于公元4世纪，由君士坦丁大帝在11世纪翻新，并被十字军继续使用。

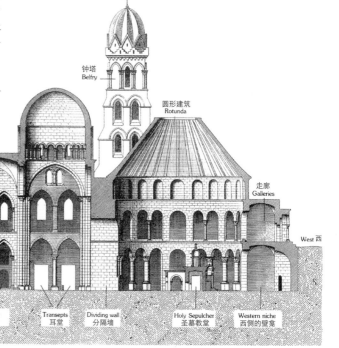

钟塔
Belfry

圆形建筑
Rotunda

走廊
Galleries

West 西

East 东

St. Helena's Chapel
圣海伦娜教堂

| Dividing wall 分隔墙 | Ambulatory 回廊 | Altar 祭坛 | Quire 大厅 | Transepts 耳堂 | Dividing wall 分隔墙 | Holy Sepulcher 圣墓教堂 | Western niche 西侧的壁龛 |

这幅圆形的耶路撒冷地图以图表形式展现了几乎所有的城市要素，随后几页的地图中也有类似的内容。从重复出现的相同错误中可以推断，这些地图来自同一幅不知名的地图。例如，在原来的地图上有几行文字解释紧靠着羊池（Sheep's Pool），但复制者并未将其与羊池联系起来，这样一来，每一幅圆形地图上的水池都有一个圆角，解释文字却出现在图中别的地方。

原来的地图明显是12世纪十字军时期绘制的，其他复制图大多是在14世纪绘制的。由于都是源自十字军地图，它们所描绘的实际上是12世纪的耶路撒冷。有可能

的情况是，14世纪欧洲朝圣者越来越多，大量需要地图，为此复制了这份早期地图并散发到欧洲各地。该图在基督教盛行的欧洲流传甚广，当时在布鲁塞尔、哥本哈根、乌普萨拉（Uppsala）、巴黎、伦敦、斯图加特、海牙以及法国一些城市的图书馆里都可以找到这份流行的地图，这可能是最合理的解释。

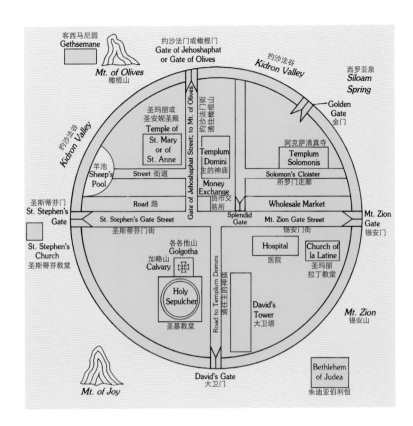

11世纪在城北开凿的城壕体系至今仍在使用。北城墙上有三座门：东侧是圣玛丽·抹大拉门（St. Mary Magdalene's Postern，即现在的希律门），大门东侧的塔上有一个巨大的十字架，标记着当年十字军攻占这座城市时所突破的城墙位置；中间是圣斯蒂芬门（St. Stephen's Postern，即现在的大马士革门）；西侧是通向麻风病医院的圣拉撒路门（St. Lazarus' Postern）。

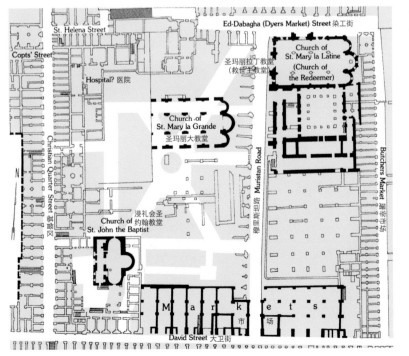

位于古罗马集会广场的穆里斯坦（Muristan）地区在穆斯林早期之前一直是罗马和拜占庭城市的商业中心区，十字军时期这里发生了重大改变，大部分地区移交给了医院骑士团，在此期间整个地区都以他们为名。医院骑士团改造并新建了一批建筑，包括医院、旅馆、市场和修道院，也建造了一些不属于自己管辖的教堂，如圣玛丽大教堂和圣玛丽拉丁教堂（Church of St. Mary la Grande, Church of St. Mary la Latine）。

这一地区的建筑在阿尤布时期仍在使用，特别是被用作医院的圣玛丽拉丁教堂；正因如此，库尔德语和波斯语中的"穆里斯坦"就是"医院"的意思。在马穆鲁克和奥斯曼时期，这一地区的环境逐渐恶化并被彻底摧毁，后于1869年重建，一部分被移交给了德国人，他们重建了救世主教堂[15]市场。

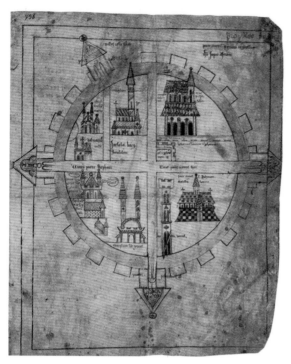

哥本哈根版地图中的耶路撒冷。

东城墙和西城墙都是在古代城墙的废墟上建造的，东城墙现在只有一座约沙法门（即狮门），通过它可以到达约沙法谷（Kidron Valley，即汲沦谷）。

人们对于十字军时期耶路撒冷的南城墙知之甚少。现在比较盛行的理论认为，其大致位置与现在的城墙相同。史料显示，城市南部有三座城门：位于现在的粪厂门（Dung Gate）东北的革场门（Postern of the Tannery）、锡安门（Zion Gate）、巴克莱门（Belcayre's Postern）。

圣殿山在十字军时期仍高度设防。圣殿山围墙是在西南城墙的考古中被发现的，它从南部将二重门、三重门和单重门等三个入口围起来，形成很好的防御。更远些的外大门是现在的阿克萨清真寺[16]南侧建筑的一部分。

107

（右）1867—1869 年间，英国人在巴勒斯坦考古中首次发现了位于十字军时期日耳曼区中心的日耳曼圣玛丽教堂（St. Mary of the Germans Church），但并没有马上引起关注；直到 1968 年犹太区重建过程中它被再一次发现。日耳曼人一直试图建立自己

的秩序，以摆脱精神和语言上都比较法国化的医院骑士团的掌控。

日耳曼人希望建立自己的福利组织，并用自己的语言工作，但这些努力却失败了。教堂修建于十字军早期的 1127—1128 年，体现了那时的建筑风格，所

在的街道名为日耳曼街（即 Misgav Ladach Street）。

建筑群南侧发现了一处十字军时期遗址，有可能是一座医院。这一建筑群直到萨拉丁征服耶路撒冷之前一直存在，并在马穆鲁克时期作为医院和苦行僧的祈祷所（khanqah）使用。

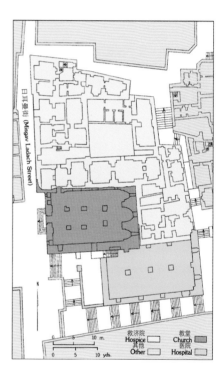

（左）城堡（Citadel）是十字军时期耶路撒冷最重要的建筑之一，是当时的城市标志，一些历史文献称其为"大卫塔"，但并不清楚是指大卫城塔本身还是整个城堡。

十字军攻占耶路撒冷后，布永的戈弗雷（Godfrey of Bouillon）将城堡交给了耶路撒冷大长老比萨的戴姆伯特（Daimbert of Pisa），这或许就是这座城堡有时被称作"戴姆伯特城堡"

的原因。十字军时期它是城市的防御城堡，由国王正式任命的堡主（Castellan）负责管理。1118 年，十字军耶路撒冷国王住所由圣殿山的阿克萨清真寺搬来以后，这里就是王座所在地，1989 年在城堡附近发现了一些皇家宫殿的遗迹，在康布雷地图（Cambrai Map）上标注为"Curia Regis"。

十字军时期这座城堡里发生了很多重要事件。1152 年梅利桑德女王[17]拒绝将

耶路撒冷控制权交给她的儿子鲍德温三世[18]，还修补城墙以加强城防。1177 年穆斯林攻城之前有许多市民在此城堡避难，据此可推测城堡的大致尺寸，差不多与现在的规模相当。

考古现场发掘出的十字军遗物很少，不能据此准确地复原原貌。阿尤布时期，城堡被毁后再次重修，随后又有多次地震破坏，导致留存遗物非常少。

十字军时期的三种柱头之一，装饰在圣殿山西北角巴尼·加尼姆宣礼塔（Bani Ghawanima minaret）的外立面。包括圣殿山伊斯兰博物馆内的第四种柱头，这些柱头显然都属于圣殿山附近一个十字军礼拜堂。它们被从教堂废墟中取出并安置到现在的建筑上。

安息教堂现位于圣殿山西北角附近的倭玛亚学校里，它就是耶稣被捕的地点。13世纪的一份史料称："据说这里就是耶稣被带去钉十字架之前休息的地方"。

所有柱头都描绘了耶稣在约旦河洗礼的相同景象，这是基督教插图中为人熟知的画面：耶稣坐在石头上，旁边有两个天使拿着他的衣服。这一传说可能和另一个隐喻相关，即耶稣被捕时是被两个天使保护着的。巴尼·加尼姆宣礼塔是十字军时期耶路撒冷形成特定建筑风格的一个典型案例，这是十字军将东西方建筑风格引入穆斯林建筑的范例。

圣斯蒂芬大门、约沙法门、锡安门和大卫门等四座主要城门通向耶路撒冷城内的主要街道，这些街道也分别以城门的名字命名。实际上，穆斯林晚期的路网在整个十字军时期一直保留着。主要街道上美丽的罗马 - 拜占庭式铺装路面已有部分毁坏，穆斯林早期重修过一次，十字军时期又修了一次，南北大道和另一处考古点都发现了维修工程的痕迹。作为拜占庭时期耶路撒冷的主要街道，南北大道的一段早在阿拔斯时期就已修建。十字军在市场路口北侧修建了三条平行的街道，每条街道都有自己的市场，这些街道至今仍在。同期在十字路口南侧也新建了一个市场，在锡安山街（今天的哈巴街）和犹大拱街（今天的犹太街）的尽头也修建了两条新街道。犹大拱门的名字源自基督教传说——出卖耶稣后，犹大（Judas Iscariot）在这条街的一座拱门上吊自杀。

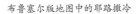

布鲁塞尔版地图中的耶路撒冷

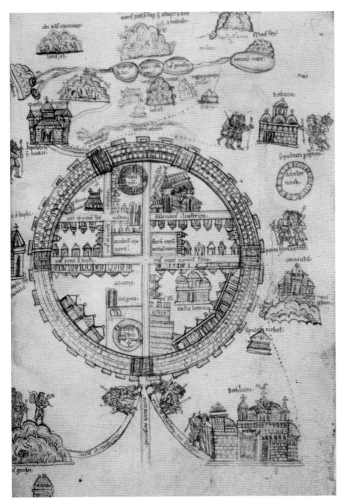

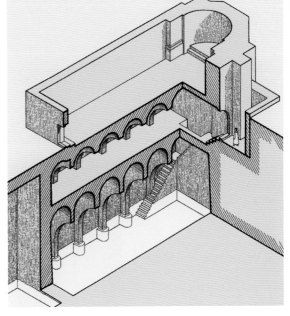

十字军在毗邻圣安妮教堂的拜占庭教堂遗址上重建了贝塞斯达玛丽教堂（Church of Mary Bethesda），原来的教堂建在两个贝塞斯达水池之间的大坝上。考古显示，这些水池在当时几乎已经被完全堵塞，来此的朝圣者也早有耳闻。

重建时发现，这座教堂和它的祈祷耳廊建在一系列柱拱之上，下层柱拱用以支撑，上层的穹窿则作为教堂的地下室。史料中很少提及这座教堂，对它所知甚少。

圣安妮教堂（Church of St. Anne）是十字军时期最精美的建筑之一。据基督教传说，这座教堂位于安妮和约阿希姆的女儿——圣女玛丽出生的地方，就建在公元5世纪拜占庭风格的圣玛丽教堂（即Church of Probatica）附近。在十字军到达耶路撒冷之前，这里一直有四名修女看护，后来十字军改建了教堂和修女所住的修女院。1104年，耶路撒冷的第一个十字军国王鲍德温一世（Baldwin I）将他的亚美尼亚妻子阿尔达（Arda）放逐在这座修女院。耶路撒冷的十字军国王们对这座修女院慷慨捐赠，甚至还包括城市地标圣安娜（Santa Anna）所在地的三个市场，这些财产的收入都归修女院所有。1130年鲍德温二世[19]在这座修女院小住了一段时间，此后鲍德温三世（Baldwin III）的遗孀蒂奥多拉（Theodora）也在此住过。十字军王室女眷居住在此，实际上增加了修女院的声望，教会也为其汇聚大量财富并不断对其修缮美化。1140年，十字军教堂和旁边的修道院建成，后于19世纪被毁。这座教堂以华丽著称，耶路撒冷的著名信徒维尔

茨堡的约翰内斯（Johannes of Wurzburg）于1165年对此有详尽的记载。

出现在圆顶清真寺蚀刻版画左上角的十字军烛台，本图来自1880年威尔逊所著的《优美的巴勒斯坦》（*Picturesque Palestine*）。
十字军征服耶路撒冷后，圆顶清真寺成为主要的圣殿，"磐石"上面还树起了圣尼古拉斯（St. Nicholas）祭坛。"磐石"被一张铁网环绕，上面有枝叶纹饰点缀。祭坛同样被铁网环绕，上面刻着竣工日期（1162年）。两个铁铸烛台放在"磐石"西南侧拐角处，旁边是一个用途不明的格栅。英国托管期间这些烛台被移交到圣殿山上的伊斯兰博物馆。右图是现藏于伊斯兰博物馆的一张烛台照片。

十字军圣安妮教堂的外观，它是那个时期耶路撒冷最精致的教堂。

十字军时期的马赛克拼贴画，镶嵌在加略山（Calvary，即各各他山）上的拉丁教堂天花板上。它是这座教堂里唯一保存下来的马赛克拼贴画，展示了耶稣升天的场景，耶稣头部有拉丁铭文"升天"。

　　城里的另一条主要街道哈盖大街（Haggai Street）由两段组成：北段是西班牙人街（Spanish Street），可能是因为当初有西班牙居民；南段是皮货街（Street of the Furriers），皮毛商和制革工在现在的威尔逊拱桥下面的工场里工作，那里毗邻西墙广场边上的屠宰场，鞣制完成的皮革制品从革场门（Postern of Tannery）运出去。西墙市场北侧发现的一栋大房子当时属于圣殿骑士团。

　　斯蒂芬门街的西侧是长老大街（Patriarch's Street），也就是现在的基督大街，名称来自这条街北端的长老宫，其走向与罗马街道一致。两条街道的罗马 - 拜占庭铺砌一直到十字军时期都保存完好。

　　这两条街道都通向圣墓教堂。本章篇首地图中可以看到圣墓教堂大街的走向，它直接从南北大道通往教规修道院（Monastery of the Canonics），然后向南通往椰枣树大街[20]。这条街有宗教纪念品出售，还有复活节前的星期日大游行所用的棕榈叶。

　　十字军时期的其他街道也是以沿街的重要建筑命名的：圣尤利安（St. Julian）街的名字就来自附近发现的教堂；另一条日耳曼街（即现在的 Misgav Ladach Street）是为了纪念此地最早的居民，他们最重要的日耳曼圣玛丽教堂就在这条街上。

　　主要街道两侧有大量建筑，把十字军时期的耶路撒冷分成多个地区。长老区当时是自治区，由主教管辖，与今天的基督区大小相近。基督区最早建于 11 世纪，基督徒当时需要加强这一区域的城防，拜占庭君主援助了这一工事，并于 1063 年与哈里发法蒂玛签订了划界协议。这一区域的穆斯林居民搬到了其他地方，从那以后这一地区就以基督徒为主。据当代历史学家提尔的威廉（William of Tyre）记载，城墙从西边的大卫门开始，向东经过唐克雷德塔（Tancred's Tower），一直延伸到北边的圣斯蒂芬门，形成了这一地区的"外边界"。"内边界"即圣斯蒂芬门大街，直接从兑币处（money changers'

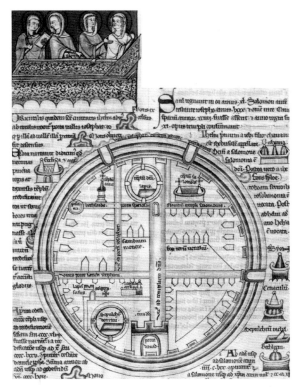

巴黎版地图上的耶路撒冷

booths）通向更远处的西门（即大卫门）。长老区的主要建筑是圣墓教堂、修道院和长老宫。

其他地区是以其中的社区来命名的。东北部的叙利亚区（Syrian Quarter）是以外约旦边界地区搬来的基督徒来命名的。这一地区本来住着犹太人，一直到十字军攻占城市并对他们展开杀戮。亚美尼亚人则世代居住在他们主要教堂周边的亚美尼亚区。除了教堂，日耳曼区还有接待朝圣者的旅舍、公共建筑、医院和其他教堂。

不同的基督教骑士有他们自己的社区。最大也最重要的是医院骑士团社区，他们的成员居住在现在的穆里斯坦区，由教皇帕斯夏二世[21]于1113年指定给他们，这些土地都来自耶路撒冷的大长老。医院骑士团的马和驴圈养在圣斯蒂芬教堂附近的城外马厩里。

为奖赏成立于1118年的圣殿骑士团，鲍德温一世由阿克萨清真寺地区搬到城堡中去，圣殿在圣殿山驻扎下来。清真寺被翻修并成为圣殿骑士团的中心，他们叫它所罗门神庙（Templum Solomonis，或 Solomon's Temple）并由此得到了他们自己的全名"弥赛亚和所罗门神庙的

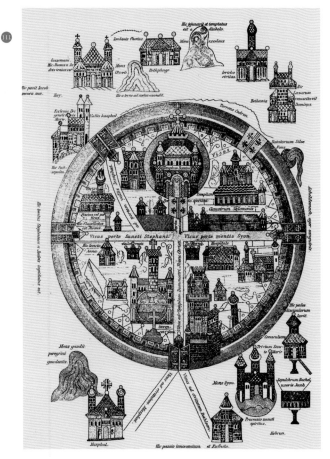

乌普萨拉版地图上的耶路撒冷（副本）

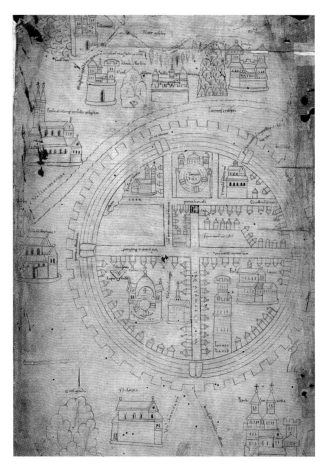

斯图加特版地图上的耶路撒冷

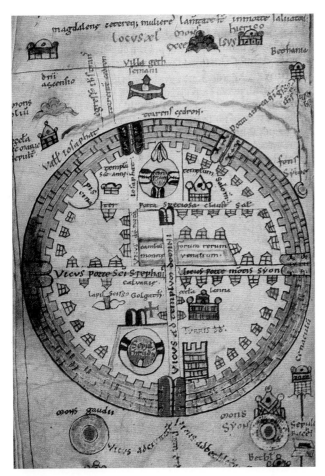

法国圣欧默（Saint-Omer）版地图上的耶路撒冷

"贫困者骑士团"（Order of the Poor Knights of the Messiah and of the Temple of Solomon）。在这一时期，圆顶清真寺成为主要的神庙（Templum Momini，或 Temple of the Lord）。圣殿骑士并没有改变建筑结构，只在神圣的"磐石"周围加了一张铁网。他们在主的神庙西北侧建了一座精致的洗礼堂，也就是今天的升天圆顶（Dome of the Ascension）教堂。他们在圣殿山北侧也兴建了一座修道院，为在此修行的修士提供食宿。圣殿骑士将地下大厅改成了现在的"所罗门马厩"。为了进出所罗门马厩，圣殿山的南城墙上开了一处缺口，还修建了一堵墙以便抵御外人侵袭。圣殿骑士团在所罗门神庙西侧新建了一处行政管理中心，其南侧残留下来的部分现在成为修女院和展示伊斯兰艺术的博物馆，神庙东侧还建了一座仓库；然而，英国托管末期这些建筑都被毁掉了。十字军时期的一名游客记述说，圣殿山上当时正在建造一个很大的教堂基础，但这项工程似乎从未完工。很难了解圣殿骑士团在圣殿山上的建设全貌，因为这些建筑很少保留至今。从现有的记述中可以想见，十字军时期的圣殿山非常壮丽，吸引了无数基督教朝圣者，这些建筑构件

伦敦版地图上的耶路撒冷

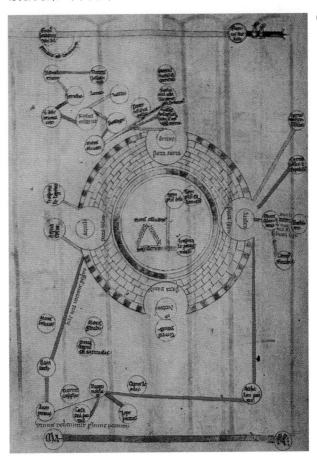

下图是坐落在亚美尼亚区东南角的安纳斯修道院（House of Annas Convert，也称"橄榄树修道院"，Deir Zeituna）的剖面图。据基督教传说，耶稣受难之前这里是最高神父的住所。这座修道院也被称为"天使修道院"（Convert of Angels），以此纪念耶稣遇袭时出现的两位天使米迦勒和加百列。

现存的主体建筑建于 12 世纪，附属建筑由亚美尼亚国王捷尔三世[22]建于 1286 年[23]。17 世纪又在其周围修建了一座修女院，其室内装饰引入了大量十字军元素。学者原先对此有所争论，一派认为这座教堂兴建于十字军时期，另一派则认为兴建于更晚些时候、只是含有十字军元素而已，但 1990 年的教堂复原工作证明前者的观点是正确的。

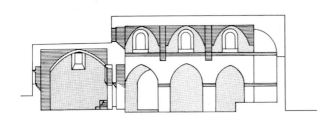

歌利亚塔（Tower of Goliath）复建于城墙西北角，穆斯林传说这是大卫和歌利亚决斗的地点。1099年，十字军国王将军队驻防在这一区域后，它被称作"唐克雷德塔"。

塔楼建在防御最薄弱的城墙内侧10英尺（合3米）的地方，基座为115英尺（合35米）见方。很明显，十字军当年攻击的高塔就位于城墙西北角"天主教学校"（Friars School）下面的巨塔遗址处，这是在1033年大地震后加强城防用的。

穆斯林早期在这一区域修建城墙时，在基岩外侧发现了一段很深的城壕和一段旧城墙（如图），他们在塔脚处留了一个沟渠，把水引入城市。

随后的阿尤布王朝也建了一座塔，塔基至今仍在老城墙下，它就是歌利亚塔，早期研究者却把它误当作唐克雷德塔。

19世纪在塔侧发现了一座小门，其位置说明，它有可能是通往输水渠的圣拉撒路门。

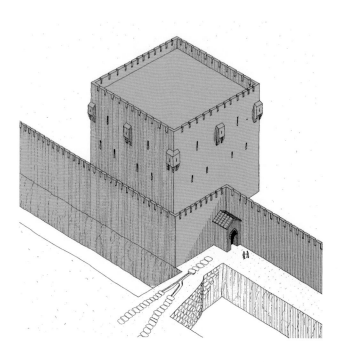

后来又被挪用到圣殿山及周围的阿尤布或马穆鲁克建筑中去。

条顿骑士团（Order of the Teutonic Knights）是占主导地位的法兰西医院骑士团的一个日耳曼分支。据现存文献记载，日耳曼骑士团组织始于1128年，但直到耶路撒冷被穆斯林统治，才由教皇于1198年给予官方认可。包括医院、日耳曼圣玛丽教堂和旅舍等在内的条顿骑士团驻地都位于现在的犹太区，这些建筑于1187年被萨拉丁侵吞，此后再也没有归还。

海牙版地图上的耶路撒冷

十字军教堂的贞女玛丽之墓（Tomb of Virgin Mary），位于约沙法谷。据基督教传说，耶稣的母亲玛丽就埋葬于此。15世纪还在此建了一座教堂，但穆斯林为防止十字军将其作为进攻耶路撒冷的堡垒，在十字军迫近时将其拆毁。

教堂是十字军时期修建的，旁边还有一座本尼迪克特修道院

（Benedictine Monastery）。那时的旅行者还特别提到了十字军时期埋葬女王的地下室，其中有我们已知的梅利桑德女王之墓。

教堂和修道院在萨拉丁征服耶路撒冷时再一次被毁，并用拆下来的石材加强城防。只有地下室保留下来，它的外部装饰也被挪用到别的建筑上。

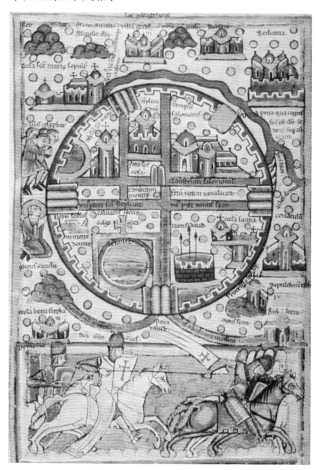

12 世纪 20 年代，耶路撒冷成立了相对规模较小的、旨在照料麻风病患者的圣拉撒路骑士团（Order of St. Lazarus）。他们在城市西北角麻风病患者家中设立了"骑士团之家"，还兴建了教堂、修道院和一些其他建筑，现在的萨弗拉广场（Safra Square）出土了一些当年的遗物。后来，骑士团的一部分参加了军事骑士团，他们从骑士团之家出发，从北城墙上的圣拉撒路门攻入耶路撒冷。因遗存较少，难以复原当时的建筑面貌，城门的位置也不清楚。

这座城市的一个重要元素就是它的集市。圣斯蒂芬门街（即罗马时期的南北大道）南端有三个集市：最西边是"香料市场"（Spice Market）；旁边是向朝圣者提供饮食的"黑暗料理市场"（"Market of Evil Cooking"，

或"Malcuisinat"）；第三个是"有顶市场"（Covered Market）。香料市场西侧、沿着整条大卫街还有"家禽市场"（Poultry Market），这里除了家禽还有鸡蛋、奶酪和其他奶制品。广场上的兑币处（Money-changers' Booths）面向三个主要集市，朝圣者会来这里兑换货币。在北侧广场的圣墓教堂附近，纪念品商店旁边有一家叙利亚人经营的叙利亚货币交易所，南面广场有一家主要从事欧洲货币交易的拉丁货币交易所。货币交易商通常会坐在广场的椅子上等客，但在"批发市场"（Wholessale Market）北侧广场的遗址中发现了四个商店，有可能也归属于货币交易商。在十字军地图上，这个市场是城市中心市场的一部分，于 1152 年拜占庭时期建于南北大道南段。大卫门北侧、紧靠西城墙的是宽大的谷物市场（Grain Market），这里还

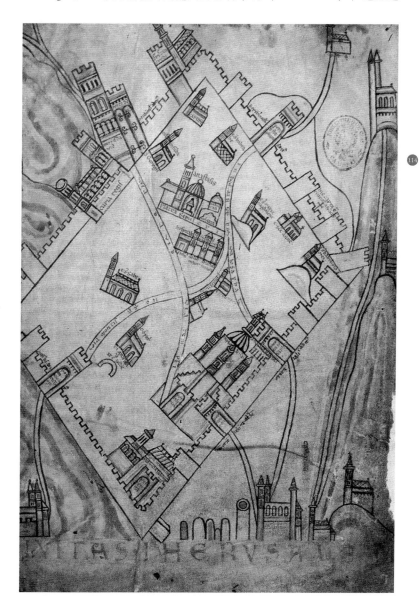

康布雷地图（Cambrai Map）是十字军时期耶路撒冷最重要的图示。它出现在《安格鲁慕斯修士释经国王四书》（*Exegesis of Brother Angelomus to the Four Books of Kings*）中，该书现藏于法国北部康布雷市图书馆。尽管图书馆目录上标注为 1150 年，图中地名实际上可以追溯到十字军末期。康布雷地图并非源自圆形地图，因此与其他地图不太一样。此外，这张地图指向北方，而圆形地图指向东方 [24]。

看起来，绘制这张地图的人似乎并没去过耶路撒冷，这就不难理解为什么许多建筑的位置是错误的。比如，穆里斯坦（十字军医院骑士团）教堂的前后位置不准确，医院也画错了地方，此外城堡区也有类似错误。尽管如此，康布雷地图仍然是反映十字军时期耶路撒冷面貌的最好地图。

曾有一间圣拉撒路骑士团的磨房，后因 1151 年改善交通而拆除。作为补偿，骑士团得到了一些伯利恒的土地。

十字军时期，有大量不同国家、不同种族的人在耶路撒冷定居。这里有西班牙人（西班牙大街就是以他们命名的），定居在医院骑士团区的法兰克人，分别住在叙利亚区和亚美尼亚区的叙利亚人和亚美尼亚人以及英国贵族和来自多个意大利城市的商人，此外有证据表明这里还有过匈牙利客栈。

十字军时期的耶路撒冷掀起了建设浪潮，到处兴建教堂和修道院，圣墓教堂、圣安妮教堂和浸礼会圣约翰教堂(Church of St. John the Baptist) 等被毁的教堂也得到重修。本章篇首地图就标示了这一时期新建或重建的重要建筑，同时也体现了十字军时期耶路撒冷的建设热情。尽管有一些被改作清真寺等其他用途，但大部分建筑都保留了下来。

耶路撒冷十字军王国的衰落

耶路撒冷十字军王国的衰落始于 1187 年 7 月 4 日，十字军在哈丁角 (Horns of Hattin) 战役中被萨拉丁击败。萨拉丁的军队一路向南行进，几乎所有城市和十字军据点都在萨拉丁攻击前就投降了。1187 年 9 月 4 日征服阿什凯隆后，萨拉丁继续向耶路撒冷行进，并于 1187 年 9 月 17 日兵临城下。途中，穆斯林军队摧毁了约沙法谷的

圣玛丽教堂、城郊的客西马尼教堂、锡安山的圣玛丽教堂等基督教堂，以防基督徒据此切断攻城军队的供给线。耶路撒冷拒绝投降，穆斯林军队随后展开围攻。城里挤满了从朱迪亚和撒马利亚（Samaria）逃来的难民，还有大约五千名穆斯林战俘。城里也有很多东方基督教徒，但来自西欧的法兰克十字军不太相信他们的忠诚。耶路撒冷剩下的军队由哈丁角战役的幸存者伊贝林的贝里昂（Balian d'Iblin）率领，他也是纳布卢斯的领主和十字军领袖家族的后代。由于大部分骑士和步兵都在哈丁角战死或被俘，剩余军力十分有限，于是他从并无战斗能力的年轻人和贵族中招募骑士，用以增强军事防御力量，他还用从圣墓教堂取下来的金银饰品支付军队的薪水。

围攻的开始阶段，萨拉丁的主力正面进攻城市西侧的城堡，其他各处仅有小股部队。围攻一周后，穆斯林和基督军队仅有些小的军事冲突，萨拉丁随后将军队向北转移并驻扎在唐克雷德塔和东北塔楼之间。守城的基督徒信奉"焦土"（scorched-earth）政策，他们甚至拆毁了城北的圣斯蒂芬教堂。萨拉丁的军队在前墙下挖通了隧道，推倒前墙，耶路撒冷于 1187 年 10 月 2 日被攻破。当萨拉丁的军队抵达主城墙时，十字军同意进行谈判。之前基督徒威胁要将整个城市完全毁灭，但最终达成协议，十字军以战俘身份投降，并约定了赎回战俘的金额。

被赎回的士兵历尽千难万险返回他们的基督教家乡。在基督教 88 年的统治之后，耶路撒冷最终归于穆斯林之手。

译者注

1. Crusader Period, 十字军东征也被称作"十字架反对弓月"的战争，伊斯兰世界称之为"法兰克人入侵"，是1096—1291年间一系列在罗马天主教皇准许下，由西欧封建领主和骑士对地中海东岸异教徒国家发动的宗教战争，持续近200年。最初目的是收复被穆斯林统治的圣地耶路撒冷，后来也针对"基督教异端"、其他异教徒和其他天主教会及封建领主。

2. Knights Hospitallers, 此处指耶路撒冷圣约翰医院骑士团。

3. Teutonic Knights, 三大骑士团中最后成立的一个，起初并无军事职能，早期成员来自日耳曼人。

4. Benjamin of Tudela, 12世纪访问欧洲、亚洲及非洲的中世纪犹太旅行者，对西亚的生动描述要比马可波罗早100年，是研究中世纪地理和犹太历史的重要人物。

5. Pethahiah of Regensburg, 12世纪末至13世纪初的一位拉比（犹太教经师或神职人员），其足迹遍布整个东欧、高加索和中东地区，并因此闻名。

6. Dome of the Ascension, 按照穆斯林传说，穆罕默德在此处夜行登霄，到天堂见到真主，公元903年的史料中就对它有所记载，可能是倭玛亚建筑。现存的圆顶建筑是1200年利用十字军时期的建筑材料重建的。

7. Raymond of St.Gilles, 1041—1105年，即雷蒙德四世，1096—1099年间担任第一次十字军东征的主要指挥官之一，在其生命的最后五年致力于在近东建立黎波里伯爵领地。

8. King Baldwin I, 约1065—1118年，第一次十字军东征的领袖、埃泽萨伯爵和第一个号称耶路撒冷国王者，也是布永的戈弗雷的兄弟。

9. Godefroy de Bouillon, 约1060—1100年，法兰克福骑士，第一次十字军的将领，也是鲍德温一世的兄弟。

10. Patriarchate, 源自希腊文明的救世主信仰，罗马帝国东部一脉相承的拜占庭帝国和俄罗斯帝国的国家宗教。

11. Constantine Monomachus, 东罗马帝国皇帝，1042—1055年在位。

12. 仅为最初的目标，后期有所改变，如1204年第四次东征时劫掠了东正教拜占庭首都君士坦丁堡，又如第五次东征时基督教徒与罗姆苏丹国结盟。

13. Whirling Dervishes, 或Sufi Dance, 发源于土耳其中部的孔亚（Konya），是苏菲教派"与神合一"的一种宗教仪式，带有神秘主义色彩。

14. Lazarus, 《圣经·约翰福音》中记载的人物，因耶稣的神迹而复活。

15. Church of the Redeemer, 即Crusader Church of St. Mary la Latine以及毗邻的许多建筑。从萨拉丁时期到奥斯曼时期，这座教堂及其附属建筑都用作医院，后来这一地区的西片移交给希腊东正教，于1905年建立了阿夫蒂摩斯（Aftimos），名字来自其发起者，意为"希腊东正教圣器看护人"。

16. Templum Solomonis, 或el-Aqsa Mosque。

17. Queen Melisande, 1105—1161年，鲍德温二世和亚美尼亚公主莫菲亚的大女儿，1131—1153年间为耶路撒冷女王。

18. Baldwin III, 1130—1162年，耶路撒冷国王，梅利桑德女王和富尔克国王的长子。

19. Baldwin II, 鲍德温一世的堂弟。

20. Street of the Date Palms, 或Rue des Paumiers, 即今天的染工街（ed-Dabagha Street）。

21. Paschalis II, 1050—1118年，曾担任19年教皇。

22. King Levon III of Armenia, 1289—1307年，西利西亚亚美尼亚王国的年轻国王。

23. 原文如此。

24. 指地图朝上的方向。

阿尤布时期：1187—1250 年

萨拉丁于 1187 年 10 月 2 日进入耶路撒冷，就从十字军 88 年前（1099 年）入城的相同地点——现在的洛克菲勒博物馆对面。当年为了纪念入城，十字军在刚建立统治时还在此处竖立了一个巨大的十字架。

按照男子每人 10 第纳尔、女子每人 5 第纳尔、儿童每人 2 第纳尔的价格付给穆斯林赎金后，非穆斯林居民从大卫门（即现在的雅法门）离开了耶路撒冷。他们分三队离开：第一队由圣殿骑士带领；第二队由医院骑士带领；第三队由守城的领导者伊贝林的贝里昂（Balian d'Iblin）和大长老带领，他们由港口乘船返回欧洲。付不起赎金的人最终沦为奴隶，并被流放到其他穆斯林城市。

萨拉丁对这座被征服的城市非常宽宏大量，征服的

欣喜过后，他便立即按照穆斯林的愿望发展、建设它。基督徒的示威行动被镇压，圣殿山上的阿克萨清真寺和圆顶清真寺再次成为穆斯林的祈祷之所。作为基督教堕落的象征，圆顶清真寺顶上的十字架被取了下来并被拖拽到了城里的大街上。他们把十字军的装饰绘画和马赛克拼贴画从建筑中移除或用粉刷和石膏进行覆盖。他们特意用从大马士革运来的玫瑰花水洒扫清真寺，使之纯净，把几十年前阿勒颇的努尔丁[1] 准备的祈祷坛安放进阿克萨清真寺，作为穆斯林荣耀的象征。耶路撒冷被征服几年之后，圣安妮教堂和它的修道院被改作沙菲耶穆斯林学校（Shafi'I Muslim school），并继续享用十字军时期赋予它的财产收入。萨拉丁在原来教堂入口处竖立了一

图为埃默特·皮洛蒂（Pierotti）于 1860 年绘制的圣安妮教堂（Church of St. Anne），它是耶路撒冷十字军教堂中最重要和最精巧的教堂之一。1187 攻占城市后，萨拉丁对该教堂非常痴迷，并将其改为名叫"苦行僧"（el-Madrasa es-Salahiyya）的穆斯林经学院。教堂入口前竖立了介绍 1192 年改变教堂原有功能的碑文，石碑至今仍在。这座建筑一直用作穆斯林学校，直到 1761 年有谣言说它被邪恶的信念侵袭。穆斯林因恐惧于同年将其卖给方各济会，而后者经深思熟虑后决定不再修复。僧侣们每年依旧庆祝圣安妮日；但这栋房子却变成了小旅舍，供附近进城的骆驼骑夫入住，而且因此变得更加破败。

从许多绘画中都可以看到，直到 1820 年，这座教堂都有一座壮丽

的钟塔，南侧还有一座修女院。此后，由于在此新建其他建筑，修女院的遗迹也消失了。1835 年，耶路撒冷政府官员拆掉了这座教堂的一部分，用其石材建造了奥斯曼军营（即现在的倭玛亚学校所在）。穆斯林试图修复它，并于 1842 年将其作为修道院重新开放。他们甚至打算修建一座宣礼塔，但并未成功，可能是因为基督徒工人拒绝将这一基督教建筑改建成穆斯林学校，他们甚至蓄意破坏这一工程。

1856 年，苏丹阿卜杜勒·迈吉德[2] 将这座教堂移交给法国政府，后者打算将这一破旧的修女院拆毁并在原址新建一座。最终，教堂被重修，外观也得到了重新装修。皮洛蒂（Pierotti）的这幅画展示了教堂翻新之前的样子，图中还能看到十字军后期的墙体遗迹。

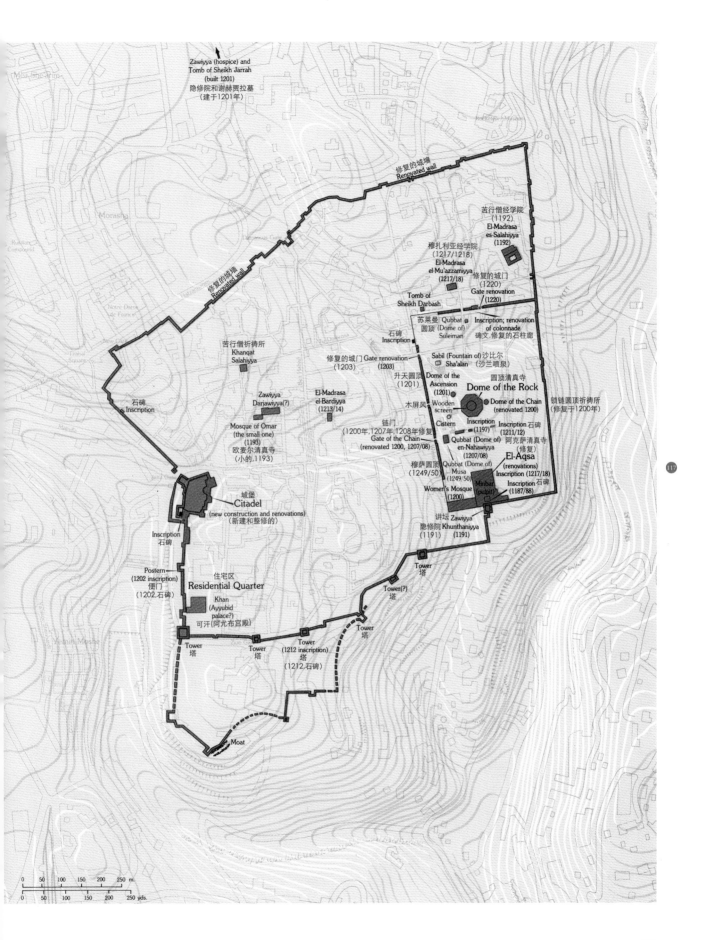

Zawiyya (hospice) and
Tomb of Sheikh Jarrah
(built 1201)
隐修院和谢赫贾拉墓
(建于1201年)

修复的城墙
Renovated wall

苦行僧经学院
(1192)
El-Madrasa
es-Salahiyya
(1192)

穆扎利亚经学院
(1217/1218)
El-Madrasa
el-Mu'azzamiyya
(1217/18)

修复的城门
(1220)
Gate renovation
(1220)

修复的城墙
Renovated wall

Tomb of
Sheikh Darbash

苏莱曼 Qubbat
圆顶 (Dome of)
石碑 Suleiman
Inscription

Inscription; renovation
of colonnade
碑文,修复的石柱廊

苦行僧祈祷所
Khanqat
Salahiyya

修复的城门 Gate renovation
(1203)   (1203)

Sabil (Fountain of) 沙比尔
Sha'alan   (沙兰喷泉)

石碑
Inscription

Zawiyya
Darjawiyya(?)

El-Madrasa
el-Bardiyya
(1213/14)

升天圆顶 Dome of the
(1201)   Ascension
             (1201)

圆顶清真寺
Dome of the Rock

Dome of the Chain
(renovated 1200)

锁链圆顶祈祷所
(修复于1200年)

Mosque of Omar
(the small one)
(1193)
欧麦尔清真寺
(小的,1193)

木屏风 Wooden
        screen

Cistern

Inscription
(1197)

Inscription 石碑
(1211/12)

阿克萨清真寺
(修复)

链门
(1200年,1207年,1208年修复)
Gate of the Chain
(renovated 1200, 1207/08)

Qubbat (Dome of)
en-Nahawiyya
(1207/08)

El-Aqsa
(renovations)
Inscription (1217/18)

穆萨圆顶 Qubbat (Dome of)
(1249/50) Musa
            (1249/50)

Inscription 石碑
(1187/88)

石碑
Inscription

Women's Mosque
(1200)

Minbar
(pulpit)

城堡
Citadel
(new construction and renovations)
(新建和整修的)

讲坛 Zawiyya
隐修院 Khunthaniyya
(1191) (1191)

Inscription
石碑

Postern
(1202 inscription)
便门
(1202,石碑)

住宅区
Residential Quarter

Khan
(Ayyubid
palace?)
可汗(阿尤布宫殿)

Tower
塔

Tower(?)
塔

Tower
塔

Tower
塔

Tower
塔

Tower
塔
(1212 inscription)
(1212,石碑)

Moat

0   50   100   150   200   250 m.

0   50   100   150   200   250 yds.

块穆斯林石碑，至今仍存。他把曾属于耶路撒冷大主教
的圣墓教堂东北翼移交给穆斯林社团，还专门拨款给他
们。穆斯林社团从此在那里驻扎下来，并每年从长老浴
场（Patriarch's bathhouse）获得固定的收入。萨拉丁在很
长一段时间里禁止基督徒进入圣墓教堂，直到东方教会
的四名教士获准服务圣墓教堂之后才放开禁令。基督徒
在 1192 年之后再次获准进入圣墓教堂；但需先缴费——
这也成为穆斯林的一项重要收入。

　　萨拉丁撤销了十字军禁止犹太人在城内居住的禁令。
1191 年，犹太人纷纷从阿什凯隆等被萨拉丁摧毁的沿海
村镇来到耶路撒冷，来自摩洛哥和也门的犹太人随后也
在这座穆斯林城市安顿下来。1211 年，从英国和法国来
的犹太人也开始在此定居。

　　由于十字军时期耶路撒冷一直疏于对城墙的维护，
现在的穆斯林征服者开始着手修缮城墙等防御工事。在
萨拉丁攻城之前十字军贵族曾筹款加固城墙，但并不确
定是否真正落实了。征服耶路撒冷几年之后，萨拉丁对
城墙进行了一次彻底检查并着手重新修建，他还亲自参
与了这一工程，以便给自己的儿子和军队长官做出榜样。
这些防御工事最初由颇具传奇色彩的"狮心王"理查[3]（他
曾对这座城市的安全造成威胁）在 1192 年第三次十字军
东征的时候修建。这项工程并不仅限于修建城墙，还开
挖了护城河，萨拉丁甚至围绕锡安山建了一圈城墙，其
遗址至今犹存。

　　除了碑文，各种文学著作也记载了萨拉丁的弟弟萨
法丁（el-Malik el-Adil）接手进行了这项防御工程，后来
萨拉丁的侄子伊萨（el-Malik el-Mu'azzam Isa）改变了南墙
的走向，并沿着锡安山外面建了一堵短墙，现在还能看到。
最初的时候，上面还建有许多高大坚固的塔楼。伊萨当
政时的碑文显示，他在 1202—1212 年间或稍晚些时候曾
修建防御工事。

　　1219 年，耶路撒冷经历了一次巨变。因为害怕再次
发生像 1099 年十字军式的突然袭击，阿尤布统治者采取
了"焦土"政策，伊萨拆毁了城市四周的大部分城墙，
其中多数都是他自己几年前亲自修建的。此后几个世纪
直到被奥斯曼土耳其人征服，耶路撒冷都不再是一座设
防城市。由于许多人都不敢居住在一个没有防御能力的
城市中，城墙被拆一事使得耶路撒冷的居民变得更少了。

　　1187—1229 年间，阿尤布早期统治者新建了许多建
筑，并整修了已有的建筑，特别是宗教建筑。碑文显示，

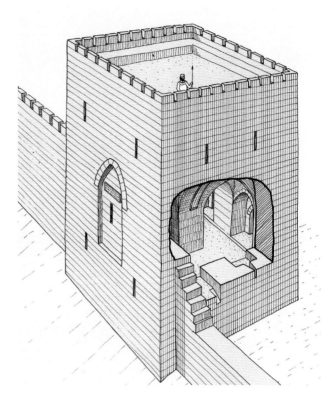

1212 年伊萨时期在锡安门东侧所建的阿尤布塔楼复原图。城里发现的碑文也可以证明，正是这位曾在耶路撒冷大兴土木的苏丹划定了南城墙的走向。

有一块碑文提到了建造塔楼，但没有提到城门的事。这座塔楼就建在南北大道尽端、拜占庭时期南门的地方，这一点让人颇感意外。还有

其他证据也证明，阿尤布时期这里已经没有城门了。本以为城市的出入口处总会有城门；但这座塔楼的遗址中毫无南门的痕迹，或许城门隐藏在阿尤布塔楼的内部。

1219 年，因为害怕十字军有可能重新打回来，并借此据守，伊萨拆毁了包括这座塔楼在内的许多城防工事。

当时的主要建筑活动都发生在圣殿山地区，比如修缮阿克萨清真寺并使之不再作为教堂使用；1196—1199 年在圆顶清真寺的"磐石"周围设立了一圈木质屏风；将圆顶清真寺的洗礼池改为穆斯林风格以纪念先知穆罕穆德升天，现在它被称为"升天圆顶"（Dome of the Ascension），但它依然带有很浓重的十字军建筑风格。此外，圣墓教堂南部的一些十字军医院也被阿富达尔（el-Malik el-Afdal）改成了奥麦尔清真寺（Mosque of Omar）。

　　阿尤布统治者还在城里四处开挖水井，其建设工程的一大特点就是经常利用十字军时期的原有建筑。

伊萨碑文（局部）是阿尤布时期最精美的碑文之一，于1212年镶嵌在阿尤布塔楼上。塔楼位于犹太区锡安门附近，部分在城外，部分在墙内。碑文镌刻在希律王时期的石块上，上面还刻有建塔的日期。

有这一禁令，国王还是按照默契修复了大马士革门并加强了城堡附近的防御。这些防御工事承受住了多次攻击，直到1239年被另一位阿尤布统治者卡拉克（Kerak），即《圣经》中摩押城（Kir Moab）的统治者纳赛尔·瑙德（el-Malik en-Nasir Daoud）彻底摧毁。十字军在13世纪的短暂统治期间[6]不足以建造任何重要的公共建筑。然而，伴随着这一时期两座教堂的建成，苦路路线已经形成。两座教堂分别是定罪堂和鞭笞堂[7]，后来都被再次装修过。

根据耶路撒冷的十字军新规，留下来的少数犹太人也被赶了出去，直到穆斯林统治时才回来。

在基督教统治的最后一年，即1243—1244年，中亚花剌子军[8]侵占了耶路撒冷，他们大肆屠杀基督教徒，摧毁教堂并焚烧了教堂内的基督教圣物。阿尤布统治耶路撒冷的最后六年时间里，唯一的新建筑是圣殿山上的穆萨圆顶[9]和位于链街（Street of the Chain）的别儿哥汗[10]墓室第一部分。

清真寺塔底部的萨法丁碑文，20世纪30年代在C.N.约翰斯（C.N.Johns）主持的城堡考古活动中被发现。上面写着："真主至上，我们伟大的阿尤布苏丹"（"Our lord the magnificent Sultan el-Malik el-Adil Abu Bakr Ibn Ayyub"），也就是指萨拉丁的兄弟和子嗣。虽然有许多史料提及萨法丁曾加固耶路撒冷的城防设施，但这块碑文是唯一的直接证据。

这块石碑后来被挪用到其他建筑中，并无确凿证据说明它属于萨法丁所造建筑。有可能它被挪到了苏丹建造的城堡里，后来跟耶路撒冷的其他防御工事一起被伊萨于1219年拆毁。

1927年，苏肯尼克和迈耶[4]在第三道城墙旁考古时还发现了一块石碑，它属于耶路撒冷的另一位阿尤布统治者欧斯曼[5]，也曾被挪作他用。

苦行僧祈祷所（Khanqat Salahiyya）。1898年，为准备德皇威廉二世[11]来访耶路撒冷，奥斯曼当局维修并整治了部分地区，苦行僧祈祷所就是其中的一处——它最初由萨拉丁兴建，至今仍是城市西北角圣墓教堂的一部分。

十字军时期的一些资料显示，这座祈祷所那时是耶路撒冷的拉丁长老宫。维修过程中发现的拉丁碑文也证明了这一点，碑文记有："阿诺夫斯建造此殿"。阿诺夫斯（Arnolfus）1099年起担任耶路撒冷第四任拉丁牧首，而这座宫殿建于1112—1117年。发现碑文之后很快就被

卡迪[12]没收，他们害怕基督徒据此要求恢复对这座建筑的所有权；然而，一名多米尼加僧侣成功地复制了一份碑文。

1187年，萨拉丁将这座建筑改成了以他为名的救济院和苦行僧祈祷所。1341年，马穆鲁克苏丹伊本·卡拉旺（en-Nasir Muhammad Ibn Qalawun）重新修缮并加建了宣礼塔。十字军时期的建筑几乎没有留存，现在还能看见的主要是15世纪马穆鲁克修复的建筑。

1229年，由于阿尤布苏丹卡米尔（el-Malik el-Kamil）同日耳曼君主、西西里皇帝弗雷德里克二世（Frederick II）签订了协议，耶路撒冷再一次成为基督教城市。根据协议，城市的很大一部分重新归还给了基督徒；但弗雷德里克二世不能修复早年被毁的防御工事。尽管

费利佩·奥比尼[13]的私人助手，也是约翰的儿子亨利三世[14]的导师、海峡诸岛总督。作为虔诚的朝圣者，他曾多次拜访耶路撒冷，于1236年最后一次朝圣时去世并葬在这里。他的墓穴位于圣墓教堂入口处主廊道的右侧。奥比尼家族享尽荣光，墓石上对此有碑文记述。1867年，人们在挪动教堂守卫的休息长椅时发现了该墓穴。

在老城亚美尼亚花园一带发现了一座巨大的公共建筑和城墙边上的一些房屋，屋子里有睡觉用的石壁架和取暖的火炉。通过这些发现，学者们相信这些建筑就是客栈（khan），也就是供旅行者过夜的旅舍，他们还可以把动物拴在房外。这一客栈应该是苏丹伊萨所建，但后因为担心它成为城防工事，很快就又被他自己拆掉了。

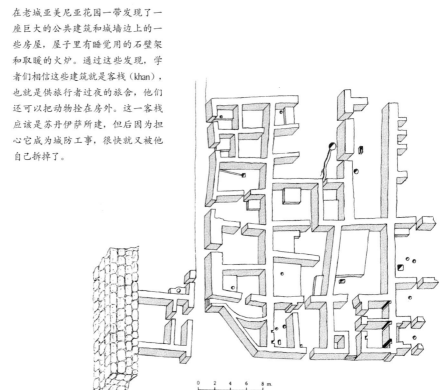

译者注

1. Nur ed-Din of Aleppo，原名马哈茂德（Nur al-Din Mahmud），1118—1174 年，赞吉王朝第二代统治者和军事家，统一了阿勒坡和大马士革。"努尔丁"意为"宗教之光"。

2. Sultan Abdul Mejid，1823—1861 年，奥斯曼帝国第三十一任苏丹，1839 年登基，继承其父穆哈默德二世的遗志，发起奥斯曼帝国的"坦志麦特"（Tanzimat）运动，与大英帝国和法国修好，在克里米亚战争中对抗俄国，在 1856 年的巴黎和会中将奥斯曼帝国正式融入欧洲大家庭。

3. Richard the Lion-Heart，英格兰金雀花王朝的第二位国王，1189—1199 年在位。

4. E.L.Sukenik，以色列考古学家和希伯来大学教授，1889—1953 年。L.A.Mayer，即 Leo Aryeh Mayer，耶路撒冷希伯来大学校长、伊斯兰艺术研究专家，1895—1959 年。

5. Uthman，1193—1198 年间统治巴尼亚斯（Babias）和苏贝巴（Subeiba）。

6. 指 1229—1244 年间。1228 年，在"神圣罗马帝国"皇帝腓特烈二世的率领下进行了第六次十字军东征，使耶路撒冷在 1229 年暂时回到基督徒手中，但很快就于 1244 年被穆斯林夺回。

7. Chapel of the Condemnation，最初兴建于拜占庭时期，后来改为清真寺，1904 年又改为天主教教堂。Church of the Flagellation，一座罗马天主教教堂，位于耶路撒冷老城东部穆斯林区的狮门内侧。鞭笞堂和定罪堂都属于方济各会的鞭笞修道院建筑群。

8. Khwarizmian，来自俄罗斯南部，即现在的乌兹别克斯坦的入侵者。

9. Qubbat Musa，即 Dome of Musa，建于 1249—1250 年。

10. Barka Khan，鞑靼君主。

11. Wilhelm II，1859—1941 年，末代德意志皇帝和普鲁士国王。

12. Qadi of the khanqah，卡迪是伊斯兰国家正式任命的行政司法官吏，依据穆斯林律法审判管辖私法方面的案件，相当于大法官。

13. Philip d'Aubigni，或 Phillip Aubigny，英国约翰王（John Lackland），1167—1216 年，英格兰国王，英国历史上臭名昭著的国王之一。

14. Henry III，1207—1272 年，英格兰国王，9 岁登上王位，1216—1272 年在位。

马穆鲁克时期[1]:1250—1517 年

马穆鲁克时期始于 1250 年埃及阿尤布王朝的覆灭，结束于 1517 年土耳其人的征服。这一时期，耶路撒冷在政治和宗教上的重要程度有所下降，但它仍然是重要的伊斯兰宗教中心。从保存至今的那一时期的精美建筑中能够看到，这座城市的穆斯林特色在此期间有所发展。

马穆鲁克时期留下来的最重要的手写资料是耶路撒冷出生的卡迪穆吉尔[2]的作品，名为《耶路撒冷和希伯伦历史导览》（*Wonderful Guide to the History of Jerusalem and Hebron*），书中详细描绘了两座城市及其历史。

马穆鲁克战胜了阿尤布王朝后，他们有计划地清除了以色列沿海地区残留的十字军军事据点，到 13 世纪末，十字军从这个国家完全消失。自 1260 年成功抵御蒙古人的入侵之后，直到土耳其人入侵之前，整个地区都保持一种安全的氛围。这里只是马穆鲁克王朝政治上无关紧要的边远地区，全境都被毁弃，沿海定居点也被马穆鲁克人有计划地清除，以防十字军再次反攻并据此设防，这也是不再修复早于 1219 年拆毁的防御工事的原因。耶路撒冷唯一留下来的防御工事便是城堡（即大卫塔），据那时的碑文记载，马穆鲁克苏丹卡拉旺于 1310 年对其进行加固，使之成为现在的样子；但并不完全确定其修复目的是为了抵御外敌入侵。还有一种说法是，苏丹同时还修复了另外一些城堡，主要是为了对内防备政敌。有一支小型军队常年驻守在城堡中，直接听从大马士革指派的驻地军官指挥。

对马穆鲁克王朝来说，公路、驿站和邮政体系非常重要。耶路撒冷离主要交通线路较远，这让它在马穆鲁克时期的政治和战略地位都有所降低，它在整个王国中也处于较低的行政管理等级。起初，它只是叙利亚省的一个地区性首府，由大马士革的官员负责，这一时期的建筑碑文证实，大马士革官员直接负责管理耶路撒冷的

伯罕讲坛（Minbar Burhan ed-Din）是圣殿山上的一个露天讲坛，也称"Minbar es-Seif"，意为"夏日讲坛"。在夏季的穆斯林节日里，大量信徒聚集到圣殿山上，这里就是讲经之处。

这座讲坛以前与祈雨仪式有关。据史料记载，12 世纪末在这里安放了一个有轮子的可移动木台，

现在的祈祷台由亚玛（Aadi Burhan ed-Din Ibn Jama'a）建造，他生于 1325 年，卒于 1388 年。

祈祷台主要由大理石建成，十字军和马穆鲁克风格在建筑细部中都有所体现，还能看出 19 世纪修复的痕迹。这幅 19 世纪的油画并没有展示奥斯曼时期的改动之处。

建设活动。直到 1376 年宣布耶路撒冷为一个省，这座城市的地位才有所改变，变为由开罗直接任命总督；但是，

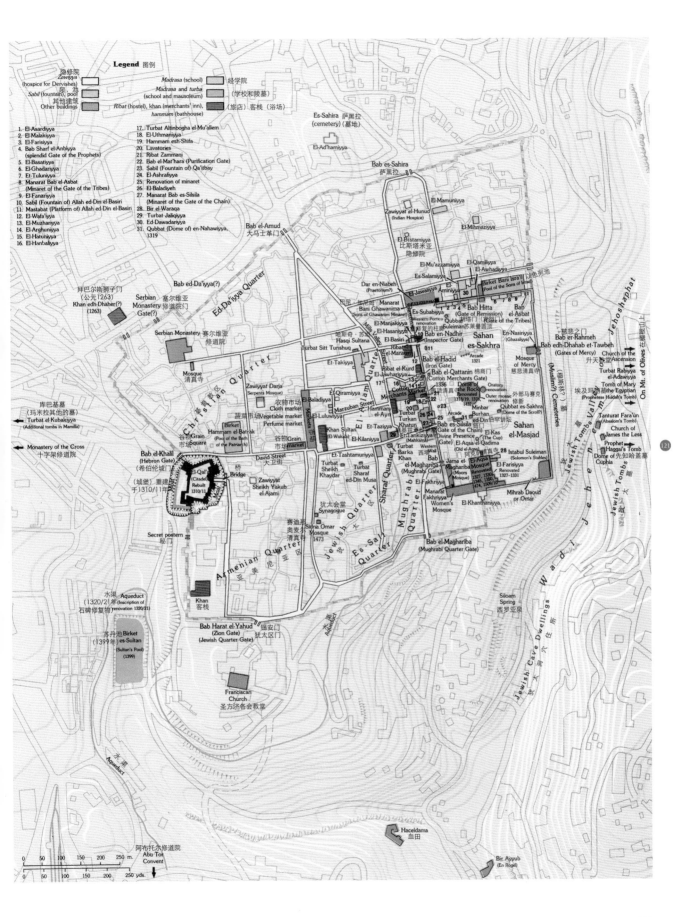

耶路撒冷从来都没有获得与大马士革相同的政治地位。

马穆鲁克时期，耶路撒冷由一位总督进行管理。总督办公地设在城堡里，他负责城市的治安、征税、供排水和垃圾收集等市政事务。另外还有一位负责宗教事务的总督，其管辖范围包括圣殿山圣地和希伯伦长老墓等地；主管宗教财产收入与分配使用；此外还要管理朝圣者事务。后者与前者的责任分工是很清楚的；但后者有

时候也会代管与宗教连带的行政事务，甚至身兼二职。

马穆鲁克行政管理中的另一个重要职务是警督，他负责城市的内部安全和圣墓教堂附近的地方监狱。这一时期主管城市经济的官员是穆哈泰希卜（Muhtasib，"Protector of the City's Morals"即"城市道德护卫者"），他的职责也包括防范欺诈行为。

另一项重要的行政职能由卡迪[3]负责。这一时期耶路撒冷的审判遵循伊斯兰法律的沙斐耶教法[4]或其他惯例法。上文提到的穆吉尔就是其中一位卡迪，他审判案件时依据马利基教法（Maliki Tradition）。

去圣殿山祈祷的大多数人都会路过链门，与居民有关的行政法令因此常常张贴在链门入口处的石制告示牌上。

马穆鲁克统治者并未对乡村地区给予足够的重视，除了当局者关心的地区之外，并没有提高农民的福利，使这一时期该地区的农耕经济受到了消极影响。大量农

第二圣殿时期的输水渠由所罗门池通往圣殿山，一路上穿过高山，通过隧道，跨过桥梁，一直为耶路撒冷供水至12世纪。在这个漫长的过程中，曾对输水渠进行过多次维修。其途中跨越的最长拱桥位于欣嫩子谷（Hinnom Valley）苏丹池略偏北的地方，从这张摄于19世纪80年代的照片中可以看到支撑桥梁和水渠的拱顶（下部被埋）。

左侧拱顶上方有一段阿拉伯语碑文："我们的主人苏丹卡拉旺于720年[5]敕令修复这一神圣的水渠，他是以色列和穆斯林的苏丹、穆罕默德之子，此致他无上的荣耀"。由碑文可知，苏丹卡拉旺在马穆鲁克时期修复了这一水渠。

库巴基墓（Et-Turbat el-Kubakiyya）。马穆鲁克埃米尔库巴基[6]统治期间先后被任命为萨法德[7]和阿勒颇[8]的总督。他的命运同马穆鲁克统治时期的许多其他官员类似，最终被逮捕、放逐，并于1289年死在耶路撒冷。这一墓穴位于耶路撒

冷城市中央的玛米拉（Mamilla）墓地。尽管它属于马穆鲁克建筑风格，但也包含了许多十字军建筑元素，有可能是从附近的十字军墓中挪来的。

有一个关于狮门的传说：苏莱曼大帝（Suleyman the Magnificent）曾经梦到，如果他不为耶路撒冷建造城墙就会被狮子吃掉。为解梦魇，他命令建好城墙后，在城门上雕刻狮子的形象。不过，城门两侧的四个狮子实际上都是黑豹，而且很像是13世纪苏丹拜巴尔斯的家族印记，可能就是从拜巴尔斯于1263—1264年间所建的、装饰精美的拜巴尔斯狮子门（Kan edh-Dhaher）中挪用过来的。为了增加美感，它的大门是特意从开罗的法蒂玛宫搬过来的。这座建筑在16世纪拆毁城墙时被毁，上面的石料被人重新利用，而精美的黑豹雕刻则被移到了狮门。

作物被运往埃及，当地农民的繁重赋税大多都拿去支持了马穆鲁克军队。耶路撒冷遭受了经济下滑和崩溃的影响，它远离国际和国内贸易路线，对其城市经济极为不利，而且它的农业腹地也不足以满足城市的供给。耶路撒冷的食物供给主要依赖远距离运输，因此经常导致食物短缺。耶路撒冷的经济主要依靠木作、制鞋、纺织等各类手工艺生产和一些小生意，周边村镇产的农作物都被送进榄油坊、酒窖和肥皂加工厂等处。

本就羸弱的城市经济因为统治者的豪取强夺变得更为糟糕。官员们通过贿赂取得职位，一旦有权就严加赋税，以填补之前的亏空，甚至还能有丰厚的个人利益。沉重的税负压制了所有的经济萌芽。一个典型的例子就是当权者对油类产品的垄断：他们倒手贩卖这些产品并以高价卖给居民，所得资金供给15世纪同奥斯曼帝国的战争开支。困难的经济环境和政府官员的压榨导致城市人口大量减少，这一时期的人口普查数据也说明了这一点。

马穆鲁克时期发生在耶路撒冷以及整个地区的重大变化之一便是伊斯兰教的支配地位。马穆鲁克人进占后立即驱逐了大量基督徒，耶路撒冷成为吸引穆斯林的朝

别儿哥汗墓（Turbat Barka Khan）局部，源自皮洛蒂1864年出版的图书。外立面有好几处都来自被马穆鲁克拆毁的十字军建筑，如中间的拱、圆形刻纹装饰和入口两边的长楣。

位于链街的别儿哥汗墓是一座13世纪的小型马穆鲁克建筑，现在是1900年在此成立的卡利迪斯（Khalidi）家族图书馆，阅览室就是原来的墓室。别儿哥汗于1260—1277年间执政，是苏丹拜巴尔斯的岳父。

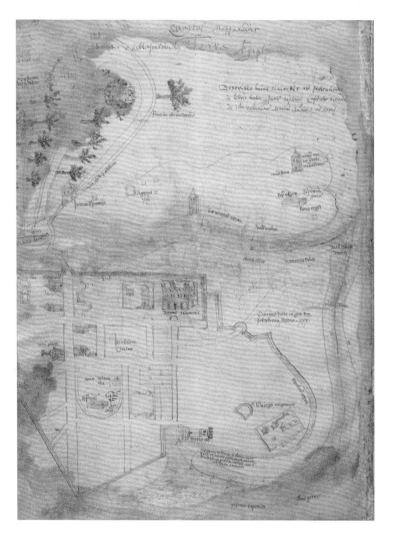

圣之地，他们很快就成了城市人口的主要组成
部分。作为穆斯林宗教的焦点，城市面貌发生
了很大转变，从之前的世界性中心变成了穆
斯林宗教城市。因此，尽管经济形势衰败了，
耶路撒冷的穆斯林宗教却进入了发展壮大的时
期。除了修复扩建供水设施，建造市场和其他
公共建筑，马穆鲁克修建了大量宗教建筑，城
市的基督教和犹太特征已经无可辨识。一如既
往地，马穆鲁克建筑师大量使用了从十字军建
筑拆下来的构件。

　　马穆鲁克统治时期，耶路撒冷接纳了来自
阿富汗、安纳托利亚（Anatolia）、埃及、摩洛
哥和西班牙[9] 等许多国家的穆斯林。许多穆斯
林宗教机构搬进了圣殿山附近街上的旅舍等建筑中，许
多地方不得不为穆斯林提供相对僻静的场所，有时甚至
是在墓地里。此外还为贫困的朝圣者建造了客栈，大多
离圣殿山很近。耶路撒冷的宗教建筑现在主要是宗教学
校和为宗教研究服务的经学院（madrasas），主要由苏丹
自己和政府高官所建。这一时期，大型宗教学校主要都
建在链街的铁门（Iron Gate）附近，其中最出名的是阿尔
衮尼亚经学院（el-Madrasa el-Arghuniyya）和坦基兹亚经
学院[10]。

　　耶路撒冷远离重要的政治中心，因此常成为马穆鲁
克政府落魄官员的流放地。这种官员被称为"失业者"
（batal），其中一些人为了避免被查没私产，只好主动
捐建宗教建筑并将其赠为穆斯林教产。这样一来，他们
就可以住在里面而不被驱逐。

　　某些穆斯林建筑由非马穆鲁克人所建。比如，奥斯
曼帝国统治者穆拉德二世[11] 和卡迪尔[12] 的苏丹都曾有所

兴建，一位土耳其公主捐建了一所宗教学校，波斯皇室
家族的某位代表也在此修建了一座客栈。

　　马穆鲁克时期得以迅速发展的穆斯林建筑至今仍在，
其中许多公共建筑都非常有特色，易于辨识。它们的设
计简洁大方，装饰物主要集中在精致的外立面上，载有《古
兰经》箴言、建筑信息、建造者（及其官职）和建造日
期的碑文通常是建筑装饰的一部分。

　　这些建筑上的碑文日期显示，马穆鲁克时期几乎从
未停止建设，但某些特定时期仍是建设高潮。比如在相
对平静的苏丹卡拉旺统治时期，掌管耶路撒冷司法大权
的叙利亚总督坦基兹[13] 在此修建了许多建筑，包括城市
的堡垒和以他名字命名的坦基兹亚经学院。此外，他开
放了包括棉商市场（Cotton Merchants Market）在内的两
个市场，在圣殿山上建造了水渠、杯池[14] 和一处位于阿
克萨清真寺和圆顶清真寺之间的净身池。坦基兹还维修
了圆顶清真寺和阿克萨清真寺的穹顶等部分建筑结构。

1468—1496 年间苏丹阿什拉夫·卡伊拜（el-Malik el-Ashraf Qa'itbay）时期耶路撒冷的建筑活动也很活跃，苏丹甚至亲自监造工程，维修输水渠，修建了以他的名字命名的精美泉池，重建了以他名字命名的阿什拉菲亚经学院（el-Ashrafiyya）——这所学校被认为是圣殿山上最漂亮的建筑之一，仅次于圆顶清真寺和阿克萨清真寺。

耶路撒冷有许多学者，其中很多都在宗教学校授课。那时最普及的就是大部分居民所遵循的沙菲耶（Shafi'i）教法，当然，耶路撒冷还有很多人遵循其他教法，比如与大马士革当局有亲密关系的罕百里（Hanbali）教法，或者是北非人所遵循的马利基（Maliki）教法。穆斯林宗教法非常重要，但有些经学院也会教授《古兰经》和口头律法。教师本人也会在经学院学习，在正式课程之后还会作为训导者进行深入详细的讲解，帮助学生理解课程。

这些机构培训出来的数代学者撰写了许多《古兰经》注疏，翻译了大量穆斯林律书。尽管许多学者并非终生居住在耶路撒冷，但耶路撒冷的教育起了很大作用。他们的收入来自历年捐献给宗教学校的财产，因而收入颇丰。

历史上，耶路撒冷有一处苦行僧盘踞的特殊场所，他们是一支神秘的、类似犹太虔敬派（hasidim）的穆斯林分支教派。受基督教苦行运动的影响，伊斯兰苦行僧献身祈祷、演奏乐器、跳神秘的舞蹈，其中许多人过着与世隔绝的生活。城市居民相信他们有不可思议的力量，常请他们帮助排解危难。苦行运动的领袖被称作"谢赫中的谢赫"（Sheikh of Sheikhs, 即大酋长）。

苦行僧在耶路撒冷有许多据点，其中最重要的是苦行僧祈祷所（Khanqat Salahiyya），也就是之前十字军时期的长老宫，另一处是苦行僧经学院（el-Madrasa es-Salahiyya），也就是之前的十字军圣安妮教堂。苦行僧派的追随者住在特别建造的隐修院（阿拉伯语称 zawiyya）里，以使他们能长时间与世隔绝，其中最著名的是现在位于检官门大街（Inspector Gate Street）上的允努西亚隐修院（Zawiyya Yunusiyya）和穆斯林区的比斯塔米亚隐修院（Zawiyya el-Bistamiyya）。

15 世纪在瑞士卢加诺（Lugano）天使圣玛丽教堂（Church of Santa Maria degli Angioli, 即 Church of Santa Maria degli Angioli）发现的壁画，其 上半部分展现了城墙环绕的耶路撒冷。欧洲许多地方都有这一壁画，只有细微的不同。

155

这幅壁画描绘的是橄榄山，山顶有教堂，斜坡上布满建筑。

埃米尔亚力克墓（Turbat Jaliqiyya，奥斯曼时期称为"Dar el-Baskatib"）位于链街和哈盖大街路口，是一座简单朴素的建筑。墓室的花窗上刻有关于墓主亚力克（Rukn ed-Din Baybars el-Jaliq es-Salihi）的碑文，他卒于1307年11月4日，是苏丹拜尔斯的保镖和服装师。碑文上还有亚力克的私人印章（有11片叶子的百合花）。这座建筑还有一间没有任何装饰的居室。

右图为通向圣殿山的铁门街（Street of the Iron Gate）的南侧立面图。与马穆鲁克时期通往圣殿山的其他街道一样，这条街道是那一时期的典型代表。

街上最高的建筑原来是阿尔衮尼亚经学院（el-Madrasa el-Arghuniyya），建筑上的碑文显示它是1358年由贬到耶路撒冷的原叙利亚总督阿尔衮（Arghun el-Kamili）所建（现称为"Dar el-Afifi"）。

旁边有一条小路通往哈吞尼亚经学院（el-Madrasa el-Hatuniyya），此外还有穆扎利亚经学院（Madrasa el-Muzhariyya），是由穆扎尔（Zayn ed-Din Abu Bakr Ibn Muzhir el-Ansan esh-Shafi'i，1428—1448年）下令于1480—1481年间建成的。他是埃及皇家法庭大法官的秘书，负责苏丹的马场。为了对抗正在谋求扩张的土耳其伊斯兰君主，他曾为了招募纳布卢斯（Nablus）新兵而视察巴勒斯坦地区，有可能就在那时拜访了这栋早年建造的建筑。图中的三所经学院现在都是住宅。

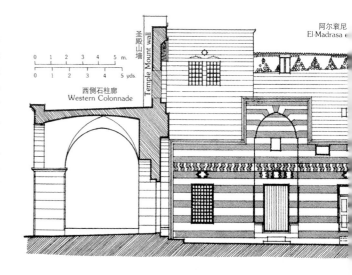

皮洛蒂 1864 年绘制的两扇门，属于 Ma'alot Hamadrasa 街上的图舒克宫（Sitt TunshuQ），这位贵族妇女的墓穴就在街对面。这两座建筑的历史可以追溯到 14 世纪末期，它们是马穆鲁克建筑艺术中最精美的代表，更是耶路撒冷城中最精美的建筑之一，由穆萨法（Abdallah el-Muzaffariyya）的女儿图舒克（TunshuQ）建造，用作苦行僧旅舍。她是一名获得自由并嫁给富商的女奴，除此之外对她一无所知。有人说她丈夫是 1346—1347 年在位的马穆鲁克苏丹穆萨法·哈吉（el-Malik el-Muzaffar Hajji）。图舒克于 1398 年死于耶路撒冷，所葬墓穴的装饰很像她自己建造的宫殿。

由于这两座建筑的规模较大，很多居民和朝圣者都认为它们是由地位更显赫的人造的，诸如苏丹苏莱曼大帝最宠爱的妻子哈斯奇·苏坦（Hasqi Sultan），抑或阿迪亚波纳的海伦女王（Helene of Adiabene）或其他什么人。基督徒则认为这是由康斯坦丁大帝的母亲海伦娜皇太后建造的，供建造圣墓教堂的工人们住宿使用，教堂竣工后成了贫困信徒的住处，因此才会载入朝圣者的作品中。这座建筑现在是服务耶路撒冷郊区孩子们的一所贸易学校。

皮洛蒂描绘了两座精美的门廊，两侧是马穆鲁克时期留下来的木制"双翼"，入口处是石质长椅。立面上镶嵌有一个黑、白、红等不同颜色石材的门框，属于极富特色的马穆鲁克风格。入口上方

有条石过梁，过梁上面是彩色叶纹装饰的辅拱。

东入口上面是一个由彩色石料镶嵌的方形马赛克嵌板（墓室立面上也有一个嵌板，形式完全相同，但稍小些），通过精美的滴水石与上方半圆形屋顶之间进行过渡，这一风格被称为"壁龛"（muqarnas），是伊斯兰建筑艺术中最美的部分之一。

西门与东门不同，玫瑰花装饰的窗户周边是《古兰经》箴言；但刻有捐赠者名字的碑文不见了，而耶路撒冷的大部分马穆鲁克建筑中都刻有这种碑文。

马穆鲁克巩固统治后，十字军已被驱逐，耶路撒冷的犹太社区开始逐渐复苏。1267 年，纳玛尼德斯（Nahmanides）的一封信中提到了残留下来的一个小型犹太社区，它在 14 世纪开始恢复元气，吸引了很多来自东方和欧洲的犹太人。这一时期有很多学者来到耶路撒冷，比如因研究耶路撒冷地理而闻名的哈帕里（Eshtori Haparhi）。因为一场关于迈蒙尼德（Maimonides）作品的论战以及犹太社团领袖的专横态度，哈帕里在耶路撒冷只住了很短一段时间就去了伯示拿（Beth Shean）。贝尔蒂诺罗的俄巴底亚（Obadiah of Bertinoro）1488—1490 年间的信中也提到了犹太领袖的专制，据这些信件所称，许多犹太人因为害怕"老人帮"（Elders）的行动而离开耶路撒冷。抛开这些纷扰，马穆鲁克早期规模非常小的犹太社区此时开始成为城里的重要因素，他们有自己的领袖和组织，并且，在耶路撒冷顽强地生存了下来。

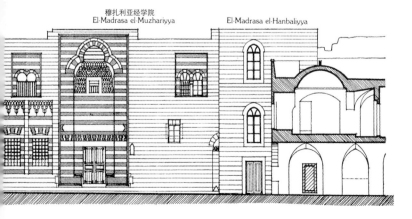

穆扎利亚经学院
El-Madrasa el-Muzhariyya

El-Madrasa el-Hanbaliyya

阿什拉菲亚经学院（El-Madrasa el-Ashrafiyya）位于圣殿山西端的棉商门（Cotton Merchats Gate）和链门之间。据穆吉尔（Mujir ed-Din el-Ulaymi）记述，这所经学院由圣殿山和希伯伦长老墓的看护人塔塔尔（Emir Hasan Ibn Tatar ez-Zahiri）于 1465 年以苏丹扎赫尔（el-Malik Zahir Khushqadam，1461—1467 年在位）之名兴建。他死后，阿什拉夫·卡伊拜（el-Malik el-Ashraf Qa'itbay）来到耶路撒冷，下令拆毁原建筑，并于 1479—1482

年间重新修建。普遍认为，它是圣殿山上除了圆顶清真寺和阿克萨清真寺以外最漂亮的建筑之一。与同时期的其他建筑一样，多数装饰主要集中在正立面，尤其是入口处，马穆鲁克建筑艺术的特征非常明显，比如叠石（muqarnas）的样式、岩石本色（ablaq）、生动的彩石镶嵌（joggling）和辅拱。

建筑正面的碑文记载了第一位建造者的名字。

与哈桑尼亚经学院、圆顶清真寺等马穆鲁克时期的其他穆斯林宗教建筑一样，坦基兹亚经学院 (el-Madrasa et-Tankiziyya) 也是由马赛克拼贴画装饰，许多建筑构件都用了马赛克；大部分的主题都源自植物。这一风格是耶路撒冷穆斯林早期马赛克艺术的传承。

卡伊拜泉亭（Sabil Qa'itbay）也是圣殿山上最美的建筑之一，它是耶路撒冷马穆鲁克壮美建筑的代表，由 1453—1461 年间在位的马穆鲁克苏丹阿什拉夫·伊纳尔（el-Ashraf Inal）建造。泉水源自所罗门池，由主干渠输送来此。

1468—1496 年间在位的苏丹卡伊拜于 1482 年重新翻修了这栋建筑，并以自己的名字命名了它。

多年以后，1883 年对其再次整修，并换上了现在的碑文，上面刻着最后的维修者名字：土耳其苏丹阿卜杜尔·哈米德（Abdul Hamid）。19 世纪末，人们复制了一块卡伊拜原来的碑文："此福地为苏丹阿什拉夫·卡伊拜于伊斯兰历 879 年（1474 年）所建"。出现 1474 年和 1482 年两个日期，明显是复制者的错误。

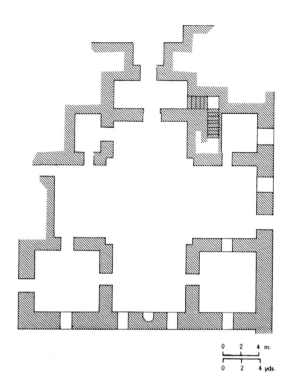

坦基兹亚经学院（El-Madrasa et-Tankiziyya）由坦基兹建造并命名，位于链门附近的广场上，周边都是马穆鲁克建筑。建筑立面与内部布局都是典型的马穆鲁克风格，还刻有坦基兹的圆形高脚杯标志和建造时间（1328—1329年）。苦行僧隐修院和小学是在它建成之后才加进来的，这也是为什么它被称作"学校"，但在建筑立面的碑刻中找不到"学校"字样的原因。1406—1412年在位的苏丹法拉吉（Faraj）在此驻跸之后，这里的声望就更高了。

15世纪末期，坦基兹亚经学院变为法庭，之后从19世纪起成为最高法院[16]所在地。

1335年来到耶路撒冷的维罗纳的雅各（Jacob of Verona）记载道，马穆鲁克时期的犹太人主要住在锡安山附近，那时的锡安山地区明显要比城里的其他地方更安全。另一份资料显示，犹太人当时住在汲沦谷的岩穴里，从事陶瓷制造行业。14世纪，随着大量犹太移民的到来，犹太社区逐步扩张到了今天的规模。

当权者对包括犹太社区在内的少数民族裔社区最为严厉，时不时就会有穆斯林信徒因宗教狂热而发起激烈的行动。据朝圣者记载，当权者对犹太人和少数基督徒实行了严厉的约束政策，更不允许他们进入圣殿山地区。14世纪早期法令规定，犹太人必须穿一种特制服装，不许骑马，并且要缴一项特别人头税。这一世纪的晚些时候，

尽管这些法令尚未废除，但当权者变得稍许仁慈些了。1474年，苏丹卡伊拜甚至对一座耶路撒冷犹太会堂的被毁事件表达了愤怒的情绪。

一些十字军时期的小型基督教社区也留存下来。马穆鲁克时期基督徒主要集中在圣墓教堂附近，其中最活跃的是亚美尼亚人、希腊东正教徒和14世纪住在锡安山的方济各会修士（Franciscans）。虽然方济各会是附属于基督教社区的小团体，却在耶路撒冷发挥了重要的作用。它们的任务是保护基督教圣地，组织宗教活动，以及服务来访耶路撒冷的朝圣者。

在整个马穆鲁克时期，基督教能在耶路撒冷留存下来，其主要原因是基督教在这里的实际影响并未衰落。基督教大本营的领袖们一直竭力干预这里的形势，甚至多次取得成功。虽然如此，犹太人和基督徒的冲突却贯穿了整个马穆鲁克时期，最典型的例子就是关于锡安山和圣方济各会修道院的争论。阿拉贡国王贾伊米二世（Jaime II, King of Aragon）等欧洲基督教领袖竭力阻止这一事件，他于1327年开始为圣方济各会争取锡安山修道院的使用权，还得到了大卫墓和耶稣最后晚餐房间（Room of the Last Supper，或the Cenacle）的所有权。在获得那不勒斯国王安茹的罗伯特（Robert of Anjou）的帮助之后，他才成功地为圣方济各会争取到了圣墓教堂和圣母玛利亚墓等其他一些基督教圣地的所有权。1428年，犹太人赎买了锡安山大卫墓所在建筑，但未能购得耶稣最后晚餐房间，这对基督教而言太过重要。穆斯林终结了这一争执，他们接手该建筑并将其改建为清真寺。此后圣方济各会又曾短暂地拥有过这栋建筑，但时间很短。虔诚的穆斯林——苏丹贾科马克（Jaqmaq，1438—1453年）继位之后，在破坏锡安山修道院和圣墓教堂的过程中，终于爆发了针对异教徒的暴乱。许多年之后，基督徒再一次尝试修复升天教堂等基督教圣地；但1452年再一次发生了暴乱，穆斯林狂热分子又一次毁坏了这些建筑。1461—1467年苏丹胡什盖德姆（Khushqadam）执政期间，基督徒重修锡安山修道院的企图被盛怒的穆斯林阻止，他们再次摧毁了这一建筑。1489年苏丹卡伊拜统治期间，圣方济各会修建了圣锡安教堂，并再一次向当权者请求锡安山圣地的所有权；但多个穆斯林教派经过长期审议之后决定拆毁这一教堂。基督徒只能设法留下教堂的一块石头，标记出圣玛丽在锡安山上休息的准确位置。直到土耳其人到来，该标记一直都放在那里。

德国画家和建筑师古斯塔夫·鲍恩芬德（Gustav Bauernfeind）所描绘的圣殿山，他于1880—1904年间居住在耶路撒冷，十分了解耶路撒冷的建筑特色，许多作品都落笔于这座城市和它的居民。这幅约1890年的作品描绘了圣殿山的景色，里面有圆顶清真寺和对面新近落成的马穆鲁克建筑——卡伊拜泉亭。

希伯伦长老洞穴（the Cave of the Patriarchs in Hebron）里的马穆鲁克玻璃灯，现藏于圣殿山上的伊斯兰博物馆。这种类型的灯一般用于清真寺，有记载显示，圣殿山上的建筑中有类似的灯。灯表面有1312—1340年间叙利亚总督坦基兹的私人印章——圆环中的一只高脚杯，他在耶路撒冷建造的众多建筑中都刻有这个标志，其他马穆鲁克建筑中也有类似纹样。灯的上部刻有《古兰经》中的箴言，中间的碑文写着："以卓越的坦基兹之名，受真主庇护的伟大王国纳布卢斯的统治者"。

西墙广场北侧著名的玛卡玛（Mahkama）和其他一些类似的建筑也是由这位坦基兹苏丹建造的。

穆斯林把圣方济各会视作基督教的代表，时不时地惩罚他们，作为对欧洲国家里的穆斯林受基督徒欺压的报复。这也导致了1365年逮捕锡安山上的所有僧侣并把他们放逐到大马士革的事件，这些僧侣至死未归。1422年也出现了类似的情形，为了报复加泰罗尼亚人[17]对马穆鲁克商船的袭击，圣方各济会的修士被逮捕并被流放到了开罗。这些事件针对的并不只是基督徒。1491年耶路撒冷发生旱灾时，穆斯林还拆毁了犹太人和基督徒的酒窖，声称他们是导致旱灾的罪魁祸首。

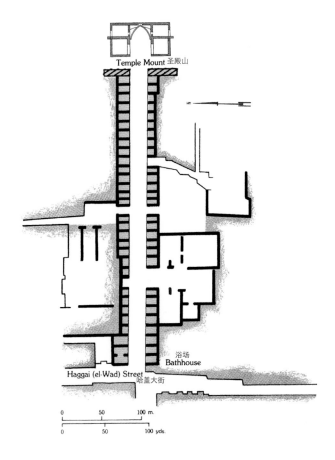

Temple Mount 圣殿山

浴场
Bathhouse

Haggai (el-Wad) Street
哈盖大街

0　　50　　　100 m.

0　　50　　　100 yds.

棉商市场（the Cotton Merchants Market）是马穆鲁克时期耶路撒冷最大的建筑群之一，它有312英尺（合94米）长，从哈盖大街一直延伸到圣殿山。街道尽头的宏伟大门就是通往圣殿山的棉商门（the Cotton Merchants Gate），图中上部描绘了它的剖面轮廓。这个市场由叙利亚总督坦基兹依照苏丹卡拉旺的指令于1336—1337年间开设。

棉商市场设有两排商店，每间商店都有相连的院子用来拴家畜，楼上是为前来交易的商人提供的住处，还有两间浴室和一间客栈（现称为"Utuz bir"）[18]。市场是教会财产，一部分收入用于维护圣殿山，另一部分用于维护坦基兹建造的其他建筑。奥斯曼末期，市场环境开始恶化，尽管1898—1920年间曾试图重修（六日战争以后也曾维修过），但它还是非常荒凉。

马穆鲁克人在西侧（图中下部）当时还在的阿尤布市场上建造了一座通往圣殿山的大门。20世纪80年代重修以后，这里成了通向圣殿山的人行通道，市场也年复一年地繁荣起来。

成为一座以伊斯兰教为主的城市，拥有大量的穆斯林宗教建筑，三大教派之间的关系复杂，政治地位不断下降——这些就是马穆鲁克时期耶路撒冷的主要特征。苏丹卡伊拜统治时期是马穆鲁克王朝最后的辉煌，之后便开始衰落，并最终被土耳其人征服。

图坎·卡吞墓（Turkan Khatun）是耶路撒冷老城链街上的一个小房子，建筑立面由树叶和美洲蒲葵装饰，过梁上面是圆花饰和装饰面板，是马穆鲁克艺术的典型范例。类似的装饰还出现在书籍装帧、木制祈祷坛和其他建筑构件上。

这座墓室建于1352—1353年间，圆柱上刻有文字，记载它是埃米尔图泰（Emir Tuqtay Ibn Saljutay el-Uzbaki）的女儿图坎·卡吞的墓穴，也提到了同样来自亚洲的、已故的父亲和祖父的名字。尽管穆斯林非常常尚落葬于圣城，但仍不清楚从中亚来的埃米尔的女儿为什么最终会葬在耶路撒冷。

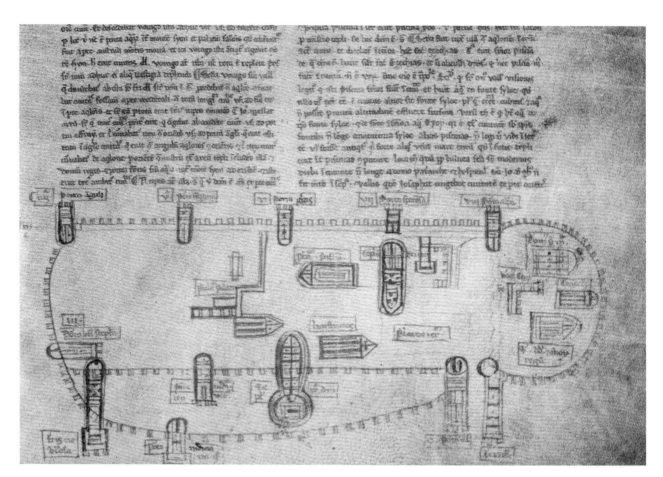

14 世纪的一幅耶路撒冷地图，反映了当时的欧洲人对耶路撒冷的想象。作者带着倾向基督教的感情色彩进行描绘，由此产生了不少错误。尽管马穆鲁克时期大部分城墙已经被毁，但地图是根据 12—13 世纪的资料绘制的，因此

图中的耶路撒冷仍旧被城墙包围，锡安山周边也有护墙，图中仅仅暗示了把锡安山从城市分隔出去的城墙。马里奥·萨努托（Marino Sanuto）地图中的耶路撒冷也是这样的。另外，图中画有 5 座城门，但因缺少这一时期的资料，很难

核实这一点是否真实。里面的城墙也是根据《新约》绘制的，各各他山和耶稣埋葬点都在城墙的外面。

这幅地图上标有本丢·彼拉多（Pontius Pilate）宫、石铺地[19]、

贝塞斯达池等许多基督教圣地，还有一些锡安山上的遗址，包括玛丽之屋（Domuss Marie）、该亚法之屋（Domuss Cayfe）、最后晚餐房间（the Cenacle）、大卫和其他国王的墓穴等。这幅地图现存于佛罗伦萨图书馆。

译者注

1. Mamluk，阿拉伯语中对于奴隶的称呼。常用于指代穆斯林的奴隶士兵或奴隶出身的穆斯林统治者。

2. Qadi Mujir ed-Din el-Ulaymi，1456—1521年。

3. Qadi，伊斯兰国家正式任命的行政司法官吏，依据穆斯林律法审判、管辖法庭之外的案件，相当于大法官。

4. Shafi'I Tradition，逊尼派认可四个主要教法之一，四教法分别是哈纳菲(Hanafi)、马利基(Maliki)、沙菲耶(Shafi`i)及罕百里(Hanbali)。

5. 此处指伊斯兰历纪年，在中国也称"回历"，相当于1320年或1321年。

6. Allah ed-Din Aydughdi Ibn Abdallah el-Kubaki 的墓穴。库巴基是驻叙利亚的阿尤布官员，在拜巴尔斯一世(Baybars)，也称"拜伯尔斯"，约1223—1277年，尊称为"胜利王""狮子王""宗教之柱"，伊斯兰文明最危险时刻的拯救者，埃及和叙利亚马穆鲁克王朝第四任苏丹。

7. Safed，现位于约旦河谷西侧的以色列城市。

8. Aleppo，现位于叙利亚的一座城市。

9. 公元711年摩尔人入侵西班牙，直到1492年卡斯蒂利亚女王和费尔南多率军收复格兰纳达。基督徒重新掌握这个国家，此期间穆斯林只能逃离。

10. et-Tankiziyya，19世纪后更名为"玛卡玛"(Mahkama)。

11. Murad II，1403—1451年，奥斯曼帝国苏丹，1421年即位，1430年打败威尼斯。

12. Du el-Qadir，位于叙利亚北部、幼发拉底河和地中海之间的一个小国家。

13. Tankiz en-Nasiri，全名 Sayf al-Din Tankiz al-Husami al-Nasiri，1312—1340在位。

14. Cup，或 el-Kas，即"杯子"之意，1320年建。

15. Marino Sanuto，或 Marino Sanuto the Elder，1260—1338年，威尼斯政治家和地理学家，终生致力于十字军运动和十字军精神研究。他被称为"老萨努托"，不同于同样来自于威尼斯的历史学家"小萨努托"，后者的生卒时间为1466—1536年。

16. 也称"石屋"(Chamber of the Hewn Stone)，即第二圣殿时期就有的犹太教最高评议会。

17. Catalonian，西班牙的一个自治区，位于伊比利亚半岛东北部。袭击事件或许是因为西班牙和伊斯兰教的历史渊源。

18. utuz bir，土耳其语中指数字"31"。

19. Lithostrotos，图中标为 Licostrates，即彼拉多审判耶稣之地。

奥斯曼时期[1]:1517—1917 年

马穆鲁克末期，堕落的政府已经无法维持其统治，整个地区的安全形势已经恶化，经济持续衰退，这同样也影响到了耶路撒冷。

奥斯曼帝国已经对马穆鲁克王朝构成威胁。15 世纪，巴耶塞特二世[2]已经尝试去征服马穆鲁克王朝，但最终失败。奥斯曼王朝的塞利姆一世[3]征服了两个王国之间的小国卡迪尔（Du el-Qadir），从而为其后征服叙利亚、巴勒斯坦和埃及做好了铺垫。1516 年 8 月，塞利姆在阿勒颇北部马吉·达贝（Marj Dabek）战胜了苏丹坎苏（Qansuh el-Ghori）率领的马穆鲁克军队，继而占领了叙利亚和巴勒斯坦全境。奥斯曼军队继续向埃及挺进，在开罗附近的又一次战斗之后，彻底终结了马穆鲁克王朝。1516 年 12 月末，塞利姆一世率领他的骑兵进入耶路撒冷，受到居民们的热情迎接。苏丹向欢呼的人群抛洒钱币，得到他们更多的欢呼。

与马穆鲁克时期一样，在奥斯曼统治的早期，耶路撒冷仍然遭受冷遇，它的地位还是低于这个国家的其他城市。颇有象征意味的是，苏丹塞利姆一世进城时并未被授予耶路撒冷的钥匙，却在加沙与其他城市的钥匙一起拿到了耶路撒冷的钥匙。

土耳其人统治一段时间后，这个国家经历了重大转变，真正成为奥斯曼王朝的一部分。得益于更有组织的管理，耶路撒冷的经济开始发展，农业、商业和贸易也开始繁荣起来。奥斯曼政府大力建设国家，尤其重视耶路撒冷。由于治安和经济环境都有所改善，朝圣者数量明显地提高了，城市人口也在快速增长。

奥斯曼统治后划分了新的行政辖区，土耳其统治下的这个地区成为大马士革的一个省，马穆鲁克时期的一些做法仍然保留了下来，巴勒斯坦和叙利亚的当地官员也保住了原来的职位。耶路撒冷并没有得到特殊的地位，

城堡石桥旁边发现的纹饰颇具观赏性，上面有苏莱曼大帝的名字及"荣耀归于我们的主人苏莱曼"字样。

或许受到马穆鲁克纹饰的影响，这个纹饰的风格与其极为相似。苏莱曼统治期间，城门、城墙上的堡垒、吊桥、外部的城堡以及该纹饰所在的拱桥都得到了修缮。

改善耶路撒冷协会[4] 在 1918—1920 年间对城堡进行了大量的修缮工作，他们宣称发现了这一纹饰；不过，好像早在 1914 年就有学者知道此事。这也很正常，这块纹饰被桥栏上的树叶纹饰遮盖着，或许只是被人遗忘了而已。

它与希伯伦的一部分共同组成了一个行政区。

土耳其人指定的耶路撒冷总督或帕夏（pasha）在圣殿山西北角的亚瓦利亚经学院（Jawaliyya）设立办公室，从 1427 年开始，那里一直是城市统治者的住处。总督可以直接指挥一支驻扎在城堡的小部队，一份 1660 年的手写资料显示，那里驻扎的士兵接近 90 人。奥斯曼时期多次翻修城堡，它成为奥斯曼在这座城市的统治象征。

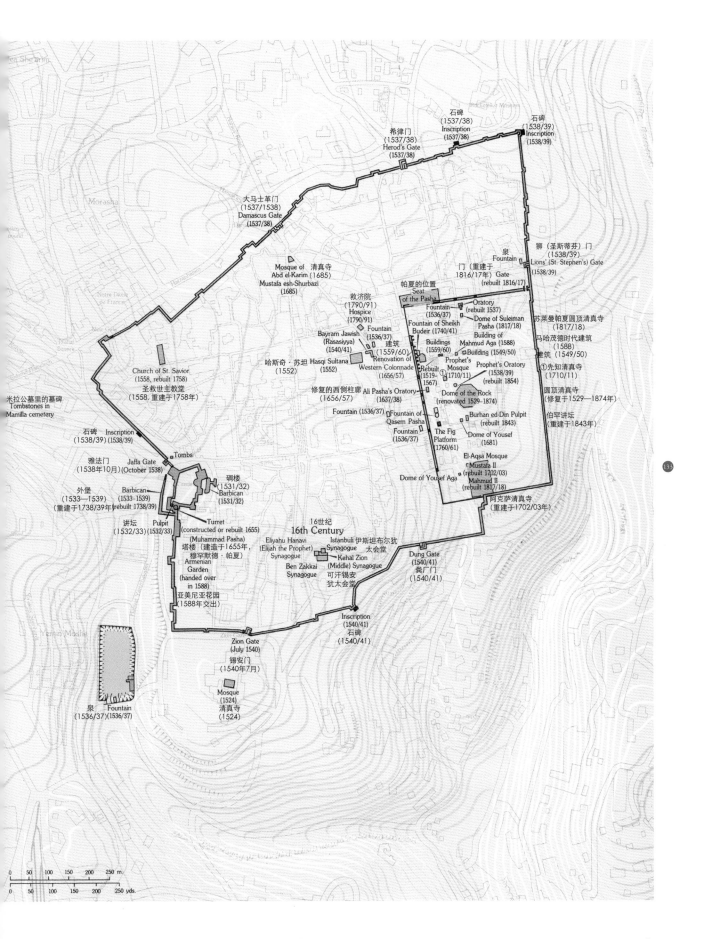

石碑
(1537/38)
Inscription
(1537/38)

石碑
(1538/39)
Inscription
(1538/39)

希律门
(1537/38)
Herod's Gate
(1537/38)

大马士革门
(1537/1538)
Damascus Gate
(1537/38)

泉
Fountain

狮（圣斯蒂芬）门
(1538/39)
Lions' (St. Stephen's) Gate
(1538/39)

门（重建于
1816/17年）
Gate
(rebuilt 1816/17)

Mosque of 清真寺
Abd el-Karim (1685)
Mustafa esh-Shurbazi
(1685)

救济院
(1790/91)
Hospice
(1790/91)

帕夏的位置
Seat
of the Pasha

Fountain
(1536/37)

Oratory
(rebuilt 1537)

Dome of Suleiman
Pasha (1817/18)

苏莱曼帕夏圆顶清真寺
(1817/18)

Fountain of Sheikh
Budeir (1740/41)

Building of
Mahmud Aga (1588)

马哈茂德时代建筑
(1588)

Bayram Jawish
(Rasasiyya)
(1540/41)

Fountain
(1536/37)

Buildings
(1559/60)

Building (1549/50)

建筑(1549/50)

哈斯奇·苏坦 Hasqi Sultana
(1552)

建筑
(1559/60)

Prophet's
Mosque
Rebuilt (1519-
(1519- 1567)

Prophet's Oratory
(1538/39)
(rebuilt 1854)

①先知清真寺
(1710/11)

Church of St. Savior
(1558, rebuilt 1758)

圣救世主教堂
(1558, 重建于1758年)

修复的西侧柱廊
(1656/57)

Renovation of
Western Colonnade
(1656/57)

1710/11)

①
1567)

Ali Pasha's Oratory
(1637/38)

Dome of the Rock
(renovated 1529-1874)

圆顶清真寺
(修复于1529—1874年)

米拉公墓里的墓碑
Tombstones in
Mamilla cemetery

Fountain (1536/37)

Fountain of
Qasem Pasha

Fountain
(1536/37)

Burhan ed-Din Pulpit
(rebuilt 1843)

Dome of Yousef
(1681)

伯罕讲坛
(重建于1843年)

石碑 Inscription
(1538/39) (1538/39)

The Fig
Platform
(1760/61)

雅法门 Jaffa Gate
(1538年10月)(October 1538)

Tombs

El-Aqsa Mosque
Mustafa II
(rebuilt 1702/03)
Mahmud II
(rebuilt 1817/18)

外堡
(1533—1539)
（重建于1738/39年）

碉楼
(1531/32)
Barbican
(1531/32)

Barbican
(1533-1539)
(rebuilt 1738/39)

Dome of Yousef Aga

阿克萨清真寺
(重建于1702/03年)

讲坛 Pulpit
(1532/33)(1532/33)

Turret
(constructed or rebuilt 1655)

塔楼（建造于1655年，
穆罕默德·帕夏）
Armenian
Garden
(handed over
in 1588)

亚美尼亚花园
(1588年交出)

16世纪
16th Century

Eliyahu Hanavi
(Elijah the Prophet)
Synagogue

Istanbuli 伊斯坦布尔犹
Synagogue 太会堂

Ben Zakkai
Synagogue

Kehal Zion
(Middle) Synagogue

可汗锡安
犹太会堂

Dung Gate
(1540/41)

粪厂门
(1540/41)

Inscription
(1540/41)
石碑
(1540/41)

泉 Fountain
(1536/37)(1536/37)

Zion Gate
(July 1540)

锡安门
(1540年7月)

Mosque
(1524)
清真寺
(1524)

0 50 100 150 200 250 m.

0 50 100 150 200 250 yds.

133

卡西穆帕夏（Qasem Pasha）泉池，这座八角形的建筑物一侧是犹太朝圣妇女行洁净礼的场所，另一侧是洗手泉中间的大理石水池。它有一座镀铅穹顶，与圣殿山上的奥斯曼建筑风格非常协调。

据西立面上的碑文记载，这座泉池于1527年由卡西穆帕夏建立，他是苏莱曼大帝的高级法官，也是埃及总督。

很明显，这是耶路撒冷最早的奥斯曼建筑，早于其他的泉亭，甚至比土耳其城墙和城门还要早。

苏莱曼大帝（1520—1566年）给城市带来了根本性的转变。这位苏丹在整个欧洲发起战争，将他的统治向西大大地延伸了，同时他也不遗余力地促进国内经济发展。在他的统治下奥斯曼王朝的农业发展达到了高峰，修建耶路撒冷城墙成为他宏伟建设的标志。

检官门泉（Inspector Gate Fountain）位于老城哈盖大街与阿拉大街（Allah ed-Din）的交叉口。比起苏莱曼大帝所建造的另外5座泉池来说，检官门泉有太多的十字军建筑元素。主拱门整合了不知从何而来的门窗装饰，玫瑰花饰与碑文是土耳其风格的，碑文写道：

"真主赐福本泉，修建法令来自我们的主人、伟大君主、卓越的统治者、民众的主宰、（土耳其）拜占庭苏丹、阿拉伯及波斯苏丹、塞利姆苏丹之子苏莱曼苏丹、愿阿拉庇佑他的王土与人民，时值伊斯兰历943年的第二个斋月（即1537年2月12日）"。

链门泉（Gate of Chain Fountain）由苏莱曼大帝所建，正立面上采用了十字军元素，装饰精致的水槽其实是一只来历不明的十字军石棺。上部的圣龛采用了来自老教堂的典型十字军风格的玫瑰纹样，中心是花窗环绕的玫瑰花饰。为了与圣龛的结构相协调，最下面的花窗被去掉了。柱身雕刻属于12世纪耶路撒冷的典型风格。

通过主输水渠和链街下面的管道，链门泉的水由所罗门池送来。泉亭旁边设有分流渠，大部分水都被源源不断地送到圣殿山；少量水供给坦基兹亚经学院；剩下的水用于链门泉。这座泉亭至今几乎没有什么变化，只是圣龛两侧繁复的玫瑰花饰被穆斯林铭文"穆斯林教产"所取代。圣龛内部的铭文与其他苏莱曼所立的泉亭相似，只有建造日期不同（链门泉建于1537年1月）。

狮门泉（Lion's Gat Fountain）位于狮门内。苏莱曼改进耶路撒冷供水的措施包括修复主输水渠以连接城南的所罗门池，新建狮门泉和其他 5 座泉亭。亭内优美装饰都采用的是圣殿骑士所建的十字军建筑构件。

古斯塔夫·鲍恩芬德（Gustav Bauernfeind）的代表作《棉商门外的祷告者》（*Prayers at the Cotton Merchants Gate*）。画中，因被禁止入内，犹太人只能站在圣殿山入口之一的棉商门前祷告，他们的双眼凝视着早先的犹太圣殿所在，即圆顶清真寺之处。鲍恩芬德是一位德国画家兼建筑师，1880 年首次来到这个国家，1898 年举家定居耶路撒冷，直到 1904 年过世。

1532 年开始修缮的城市供水设施也是这位苏丹的功劳。所罗门池的主输水渠修好了，城里新修了 6 座泉池。这些穆斯林风格的泉池和泉亭使用了源于十字军时期的各种建筑元素，从而形成了一种新的风格。耶路撒冷的供水充足了，也就有可能兴建公园了。

苏莱曼大帝在耶路撒冷最伟大的功绩无疑就是 1536—1541 年间重修城墙，这是一项重要的建设成就，很少有地方能像奥斯曼王朝一样，以这样的方式修建如此大型的城堡。有人说是那时候著名的建筑师思南帕夏（Sinan Pasha，或 "Koja Minar"，意思是 "大建筑师"）在去往埃及的途中路经耶路撒冷时，由他设计、建造了大马士革门。这种说法纯属谬论，因为思南从未到过耶路撒冷。

在此期间，包括圆顶清真寺主穹顶在内的许多宗教建筑得到修缮，已经破损的马赛克外饰面也被替换成了从波斯进口的陶制贴片，并一直保留至今。这些建筑修缮和新建供水设施为圣殿山的朝圣者带来了更多便利。

埃默特·皮洛蒂 1864 年绘制的城堡（the Citadel）东视图。虽然图中有不少瑕疵，但其所描绘的建筑风格历经了整个奥斯曼时期。

现在的城堡是一个不同时期的建筑风格集于一身的混合体。画面下部是希律王时期建造的大卫塔，与同时期所建的三塔之一希皮库斯塔的形式如出一辙，其主体部分源自中世纪晚期。从 1187 年的十字军后期直到马穆鲁克时期，城堡经历多次毁坏与重建，很难界定各部分的准确建造时间。1293—1341 年卡拉旺统治期间修建的部分比较容易辨识。城堡外部和围墙主要建于马穆鲁克时期，并在奥斯曼时期得到进一步修缮。另外，马穆鲁克晚期一位日耳曼信徒的记录也可以佐证。除了土耳其风格的宣礼塔与门楼，城堡的其他部分都与现在非常接近了。

图中能看到苏莱曼大帝于 1531—1532 年间所建的门楼，跨越内部护城河并通往大门的栈桥也是他修的。最早的大门是卡拉旺于 1310—1311 年间所建，奥斯曼时期又在上面加建了木结构，但后来被英国人在改建时拆掉了。有些学者认为大门左侧的下部塔基建于十字军时期，但并无相关证据。塔楼的上半部分很可能也建于马穆鲁克时期。画面下部，门楼与路人之间的矮墙遗址画得并不十分准确，它们从奥斯曼时期一直保存至今。

为了振兴经济，耶路撒冷新建了许多交易市场，棉商市场等一些马穆鲁克时期残存下来的市场也得到了进一步修缮。城市的商贸活动，尤其是香料交易得到了促进，仰仗本地油脂产业的胡麻编织业和肥皂工场都发展起来。

当地居民的经济状况得到了改善。奥斯曼征服不久后的一份犹太文献记录了当时市场物价的上涨，说明居民生活的标准也提升了。巴索拉[5]于 1520 年来到耶路撒冷，他极力歌颂耶路撒冷，尤其夸赞令人愉悦的住房和繁华的市场。他提到的那些破败与荒凉实际上是指几个世纪前就已毁坏的城防工事。

这一时期耶路撒冷犹太人的生活质量有所提升，从而增加了他们对未来的美好期望。这种感受也体现在突发事件引起的兴奋之中：1520 年五旬节那天，圆顶清真寺穹顶上的新月突然掉下来，他们认为这就是预言中救

苏莱曼大帝所建的城堡门（Citadel Gate），引自威尔逊于1880年出版的《美丽的巴勒斯坦》（Picturesque Palestine）一书。宣礼塔和大门都是城堡的重要组成部分，建于奥斯曼时期，其东侧曾被翻修过。图中描绘了由土耳其卫兵把守的、位于城防体系最前端的吊桥和大门，门后的木质吊桥于英国托管时期被换成了现在的水泥桥。大门上的铭文赞美了苏莱曼大帝，并铭记了1531—1532年间的这次修缮。铭文下方是载有《古兰经》箴言的刻板，用古阿拉伯方体文字篆刻，鲜见于耶路撒冷奥斯曼风格的建筑之中。

赎的到来。奥斯曼时期，居民生活条件的改善同样促进了城市人口的增长。1525—1563年间曾进行过四次全面的人口普查，其中一份奥斯曼当局用于征税的人口普查报告证实了人口的增长，穆斯林为数最多，从16世纪开始，犹太居民人数排在次位。

16世纪上半叶，耶路撒冷达到了从未有过的繁荣；但是，奥斯曼王朝统治下的繁荣是短暂的。苏莱曼大帝之后，他的儿子塞利姆二世（Selim II）继位，其执政的十四年间（1560—1574年）整个国家的经济、社会、文化和政治等各方面都有很大的滑坡，主要原因是战争失利和低效的税收政策。这种衰落也体现在耶路撒冷：供水系统颓败；道路路况堪忧；居民数量下降。

奥斯曼当局不再关注城市发展和日常管理，原因之

一是执政者用税收得来的钱财换取官职，甚至从中牟利。一个极端例子就是1603—1625年间耶路撒冷的独裁者、来自切尔克斯（Circassian）的马穆鲁克伊本·法鲁克（Ibn Farouk），他对当地居民强征暴敛，并最终因为伊斯坦布尔犹太社团的干预而被解职。

城市的衰退也明显反映在城市居民数量的减少上，政府的繁重税负直接导致了犹太人的减少。1578年发生了犹太人与地方政府的冲突，将政府的横征暴敛与每况愈下的经济形势暴露无遗。许多犹太人选择放弃并离开，到1677年，耶路撒冷的犹太居民已经不足15 000人，留下来的贫穷犹太人只能依赖海外犹太团体的援助。尽管形势每况愈下，但仍有犹太人到来，甚至不惧承担重税与困苦，只求能够定居在圣城。1700年犹大·亥哈西德（Judah Hehasid）及其追随者到来之后，当地的犹太社区得到明显壮大；不过，在他去世之后，他带来的人反而成了本已十分穷困的犹太社区的沉重负担。

中央政府的混乱也对耶路撒冷的基督教团体有不利影响。早在1522年就有证据显示，奥斯曼统治者开始不断侵扰城中的基督教会。方济各会修士甚至被逐出耶稣最后晚餐房间（Cenacle），被迫寻找新的宗教场所。他们于1558年从格鲁吉亚人手中买下西北部的圣约翰修道院（St. John Monastery），更名为"圣救世主教堂"（Church of St. Savior），并使用至今。方济各会修士的成功得益于奥斯曼统治者给格鲁吉亚人的压力。在总体下滑的趋势下，城中的基督教徒地位急剧下降，这也反映在教会财产权的不断倒手中。塞尔维亚人被迫于1623年将玛尔·萨巴（Mar Saba）修道院转让给了希腊东正教，后者还于1558年从格鲁吉亚人手中购买了十字修道院（Monastery of the Cross）。依靠他们对苏莱曼朝廷的影响力，希腊团体成功保持了其在城中的地位。来访的信徒不断抱怨，为了能进城，进入圣墓教堂或是敬拜城外的圣地，他们被迫缴纳高额的费用。

中央政权的软弱导致了耶路撒冷和其他城市的窘境，地方政权集中在纳沙什比、侯赛因、阿拉米斯和卡利迪斯（Nashashibis, Husseinis, Alamis, Khalidis）等少数几个家族手中，而且往往是子承父职的世袭制。

17世纪中叶，耶路撒冷基本上停止发展。除了出于纯粹的宗教原因对圣殿山上的建筑进行修缮以外，奥斯曼政府几乎没有再新建任何建筑，城市到处是残垣断壁，到处是衰败与污秽，完全是一副鬼城的模样。

1895年拍摄的城堡外的壕沟。雅法门旁的城堡最终定型于奥斯曼时期，苏莱曼大帝于1520—1566年间增加了大部分的装饰。城堡此后被内外两套城壕所环绕，外侧的城壕在英国托管时期的20世纪20年代末被填埋，改建为一座城际公交车的终点站。20世纪90年代末，通往雅法门的道路彻底毁坏了城壕上的城墙，城墙最终成为废墟。苏丹时期的一块碑文曾记载了修建日期，可惜现在已经无法辨识了。

译者注

1. Ottomans，也称"奥斯曼土耳其帝国"，土耳其人于 1299—1922 年间建立的大帝国，一度征服并统治巴勒斯坦地区。

2. Bayezid II，奥斯曼帝国苏丹，1481—1512 年间在位，他巩固了奥斯曼帝国在巴尔干、安纳托利亚和地中海的统治，并成功对抗了萨法维帝国。

3. Selim I，1512—1520 年在位。

4. Pro-Jerusalem Society，由斯图尔斯、军政府和阿什比发起，成立于 1918 年，目的是保护耶路撒冷及周边地区的安全和改善生活。除了日常的公共事务以外，还负责保护古物、建立博物馆和发展手工艺制作。

5. Moses Basola，全名 Moses ben Mordecai Bassola，出生于意大利拉比家庭的犹太神秘主义哲学家，1480—1560 年，他最为著名的著作是《摩西·巴索拉在锡安和耶路撒冷的旅程（1521—1523 年）》。

19 世纪的耶路撒冷：城市复苏， 1830—1917 年

　　对耶路撒冷来说，19 世纪是一个历史转折点。尤其是从 19 世纪 30 年代到 1917 年被英军占领，耶路撒冷发生了重大变化：城市人口增长了八倍，犹太人口比以前增长了二十倍之多；城市跨出老城城墙的范围向西和向北扩张；新建了许多标志性建筑、公共建筑和宗教建筑；经济开始繁荣，交通和通信设施也有很大发展。

　　以 1831 年埃及人征服巴勒斯坦地区为标志，带来了一系列政治体制改革，大大提升了百姓的福祉。尤其是废除歧视性的不平等法律，给非穆斯林公民带来了巨大利益。埃及人进行改革一方面是为了赢得欧洲列强的支持，另一方面是维护当地的稳定与团结。埃及统治者结束了自土耳其时期开始的分裂局面，赋予耶路撒冷特殊地位，并成立了代表公民权利的市议会（majlis）。非穆斯林团体获准修缮和新建自己的宗教设施，仅在 1835—1836 年间就翻修了四座赛法迪犹太会堂[1]，还兴建了胡瓦[2]犹太会堂建筑群的默纳恒锡安会堂（Menahem Zion synagogue），犹太人不必经官方许可就可以在西墙祷告等。埃及统治时期的城市建设活动非常活跃，修缮了锡安山上的大量建筑，还建造了城堡旁边的军事防御设施（Kishleh）。

　　这次城市复兴一直持续到 1840 年土耳其人回归之后，史称"坦志麦特时期"（Tanzimat Period）。苏丹阿卜杜勒·迈吉德（Sultan Abdul Mejid）颁布了关于行政改革和改善公民权利的两项法令，分别是 1839 年的《御园敕令》（Khattisherifi）和 1856 年的《帝国诏书》（KhattiHumayun），后者是为了响应克里米亚战争之后

的"巴黎和约"。两项法令都保障了非穆斯林居民的平等权利，赋予外国移民购买土地的合法权利，赋予信仰自由和修建非穆斯林宗教场所的权利，提升了欧洲列强公使的地位。新的关税协定和领事裁判权使欧洲商品可以免税进口，欧洲法官可以合法介入当地涉欧案件的审理。欧洲人可以在当地投资，不受奥斯曼政权的限制。大量犹太人在各国公使的保护下又重新聚集到耶路撒冷，他们有权在全城任何地方自由活动。1873年，耶路撒冷成为直接受君士坦丁堡中央政府管理的特殊行政区（the mutasarif of Jerusalem）。

另一个重要变化是苏伊士运河[3]的开通以及由此带来的经济复兴。不仅交通系统得到恢复，城中犹太人的居住条件也改善了。

19世纪60年代早期，建设活动主要集中在城墙以内。犹太人住房短缺；基督教团体诉求圣地使用权；外部条件改善——这些都导致了城墙以外居住区和公共建筑的大量建设，一直持续到第一次世界大战（World War I）爆发。城市面貌发生了巨大变化。

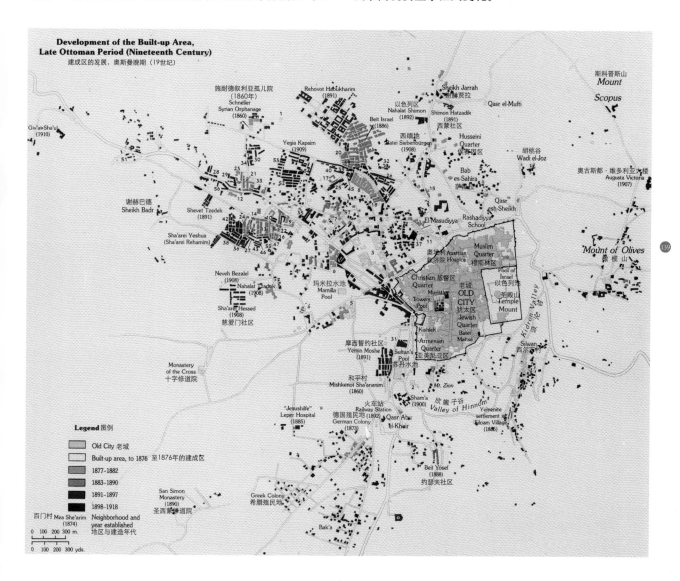

Development of the Built-up Area,
Late Ottoman Period (Nineteenth Century)
建成区的发展，奥斯曼晚期（19世纪）

173

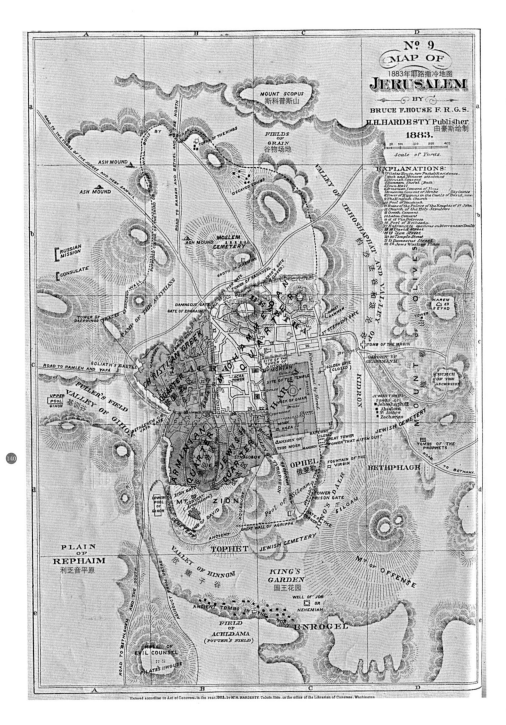

1883年耶路撒冷地图，引自
1884年哈迪斯蒂（H.H.Hardesty）
出版的《历史地理百科全书图
录》（Historical and Geographical
Encyclopedia Illustrated），由豪斯
（Bruce F. House）绘制。

无论是从巴勒斯坦全境还是耶路
撒冷来讲，无论从整体还是具体
层面来看，1875年至第一次世
界大战前巴勒斯坦考古基金会
（Palestine Exploration Fund）和德法
学者关于"《圣经》地图"（biblical
atlases）的考古成果都非常显著。
更为惊人的是，根据这些地图所
做的许多假设日后都得到了印证。

受老城所限，基督教的建设活动主要集中在圣墓教
堂、苦路和亚美尼亚区附近。圣墓教堂在历经1808年的
大火之后得到了大规模的扩建与维修，各种基督教团体
纷纷购买教堂周边的土地并设立自己的机构，其中最大
的就是1869年普鲁士王储弗雷德里克（Frederick）到访
期间赠送给德国路德派（Lutheran Germans）的救世主教
堂（Church of the Redeemer）。这座教堂就建在原来的十字
军教堂旧址上，德皇威廉二世（German Emperor Wilhelm
II）及妻子参加了1898年举行的祝圣仪式。在这段时间，
圣玛丽拉丁教堂的十字军修道院（Crusader monastery of St.
Mary la Latine）附近还修建了日耳曼考古研究所（German
Archaeological Institute）和收容所，穆里斯坦区建起了希腊
东正教会教堂，它的对面是1887年修建在考古遗址上的
俄罗斯亚历山大内夫斯基教堂（Russian Alexander Nievsky
Church）。

基督教的建设活动主要沿着苦路展开，其周边大多

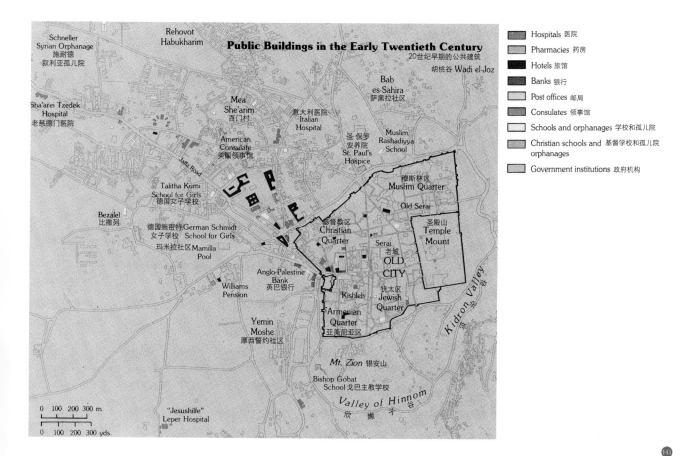

数教堂均兴建或重建于 19 世纪，包括 1839 年方济各会修建的鞭笞教堂（Church of the Flagellation）、1856 年修建的希腊东正教官邸（Greek Orthodox Praetorium）与奥地利救济院（Austrian Hospice）、1860 年重修的圣安妮教堂（Church of St. Anne），以及 1868 年修建的锡安姊妹修女院（Sister of Zion Convent）相继完成。19 世纪中叶，西方各国的使馆也聚集于此。亚美尼亚区一侧新建了一大批教育机构，新教（Protestant）主教在另一侧修建了基督教堂、英国医院（English Hospital）和教区姊妹医院（Diocesan Sisters Hospital）。在锡安山，1905 年竣工的圣母安眠教堂（Church of the Dormition）是由 1855 年的戈巴主教学校（Bishop Gobat School）改建而来。1864 年还在基督区修建了拉丁主教建筑群（Latin Patriarchate complex），旁边就是由希腊教会主持修建的学校、医院、购物商场、旅馆、圣篮修道院（St. Spyridon Monastrery）、圣神修道院（Santo Spirito Monastery）等，就在大马士革门门附近。

犹太人的建设活动主要集中在犹太区。他们建立了大量犹太教会堂，其中最知名的有拉比犹大·亥哈西德废墟（Hurvah of Rabbi Judah Hehasid，位于雅各社区，1864 年）、锡安探寻者（Doresh Zion，1857 年）、锡安默纳恒（Menahem Zion，1837）以及和美以色列犹太会堂[4]（Tiferet Israel）和伊芙琳娜·罗斯柴尔德女子学校（Evelina de Rothschild School for Girls，1857 年）等大量教育机构也纷纷成立。犹太区外围兴建了为当地犹太人提供医疗服务的英国医院，这也导致了犹太医疗设施的加速发展。在此背景下的第一间医疗诊所是由弗兰克尔（Dr. Frankel）开办的，他受摩西·蒙特菲奥里爵士[5]的指派来到耶路撒冷，为英国圣公会（Anglican mission）寻找援助项目的备用地。罗斯柴尔德医院（Rothschild Hospital）和慰患医院（Bikur Holim Hospital）分别于 1845 年与 1857 年成立，此后成立的是面向当地犹太人的拉迪什医院[6]，它也是 1948 年 5 月犹太区抗战中唯一坚守的医院。1860 年，为了住房问题，一个由荷兰与德国移民组成的合力协会[7]在犹太区东南部开展了名为"居者有其屋"[8]的住房建造计划。犹太区向北一直扩张到圣殿山附近的穆斯林区，胡塔门社区[9]、希伯伦大街（即哈盖大街）与玛洛·哈玛德拉萨大街（Ma'a lot Hamadrasa Street）都有犹太人居住，在这里建立了犹太会堂、学校、印刷厂等机构，并开设了希伯来语刊物《哈瓦兹莱》[10]的办公室。

19 世纪的复兴过程中，耶路撒冷的发展突破了老城城墙的束缚，城市形态也极大地改变了。奥斯曼法律赋予非土耳其裔居民购买土地的合法权利，繁荣了地方经济，加上老城区居住环境过度拥挤，最终促使城市向外扩张以及城郊新城的产生。

城外的建设活动早在 1850 年就开始了，从英国公使詹姆斯·芬恩（James Finn）在塔尔比（Talbieh）山上修建第一座避暑别墅开始，戈巴（Gobat）主教随后在锡安山上建造了清教徒学校（Protestant School）。同年，芬恩又建造了现在位于俄巴底亚大街（Ovadiah Street）24 号的葡园宅[11] 作为自己的住处。犹太人在周围开辟了果园，用果蔬收成贴补家用。1860 年，施耐德（Johann Ludwig Schneller）在旁边修建叙利亚孤儿院（Syrian Orphanage）。1857 年，巴勒斯坦弗拉迪斯拉维亚协会（Palestine Pravoslavic Society）在老城城墙西北角购置了一块土地，并于 1860 年开始在此修建包括教堂、医院、旅舍在内的建筑群，提供清教徒朝圣的食宿和外交事务使用，人称"俄罗斯大院"（Russian Compound）。

雅法—耶路撒冷公路的修建、苏伊士运河于 1869 年的开通、海事航线网络的发展、蒸汽动力船在以色列，尤其是在雅法港的广泛使用，这些都让耶路撒冷与欧洲的联系更加密切。很多声名显赫的达官贵人都会来耶路撒冷，如 1869 年到访的弗兰兹·约瑟夫皇帝[12]。许多圣殿会（Temple Order）成员定居城南并建立自己的社区，如位于交通干线两侧的日耳曼移民区（German Colony），它的周边还有果园和精心打理的花园。基督教团体的建设从老城城墙西北角开始，绕过俄罗斯大院，一直延伸到先知大街（Prophets，即 Hanevi'im）两侧，其中最著名的就是 1861 年修建的德国女子学校[13]、橄榄山上于 1868 年竣工的天主经教堂（Pater Noster Church），以及 1876 年动工的雷根斯堡修道院（Ratisbon Monastery）。许多私人宅邸也开始在城外兴建，其中包括位于雅法公路旁的英国公使宅，也就是现在的耶胡达警察局（Mahane Yehuda Police Station）。

这一时期兴建了大量的犹太社会住宅。摩西·蒙特菲奥里爵士第四次来巴勒斯坦时曾在城西的一座山上购置了一块土地，原打算用于建造一所医院，但由于种种原因并未付诸实施。1860 年，耶路撒冷城外的第一个居住社区——和平村（Mishekenot Sha'anim，或 Mishkenot Sha'anim）在此兴建，还附建了一座风车以方便生活。犹太人的建设一直持续到 19 世纪 60 年代末。1867 年，拉比大卫·本 - 西蒙（Rabbi David Ben-Shimon，即"Davash"）在玛米拉池（Mamilla Pool）旁购地，为贫穷的北非犹太人建造了共同的以色列社区（Mahane Israel）。此外，阿什肯纳兹的七名成员于 1869 年集资建造了西瓦社区（Nahalat Shiv'a），犹太慈善家大卫·莱斯（David Reiss）于 1873 年投资兴建了大卫社区（Beit David）。

百门村于 1874 年开始建造，它所采用的新型组织模式被许多后期社区模仿。如优先登记居住意向；所有购买土地与房屋建设的成本均由有意向的居民按年度多次筹集，多出来的成本和利润也由登记成员共同分配。社区由业主和公共人物组成的委员会进行日常管理，他们要提出住区建设的详细规划、邻里关系准则、住宅选址及组织管理原则，特别是绿地、犹太会堂、学校、蓄水池、公共浴室、公共厨房和外来人员住宿设施的选址与分配。规划方案常常受制于现实压力：迫于申请入住的居民数量的增长而不断增加住宅数量，导致原始方案中的许多公共场地被侵占。为了方便居民购买住房，百门村等地的建设委员会提出了一些折中解决方案。百门村引发了犹太社区建设的高潮，在接下来的两年里，雅法路和大马士革门附近就修建了四处犹太社区。

犹太社区的建设在 1877 年遇到了挑战。起初是由于俄土战争[14]，后来则是因为海外犹太捐赠人担心住区建设"浪费"善款，从而造成建设减缓，甚至在某些地方完全停滞。

19 世纪 80 年代初，建设活动重新起步。摩西纪念基金会[15] 同时援助了九个犹太社区的建设和一些已有社区的更新。西尔万村（Silwan）的和平以色列社区（Mishkenot Israel）以及 1881 年建于百门村旁的兹韦社区（Nahalat Tzvi）都是提供给 1882 年到达耶路撒冷的也门犹太移民使用的。这一时期还成立了一大批从事土地交易与住房建设的地产公司，它们以一定的利润向犹太人销售住房，1868 年建成的约瑟夫社区（Beit Yosef）、1887 年建成的伯里曼社区（Batei Perliman）和 1888 年建成的耶胡达社区（Mahane Yehuda）都属于这种类型。

新的生活中心在耶路撒冷新城（New City）中孕育出来，里面有大量教育设施和医院，有些医院还是从老城搬出来的。到 19 世纪 90 年代，尽管面临银行资金压力和来自奥斯曼当局的阻挠，犹太社区的数量还是增加了一倍。新城里的犹太社区和公共机构围绕着百门村和雅法路不断建设发展，每个社区都有自己的特色。先知大街周边汇聚了大量教堂、医院、使领馆、教会学校和各类社会精英的住宅，俨然成了"小欧洲"（European Center）。

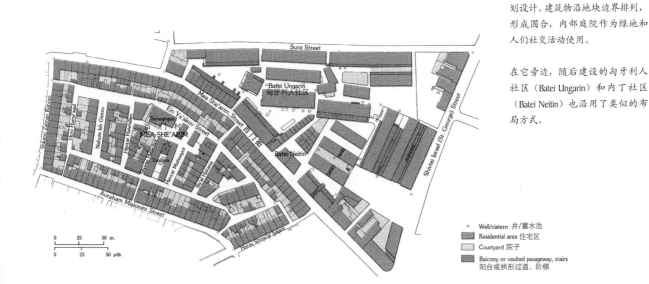

百门村（Mea She'arim neighborhood）的主体于 1881 年完工，由建筑师康拉德·辛克（Conrad Schick）规划设计。建筑物沿地块边界排列，形成围合，内部庭院作为绿地和人们社交活动使用。

在它旁边，随后建设的匈牙利人社区（Batei Ungarin）和内丁社区（Batei Neitin）也沿用了类似的布局方式。

穆斯林的建设主要集中在老城北部希律门和大马士革门的对面，雅法门周边成为商业中心，老城里的集市几乎延伸到了城门。新大饭店（Grand New Hotel）、斋戒宾馆（Fast Hotel，即现在的 Pninat Dan Hotel）等旅馆建筑位于城门内的雅法路两侧，银行和商贸设施也在附近兴建起来。

土耳其邮政电报和海外邮政等公用设施集聚在雅法门至俄罗斯大院一带，旁边还有照相馆、纪念品商店和其他手工作坊。在 20 世纪的头十年间，又有一大批新社区在已有社区外围被建立起来。

19 世纪末到 20 世纪初，耶路撒冷的社区发展仍延续着原来的路线。基督教团体主要是修建教堂和修道院，多数都采用了欧陆风格的华丽装饰，体现了这些团体的实力与财富。这些建筑屹立在老城、锡安山和橄榄山等基督教圣地，作为他们信仰的标志物。到第一次世界大战前夕，城里的基督徒人数由 3000 人增长到 13 000 人。除了俄罗斯大院、日耳曼移民区和较小的亚美利加移民区，老城以外并没有基督教社区。

城内的穆斯林团体从 19 世纪初的 4000 人增长到了 12 000 人，他们主要以老城北部的希律门至谢赫贾拉（Sheikh Jarrah）一带为中心，建设活动以住宅为主，分布较广，多采用穆斯林风格的华丽装饰。这些大房子后来也慢慢地演变成大型居住区。

犹太居民从 19 世纪初的 2000 人左右增长到奥斯曼末期的 45 000 人，主要表现为大量高密度社区和讲求实用的住宅的建设。到第一次世界大战前夕，新城的 30 000 人口主要居住在老城以北的高密度公寓式街区里，这里适宜建设，土地也比老城城墙脚下的基督教地区更为便宜。

犹太社区主要集中在两个大型街坊中：百门街坊以百门村为中心，向北一直到布哈拉区（Bukharan Quarter）一带；雅法街坊由平等以色列社区（Even Israel）向西一直到老慈德门医院（Old Sha'arei Tzedek）附近。两个街坊之间的土地不断被开发，最终融合为一个街区。其他社区则散布在老城中，从西尔万村（Silwan）的也门区（Yemenite Quarter）到阿布托尔（Abu Tor）的约瑟夫社区（Beit Yosef），再到北部的西蒙社区[16]。有些社区由特定的犹太团体人员组成，有些则是混合居住，无论哪种社区都有自己的特色和特定的生活方式。

新城的环卫系统有很大的改善，街道宽敞洁净。每个社区都建有自己的大型蓄水池，还制定了保洁和安防的管理条例。

耶路撒冷于1860年开始使用煤油,大多数的主要街道都亮起了玻璃罩的煤油灯。到20世纪20年代,一些公共建筑开始采用电力照明。

仰仗交通体系的邮政业务也得到长足的发展。19世纪30年代耶路撒冷还在使用低效陈旧的土耳其邮政,但现代欧洲邮政公司得以涌入并参与竞争。首先进入的是圣公会引介的邮政服务。第一家现代邮政公司由奥地利人于1850年创办,由设在雅法的分支机构负责收集雅法港来自世界各地商船的邮包,并转运至耶路撒冷;其他邮政业务被德、意、法、俄等国的邮政公司包揽。基督徒和犹太人通过这些邮政服务维持他们与海外同胞的联系,欧洲的犹太社团也通过邮政汇款资助耶路撒冷的犹太人。1865年第一条电报线路由耶路撒冷铺设至贝鲁特(Beirut),再经君士坦丁堡发送至欧洲各国。

现代化、经济飞速发展、欧洲的海陆联系更为便捷——这些都带来了工作岗位的增加。除了制衣、制鞋、木作、锡制品、金银制品和床垫被褥等传统行业,新型贸易也开始发展。出现了包括"百合花"(Havazzelet)在内的一批印刷企业,它们雇用了一定比例的犹太人做工。建筑业和石雕业引入了欧洲工艺,成为当地的一项重要产业。居民为成千上万的朝圣信徒和游客提供服务,旅游业也成为一项重要收入。雅法门附近等地开始兴建大量宾馆,其中就有位于先知大街的卡梅尼兹宾馆

百门村的正门建于1875年,其大门、围墙、庭院和弄堂都是典型的耶路撒冷风格。作为始终处于动荡之中的一座东方城市,人们更加关注自身的内部安全。作为第一个城外社区,百门村的建设中也体现了这一特征。

19世纪下半叶的科技革命体现在各个不同领域。直到19世纪60年代,由耶路撒冷经谷口(Sha'ar Haggai)去往雅法的道路才能通行客货车。这段路程耗时超过16个小时,充满危险,还不得不在途中过夜。随着苏伊士运河于1869年开通,为了迎接奥地利皇帝弗兰兹·约瑟夫的到访,苏丹政府下令修筑耶路撒冷到雅法的大路,虽然仍很颠簸,但两城之间的旅程已缩短至十个小时。随后,1878年首次引入了公共交通系统,1892年在两城之间铺设了铁轨,旅程被缩短至4小时。铁路和公路货运展开了激烈竞争,出行成本大大降低,旅行条件大大改善,为了加快行程还可以在谷口中途换骑马。沿海平原各地与耶路撒冷的交通联系也有了改善,极大地方便了朝圣者与旅游客。在城区,老城和新建社区之间的道路也铺设起来了。

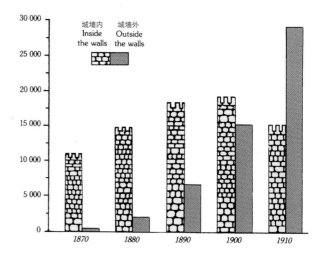

Population of Jerusalem inside/outside the city walls, 1870–1910
1870—1910年,耶路撒冷城墙内外人口

城墙内 城墙外
Inside Outside
the walls the walls

国际银行纷纷在耶路撒冷开设分行，其中包括 1897 年设立的日耳曼巴勒斯坦银行（German Palestine Bank）、1900 年设立的法国里昂信贷银行（French Credite Lyonnais bank），和 1902 年设立的英巴银行（Anglo-Palestine Bank）。1905 年，奥斯曼皇家银行（Royal Ottoman Bank）也在耶路撒冷开设了分行。

19 世纪 70 年代，犹太人在耶路撒冷成为主要人口，城市西北部犹太社区的发展吸引了几代犹太人的迁入，百门村与先知大街地区在这个时期所形成的特色一直延续到现在。相比而言，老城从 19 世纪末到现在并没有发生多少变化。19 世纪耶路撒冷城市形态的巨变印证了现代化进程和交通通信设施的发展。

第一次世界大战、战后困境、土耳其政府在当地征募新兵的行动使得耶路撒冷的城市人口大量减少。战争年代物资供应尤其匮乏，土耳其政府统治严苛，与欧洲的联系也难以维系。

1917 年 12 月 9 日，英军占领了耶路撒冷，彻底结束了这一历史时期。

（Kamenitz Hotel）。纪念品制造同样有了长足发展，一批技艺精湛的犹太工匠进入了原先由基督教工匠把持的石雕与木刻行业，他们甚至开办了加工贝壳、橄榄木、蕾丝和铜质装饰品的作坊。

一些在木作、冶金、园艺、制锁等方面有特长的教士把欧洲的精湛技艺带过来，为耶路撒冷制造业的发展做出了巨大贡献。

到 19 世纪末，耶路撒冷出现了一批纺织、印染、金属铸造、屋面与地板建材等犹太作坊，还创建了"以色列世界联盟"（Alliance Israelite Universelle）、"比撒列"（Bezalel）之类的艺术学校和"以斯拉"（Ezra）、"拉米尔"（Laemel）等手工艺学校。

最能反映城市经济发展的是这一时期涌现的大量银行，其中最著名的是代表德皇利益的瓦雷罗银行（Valero Bank）、收储宗教学士（Kolels）资金的汉堡银行（Hamburger Bank）以及提供工业信贷、家族式的贝格海姆银行（Bergheim Bank）。19 世纪 90 年代私人银行衰落之后，

1880 年本菲斯（Bonfils）拍摄的耶路撒冷石匠和背石工。

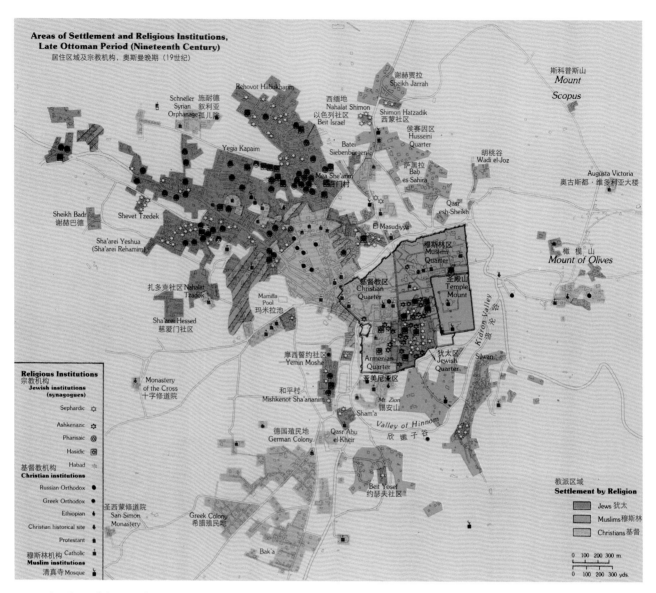

Areas of Settlement and Religious Institutions,
Late Ottoman Period (Nineteenth Century)
居住区域及宗教机构，奥斯曼晚期（19世纪）

斯科普斯山
Mount
Scopus

谢赫贾拉
Sheikh Jarrah

Rehovot Habukharim

Schneller 施耐德
Syrian 叙利亚
Orphanage 孤儿院

西缅地
Nahalat Shimon
以色列社区
Beit Israel

Shimon Hatzadik
西蒙社区

侯赛因区
Husseini
Quarter

胡桃谷
Wadi el-Joz

Augusta Victoria
奥古斯都·维多利亚大楼

Yegia Kapaim

Batei
Siebenbürgen

萨黑拉
Bab
es-Sahira

Mea She'arim
百门村

Qasr
esh-Sheikh

Sheikh Badr
谢赫巴德

Shevet Tzedek

El-Masudiyya

穆斯林区
Muslim
Quarter

橄榄山
Mount of Olives

Sha'arei Yeshua
(Sha'arei Rehamim)

基督教区
Christian
Quarter

圣殿山
Temple
Mount

扎多克社区 Nahalat
Tzadok

Mamilla
Pool
玛米拉池

Kidron Valley 汲沦谷

Sha'arei Hessed
慈爱门社区

摩西督约社区
Yemin Moshe

Armenian
Quarter

犹太区
Jewish
Quarter

Silwan

Monastery
of the Cross
十字修道院

和平村
Mishkenot Sha'ananim

亚美尼亚区

Mt. Zion
锡安山

Sham'a

Religious Institutions
宗教机构
Jewish institutions
(synagogues)

Sephardic ☆
Ashkenazic ✡
Pharisaic ◉
Hasidic ▣
Habad ✦

基督教机构
Christian institutions

Russian Orthodox ●
Greek Orthodox ●
Ethiopian ♦
Christian historical site ♦
Protestant ▪
穆斯林机构 Catholic ▪
Muslim institutions
清真寺 Mosque

圣西蒙修道院
San Simon
Monastery

德国殖民地
German Colony

Qasr Abu
el-Kheir

Valley of Hinnom
欣嫩子谷

Beit Yosef
约瑟夫社区

Greek Colony
希腊殖民地

Bak'a

教派区域
Settlement by Religion

Jews 犹太
Muslims 穆斯林
Christians 基督

0 100 200 300 m.

0 100 200 300 yds.

19世纪奥斯曼统治末期耶路撒冷居住区和宗教机构分布图

1. the Sephardic synagogues，因历经千百年流散世界各地的原因，犹太人有多个地域性分支，主要的分支包括：阿什肯纳兹犹太人，即德国系犹太人，"阿什肯纳兹"在希伯来语中意为"德国"；赛法迪犹太人，即西班牙系犹太人，赛法迪在希伯来语中指西班牙或伊比利亚半岛；另外还有米兹拉希犹太人，即东方犹太人，"米兹拉希"在希伯来语中意为"东方"。在宗教仪式中，后者有时也被称作"赛法迪人"。

2. Hurvah，意为"废墟"。

3. Suez Canal，位于埃及地域，贯通苏伊士地峡，连通地中海与红海，拥有欧洲至印度洋和西太平洋的最近航线，国际贸易和战略地位重要。苏伊士运河于 1869 年开通。

4. Tiferet Israel（1872），耶路撒冷 19—20 世纪最负盛名的犹太会堂之一。

5. Moses Haim Montefiore，即 Sir Moses Haim Montefiore，1784—1885 年，英国金融家、银行家、伦敦警察总监，出生于意大利犹太家庭。同罗斯柴尔德家族一样，蒙特菲奥里家族也一直致力于支持耶路撒冷建设和为犹太人谋福祉。

6. the Misgav Ladach Hospital，名字来自《诗篇》，意为"治愈病患"，隶属于以色列第三大医疗健康集团公司。

7. Kolel "Hod"，希伯来语，意为"众人齐心、共同建设"。

8. Batei Mahse，希伯来语。

9. Bab el-Hitta，或 Bab al-Huta，耶路撒冷老城穆斯林区靠近希律门的一处社区。

10. Havazzelet，希伯来语，意为"百合"。

11. Beit Kerem Avraham，希伯来语，意为"亚伯拉罕的葡萄园"。

12. Emperor Franz Josef，1830—1916 年，匈牙利、克罗地亚和波西米亚亚国王、奥地利皇帝，其妻子即为来自巴伐利亚的茜茜公主。

13. German Talitha Kumi School for Girls，名称来自阿拉米语，意为"早起的女孩"。

14. Russo-Turkish War，17—19 世纪俄国与奥斯曼土耳其之间曾进行一系列战争，土耳其渐次式微。此处指 1877—1878 年间的第十次俄土战争，俄军一度兵临奥斯曼土耳其首都君士坦丁堡城下，最终协约罗马尼亚和塞尔维亚独立。

15. Mazkeret Moses Fund，为纪念英国犹太银行家和慈善家摩西·蒙特菲奥里爵士而成立的基金会。

16. Shimon Hatzadik，位于耶路撒冷东部，靠近争议西蒙之墓。

英国托管时期 [1]:1917—1948 年

英国军队于 1917 年占领巴勒斯坦地区，并于 1920 年起正式授权托管，开启了这个国家历史上的"现代时期"（Modern Era）。耶路撒冷开始成为政府所在地，并从中受益良多。20 世纪 20—30 年代的大量建设使城市不断扩张，自来水供应增加了，电力供应也增加了。沿街的新建筑提供了大量办公空间，英国政府和世界锡安组织 [2] 的办公机构聚集于此，构成了耶路撒冷的经济和市政职能。人们开始关注市政规划，尤其是要保护其建筑特色，

因为这座城市是各种不同宗教信仰的圣地。耶路撒冷的人口多样性既是其政治进步的基础，也是产生紧张关系的原因。毕竟，各式各样的人都曾在此留下他们的足迹。

英国占领

第一次世界大战期间，英军在突破加沙 - 贝尔谢巴 [3] 防线后，迅速向北进军，并于 1917 年 11 月 16 日抵达亚

英国纪念碑，树立在罗梅玛地区前土耳其市长侯赛因（Hussein Selim el-Husseini）塑像旧址上，正是该市长将象征投降的旗帜递交给英军司令官。英文碑文写道："就在此处，耶路撒冷圣城守军于 1917 年 12 月 9 日向英军第 60 伦敦师投降。参战士兵、士官以及所有投身耶路撒冷战斗的人们共同设立。"

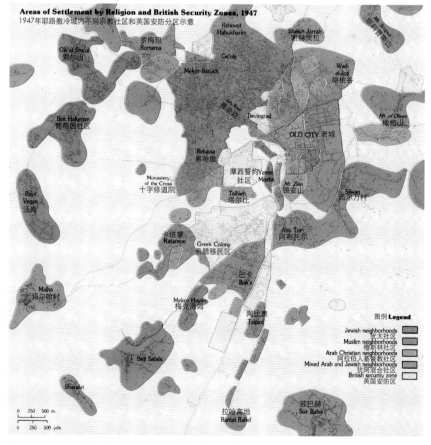

1947 年耶路撒冷城内不同宗教社区和英军安防分区示意。

艾伦比司令官在雅法门前的台阶上向耶路撒冷本地居民代表致辞。

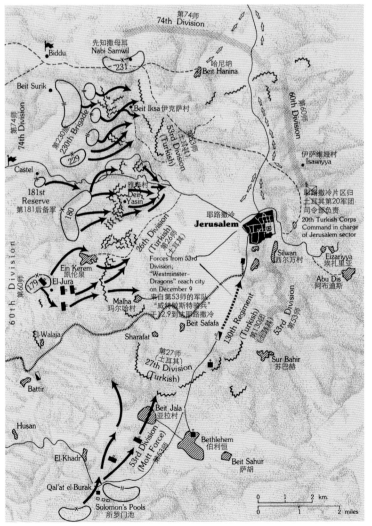

艾伦比的部队攻占耶路撒冷城的行军示意图，1917年12月8—9日。

孔河[4]。当土耳其人试图再次集结他们混乱的部队时，艾伦比[5]将军决定向耶路撒冷挺进。

进攻由第 21 军发起，三支独立的先头部队由雅法 - 耶路撒冷公路与伯赫伦山口（Ma'aleh Beit Horon）呈扇形推进，另有一支澳大利亚与新西兰联军（ANZACs）在平原上设防，以保护通讯联系。英军遇到了守卫耶路撒冷的土耳其第 7 军的抵抗，也受制于糟糕的冬季天气。11 月 29 日，英军在耶路撒冷城北的先知 - 阿纳万集体农庄（Nabi Samwil-Kiryat Anavim）防线一带止步。

攻击吉巴[6]受阻后，第 21 军被第 22 军取代。该军曾成功拿下伊克萨村 - 雅辛村 - 玛米尔村[7]一线，他们于 12 月 8 日对耶路撒冷展开大范围的攻击（如本页图示）。土耳其部队连夜弃城，市长于次日向第 60 师的沙伊（Shay）将军投降。12 月 9 日，英军继续进军并占领城东埃尔弗[8]、斯科普斯山、橄榄山和穆卡伯（Jebel el-Mukaber）山脊一线。12 月 28 日，在击退了一次反击后，英军向北移动并在拉马拉[9]以北设立新的防线。

1917 年 12 月 11 日，艾伦比司令官由雅法门入城，并正式受降。在他的公开讲话中，艾伦比将军宣称将维持耶路撒冷现状，并进一步加强英军占领区的法律秩序。

英军在其占领区成立了名为"南部军事占领管理区"（Administration of the Occupied Territories in the South）的军事政府，以便在 1920 年 7 月正式政府成立之前管理这个地区。考虑到耶路撒冷的重要性，还专门任命了以罗纳德·斯图尔斯[10]上校为首的城市军事政府。1919 年夏天，军事指挥中心移驻斯科普斯山上的奥古斯都·维多利亚大楼[11]。英军入城后很快就发现食物和必需品极为短缺，他们迅速组织食物和必需品供给，加强政府援助，

Consolidation of British forces after the city's capture 攻占城市后英军的驻防地区
→ Assault routes, December 8, 1917 1917年12月8日的进军路线
···· Penetration of first organized British forces into Jerusalem 率先突破耶路撒冷防线的英军部队路线
↜⇢ Withdrawal of Turks 土耳其撤退路线
◯ Area of formation or initial gathering of troops 英区部队集结区
× Brigade 作战旅团

恢复经济并多方设法帮助贫困人群。斯图尔斯上校的第一个举措就是颁布禁建令,禁止在大马士革门周围 2730 码(合 2500 米)范围内新建或拆除建筑,并在全城禁建非石材面层的建筑,这也是时至今日的城市风貌保护的开端。1918 年 3 月,亚历山大城的工程师麦克林恩[12]受命编制第一稿耶路撒冷城市规划。

英军部队遍布全城。英国皇家空军的起降跑道位于陶比奥[13],野战医院在雷根斯堡修道院(Ratisbon Monastery),市军管会办公室设在大马士革门对面的施密特(Schmidt)学院大楼里,铁路线由耶路撒冷火车站铺设至拉马拉前线防区。

1920 年 7 月 1 日,军事政府把权力移交给市政管理委员会,它由一位英籍高级专员负责,同时行使立法和行政管理权。第一位高级委员是赫伯特·萨缪尔爵士(Sir Herbert Samuel),他把市政管理委员会设立在斯科普斯山上原日耳曼救济院的奥古斯都·维多利亚大楼里。伴随着耶路撒冷市政府的变迁,这座城市逐步成为巴勒斯坦地区实际上的首都。军队司令部和警察总部在这里,大法院也设在此处。从 1926 年 11 月开始,耶路撒冷成为包括拉马拉、伯利恒(Bethlehem)和杰里科在内的特别区的一部分。对犹太人和阿拉伯人来说,耶路撒冷唯一的管理机构就是其市政当局。

英国托管时期的城市管理

伴随着英国军队占领耶路撒冷,土耳其市议会(Turkish city council)结束了它的使命。军政府任命了一个"六人议会",每个主要的宗教团体派出两名代表,并由即将离任的市长侯赛因·塞利姆(Hussein Selim)负责,在他死后又由他的弟弟穆萨·卡兹姆(Musa Kazim el-Husseini)继任。此后卡兹姆因参与政治活动被斯图尔斯解除职务,由拉吉·纳沙什比(Raghib Nashashibi)接任至 1927 年。

地方政府保证了城市街道卫生和公众的基本福利,保障商贸活动的良好运转,斯图尔斯还成立了作为政府咨询机构和代表城市筹集资金的耶路撒冷发展协会(Pro-Jerusalem Society)。1927 年 4 月,举办了由所有犹太教徒、大部分基督教徒和接近一半穆斯林市民参加的第一届政府选举,选出了一位穆斯林市长和两位副市长(一位犹太教徒、一位基督教徒)。犹太人和阿拉伯人间的紧张气氛在 20 世纪 30 年代的暴乱中持续升温,在城市的日常管理中也表现得愈加明显。犹太人要求有更多的代表人数,以便代表占城市居民大多数的犹太人的意愿。他们的这项要求仅仅得到了部分满足,犹太副市长在市政府的地位相对较高些。

从 1930 年 3 月至 1945 年夏,市政当局和随后的市议会只是偶尔发挥作用。在这期间,不同团体间的政治气氛一直比较紧张,不仅妨碍了在城市管理上的合作,也使英国高级专员(British High Commissioner)和不同宗教团体的代表陷入不断争论的泥潭。在这一时期,仅仅于 1934 年举行了一次选举。

1945 年夏,英国高级专员戈特勋爵[14]宣布市议会任期结束并任命了一个英国特别委员会(ad hoc committee)来管理城市事务,这一委员会一直运作至 1948 年托管结束。此外他还任命了一个咨询委员会来监督耶路撒冷的行政事务。

城市规划

英国人为耶路撒冷制定了一系列的规划,所有规划都强调了城市对三大宗教的历史意义。规划师把老城作为其规划焦点,通过限制新建建筑的高度和风格、合理分配城市和郊区的开敞空间来保护老城的风貌。

市政建造管理条例直到以色列建国后仍然在起作用,1966 年以色列议会(Knesset)通过了新的规划和建造法规(Planning and Building Law)。耶路撒冷的建造管理条例要求,建造活动必须受城市总体规划的约束。托管政府的民政局掌握实权后,于 1920 年 10 月成立了土地登记办公室(Land Registry Office)并正式颁布《巴勒斯坦城市建设管理条例》(Urban Building Regulation for Palestine)。1921 年 2 月,规划建设市政委员会成立。自此,所有新建建筑和新住区都要提交方案给委员会批准。

1918 年,为制定耶路撒冷发展的法定战略框架,建筑师 W.H. 麦克林(W.H.Maclean)提交了耶路撒冷的第一份总体规划,主要发展方向是向西。时光流转,随后的总体规划分别由盖迪斯[15]、查尔斯·罗伯特·阿什比[16]和 C.A. 霍利迪[17]进行优化。作为耶路撒冷最详细和最专业的总体规划,霍利迪的方案立足于详尽的城市基础调查,最后于 1944 年第二次世界大战正酣时提交。这个规划强调了地形起伏及其对天际线的影响,其"山谷变公园,坡岭修建筑"的理念被随后的以色列规划师继承下来。

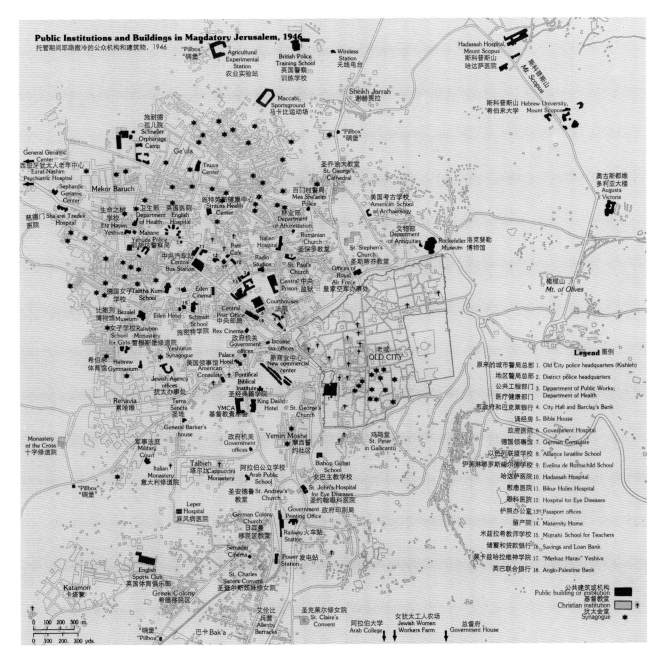

托管期间耶路撒冷的公众机构和建筑物，1946 年。

这一规划对 20 世纪耶路撒冷的城市规划和经济发展都产生了极大的影响，霍利迪 1948 年成为约旦政府的规划顾问之后，该理念也用于约旦的城市规划。

建成区的发展

托管期间建成区增长了四倍，人口增长了三倍。20世纪 20 年代的新建住区超出了第一次世界大战前的范围，已有街区之间也开始出现新建住宅，如在卡塔蒙[18] 和慈爱门社区[19] 之间、兹希隆社区[20] 和布哈区（Bukharan Quarter）之间，这些房子大多是每户独栋的。

1930 年，建筑主要集中在由雅法大街、本·耶胡达大街和乔治国王大街（Jaffa-Ben-Yehuda-King George）所构成的三角形城市中心商业地带附近。尽管管理条例要求居住建筑高度不超过 3 层、商业建筑不超过 4 层，但实际上不少 5 层或更高的房子也建造起来了。

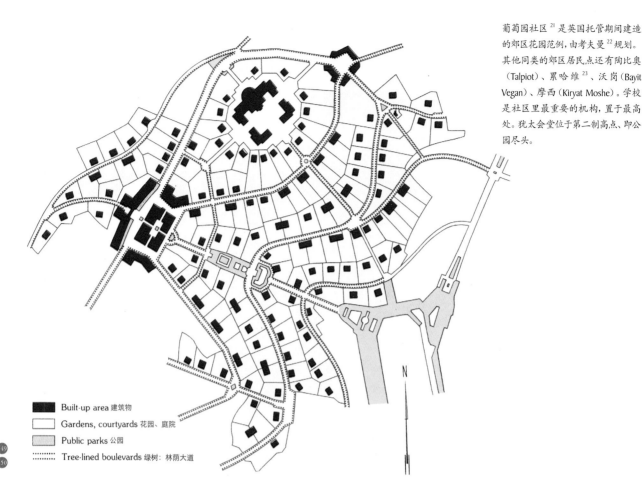

■ Built-up area 建筑物
□ Gardens, courtyards 花园、庭院
▨ Public parks 公园
·········· Tree-lined boulevards 绿树:林荫大道

149
150

　　按建筑规范要求,建筑物应由石头建造或石材贴面,但在超出市政边界的住区(如陶比奥,梅克海姆和葡萄园社区等)也允许使用砖和灰泥。由于安全状况不稳和第二次世界大战的原因,建造活动在1936年的暴乱和独立战争[24]期间基本停顿,仅在巴卡[25]和卡塔蒙(Katamon)的阿拉伯区以及累哈维、撒母耳(Kiryat Shmu'el)、摩哈维(Merhavia)等南部区域有少量建设。

　　建设高峰期主要出现在英国托管的头十年。城市北部出现了大量新社区,还有不少加建建筑,尤其是在百门村、华沙社区(Batei Warsaw)、以色列社区(Beit Israel)等地区。1921年,在艾伦比纪念碑附近建了罗梅玛[26]社区,城市的蓄水池也建在附近(见下文)。像奥斯曼时期一样,穆斯林私人建筑主要集中在老城北部。谢赫贾拉(Sheikh Jarrah)、胡桃谷[27]、萨黑拉(Bab es-Sahira)等社区和亚美利加移民区(American Colony)也在这一时期建立。市中心新铺设了本·耶胡达大街[28]和乔治国王大街(King George Street),巴勒斯坦土地开发公司(Palestine Land Development Corporation)在这一区域规划并建造了成排

的高层住宅和商业建筑。为了缓解主要由东方人社区所带来的拥堵,扎多克社区(Nahalat Tzadok)和慈爱门社区之间的广场很快就落成了,奥斯曼时期最后几年才开建的慈爱门(Sha'arei Hessed)和以色列议会社区也得到飞速扩展。

　　郊区采用了一种新型街区模式,即由建筑师考夫曼[29]设计的"城郊花园社区"(garden suburbs)。远离市中心,空间比较大,每家都能分到一小块土地用以建造独立的单层住宅,旁边有花园环绕。中央花园是公共活动的区域,里面有犹太会堂、社区中心等公共服务设施。社区委员会监督规划过程和建造质量,每个社区因此有了自己的特色。第一个花园社区是陶比奥(Talpiot),由巴勒斯坦土地开发公司为英巴银行(Anglo-Palestine Bank)的职员购买土地,并成立移民委员会监督建造过程。

　　巴勒斯坦土地开发公司还从希腊东正教会(Greek Orthodox Church)手里购得本·耶胡达大街附近的土地,用来建造一处商业中心。在亚扎提亚(Janzatiyya)土地上,第一批累哈维住宅于1924年开工,住户是来自耶路

撒冷犹太社团的精英。虽说也有一个负责监工的协会组织，但因为都是私人投资，土地所有者还是起着决定作用。该区是在耶路撒冷城市建设规范的要求下建造的，满足相关的建筑规范，很快就享受到了市政服务的便利。玛米拉大街（Mamilla Street）延伸过来了；城市供水系统也接上了；电力供给由附近的雷根斯堡修道院（Ratisbon Monastery）配送。这一社区于 1930 年竣工，并开始拉姆班街和加沙路（即 Derech Azzal）之间的 B 期工程。考夫曼规划的郊区花园还包括沃岗（Bayit Vegan）、摩西（Kiryat Moshe）、锡安休沙娜（Shoshanat Zion）、亚非诺（Yafeh Nof）等，在累哈维南部的空地建造了塔尔比[30]、卡塔蒙（Katamon）、非犹太居民为主的巴卡（Bak'a）等社区，在北部远处建造了撒母耳（Kiryat Shmu'el）和摩哈维（Merhavia）等社区。阿拉伯基督徒、希腊人和亚美尼亚人在塔尔比建造了不少华丽的房屋，许多领事馆也从先知大街（Street of the Prophets，即 Hanevi'im）搬了过来。

靠近圣西蒙修道院（San Simon Monastery）的卡塔蒙社区于 1924 年建造，住户主要是中上阶层的阿拉伯基督徒。和周围比起来，这里的房子又宽敞又精致。日耳曼移民区和希腊移民区的房屋大多建于 20 世纪 20 年代，很多英国官员居住在此，并在附近建了英国体育中心。

铁路以南的区域由阿拉伯穆斯林开发。在 20 世纪 30 年代，北陶比奥（North Talpiot）、亚罗纳[31]、"建造与工艺"（Binyan Umelacha）等一大批小型社区在陶比奥附近开建，还铺设了沥青路面，改善了公共服务设施。整个 20 世纪 30 年代都在不断修建住房，城里也新建了很多公共机构（见下文）。

耶路撒冷的主要商业中心向西发展，从雅法门（Jaffa Gate）转移到雅法大街、本·耶胡达大街和乔治国王大街形成的三角地带，银行机构也集中于此。第二个商业中心也在旁边发展起来，向西有耶胡达（Mahane Yehuda）市场，向东是布哈拉（Bukharan）市场，还有玛米拉纺织品商店区和百门村（Mea She'arim）市场。

第二次世界大战爆发后，耶路撒冷的大部分建设活动都停止了，一直到第一次中东战争之后才恢复。

人口和经济

托管时期，英国将耶路撒冷看作是巴勒斯坦地区的都城，在这里设立了许多公共、宗教和教育机构，有半数以上的城市人口从事服务业，只有四分之一的人靠贸

洛克菲勒博物馆（Rockefeller Museum）由美国富翁小约翰·D·洛克菲勒（John D. Rockefeller, Jr.）捐赠，由英国托管政府建造于老城东北角。这一建筑由建筑师哈里森[32]设计，作为博物馆和 1920 年成立的英国托管政府文物部（British Mandatory Government Department of Antiquities）的所在地。该建筑 1930 年开始修建，于 1938 年正式对外开放。

易和工业谋生。在此期间，耶路撒冷是国家的宗教、行政和教育中心，而不是一座工业城市，因此没有发展重工业，仅有的几间小型工厂主要生产纺织品、皮革、食品和印刷品。相比犹太人，英国政府更愿意雇佣阿拉伯人。例如，75%的纳税人是犹太人，但66%的政府职员是阿拉伯人。工业领域的犹太人多于阿拉伯人，阿拉伯人则从事农业生产，也是大量服务业的劳动力来源。城里的犹太居民多受雇于世界锡安组织（World Zionist Organization），其他人则从事教育及相关行业。

受移民潮[33]的影响，整个巴勒斯坦地区的犹太人数量在20世纪20—30年代增长了一倍；但耶路撒冷城的犹太人口并未增加[34]。到了英国托管期间，巴勒斯坦的犹太人口持续增长，耶路撒冷的犹太人口也相应增加了。1922年，犹太人占耶路撒冷人口的54%，约34 124人，1946年，末犹太人口增至约99 320人，占到了60%。整个托管期间犹太人口增长了近三倍。

教育和文化

无论对"新"犹太社区还是对"老"犹太社区而言，耶路撒冷都是教育和宗教学习的中心。

除了老资格的犹太学校[35]、生命之树（Etz Hayim）学校、永生（Hayei Olam）学校等一批新的犹太学校也涌现出来。以色列议会[36]在1929年暴乱后从希伯伦搬至耶路撒冷。

1925年4月，希伯来大学[37]的奠基石落在了斯科普斯山[38]。该校开设犹太研究学院、科学学院、数学学院和东方研究学院，1945年登记学生为650人，成为耶路撒冷的学术和文化中心。早在1938年，国家与大学图书馆（National and University Library）就在斯科普斯山校区内落成，历史学和以色列土地考古学在这一时期得到极大发展，在城里也建立了众多研究机构，其中包括希伯来大学考古学系、英巴考古基金会（British Palestine Exploration Fund）、专注于东方研究的美国学校、专注于考古学的英国学校（1916年从埃及搬来）和《圣经》典籍学院（Pontifical Biblical Institute）。洛克斐勒博物馆（Rockefeller Museum）于1938年开放，由英国托管政府的考古部门负责管理。

在此期间，印刷出版中心从耶路撒冷转移至特拉维夫[39]，甚至最先出现于耶路撒冷的《国土报》[40]也搬到了特拉维夫，资深的《今日通讯》[41]倒闭，英文日报《巴勒斯坦邮报》（Palestine Post，即随后的《耶路撒冷邮报》）于1931年在耶路撒冷创刊。

音乐和戏剧也集中在特拉维夫，但由于比撒列艺术学院[42]的原因，耶路撒冷仍然作为艺术中心。1923—1928年，时任耶路撒冷总督的斯图尔斯（Storrs）说服沙里茨基[43]、塔亚尔[44]、鲁宾[45]、古特曼[46]等犹太艺术家在大卫塔筹办展览。

在英国托管时期，耶路撒冷许多教育文化建筑都由著名建筑师设计，如大卫王酒店（King David Hotel）和基督教青年会[47]由哈蒙[48]设计，中央邮政办公楼和穆卡伯[49]的高级官员住宅楼由哈里森（Austen St. Barbe Harrison）设计，旁边的英巴银行（Anglo-Palestine Bank，即现在的以色列国民银行（Bank Leumi LeIsrael））、累哈维的肖肯图书馆[50]、音乐学院（Academy of Music）和斯科普斯山上的哈达萨医院[51]均由门德尔松[52]设计，累哈维附近的犹太联合机构（Jewish Agency Compound）由雅各·雷什特[53]设计，此外还有《圣经》典籍学院和法国领事馆等。

城市供水

托管时期，耶路撒冷通过蓄水池和连接所罗门池的古老水渠获得供水。托管政府打算改善供水系统，新建了从所罗门池入城的输水管道，随后又修建了连接法沃泉（Ein Fawar）和凯尔特谷（Wadi Kelt）附近的法拉泉（Ein Fara）的第二条水管，把水输送到罗梅玛附近的蓄水池。1935年又新建了另一条管线，从鲁什艾因（Rosh Ha'ayin）输送来泉水。这条管道完工之前，每隔几天就要定量配给供水，为此屋顶上设有很多水箱，这种水箱直到现在还是耶路撒冷城市天际线的一道景观。

暴乱及犹太地下组织

城市的发展伴随着针对犹太人及犹太复国主义的暴力冲突。托管时期的第一次暴乱发生在1920年逾越节[54]期间、圣雷莫会议[55]的前夜，企图在国际机构做出巴勒斯坦未来授权决定之前制造不可改变的事实。

暴乱同时发生在耶路撒冷和约旦河谷[56]，6名犹太人在耶路撒冷老城举行的穆萨先知（Nabi Musa）年度庆典过程中被杀，另有200多人受伤，穆斯林区的犹太人

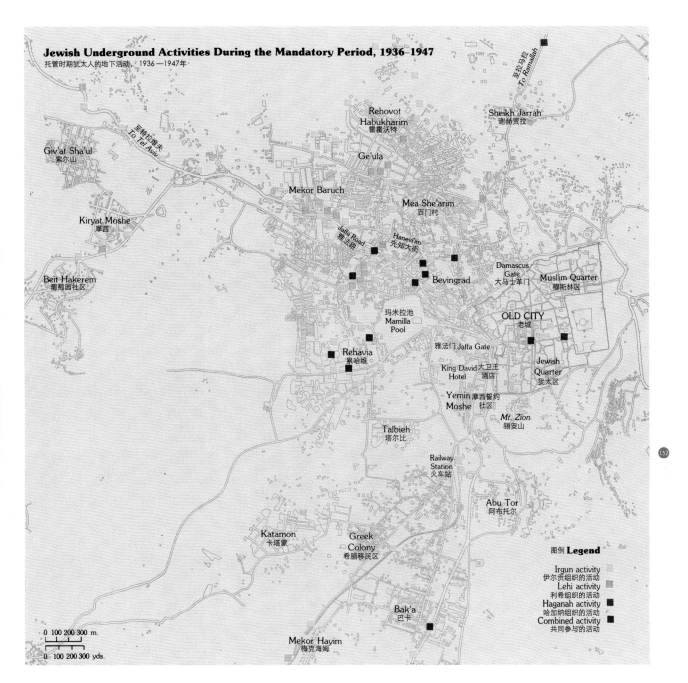

Jewish Underground Activities During the Mandatory Period, 1936-1947
托管时期犹太人的地下活动，1936—1947年

Giv'at Sha'ul
索尔山

To Tel Aviv
至特拉维夫

Rehovot
Habukharim
雷霍沃特

Sheikh Jarrah
谢赫贾拉

To Ramallah
至拉马拉

Ge'ula

Kiryat Moshe
摩西

Mekor Baruch

Mea She'arim
百门村

Jaffa Road
雅法路

Hanevi'im
先知大街

Beit Hakerem
葡萄园社区

Bevingrad

Damascus
Gate
大马士革门

Muslim Quarter
穆斯林区

玛米拉池
Mamilla
Pool

OLD CITY
老城

Rehavia
累哈维

雅法门 Jaffa Gate

King David 大卫王
Hotel 酒店

Jewish
Quarter
犹太区

Yemin 摩西暂约
Moshe 社区

Mt. Zion
锡安山

Talbieh
塔尔比

Railway
Station
火车站

Abu Tor
阿布托尔

Katamon
卡塔蒙

Greek
Colony
希腊移民区

图例 Legend

Irgun activity
伊尔贡组织的活动
Lehi activity
利希组织的活动
Haganah activity
哈加纳组织的活动
Combined activity
共同参与的活动

Bak'a
巴卡

0 100 200 300 m.

0 100 200 300 yds.

Mekor Hayim
梅克海姆

托管时期的犹太地下活动，1936—1947 年。

是此次袭击的主要受害者。暴乱发生 3 天后英国军队才介入，逮捕了以雅勃廷斯基（Zev Jabotinsky）为首的暴乱领导人，并判他 15 年入监苦役。为应对此类暴乱，耶路撒冷的犹太社区随后组建了一个专门的防御组织哈加纳[57]，当 1921 年 11 月 2 日犹太社区再次受到袭击时，袭击者很快就被哈加纳民兵用手榴弹炸跑了。

随着哈吉·侯赛因（Hajj Amin el-Husseini）被任命为耶路撒冷的穆夫提[58]并成为穆斯林最高理事会[59]的领袖，巴勒斯坦极端分子得到了更多支持。据说暴乱起因是犹太人对西墙权力的诉求，由拆除 1929 年赎罪日[60]前夜所竖立的隔离墙而引发。毫无疑问，阿拉伯领袖利用这一争执鼓动了阿拉伯人对犹太社区的敌对情绪。

1929 年 8 月 23 日开始的暴乱持续了一个多星期，耶路撒冷市区、城外的莫特扎[61]和希伯伦共有 133 名犹太人被杀害、339 名受伤。在城里，住在穆斯林区的犹太人被袭击，此后犹太人几乎全部搬离了这一区域。靠近阿拉伯人地界的犹太社区也受到袭击，如大马士革门和百门村附近的格鲁吉亚区（Georgian Quarter），还有其他的近郊社区。暴乱最终被英国军队和赶来的警察平息。

一些在暴乱中深感挫败和失望的战士（即伊尔贡"赌徒"）从哈加纳组织中脱离出来。第二次世界大战期间，该组织一直同耶路撒冷的阿拉伯人和英国人斗争。

1944 年初，伊尔贡组织[62]领导人梅纳赫姆·贝京[63]宣称恢复对英国人的斗争，并在 1944 至 1946 年间实施了一系列大规模的袭击，其中一些袭击活动是和利希组织合作的（见 P189 地图）。

1945 年夏天，犹太地下运动组织成立了一个包含伊尔贡、利希[64]、哈加纳等组织在内的联合军事机构，实施了一系列的袭击。

由于伊尔贡武装组织炸毁耶路撒冷大卫王酒店一翼[65]，造成 91 人死亡，导致了这一组织的瓦解。此后伊尔贡和利希组织继续在耶路撒冷活动，并成为独立战争（War of Independence）中的独立武装力量。

这一期间发生的政治和军事事件影响了城市人口分布。地下组织的活动加剧了紧张氛围，1929 年暴乱后，大量犹太人逃离住区。

很多老城居民离开，穆斯林区的犹太居民几乎逃光，不少犹太区的犹太家庭也搬走了，英国人刚刚到来时的 15 000 名居民锐减至英国人离开时的 1800 人。这种情况对犹太人和阿拉伯人在各城区之间的平衡产生了不利影响，并反映在独立战争的整个过程中。

由于犹太地下组织的活动，尤其是 1946 年 7 月 22 日的大卫王酒店爆炸事件，英国当局决定将驻有英国军队和政府机关的区域隔离并围护起来。这些区域被用铁丝网隔开，居民被强制撤离，未经授权严禁出入。耶路撒冷中心的法院、中央监狱、中央邮局都被隔离成"必围隔"[66]。这些军事安全区割裂了城市，造成犹太住区的分离，但对独立战争之前的哈加纳武装组织起到了制约作用。

独立战争
1947 年 11 月 29 日至 1948 年 5 月 15 日
阿拉伯军队入侵

哈加纳武装所控制的艾兹厄尼地区[67]由耶路撒冷城区[68]和可分为四片的 14 个村庄组成，它们分别是北部的雅各社区[69]和阿塔洛特集体农庄[70]、东部的阿拉瓦村[71]和死海园（Dead Sea Plant）、南部的艾兹厄尼、西部的莫特扎、阿纳万集体农庄[72]、哈哈米夏山口[73]以及美山[74]。

艾兹厄尼地区居住有 102 000 名犹太人（占巴勒斯坦犹太总人口的六分之一）和 300 000 名阿拉伯人（耶路撒冷城内及周边的阿拉伯村庄）。犹太人主要集中在耶路撒冷，城市经济和居民生活几乎全部依赖城外运输来的货物。沿海平原犹太社区通往城市的道路大多都要穿过阿拉伯控制区和特拉维夫郊区与伊兰绿洲（Neveh Ilan）的道路。

在城内，犹太区紧邻阿拉伯区。阿拉伯区和英国安全区把犹太社区分隔得很厉害，增加了哈加纳武装的防御困难。以哈加纳为主、加上伊尔贡和利希组织共有 3000 名犹太武装人员，一直在秘密地从事地下活动。

在战争的第一阶段，耶路撒冷和郊区都受到了阿卜杜勒·侯赛因（Abdul el-Qadir el-Husseini）为首的当地阿拉伯半职业军事武装的袭击，一些驻扎在巴勒斯坦的阿拉伯军团也支援了这些针对犹太住区的袭击。本来准备撤离的英国军队被迫继续留在耶路撒冷，把自己关在安全区里面，把战场留给相互对抗的各方军事力量，直至 1947 年 5 月 14 日结束托管。英国军队一直控制着撤出耶路撒冷的北方通道，并不再巡逻那些发生战事的街道。

第一次冲突
1947 年 11 月 29 日至 1948 年 4 月 1 日

联合国通过决议，将巴勒斯坦地区划分为一个犹太国家和一个阿拉伯国家。决议通过的第二天，一辆去耶路撒冷的观光巴士在洛德机场[75]附近遭袭。

从 1947 年 12 月 1 日开始，阿拉伯高级委员会（Arab Higher Committee）组织了为期三天的罢工。随后就有一名阿拉伯暴徒从雅法门里冲出来，抢劫并烧毁了附近犹太社区的商业中心，所幸在他试图闯入其他犹太社区时被打跑。

耶路撒冷的阿拉伯人开始实施针对犹太人的恐怖袭击，巴勒斯坦的其他城市里也是一样的情形。袭击或多或少有一定的规律，比如从阿拉伯区狙击犹太区的居民，往人群聚集的地方扔手榴弹，在有战略意义的地方安放汽车炸弹等，其中最具破坏性的事件是发生在巴勒斯坦邮局（2 月 21 日）、本·耶胡达大街（2 月 22 日）、犹太联合机构（3 月 11 日）和摩西誓约社区[76]（3 月 23 日）的一系列汽车炸弹爆炸事件。

犹太武装很快实施了报复行动。伊尔贡先后炸了雅法门（12 月 13 日和 19 日）和大马士革门（1 月 7 日），炸弹袭击了卡塔蒙萨米拉米斯酒店（Samiramis Hotel）里的伊拉克武装司令部，之后还炸毁了北部谢赫贾拉[77]和南部沙因山（Shahin Hill）的一些建筑。

阿拉伯人从 1948 年 1 月初开始加强攻击，除了向城里的社区开火，还袭击郊区。虽然成功击退了他们 1 月 14 日对拉哈高地（Ramat Rahel）和艾兹厄尼的袭击，但梅克海姆[78]和摩西誓约等犹太社区在当月仍不断遭袭。

进入 3 月，城里的情况更加恶化，公交车开始遭袭，只有在英国军队的护送下才能到达那些从 12 月就被隔离的犹太社区，前往哈达萨医院和希伯来大学的车辆也受到狙击手的伏击。陶比奥、拉哈高地、梅克海姆和摩西誓约等南部社区都被阿拉伯区的巴卡、卡塔蒙、火车站旁的英国安全区和大卫王酒店等隔开，只能坐装甲车辆进入。

耶路撒冷的犹太住区不仅受到阿拉伯人的不断袭击，同时因为城市已被包围，还面临着食物和饮用水短缺的困难。早已预计到围攻可能的耶路撒冷委员会（Jerusalem Committee）开始运作，他们已经制定了饮用水、食物和燃油的供应计划，摸底并清理了城市蓄水池，预先存储了 115 000 立方米的水。城市中储存的物资极其有限，肉、

耶路撒冷市区里被居民称为"必围隔"（Bevingrad）的英国安全区。为防卫地下组织的袭击，在结束托管之前英国人一直把主要的政府部门围护在里面。图中建筑是这一时期建筑风格的典型代表。

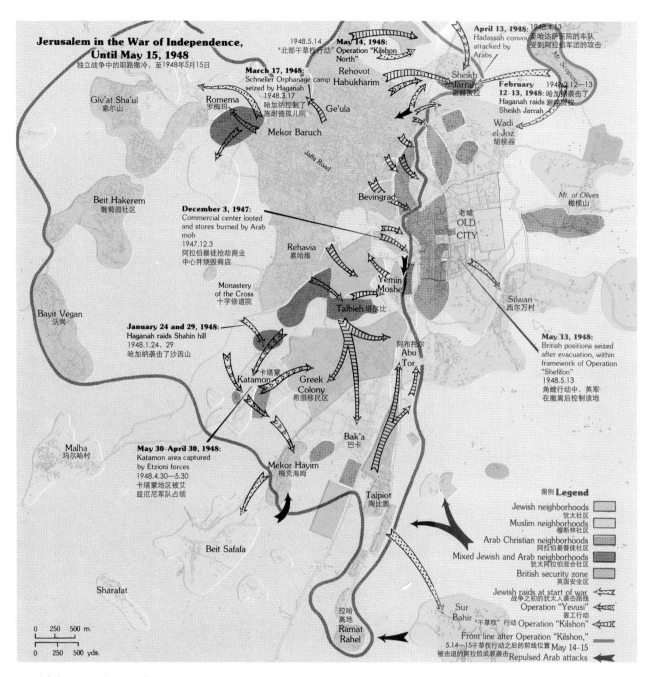

Jerusalem in the War of Independence, Until May 15, 1948
独立战争中的耶路撒冷，至1948年5月15日

Giv'at Sha'ul
索尔山

Romema
罗梅玛

March 17, 1948:
Schneller Orphanage camp seized by Haganah
1948.3.17
哈加纳控制了施耐德孤儿院

1948.5.14
"北部干草权行动"

May 14, 1948:
Operation "Kilshon North"

Rehovot Habukharim

Ge'ula

April 13, 1948: 1948.4.13
Hadassah convoy 至哈达萨医院的车队
attacked by 受到阿拉伯军团的攻击
Arabs

Sheikh Jarral
谢赫贾拉

February 1948.2.12—13
12-13, 1948: 哈加纳袭击了
Haganah raids 谢赫贾拉
Sheikh Jarrah

Wadi el-Joz
胡桃谷

Mekor Baruch

Jaffa Road

Mt. Scopus

Mt. of Olives
橄榄山

Beit Hakerem
葡萄园社区

December 3, 1947:
Commercial center looted and stores burned by Arab mob
1947.12.3
阿拉伯暴徒抢劫商业中心并烧毁商店

Rehavia
累哈维

Bevingrad

老城
OLD CITY

Monastery of the Cross
十字修道院

Yemin Moshe

Bayit Vegan
沃岗

January 24 and 29, 1948:
Haganah raids Shahin hill
1948.1.24、29
哈加纳袭击了沙因山

Talbieh 塔尔比

Silwan
西尔万村

阿布托尔
Abu Tor

May 13, 1948:
British positions seized after evacuation, within framework of Operation "Shefifon"
1948.5.13
角蝮行动中，英军在撤离后控制该地

Katamon
卡塔蒙

Greek Colony
希腊移民区

Malha
玛尔哈村

May 30–April 30, 1948:
Katamon area captured by Etzioni forces
1948.4.30—5.30
卡塔蒙地区被艾兹尼尼军队占领

Mekor Hayim
梅克海姆

Bak'a
巴卡

Talpiot
陶比奥

Beit Safafa

图例 **Legend**

Jewish neighborhoods
犹太社区

Muslim neighborhoods
穆斯林社区

Arab Christian neighborhoods
阿拉伯基督徒社区

Mixed Jewish and Arab neighborhoods
犹太阿拉伯混合社区

British security zone
英国安全区

Jewish raids at start of war
战争之初的犹太人袭击路线

Operation "Yevusi"
罢工行动

"干草权" 行动 Operation "Kilshon"

Front line after Operation "Kilshon,"
5.14—15干草权行动之后的前线位置 May 14-15

被击退的阿拉伯武装袭击 Repulsed Arab attacks

Sharafat

0 250 500 m.

0 250 500 yds.

Sur Bahir

拉哈高地
Ramat Rahel

独立战争中的耶路撒冷，1948 年 5 月 15 日。

面粉和糖由各部门定额分配，其余的就要用火车或卡车运送进来。到 3 月末，耶路撒冷被完全切断了和其他地区的联系，食用蛋白质消耗殆尽，所幸耶路撒冷委员会已经准备了可供 15 天的生活必需品。5 月初电力供应锐减，电力公司仅剩 3 周的燃料。食物和水的供应也相应地大幅减少，每人每天的配水量由最初 2 加仑（8 升）减至 1.5 加仑（6 升）。只能利用轻型飞机作为与外部世界的联系渠道，飞机利用十字山谷[79]的 1 号临时跑道和索尔山社区[80]的 2 号临时跑道起降。在犹太历 5708 年逾越节前夜[81]的哈雷尔行动（Operation Harel）中，帕尔马奇的哈雷尔旅[82]的军人成功地向城里送来 3 车队物资，极大地缓解了困境。

争夺通往耶路撒冷的道路之战

从 1947 年 12 月开始，前往耶路撒冷的犹太车队受到持续的攻击，城市陷入了与特拉维夫等邻近地区隔离的危险，所有通往耶路撒冷的道路都要经过阿拉伯人控制的地区。为了避开霍伦[83]和拉特伦[84]之间的特拉维夫 - 耶路撒冷大道，汽车和大巴只能经户勒大村[85]前往。所有车辆都被编成有武装护卫的车队，途径色拉尔谷（Wadi Serar）- 拉特伦路，从谷口[86]到阿纳万，然后再到耶路撒冷。

随着时间推移，情况进一步恶化。从耶路撒冷到艾兹厄尼的交通受到持续的骚扰，武装车队也受到猛烈攻击，其中一支车队 1947 年 12 月 11 日在所罗门池附近受到袭击，10 名乘客死亡；另一支车队 1948 年 1 月 13 日在伯利恒附近被袭，13 名乘客死亡。针对车队的袭击在 3 月末达到顶峰，有一支先知撒母耳[87]车队在从艾兹厄尼到耶路撒冷的路上遇袭，14 名犹太战士被杀，40 名受伤。英国军队赶来解救了幸存者，才使车辆不至被劫；另一车队于 3 月 31 日在前往耶路撒冷途中的户勒大村附近被袭，17 名犹太战士战死。

耶路撒冷与海岸间的联系已完全切断。哈加纳负责人意识到车队已经不适用，决定实施攻击性的 D 计划（Plan D），即在全国范围内展开攻势，并在英军撤离之前扭转犹太武装力量的战略态势。拿顺行动[88]集合了大量军队，从两个方向同时展开攻击：在东部战线，经过一场艰苦战斗，攻占了城堡移民地（Castel and Colonia）附近的阿拉伯村庄；在西部战线，军队从户勒大村一路

攻至穆黑森村[89]。该行动的目的是占领若干战略据点，组织大量运输车队打破对耶路撒冷的围困。此后，车队在 4 月 15—21 日的哈雷尔行动中成功到达城市，5 月 8—18 日实施的马卡比行动[90]于同一时期控制了通往耶路撒冷的道路。

在阿拉伯军队进攻之前，哈雷尔旅占据了伊兰绿洲（Neveh Ilan）、谷口和马瑟村[91]之间的战略据点，吉瓦提步兵旅[92]控制着阿亚隆山谷（Ayalon Valley）的西坡。阿拉伯军团始终驻扎在拉特伦地区，埃及军队也已抵近阿什杜德地区[93]，他们携手在拉特伦切断了通往耶路撒冷的道路。

攻占城市的战略据点

哈加纳 D 计划旨在获取对联合国划定范围内土地的控制权。

1948 年 4 月中旬，随着伊尔贡和利希组织攻击雅辛村，阿拉伯军团袭击前往斯科普斯山哈达萨医院的车队（4 月 13 日），耶路撒冷的战斗趋于白热化。随着拿顺和哈雷尔行动的展开，帕尔马奇的哈雷尔旅不断有士兵加入，支援了防御城市的波兹姆团（Portzim Regiment），使战局有所扭转。为了控制城北入口和南部社区，这些武装力量于 1948 年 4 月 21—30 日迅速展开了行动，但只取得局部胜利。第 4 团于 4 月 22 日晚在对先知撒母耳村的进攻中失败，英军也于 4 月 26—27 日迫使第 5 团从谢赫贾拉撤离。在南部战线，第 4 团于 4 月 30 日成功攻占圣西蒙修道院（San Simon Monastery），打开了占领卡塔蒙的通道，于 5 月 2 日建立了与梅克海姆和陶比奥南部社区的地面联系。

在“干草权行动”[94]中，哈加纳、伊尔贡和利希的部队成功获得了英军留下的安全区控制权。谢赫贾拉在角蝰行动[95]中被伊尔贡部队夺得，使犹太区的防线得到了极大加强。

至此，从东北部的斯科普斯山到南部的拉哈高地基布兹[96]，耶路撒冷城的大部分都处在犹太武装的控制之下。近郊的犹太聚居地仍然处在围困中，南部的艾兹厄尼在 5 月 14 日失守，成员全部被俘，几天后又被迫疏散雅各社区（Neveh Ya'akov）、阿塔洛特集体农庄和阿拉瓦村。城里的犹太社区还是被隔离开的。

1. Mandate 的本义是"授权""强制执行",也指授权一个国家对另外一个国家或地区行使管辖权。本文所说的英国托管时期是指从 1917 年英国外相发表《贝尔福宣言》开始,为解决犹太人回归巴勒斯坦地区所带来的一系列矛盾和争端,至 1947 年英国结束托管并撤离军队。1948 年 5 月 14 日以色列建国之后,仍在领土、民族、宗教等问题上纷争不断。

2. World Zionist Organization,全球犹太民族主义政治运动和犹太文化传播组织,认同和支持重建犹太家园,1897 年成立于瑞士。锡安主义也称"犹太复国主义","锡安"一词来自希伯来语"堡垒"。

3. Beersheba,贝尔谢巴又称"比尔谢瓦"(Beer-Sheva),为内盖夫沙漠中最大的城市,现以色列第六大城市。

4. Yarkon River,又称"亚гор孔河""雅况河",是以色列中西部河流。发源于鲁什艾因附近的一些泉眼,向西流到特拉维夫 - 雅法北部注入地中海。

5. Edmund Allenby,1861—1936 年,英军中东总司令官,曾在近东地区创造辉煌战绩。

6. el-Jib,另译为"吉卜"或"阿及",位于耶路撒冷西北 8 公里。

7. Beit Iksa,或 Deir Yasin、Dayr Yassin,耶路撒冷附近一座 600 人的巴勒斯坦村庄,在 1948 年的战争中受损严重。Beit Masmil,即现在颇为繁华的哈尤万(Kiryat Hayovel)附近地区,位于通往哈达萨医院的道路旁。

8. Tell el-Ful,即《圣经》中多次出现的基比亚 Gibeah,位于耶路撒冷一座小山处。

9. Ramallah,约旦河西岸城市,距耶路撒冷以北 10 公里,原为基督教徒城镇,现穆斯林居多。

10. Storrs,即 Ronald Storrs,罗纳德·斯图尔斯爵士,1881—1955 年,英国海外与殖民地办公室官员,曾任开罗东方事务秘书、耶路撒冷军政府首脑以及塞浦路斯和罗德西亚的政府首脑。

11. Augusta Victoria building,奥古斯塔维多利亚教会医院,位于斯科普斯山南麓的橄榄山,1907 年始建,最初是为奥斯曼巴勒斯坦时期的德国基督教新教徒服务。

12. W.H.MacLean,亚历山大城的规划师。耶路撒冷总督斯图尔斯爵士曾请麦克林恩帮助拟定一份城市规划方案,要求"不要过于夸张,力求保护耶路撒冷的特色和传统"。

13. Talpiot,1922 年由犹太复国主义先驱在耶路撒冷老城东北建造的花园社区,希伯来原意为"华丽的塔楼"。

14. Lord Gort,英国陆军元帅、远征军统帅,1886—1946 年,因敦刻尔克成功撤退而名声大噪,曾任巴勒斯坦地区英军司令官。

15. P. Geddes,即帕特里克·盖迪斯爵士,1854—1932 年,苏格兰生物学家、区域地理和人文主义规划大师,也是特拉维夫总体规划的主要编制者之一。

16. Charles Robert Ashby,1863—1942 年,英国设计师和企业家,曾作为巴勒斯坦托管政府的咨询专家,以推进拉斯金和莫里斯所倡导的艺术与手工艺运动而闻名。

17. Clifford.A.Holliday,1897—1960 年,英国建筑师和规划师,1922 年赴耶路撒冷接替阿什比的市政顾问工作,1927 年自行开业并为巴勒斯坦政府服务。

18. Katamon,源自希腊语"修道院脚下",希伯来语的官方名字为"戈嫩"(Gonen),一处位于耶路撒冷中心南部的社区。

19. Sha'arei Hessed,或 Sha'arei Chessed,位于耶路撒冷中心的社区,与累哈维社区毗邻。

20. Zichron Moshe,位于耶路撒冷中心的正统犹太教徒社区。

21. Beit Hakerem,耶路撒冷西南部的一处高档社区,位于沃岗(Bayit Vegan)和摩西(Kiryat Moshe)之间。

22. Richard Kaufmann,即理查德·考夫曼,移民至巴勒斯坦的德籍犹太建筑师,1920 年应锡安组织之邀来到巴勒斯坦土地开发公司,也是特拉维夫早期的规划设计师。

23. Rehavia,也写作 Rechavia,位于城市中心和塔尔比之间的一处高档社区。

24. War of Independence,也称"第一次中东战争",1947—1949 年间以色列和阿拉伯国家发生的大规模战争,战后以色列成为独立国家,所划定的停战绿线使其领土面积比联合国分治决议时扩大了 6200 平方公里。

25. Bak'a,或 Baka、Geulim,书中此处指耶路撒冷南部的一处社区,现仅用作路名。

26. Romema,耶路撒冷北部靠近高速公路入口处的一个社区,地处耶路撒冷最高的一座山坡上。

27. Wadi el-Joz,耶路撒冷老城以北的阿拉伯社区。

28. Ben-Yehuda Street,以纪念希伯来语现代化革命的推进者和精神领袖 Eliezer BenYehuda。

29. Richard Kauffmann,1887—1958 年,德裔犹太人。

30. Talbieh,或 Talbiya、Talbiyeh、Komemiyut,位于累哈维和卡塔蒙之间的一处高档社区,建于 20 世纪 20—30 年代,土地由希腊东正教手中购得。早期住户多为皈依基督教的阿拉伯人,房屋多为文艺复兴式、摩尔或阿拉伯风格,现有许多重要的文化机构在此,以色列总统官邸也位于此处。

31. Arnona，耶路撒冷南部一处高档住区，位于陶比奥和拉哈高地之间。

32. Austen St. Barbe Harrison，1891—1976 年，英国出生的建筑师，主要在英国以外、尤其是中东地区从事设计工作，代表作品还有位于阿曼和耶路撒冷的英国高级专员住宅。

33. 巴勒斯坦地区曾出现多次犹太移民潮。受锡安主义思想影响，世界各地流亡的犹太人有计划、有组织地返回巴勒斯坦定居的运动被称为"阿里亚"（alya 或 aliya），希伯来语意为"上升"。据统计，1882 年巴勒斯坦地区仅居有 2 万犹太人，经 6 次阿里亚后，1948 年以色列宣布建国时，犹太人口已增至 65 万。

34. 这个时期的犹太移民主要集中在 1908 年开始建设的特拉维夫新城等地。

35. yeshivas，把宗教研究与世俗等学科教育相结合的传统犹太学校。

36. Knesset Israel，以色列立法机构，实行一院制，由 120 名议员组成，任期 4 年。

37. Hebrew University，以色列的第一所现代化大学，始创于 1918 年，落成于 1925 年，不仅是现代以色列重要的高等教育机构，也被看作是犹太民族在其祖先发源地获得文化复兴的象征。

38. Mount Scopus，耶路撒冷东北部海拔 826 米的一座山丘，第一次中东战争后成为受联合国保护的犹太飞地，四周被约旦所控制的防区包围，直到 1967 年六日战争之后才与以色列所控制的其他土地连通。

39. Tel Aviv，以色列第二大城市，自 1908 年起逐步开始兴建，当时以犹太新移民为主，2003 年其白城部分被列入联合国世界文化遗产名录。

40. Haaretz，以色列主要报纸之一，1919 年创刊，持左翼自由派政治观点，与以色列工党立场相近。

41. *Doar Hayom*，1919—1936 年间由 Itamar Ben Avi 等耶路撒冷犹太人发行的希伯来语日报，主要针对当时俄国报纸的论调。

42. Bezalel School of Art，现名 Bezalel Academy of Arts and Design，由著名犹太雕塑家鲍里斯·沙茨创建于 1906 年，奠定了 20 世纪以色列视觉艺术的基石。

43 Zaritzky，即 Yossef Zaritsky，1891—1985 年，以色列最伟大的艺术家和现代以色列艺术奠基人之一，其绘画充满以色列独有的风格，获 1959 以色列大奖。

44. Tajar，即 Ziona Tajar，1900—1988 年，绘有水彩画《沙漠风光》等。

45. Rubin，即 Reuven Rubin，1893—1974 年，德国出生的以色列画家，也是以色列派驻罗马尼亚的首任大使。

46. Gutman，即 Nachum Gutman，1898—1978 年，罗马尼亚出生并于 1905 年移民巴勒斯坦，著名的作家和插图画家，以大型马赛克公共壁画闻名，在特拉维夫第一个居民区有其名字命名的博物馆。

47. Young Men's Christian Association，简称 Y.M.C.A.，1844 年由英国商人乔治·威廉创立于伦敦，希望通过坚定信仰和推动社会服务活动来改善青年人精神生活和文化环境，总部设在日内瓦。

48. A.L.Harmon，即美国建筑师 Arthur Loomis Harmon，1878—1958 年，其代表作还有纽约第五大道的帝国大厦。

49. Jebel Mukaber，陶比奥东侧以阿拉伯居民为主的一个社区，名字来自第二位伊斯兰哈里发。托管时期的英军最高指挥部即设立在此，有时以其名代指英军指挥部。

50. Schocken Library，以德籍犹太裔出版商 Salman Z. Schocken 名字命名。

51. Hadassah Hospital，源自 1919 年起美国妇女锡安主义组织的援建，因其无种族信仰差别的医疗原则及其为和平所做贡献，2005 年哈达萨被提名诺贝尔和平奖。

52. A.Mendelssohn，原文如此，疑为 Erich Mendelsohn，1887—1953 年，德裔犹太建筑师，其作品还包括著名的爱因斯坦塔。

53. Yaakov Rechter，以色列建筑师，1924—2001 年，其作品还有特拉维夫的艺术表演中心等。

54. Passover，一般在四月，始于摩西带领以色列人出埃及的传说，是犹太人最重要的节期之一。

55. San Remo Conference，1920 年在意大利圣雷莫举行的国际会议，主要议题是如何处理第一次世界大战战败国奥斯曼土耳其帝国前领地的问题，包括把伊拉克和巴勒斯坦划归英国托管以及英国承担实现贝尔福宣言的义务，因此该会议对犹太人和巴勒斯坦阿拉伯人都意义重大。

56. Jordan Valley，指由北部加利利湖到南部死海之间的约旦河谷地和低地地区，也是基督教旅行者的圣地。

57. Haganah，希伯来语原意为"哨兵"，成立于 1909 年的准军事组织，后成为以色列国防军的核心构成力量。

58. Mufti，伊斯兰教中负责解说教法和咨询的高级教职，在伊斯兰社会中具有崇高地位。

59. Supreme Muslim council，托管时期由穆斯林和基督徒共同组成的最高委员会，负责就巴勒斯坦穆斯林事务向托管政府总督进行咨询，1951 年解散。

60. Yom Kippur, Day of Atonement, 犹太教的重大节日, 在每年的九月或十月, 犹太人于此日禁食并忏悔祈祷。

61. Motza, 或 Motsa, 耶路撒冷西侧朱迪亚山上的一处犹太社区,《圣经·约书亚记》中曾提及此地的一个同名村落。

62. Irgun Zevai Leumi, 1931—1948 年活跃在巴勒斯坦地区的犹太复国主义秘密恐怖军事组织, 曾策划大卫王酒店爆炸案等活动, 后演变为现在的利库德集团。

63. Menachem Begin, 1913—1992 年, 早年主张暴力, 并任伊尔贡组织早期领导人, 是 1946 年大卫王酒店爆炸案和 1982 年第五次中东战争的发动者, 后任以色列总理, 并因与埃及总统萨达特宣布和解而同获 1978 年诺贝尔和平奖。

64. Lehi, 名称源自《圣经》故事中的一处地名, 英国托管时期巴勒斯坦地区的犹太复国主义军事组织, 也称为 "Stern Group" 或 "Stern Gang"。

65. 1946 年 7 月 22 日, 伊尔贡发动了针对巴勒斯坦托管政府的恐怖袭击, 由后来成为以色列总理的贝京策划领导, 炸毁了位于酒店里的政府办公室, 共造成 100 多人伤亡, 目的是报复此前的大搜捕并销毁有关证据。

66. Bevingrad, 特指托管时期英军在耶路撒冷隔离出来的军事安全区, 该名称是时任英国海外安全事务负责人欧内斯特·贝文 (Ernest Bevin) 与苏联城市斯大林格勒 (Stalingrad) 的混合词, 前者反对大屠杀幸存者返回巴勒斯坦地区。

67. Etzion, 朱迪亚山犹太社区的 14 个村落之一。1948 年第一次中东战争期间被毁, 六日战争后夺回, 战后划在以方停战线以外, 之后以色列违反联合国决议在约旦河西岸扩建的居民点之一即位于此地以南。

68. 原文如此。

69. Neve Ya'akov, 或 Neveh Ya'akov, 意为 "雅各绿洲", 1924 于托管时期建立起来的东耶路撒冷犹太社区, 在 1948 年战争中受损严重。现为环绕耶路撒冷的郊区社区之一, 居民 30 000 人, 国际社会一直质疑其合法性。

70. Atarot, 耶路撒冷城北通往拉马拉公路旁的一处 "莫沙夫"(集体农庄), 名称来自《圣经·约书亚记》中的人物, 此处现有耶路撒冷最大的工业区。

71. Beit Ha'arava, 位于约旦河西岸、死海和杰里科附近的一处以色列社区和集体农庄。

72. Kiryat Anavim, 耶路撒冷西侧、朱迪亚山上的第一座集体农庄, 即基布兹, 1919 年建立。

73. Ma'aleh Hahamisha, 位于朱迪亚山的一处小型集体农庄。

74. Har Tuv, 1883 年建于朱迪亚山区的一处农庄, 土地是由英国专员从阿拉伯人手中购买得来, 1929 年被毁, 1930 年复建, 1948 年被弃, 现为工业区。

75. Lod airport, 1973 年改名 "本古德里安机场", 以纪念首任以色列总理。

76. Yemin Moshe, 位于耶路撒冷西部。为解决耶路撒冷老城过度拥挤和卫生不佳的状况, 1891 年由英籍犹太裔银行家摩西·蒙特菲奥里援建的犹太住区。

77. Sheikh Jarrah, 耶路撒冷老城以北 2 公里的一处巴勒斯坦社区, 可控制通往斯科普斯山的道路, 名称来自附近的一位萨拉丁时期物理学家的墓地。

78. Mekor Hayim, 或 Mekor Haim, 希伯来语原意为 "生活之本", 位于耶路撒冷西南的一处住区, 名称来自第一次世界大战前捐资购买此地的犹太富商。

79. Valley of the Cross, 耶路撒冷西侧的一条山谷, 因一座 11 世纪建造的十字修道院而得名。

80. Giv'at Sha'ul, 耶路撒冷西部的一处社区。

81. 即 1948 年 4 月 15—20 日, 犹太历是一种希伯来古老历法, 其纪年以《圣经》中上帝开创世界的第一个星期日为开始, 元年相当于公元前 3760 年。

82. Palmach Brigade, 希伯来语原意为 "罢工", 1941—1948 年间哈加纳的精英武装力量, 后解散, 其高级军官成为以色列国防军的骨干。Harel, 1948 年成立的犹太武装, 首任指挥官即后来的以色列总理拉宾, 其名称原意为 "上帝之山"。

83. Holon, 现为特拉维夫以南重要的海滨工业城市。

84. Latrun, 位于耶路撒冷以西 25 公里处的山上, 俯瞰通往特拉维夫的公路, 战略地位重要, 在 1948—1967 年的战争中对其争夺激烈。

85. Hulda, 户勒大村林地旁边的一处集体农庄, 名称来自附近的巴勒斯坦古村。

86. Sha'ar Haggai, 距耶路撒冷 23 公里的一处山谷隘口, 可控制通往特拉维夫的公路。

87. Nabi Samwil, 阿拉伯语原意为 "先知撒母耳", 约旦河西岸的一座巴勒斯坦小村庄, 距耶路撒冷仅 4 公里。

88. Operation Nahshon, 1948 年 4 月 5—16 日期间由哈加纳和帕尔马奇的哈雷尔旅发动的军事行动, 旨在打通被巴勒斯坦阿拉伯武装所控制的耶路撒冷到特拉维夫的道路, 并运送给养入城。行动名称源自《圣经》, 拿顺是犹大人的部落首领。他开创了希伯来人穿越红海的路。

89. Deir Muheisin，或 Dayr Muhaysin，拉姆拉地区的一座巴勒斯坦小村庄，位于拉特伦以西 12 公里，在 1948 年的拿顺行动中受损严重。

90. Operation Maccabee，该名字源自公元前 166 年犹太民族英雄犹大·马卡比，他带领犹太人夺回了耶路撒冷的第二圣殿。

91. Beit Mahsir，或 Bayt Mahsir，耶路撒冷西侧 9 公里处的一座巴勒斯坦小村庄。

92. Givati Brigade，以色列国防军的精锐部队，也是历史最悠久的部队之一，1948 年 12 月组建。

93. Isdud，或 Ashdod，位于特拉维夫以南，以色列第二大港口城市。

94．"Operation Kilshon"，指 1948 年 5 月 13—18 日由哈加纳和伊尔贡组织发动的、旨在占领耶路撒冷近郊犹太社区的行动。

95. Operation Shefifon，或 Operation Schfifon。

96. Kibbutz，或 Kiryat，以色列特色的集体农庄，房屋设施和生产工具等财产共有，人们共同劳动。

分裂的耶路撒冷：1948—1967 年

独立战争

1948 年 5 月 14 日以色列宣布建国的时候，耶路撒冷的分裂已成为事实。英国在之前一天撤离耶路撒冷，留下激战正酣的犹太人和阿拉伯人。在干草权行动中，犹太武装力量成功掌握了市中心英国安全区的控制权，打通了从东北部斯科普斯山到南部陶比奥控制区的通道。犹太人的武装力量并不充裕，只能沿着战线稀疏散布，既要抵挡非正规军的偷袭，又要面对阿拉伯军队的进攻。犹太区已被包围了大半年，现在已经完全从犹太武装所控制的区域孤立出去了。

对于通往耶路撒冷的道路，马卡比 B 行动（Operation Maccabee B）部队在就要取得胜利时却被叫停，打算侧面进攻拉特伦地区的吉瓦提步兵旅也被召回，转而向南进军以阻止埃及军队。哈雷尔旅占领了所有山岭，并控制了谷口以东到耶路撒冷的一段道路。直到哈雷尔行动结束，整条道路仍不能打通，在阿拉伯军团沿安亚伦（Ayalon）山脊转移离开之前，很少有车队能通过。

为期一个月的进攻

干草权行动结束时，整个城市附近都有犹太武装和阿拉伯军队的战斗，但是最艰苦的战斗发生在犹太武装最易受攻击的地方，即犹太区。5 月 17 日，阿拉伯军队持续猛攻犹太区西部并成功占领其大部分地区，仅有少量武器的犹太武装只能做艰难抵抗。为缓解战局，犹太武装组织了反击。5 月 17—18 日，哈加纳武装攻打城堡区受挫；但帕尔马奇（Palmach）第 5 团成功进军锡安山地区，其一部占领了阿拉伯军队据点并控制了整座锡安山。第二天，帕尔马奇部队打开了锡安门（Zion

Gate），进而加强了犹太区的防御。新来的国民自卫队（Home Guard，即 Mishmar Ha'am）不仅增强了兵力，也给犹太区带来了物资供应。第二天早晨，阿拉伯军团重夺锡安门，犹太区再一次被包围。

阿拉伯军队于 5 月 15 日从东面和北面进攻耶路撒冷。第 6 团从东面进入老城，非正规军也加入了对犹太区的攻击，第 5 团和第 3 团于 5 月 19 日攻击并成功占领北面的谢赫贾拉和警官学校（Police School）。为了进入犹太区，随后四天里阿拉伯军队在整条战线上都实施了猛烈的攻击，如北部的"帕奇"（Pagi）社区、城市中心的曼德尔鲍姆门[1] 交叉口以及南部的苏莱曼大街（Suleiman Street）。所有进攻都被为数极少的犹太士兵击退了，防御者中甚至还包括参加过加德纳[2] 的年轻人。他们成功地巩固了战线的核心——穆撒拉社区，并借此控制住了北部区域。

5 月 22 日，为占领城市南部，埃及半正规军在阿拉伯军团的帮助下攻击拉哈高地基布兹，期间双方不断易手，直到 5 月 25 日被以色列步兵团和帕尔马奇武装重新夺回。

尽管犹太区的防御人数不断减少，他们仍然成功抵御了猛烈的进攻。几十个疲惫的士兵抵挡住了一大群正规军和三支非正规部队的攻击，守护了身后挤在西班牙系犹太会堂[3] 和摩西大院（Batei Mahse compound）的 1300 名犹太居民。由于前来帮助他们的救援未获成功，他们只能以很少的人员进行街巷战，在异常困难的情况下成功防守了两周，直至 5 月 28 日被迫投降。共有 290 名犹太人被俘（其中 69 名士兵），余下的居民被转移至新城。

直到 6 月 11 日的第一次停战，城里再没有发生大规模交火，对穆撒拉、谢赫贾拉和苏巴赫[4] 阿拉伯要塞的进攻只取得了局部胜利。到第一次停战为止，全城共遭受 10 000 余枚迫击炮弹的轰炸，造成 1222 人伤亡（其中

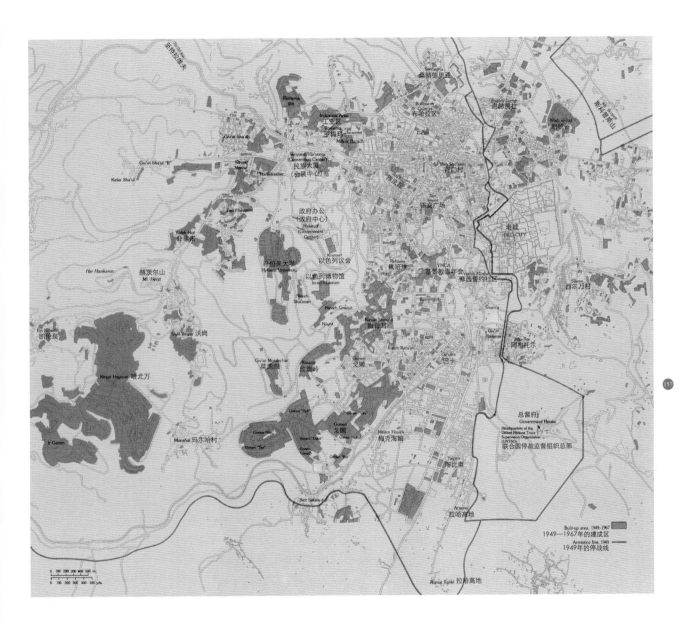

桑赫德里亚
桑赫德里亚
布哈拉区
调赫黑拉

工业区
罗梅玛
Industrial Area
Romema
Mekor Banich

Giv'at Sha'ul
Giv'at Sha'ul "B"
Kefar Sha'ul
Kiryat Moshe
Harokasher

民族大厦
Binyane Ha'oma
(Convention Center)
(会展中心)

斯科普斯山
Mt. Scopus

胡桃台
Wadi. el-Joz

Me'a She'arim
青门村

锡安广场

老城
OLD CITY

政府办公
(政府中心)
Hakirya
(Government
Center)

Beit Hakerem

Yefeh Nof
亚非弗

Knesset
以色列议会

赫茨尔山
Her Hazkaron
Mt. Herzl

乔伯来大学
Hebrew University

以色列博物馆
Israel Museum

Neveh
Sha'anan

桑哈维
Rehavia

基督教海弗会
YMCA
Yemin Moshe
摩西旧约社区

Neveh Granot

西尔万村
Silwan

凯伦泉
Ein Kerem

Beit Vegan 沃岗

Nayot

Kiryat Shmu'el
撒母耳

Emek Refa'im

Sham'a

Giv'at
Hananina

阿布托尔
Abu Tor

哈尤万
Kiryat Hayovel

Jr Ganim

Giv'at Mordechai
莫通凯

Rassco
玫瑰岭

Gonen
戈嫩

巴卡
Baka

玛尔哈村
Manahat

Gonen "Heh"
Gonen "Vav"
戈嫩
Gonen "Gimel"
Gonen "Dalet"
Gonen "Tet"
Gonen "Alef"
Gonen "Bet"

Mekor Hayim
梅克海姆

总督府
Government House
Headquarters of the
United Nations Truce
Supervision Organization
(UNTSO)
联合国停战监督组织总部

Beit Safafa

陶比奥
Talpiot

拉哈高地
Arnona

拉哈高地
Ramat Rahel

Built-up area, 1949-1967
1949—1967年的建成区
Armistice line, 1949
1949年的停战线

0 100 200 300 400 500 m.
0 100 200 300 400 500 yds.

(157)

图尔基曼大楼（Turjeman building）位于城市东北部，靠近以前的曼德尔鲍姆门，在六日战争之前是以色列国防军的防线位置，现在是展示分裂时期耶路撒冷的博物馆。

204 名死亡）。尽管城市境况严峻，人均供水降至每天 1.5 加仑，即 6 升；面包降至每人每天 5 盎司，即 150 克，居民人数却并未减少。国民自卫队确保了城市在持续轰炸下的运转，尤其是确保了水的配给。这期间耶路撒冷完全被阿拉伯军队包围，战斗主要是为了建立城市与外界的联系。

争夺进城通路的战役

在马卡比 B 行动末期，一些小型车队设法在夜间进入耶路撒冷，每个车队都有一辆装甲车护卫着。阿拉伯第 4 团于 5 月 17 日占领了拉特伦，几天后，其第 3 旅呈扇形展开进攻安亚伦山脊，并于 5 月 25 日成功占领该地。5 月 30 日，阿拉伯军队成功避开了新以色列第 7 旅（Operation Bin Nun A and B）的进攻，并于 6 月 6 日击退哈雷尔旅的

第二轮进攻（Operation Yoram），仍旧牢牢掌握着穆黑森村和谷口之间的道路。随着战争的深入，穆黑森村、苏森村和伊兹村[5]之间的土地都被以色列部队占领，终于把东边哈雷尔旅控制的区域和西边第 7 旅控制的区域连接起来。由 5 辆吉普车组成的车队于 1 月 1 日晚上成功进入耶路撒冷，打破了耶路撒冷长达一个半月的包围。这要得益于避开安亚伦山上驻军视线、连夜打通的一条穿山路[6]，可以绕开拉特伦附近阿拉伯军队所控制的高速公路区域。到 10 天后各方第一次停火的时候，这条小路已在频繁使用，物资车队的行动可以绕开拉特伦防区，连给水管和输油管也敷设在这条道路旁边了。

第一次停战（6 月 11 日—7 月 8 日）

第一次停战期间，城市发生了重大变化。虽然打通缅甸小路的行动并未得到联合国的监督与认可，但大量食物、燃料和军事装备可以由此送入耶路撒冷，重组了战斗部队并配备了机关枪、迫击炮和大炮等重型武器。

十日之战（7 月 8—18 日）

第一次停战结束于 7 月 8 日上午 10 点。在第一次停战和第二次停战之间，主要战斗并未发生在城市里。7 月 10 日，城市西部的以色列国家公墓区（Khirbet el-Hamama，即现在的赫茨尔山）被攻占。以色列军队 7 月 10—11 日攻占了玛米尔村，7 月 14 日攻占了玛尔哈村[7]，7 月 16—19 日还在曼德尔鲍姆门附近和阿拉伯军团展开了一场激战。以色列国防军[8]、伊尔贡和利希组成的联合部队打算重新占领老城，但这项 7 月 16—17 日期间发动的东部行动（Operation Kedem）却以失败告终。7 月 17—18 日以军占领了卡莉山（Miss Carey）和凯伦泉[9]；7 月 10—18 日的丹尼行动（Operation Dani）进一步扩大了进入耶路撒冷的通道，还攻占了缅甸小路以南地区和拉姆拉[10]和措瓦[11]附近地区。次日下午 7 点，第二次停战开始。

第二次停战（至 10 月 15 日）

第二次停战期间主要是在军队指挥官之间进行各种政治斡旋。随后几个月，阿拉伯军团和以色列国防军签署

了多项协议：之前在 5 月份双方已同意解除总督府[12]地区的武装，那里也是红十字会总部所在地；7 月 7 日在解除斯科普斯山飞地的武装上达成一致；7 月 22 日，就无人区划分事宜达成一致。这些协议奠定了阿拉伯军团和以色列国防军的关系基础，双方都尽最大努力处理各地的突发事件。

第二次停战期间耶路撒冷也有一些小型军事冲突。8 月，在一系列违反停战协议的活动之后，艾兹厄尼旅试图击退进至总督府山的阿拉伯军队。失败后，以军被迫于 8 月 16—17 日后撤。城市南部的一些军事设施在 10 月份被炸毁，10 月 19—20 日的酿酒厂行动[13]重新把铁路沿线区域纳入以色列军队的掌控之中，但此次行动的主要目标亚拉村（Beit Jala）山脊却未能攻克。次日开始的山岭行动[14]再次扩大了耶路撒冷的走廊地带，耶路撒冷至拉特伦大道以南的地区都被以色列国防军占领。

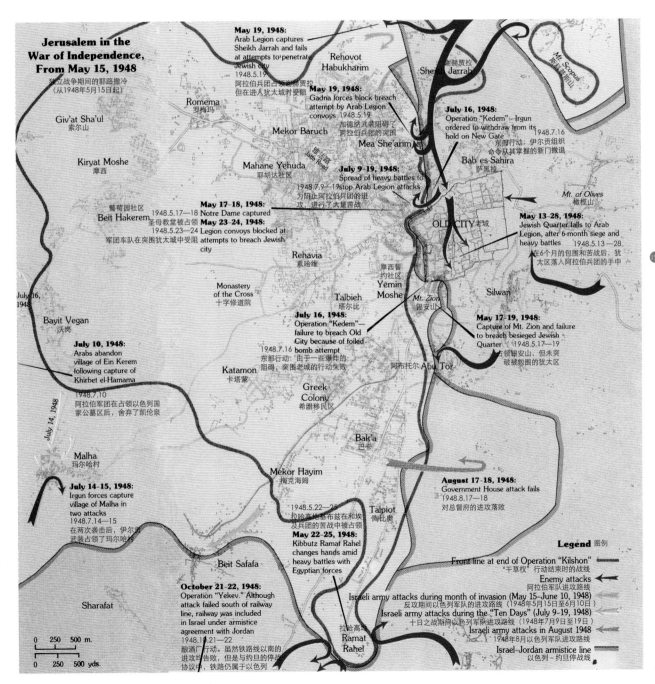

独立战争期间的耶路撒冷（1948 年 5 月 15 日起）。

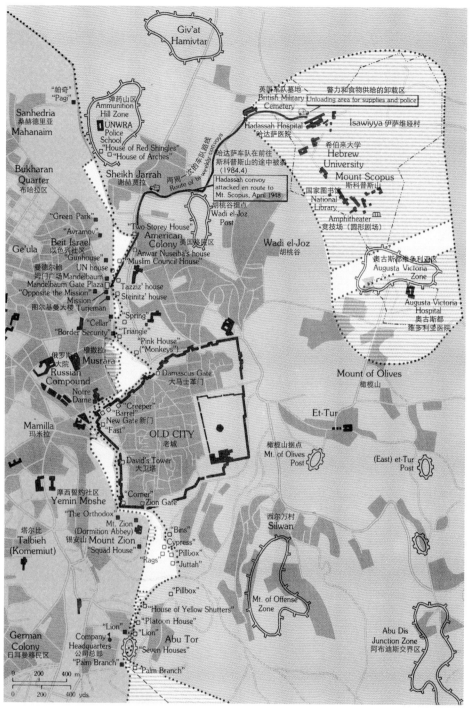

城市边界是根据以色列和约旦的停战协议划定的，它把耶路撒冷分成了两个部分。边界周边总是多事之地，最终体现在城市形象上：无人区里垃圾成堆，雷区、铁丝网围栏和混凝土墙四处散布。

Giv'at Hamivtar

"帕奇" "Pagi"

Sanhedria 桑赫德里亚 Mahanaim

弹药山区 Ammunition Hill Zone

■ UNWRA Police School

"House of Red Shingles" "House of Arches"

Bukharan Quarter 布哈拉区

Sheikh Jarrah 谢赫贾拉

两周一次的车队照线 Route of bi-weekly convoys

英国军队墓地 British Military Cemetery

警力和食物供给的卸载区 Unloading area for supplies and police

Isawiyya 伊萨维娅村

Hadassah Hospital 哈萨医院

希伯来大学 Hebrew University Mount Scopus 斯科普斯山

国家图书馆 National Library

竞技场（圆形剧场） Amphitheater

哈达萨车队在前往斯科普斯山的途中被袭 (1984.4) Hadassah convoy attacked en route to Mt. Scopus, April 1948

胡桃谷据点 Wadi el-Joz Post

"Green Park"

"Avramov" Beit Israel 以色列社区

Ge'ula

"Gunhouse" 曼德尔鲍 UN house 姆门广场 Mandelbaum Mandelbaum Gate Plaza "Opposite the Mission" Mission 图尔基曼大楼 Turjeman

"Two-Storey House" American Colony 美国侨界区

Anwar Nuseiba's house "Muslim Council House"

Tazziz' house Steinitz' house

Wadi el-Joz 胡桃谷

奥古斯都维多利亚区 Augusta Victoria Zone

"Spring"

"Cellar" "Border Security"

"Triangle"

"Pink House" ("Monkeys")

Augusta Victoria Hospital 奥古斯都维多利亚医院

俄罗斯大院 楼撒拉 Musrara

Russian Compound

Notre Dame

Damascus Gate 大马士革门

OLD CITY 老城

Mount of Olives 橄榄山

Et-Tur

"Creeper" "Barrel" New Gate 新门 "Fast"

Mamilla 玛米拉

David's Tower 大卫塔

橄榄山据点 Mt. of Olives Post

(East) et-Tur Post

摩西哲约社区 Yemin Moshe

"Corner" Zion Gate

"The Orthodox"

塔尔比 Talbieh (Komemiut)

Mt. Zion (Dormition Abbey) 锡安山 Mount Zion "Squad House"

"Rags"

"Bins" "Cypress"

"Pillbox" "Juttah"

西尔万村 Silwan

"Pillbox"

German Colony 日耳曼移民区

"House of Yellow Shutters" "Platoon House"

"Lion" Company "Lion" Headquarters 公司总部 "Seven Houses" "Palm Branch" Abu Tor

Mt. of Offense Zone

Abu Dis Junction Zone 阿布迪斯交界区

"Palm Branch"

0   200   400 m
0   200   400 yds

········ Armistice line, 1949 1949年的停战线

Armistice line on Mt. Scopus, 依照约旦和联合国划定 according to Jordan and UN 的斯科普斯山停战线

No-man's land 无人区

Israeli territory 以色列辖区

Israeli demilitarized zone 以色列非军事区

Jordanian territory 约旦辖区

Jordanian demilitarized zone 约旦非军事区

■ Israeli position 以色列据点

□ Jordanian position 约旦据点

耶路撒冷停战协议

1948 年 6 月，联合国调停人博纳多特伯爵[15] 提出了解决巴以冲突的方案。提议内容中包括将耶路撒冷划入阿拉伯区，同时给予犹太人自治权的条款。这一提议立即遭到以色列政府的反对。博纳多特伯爵于 7 月末到达以色列，提议将耶路撒冷非军事化。9 月 17 日，国民阵

线组织（National Front Organization）和利希组织的几名成员刺杀了博纳多特伯爵，这一事件导致政府决定解散耶路撒冷的伊尔贡和利希武装组织。

1948年11月30日，以军司令官摩西·达扬上校[16]和约旦部队司令官阿卜杜拉·埃塔尔（Abdallah el-Tal）签署了停战协议。12月末，绕开拉特伦的"英雄之路"[17]正式开通。1949年2月2日，政府宣布结束耶路撒冷的军事状态，随后4月3日与约旦在罗德岛[18]签署了停战协议，同意恢复耶路撒冷的铁路运输，并计划成立一个联合委员会来管理圣地和斯科普斯山上的飞地。后者从未落实，这也成为1967年以色列和约旦再次产生纷争的起因。

犹太城市

博纳多特伯爵（Count Bernadotte）提案之后，以色列政府决定把耶路撒冷作为军事区，并任命多夫·约瑟夫（Dov Joseph）为军政府首长，这一状态直至1949年2月军政府解散。

1949年12月9日联合国通过一项决议，耶路撒冷应该成为国际性城市；但以色列政府更愿意和约旦分占该城，同时也逐步采取措施，使它成为建国初期的犹太国首都。于是，议会和政府开始迁往耶路撒冷；1949年12月16日总理办公室搬迁；议会于12月26日在临时办公区[19]开始运作；随着1952年7月外交部的搬迁，意味着所有政府办公机构均已搬迁完毕。

1949年1月17日，耶路撒冷犹太议会（1948年12月成立）召开了首次会议，扎曼·施拉盖[20]被任命为市长，其后的继任者分别为卡里夫（Avraham Yitzhak Kariv，1952—1955年）、阿格隆（Gershon Agron，1955—1959年）、伊士沙龙（Mordechai Ish-Shalom，1959—1965年）、特迪·科勒克（Teddy Kollek，1965—1993年）、奥尔默特[21]、鲁波联斯基（Uri Lupoliansky，2003—2008年）和目前的巴尔卡特（Nir Barkat，2008年起至今）。

城市边界

对1948年5月末双方所占有的据点稍加调整，就构成了约以停战线。1948年11月30日签署的停战协议上附有双方边界线地图，并以此作为市界。这一地图是临时性的，后来被永久和平协议所取代；但它仍然是

独立战争后巴以之间的混凝土挡墙（位于玛米拉大街），用以保护犹太居民免受约旦狙击手的伤害。六日战争结束后拆除了这些挡墙，城市完成统一。

1967年之前唯一有约束力的文件。由于这条界线最初是用粗马克笔手绘在1:2000地图上的，这也导致了很多复杂问题——以色列人和约旦人对地图的理解不同，当在现实中定位界线时，双方发生了冲突。现实中这一边界有98—131英尺（合30—40米）宽，有时候覆盖了整栋房子或整条街道，甚至穿过房屋废墟，很多地方因此而成为无人区。从弹药山[22]山坡起始的边界有3英里（合5公里）长，一支由70名士兵组成的以色列部队把守着沿线14个岗哨，面对的是36个据点里的约旦军队。多数岗哨是石头房子，门窗都用混凝土封住，只留射击孔。为防狙击，沿先知撒母耳社区[23]和玛米拉大街（Mamilla Street）的以色列边界，大马士革门和通往谢赫贾拉的道路一侧的约旦边界都设立了防御墙。由于并未确定无人区的权属，双方都常常在无人区引发冲突。刚开始的时候约旦一方经常用狙击枪和炸弹攻击以方，直到1952年以色列国防军使用集束炸弹进行报复，才解决了这一问题。

约以停战委员会负责解决和市界相关的争端，具体处理的问题包括：关于无人区建筑物违反停战协议的申诉，约旦士兵扔石头的挑衅行为，被窃财产的归还事宜，无意中跨越边界的人群遣返以及无人区农作物的播种问题等。1954年的事件[24]之后，双方决定通过电话和每周例会来加强指挥官之间的沟通，同时也决定加强对武装力量的控制，严格遵守停战规则。

双方常因斯科普斯山的问题产生摩擦。根据1948年

曼德尔鲍姆门是当时以色列和约旦控制区之间唯一的交叉点。图中所示是基督教朝圣者穿过曼德尔鲍姆门，前去老城内的约旦控制区参加圣诞节活动。

7月7日签署的协议，包括维多利亚医院、希伯来大学、哈达萨医院和伊萨维娅村²⁵等地区应该是非军事化的。这一区域被划分给以色列和约旦，以色列居民被限定为33人。双方都同意这一区域应该由联合国监管，由联合国部队负责该区的饮水和食物供给；但这些约定并没有包括在约以停战协议内。协议第八条提及了斯科普斯山地区的非军事化问题；但双方并未就此达成一致，结果造成了1967年的六日战争之前约以之间不断的争执。在现实操作中，联合国观察员1950年发布的指令发挥着实际的约束作用：由两辆装甲车、一辆油罐车、一辆运输武器和必需品的卡车和一辆救护车组成车队，每两周去一次斯科普斯山。车队会穿过约旦控制区和以色列控制区之间唯一的交叉点——曼德尔鲍姆门，朝圣者需要经过此处去往圣墓教堂，联合国工作人员和游客也要路过此地。斯科普斯山飞地由穿着警服的一队以色列军人保卫，由这些"警察"组成的车队每两周去一次斯科普斯山，替换驻扎在那里的执勤人员。车队及其运送的武器需要由联合国观察员进行检查；但以方总是采用各种伪装试图送去更多武器，比如把吉普车车载无后坐力炮拆下来隐藏在装甲车的双层顶棚里，因此常常有争端。约旦巡逻队也发现并遣返了一些试图夜间潜入的车队。

无人区的争端导致了一些战斗。最严重的一次发生在1958年5月，约旦士兵向一支以色列巡逻队开火，造成联合国观察员弗林特上校（Colonel Flint）和四名以色列军人死亡。约旦曾要求在这段紧张时期取消开往斯科普斯山的车队。六日战争开始后，以色列国防军于1967年6月6日中午率先占领弹药山和哈米塔山²⁶，然后直冲斯科普斯山。

市区的发展

独立战争之后，耶路撒冷被分为两部分，城市发展受到隔离界线的影响很大。沿着由铁丝网、地雷和开火区域组成的前线，仍然存留着大量被穷人占据了的废弃房屋。经济状况稍好一些的家庭都陆续从边界地区搬走了，而那些极度贫困的家庭就住进了这些空置建筑。

耶路撒冷战后主要向西发展，大部分建设集中在山脊和陡坡上，城市西部的社区主要提供给那段时间里涌来的移民。大量建设都是以最低成本匆忙建造的，如1949年在玛米尔阿拉伯村所建的哈尤万（Kiryat Hayovel），开始时只建了单层联排房屋，随后才在附近造了高层公寓。摩西（Kiryat Moshe）、卡塔蒙、陶比奥和玫瑰岭²⁷等成熟社区也多采用不贴石材的大型混凝土结构，对满足迫切的居住需求来说，这是既经济又快速的无奈之举。

城市北部可供发展的区域也受到停战界线的限制，仅在罗梅玛和桑赫德里亚（Sanhedria）之间为极端正统派犹太教徒²⁸修建了公寓楼。

穆撒拉、巴卡和凯伦泉等战争中废弃的阿拉伯社区被改造为新移民住区，城市南部的英国阿拉曼营区（British

el-Alamein Camp）也建了大型移民营地。后者只在 20 世纪 60 年代空置过一段时间，现在是陶比奥工业区的一部分。

由本·耶胡达大街、雅法大街、乔治国王大街所围成的市中心三角地一直持续运转着，除了本·耶胡达大街的中段，其他部分并未在托管时期的战斗中受到严重损毁。由于城市经济发展减慢，很少有新建筑出现，商业中心没有任何发展，其整体形象从英国托管时期到六日战争期间一直都没有发生变化。

约旦控制区

约旦控制的城市东区并未与以色列控制区一样得到发展，这是因为哈希姆家族[29]将其主要财力用于建设安曼[30]。耶路撒冷东区人口在 1948 年战争后减半，20 世纪 60 年代末开始增长，在 1960—1967 年间增长了 5 倍。

耶路撒冷东部区由英国建筑师康德尔[31]规划。他在托管期间提交了整个城市的总体规划，1965 年提出了针对耶路撒冷东区的规划。大部分住宅都建在城北沿耶路撒冷至拉马拉（Ramallah）公路的开阔地区，属于舒法特和哈尼纳[32]辖区，之前已经有一些富人修建了东方风格的别墅。埃扎里亚[33]和阿布迪斯[34]等附近村落也逐渐发展成为城市近郊区的一部分。

经济中心区的基督教徒和穆斯林游客逐步增多，很多酒店在耶路撒冷东区开张营业。最引人注目的是橄榄山上的洲际酒店（Intercontinental Hotel），它的修建严重破坏了考古遗址和山上的犹太墓地。除了埃扎里亚的烟厂以外，没有发展其他工业。大马士革门附近的老商业中心因为靠近边界而退化，新的商业中心开始在萨拉丁大街（Salah ed-Din Street）附近出现，陆续修建了法庭、约旦区首长官邸和主要的邮局。这一时期最重要的建筑是纳布卢斯路旁的基督教青年会（YMCA）、首长官邸和位于谢赫贾拉的两所医院。

两区分界线旁的房屋废墟成了城市景观中触目惊心的疤痕。20 世纪 60 年代修建了耶路撒冷通往阿卜杜拉大桥（Abdallah Bridge）的现代化公路，从拉马拉开始、穿过胡桃谷（Wadi el-Joz）到洛克菲勒博物馆区的道路方便车辆出入城市。还有一条沿着汲沦谷的蜿蜒山路穿过萨胡[35]，把耶路撒冷、纳布卢斯和伯利恒、希伯伦连接起来。几年后又建造了连接苏巴赫和政府大厦的新路，并就近设置军事据点，缩短了耶路撒冷和伯利恒之间的路程。

此外，还在舒法特附近建造了发电厂，源自法拉泉（Ein Fara）和所罗门池输水的供水系统也建好了。

公共建筑

这座城市很快就从独立战争中恢复过来，生活也开始回归日常。政府机构分散在城中各处的临时住房内：总理办公室位于犹太联合机构办公楼一翼；以色列议会落脚乔治国王大街的老议会大楼（Beit Froumine）；外交部屈居在罗梅玛的小木屋里。由于斯科普斯山位于无法通达的飞地，希伯来大学和哈达萨医院只好分散安置到四处：生物化学系位于玛米拉大街的一栋房子里；遗传学系借用了塔尔比（Talbieth）的前军事法院大楼，动物学系则搬到俄罗斯大院[36]附近的圣经社（Bible House）。

20 世纪 50 年代期间，从北边的谢赫巴德[37]到南边的累哈维谷地之间的拉姆岭[38]地区，也就是累哈维和葡萄园社区（Beit Hakerem）之间的区域，建造了政府机关、以色列议会、希伯来大学和以色列博物馆等一大批公共建筑。城北凯伦泉村旁的哈达萨医疗中心与拉姆岭的希伯来校区于 20 世纪 60 年代初一起开放，新的以色列议会也于 1968 年开放。民族大厦（Binyanei Ha'ooma）兴建于谢赫巴德，政府办公区[39]位于拉姆岭和慈爱门（Sha'arei Hessed）社区之间，该区最南端的以色列博物馆于 1967 年完工。城市中心建造了大拉比[40]办公楼[41]，对面是设有底层超市的大型高层公寓。以色列总工会的多层办公楼位于施特劳斯街（Strauss Street），屋顶上能看见斯科普斯山和橄榄山。1949 年，西奥多·赫茨尔[42]的遗骸被重葬于城西以他命名的山上，此后该区逐渐成为国家领导人的墓地，军事公墓也位于赫茨尔山（Mount Herzl）上。

经济

这时的耶路撒冷城市经济主要仰仗服务业，大部分从业者受雇于政府机关、希伯来大学、国家机关、哈达萨医院和其他公共机构。为平衡城市居民的收入差距，在罗梅玛、索尔山和陶比奥开辟了电子、印刷、制药和金属加工等轻工业区，另有一个大型面粉厂。即便如此，工业仍只占耶路撒冷经济总量的很小一部分，只有 17% 的劳动者从事工业，而 44.3% 的从业者跻身公共服务业。

1965 年，耶路撒冷有四分之一的工人在规模过百人的工厂工作。

市政管理

城市在独立战争期间的日常事务由耶路撒冷委员会（Jerusalem Committee）管理，委员会由军政府首长多夫·约瑟夫（Dov Joseph）负责。1949 年 1 月 17 日，内政部长任命了一个由耶路撒冷居民组成的临时议会，1950 年举行了第一届市议会选举。在整个 20 世纪 50 年代，城市一直面临着严重的政治、管理、经济和社会问题。市议会于 1955 年被解散，并任命了一个特别委员会处理相关事务。此后，城市由市长和每四年选举一次的城市议会管理。

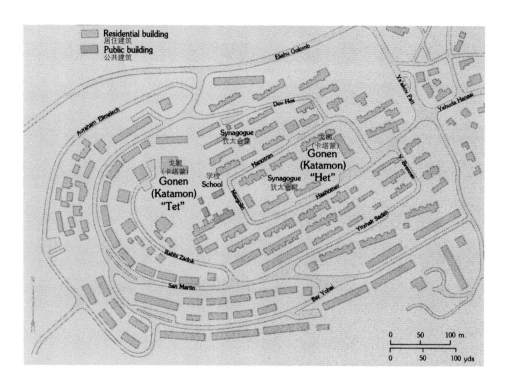

戈嫩（Gonen Het and Gonen Tet，即卡塔蒙）是 20 世纪 50 年代建于城市西区的典型社区，它是按照特殊的规划方案在极为困难的情况下快速修建的，用以安置此期间涌来的大量新移民。移民住宅都建在山坡上，高处修建学校、犹太教会堂等公共设施。

译者注

1. Mandelbaum Gate, 位于耶路撒冷老城西侧，名称源自此地最早和唯一的一栋犹太人住宅"曼德尔鲍姆大宅"，六日战争之前成为约旦河以色列防区之间的检查站，后成为耶路撒冷分裂时期的标志。

2. Gadna, 以色列青年服兵役之前的准备项目和训练。

3. Sephardic Synagogues, 即赛法迪犹太会堂。

4. Sur Bahir, 也称"Sur Baher"，东耶路撒冷的一处巴勒斯坦社区，位于拉哈高地以东。

5. Beit Susin 与 Beit Jiz, 或 Bayt Susin 与 Bayt Jiz, 均为拉姆拉东南的巴勒斯坦阿拉伯村庄。

6. Burma Road, 即缅甸小路，指其蜿蜒艰难。

7. Malha, 或 Manahat、al-Maliha, 耶路撒冷东南的一座巴勒斯坦村庄，名称源自《圣经》中的古村名。

8. Israel Defense Force, 简称 IDF，创立于 1948 年，现代以色列的主要军事力量。

9. Ein Kerem, 希伯来语意为"葡萄园春天"，耶路撒冷西南的一座古老村庄，也是传说中施洗者圣约翰的诞生地。

10. Ramla, 位于特拉维夫与雅法城镇群东南沙漠中的古老城市，始建于公元前 8 世纪的倭玛亚时期，因地处大马士革与开罗之间，又是进入雅法和耶路撒冷的关口，一直是各方争夺的战略要地。

11. Tzova, 也称"Tzuba""Tsuba""Zova"，耶路撒冷近郊的一处集体农庄。

12. Government House，旧时英国殖民地政府大厦。

13. Operation Yekev，1948 年成功占据耶路撒冷外围若干据点的军事行动。

14. Operation Hahar，1948 年 10 月 19—22 日期间以军扩大耶路撒冷南部防区的行动。

15. Count Bernadotte，瑞典外交官、威斯堡伯爵，1895—1948 年，曾于第二次世界大战期间从纳粹集中营成功解救出 31 000 人。

16. Colonel Moshe Dayan，1915—1981 年，以色列军事领导人之一，后任国防部长。

17. Road of Heroism，此处指缅甸小路。

18. Rhodes，爱琴海东部的一座希腊岛屿。

19. 希伯来语 Beit Froumine，或 Frumin House，即老议会大楼，位于乔治国王大街 24 号，1950—1966 期间由议会使用。

20. Shlomo Zalman Shragai，1899—1995 年，出生于波兰极端正统派犹太教徒家庭，1924 年移居巴勒斯坦，其后负责以色列移民事务。

21. Ehud Olmert，1988—1992 年与 2003—2006 年间任内阁大臣，后于 2006—2009 年任以色列总理。

22. Ammunition Hill，曾为耶路撒冷城战斗最激烈的地方之一。

23. Shmu'el Hanavi，耶路撒冷北部的一处社区，因其道路引向城外的先知撒母耳的墓地而得名。不同于约旦河西岸的巴勒斯坦村庄 Nabi Samwil。

24. 此处或指 1954 年 3 月 17 日巴勒斯坦阿拉伯武装伏击从埃拉特到特拉维夫途中的以色列公共汽车，并杀死 11 名犹太平民的事件。

25. Isawiyya，耶路撒冷斯科普斯山上哈达萨医院附近的一座阿拉伯村庄和社区。

26. Giv'at Hamivtar，耶路撒冷法兰西山和艾什克尔高地之间的小山。

27. Giv'at Haveradim，，或 Rassco，耶路撒冷城中一处社区，因由 Rassco 公司，即郊野居民点开发建设公司 Rural and Suburban Settlement Company 开发建设而得名。

28. Haredi，也称"哈瑞迪犹太教"，犹太正统教派中最为保守的一支，包括各种哈西迪派别、西欧的立陶宛犹太人和来自东方的赛法迪派，认为他们的信仰直接传承于摩西，不认同源自德国的哈斯卡拉运动，不同于现代正统犹太教。

29. Hashemite，或 Hashimite，红海地区拥有正宗皇室血统的大家族。

30. Amman，约旦首都。

31. Kandel，即 Henry Kandel。康德尔的规划充分考虑了当时的军事占据情况和地势，并建议增加耶路撒冷的公共绿地面积，包括保留埃尔弗的绿地。侯赛因国王曾一度打算在此修建他的王宫。康德尔的规划方案因 1967 年的战争而未能实施。

32. Shu'afat，Beit Hanina，均为耶路撒冷东北部的巴勒斯坦阿拉伯住区，地处耶路撒冷通往拉马拉的道路一侧，1965 年约旦国王侯赛因曾在前者处设立难民营。

33. Eizariyya，疑为约旦河西岸城镇 al-Eizariya，意为"拉撒路之所"。

34. Abu Dis，或 Abu Deis，位于 1995 年临时协议中所划定的约旦河西岸 B 区的城镇。

35. Beit Sahur，或 Bayt Saahoor，巴勒斯坦民族权力机构管辖下的城镇，位于伯利恒以东。

36. Russian Compound，位于雅法路和先知大街之间，耶路撒冷最早的社区之一，内有俄罗斯东正教堂和几座朝圣者客栈，后曾用作政府办公区和博物馆。

37. Sheikh Badr，即现在的皇冠假日酒店所在区域，原为西耶路撒冷山丘和阿拉伯村庄，1948 年战争中受损严重，后并入拉姆岭地区，修建了以色列高级法院等大型设施。

38. Giv'at Ram，位于耶路撒冷中部，除文中提及机构以外，以色列博物馆、耶路撒冷《圣经》博物馆和以色列国家图书馆也均在此处。

39. Hakirya，原意为"校园""园区"。一指位于特拉维夫的政府办公区，内有以色列国防军指挥部大楼等机构，也称为"拉宾区"。此处指位于耶路撒冷的政府办公区。

40 Chief Rabbinate，拉比是一个特别的犹太阶层，担任犹太社团或犹太教教会首脑，在犹太经学院中传授教义，是老师和智者的象征。大拉比类似于基督教大主教，是犹太教和宗教党派的精神领袖。

41. Hekhal Shlomo，意为"所罗门圣殿"，1959 年落成，现为犹太遗产博物馆，位于乔治国王大街，与犹太大会堂毗邻。

42. Theodor Herzl，1860—1904 年，本名 Benjamin Ze'ev Herzl，奥匈帝国的一名犹太裔记者，锡安主义的创建人和现代以色列的国父。

统一的耶路撒冷：1967 年起

六日战争，1967

　　1967 年 6 月 5 日，六日战争爆发，以色列国防军占领了西奈沙漠[1]、朱迪亚、撒马利亚（Samaria）和戈兰高地[2]。对以色列人来说，这场战争的高潮是 1967 年 6 月 6 日把东耶路撒冷从约旦手里夺回来。

　　战争于 6 月 5 日在埃及前线首先触发。尽管以色列政府向侯赛因国王[3]多次转达无意攻击约旦的信息，约旦最终仍然对以宣战。当日早晨，约旦沿城市分隔边界用轻武器开火，随后演变成对耶路撒冷多处犹太社区的大规模轰炸。下午 1 点半，约旦的阿拉伯军团占领了无人区的政府大厦地区。约旦方的这一举动促使以军总部派遣中央司令部的部队进攻政府大厦，并支援岌岌可危的斯科普斯山阵地。

　　下午 3 点，第 16 旅（即耶路撒冷旅）开始进攻政府大厦，并于当晚占领了陶比奥和亚罗纳（Arnona）东侧的约旦据点[4]。同时，第 10 装甲旅在城堡区集结，第 55 伞兵旅也开始行动。

　　第 10 装甲旅迅即采取攻势，并在晚上突破了雷达山（Radar Hill）和谢赫阿齐兹[5]地区约旦部队的防线。虽然反坦克挡墙制造了一些麻烦，以军仍于凌晨 2 点成功打通进攻通道。在绕过先知撒母耳村并封锁耶路撒冷至拉马拉的道路后，先锋部队于黎明时成功抵达萨黑拉墓地[6]。

　　第 55 伞兵旅在葡萄园社区集结，当晚把守停战线位置，并于凌晨 2 点 15 分同时展开双线攻击。第 66 伞兵团突入并占领警官学校，冒着约旦军队的轰炸向弹药山移动。经过艰苦鏖战，伞兵团成功击溃约旦部队，并于早上 6 点占领弹药山。在第二条战线上，第 28 团攻破西缅地[7]附近的约旦防线，并沿着纳布卢斯路前进至萨拉大

1967 年 6 月 7 日，国防部长摩西·达扬在参谋长伊扎克·拉宾[11]（右）在以色列国防军中区司令官乌兹·纳基斯（Uzi Narkiss）的陪同下，经狮门进入耶路撒冷。

街。但先锋部队搞错路口和方向，一直沿着纳布卢斯路冲下去，遇到了纳布卢斯路以西停战线敌军据点的火力，在萨义德清真寺（Sa'ad Vesa'id Mosque）附近展开了激烈的遭遇战。以军继续向前移动穿过萨黑拉墓地，并最终在早上 8 点前完成任务。第 71 团紧随第 28 团穿越了停战线，向西移动并在亚美尼亚移民区、希律门和胡桃谷社区完成行动，于清晨抵达洛克菲勒博物馆。

　　早上 8 点 30 分，第 10 旅在埃尔弗（Tell el-Ful）地区进行坦克作战，并同时向南移动，于 12 点半占领了埃尔弗、哈米塔山和法丘[8]的据点。这一阶段的战斗最终打开了通往斯科普斯山的道路，使整个耶路撒冷北部及其山区都处在以色列国防军的控制下。下午，第 16 旅的一个团出发去攻打阿布托尔[9]。攻打停战线约旦据点的战斗异常激烈，直到晚上才结束。以色列空军一整天都在扫射哈杜米姆山口[10]和进城道路旁的约旦部队。

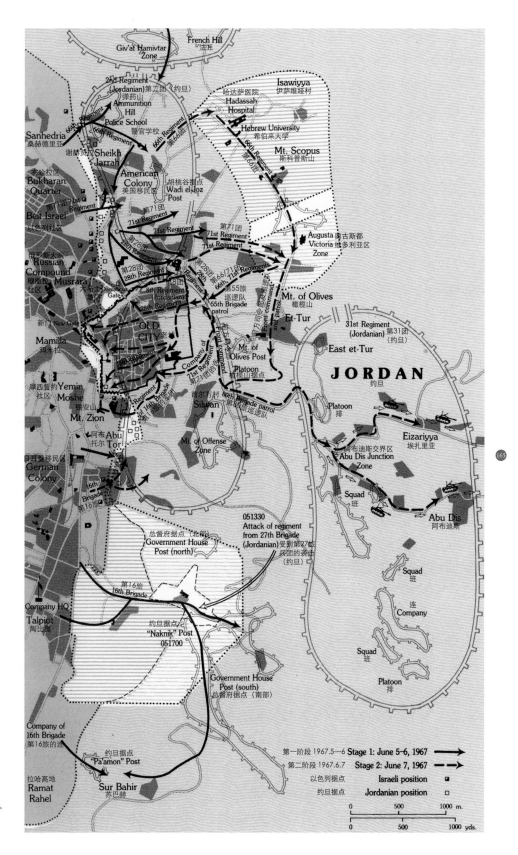

French Hill 法玉
Giv'af Hamivtar Zone

2nd Regiment (Jordanian) 第二团（约旦）
弹药山 Ammunition Hill
警官学校 Police School
66th Regiment 第66团
66th Regiment

哈达萨医院 Hadassah Hospital
希伯来大学 Hebrew University
66th Regiment 第66团
Mt. Scopus 斯科普斯山

Isawiyya 伊萨维娅村

Sanhedria 桑赫德里亚
Sheikh Jarrah 谢赫贾拉
American Colony 美国移民区
胡桃谷据点 Wadi el-Joz Post
71st Regiment 第71团
71st Regiment

Augusta Victoria Zone 奥古斯都维多利亚区

希哈拉区 Bukharan Quarter
第71团71st Regiment
Beit Israel 以色列社区
28th Regiment 第28团
71st Regiment 第71团
28th Regiment 第28团 第28团

神罗斯大院 Russian Compound 穆罗拉社区
Musrara
8th Regiment (Jordanian) 第8团（约旦）
大马士革门 Damascus Gate
8th Regiment 第28团

55th Brigade patrol 第55旅巡逻队
Mt. of Olives 橄榄山 Et-Tur

31st Regiment (Jordanian) 第31团（约旦）

新门 New Gate
Mamilla 玛米拉
OLD CITY 老城
28th Regiment

Mt. of Olives Post 橄榄山据点
Platoon 橄榄山据点

East et-Tur

JORDAN 约旦

摩西哲约 Yemin Moshe 社区
锡安山 Mt. Zion
71st Regiment 第71团
16th Brigade 第16旅
西尔万村 Silwan
80th Brigade patrol 第80旅巡逻队

Platoon 排

阿布托尔 Abu Tor
German Colony 日耳曼移民区
16th Brigade 第16旅
Mt. of Offense Zone

Eizariyya 埃扎里亚
阿布迪斯交界区 Abu Dis Junction Zone

Squad 班

摩西哲约 Talpiot 陶比奥
Company HQ

051330 Attack of regiment from 27th Brigade (Jordanian) 受到第27旅民团的袭击（约旦）

Squad 班

Abu Dis 阿布迪斯

总督府据点（北部）Government House Post (north)
16th Brigade 第16旅

Squad 班
Company 连

"Naknik" Post 约旦据点 051700

Government House Post (south) 总督府据点（南部）

Squad 班
Platoon 排

Company of 16th Brigade 第16旅的连
拉哈高地 Ramat Rahel
"Pa'amon" Post 约旦据点
Sur Bahir 苏巴赫

第一阶段 1967.5—6 **Stage 1: June 5-6, 1967** →
第二阶段 1967.6.7 **Stage 2: June 7, 1967** →
以色列据点 **Israeli position** ■
约旦据点 **Jordanian position** □

0 500 1000 m.
0 500 1000 yds.

165

1967 年 6 月 5—7 日，六日战争
期间的耶路撒冷。

国防部长摩西·达扬下达了包围耶路撒冷老城，但不得强行进入的命令。晚上，第80团的一支巡逻队和坦克部队开始进攻橄榄山，由于行进路线有误，该军在客西马尼园[12]附近汲沦谷的一座桥梁处受困，被迫取消进攻任务。和约旦前锋部队的战斗持续了一整夜，由于约旦坦克向东撤退的巨大噪声误导了以军，使其加倍小心以避开炮击，直到清晨才反应过来。

6月6日早晨，经过空军的密集轰炸后，橄榄山于9点30分被以军控制。第55旅的部队通过狮门到达老城，几乎毫无阻碍地占领了城市，第16旅的两支部队经粪厂门进城并控制了犹太区。上午11点，约军司令官安瓦尔·艾尔哈蒂（Anwar el-Hattib）终于宣布投降。城区街巷战极为惨烈，以军遭受巨大伤亡，共有183名以色列国防军士兵在夺取耶路撒冷的战斗中牺牲。

六日战争后

毋庸置疑，对犹太人来说，1967年6月6日从约旦控制下夺回圣殿山和耶路撒冷老城是六日战争的高潮。分裂城市的隔墙和围栏被推倒，雷区被清理，道路也重新连接起来，甚至一些旧时的社会关系也得以恢复。老城脱离以色列长达二十多年，现在成了以色列人，也是所有人关注的焦点，这是历史上从未有过的。正如查尔斯·狄更斯[13]的名言："这是最好的时代，这也是最坏的时代。"——就看是对谁而言了。

东耶路撒冷回归以色列的时候，特迪·科勒克[14]已担任市长两年多时间了，他后来继续连任了6届市长。科勒克面临的是一场巨变所带来的具有里程碑意义的历史性时刻，应该说，他抓住了这个机遇。作为一个有眼光且善于行动的政治家，他立即着手实现从希律王时期就立下的宏大理想。看看他交给继任者的耶路撒冷就会明白，在建设城市方面，他确实远胜希律王。

除了其他重建事务以外，特迪·科勒克特别重视犹太区的重建工作。犹太区不仅在独立战争期间受损严重，战后重建也未受到约旦政府的重视。另一个重点建设项目是西墙广场（Western Wall Plaza），用以替代之前只能容纳少量信徒的狭窄街道，使集会场所变得宽敞。老城经过大规模的更新，周边空地变成了花园。政府大力扩张了城市边界，新建了一大批社区，接纳了大量移民，让这些移民重返西墙[15]的梦想终于得以实现。密集的建

设还需要相应的道路、给排水系统和公共服务设施配套。简而言之，大城市应该有的设施这里也都要有，为此，规划师、建筑师、工程师们忙碌了数十年。

并不是所有人都欣赏这些改变。世界上有很多人都受此鼓舞，把耶路撒冷圣城的快速发展视为受到上天眷顾；但总有一些人并不认同。曾有无数典籍描写过耶路撒冷的宗教、人口和法律，它的发展、奋斗和仇怨，以及梦想和沉沦，以后还会有更多类似的著述。然而，本书的主要目的是记录耶路撒冷的早期历史，特别关注最新的考古发现和科学研究，并将其比照了《圣经》和史书的记载。本版付印之前，作者又更新了各篇章的一些内容，并在本书最后附上一张耶路撒冷老城现在的地图。

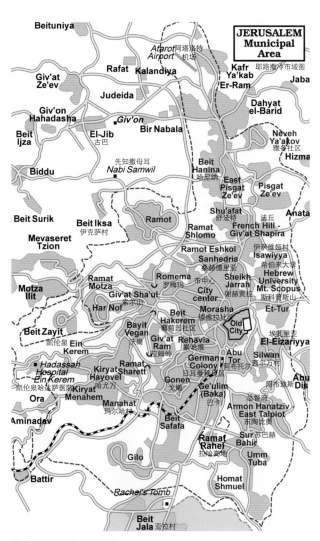

现在的耶路撒冷行政边界

1. Sinai，也称"西奈半岛"，面积 6 万平方公里，北接地中海，南临红海，是亚非两大洲的陆地相交处，也是以色列与埃及的战争争夺焦点。

2. Golan Heights，位于约旦河谷地东侧，别名"水塔"，拥有丰富的水源，也是以色列与叙利亚之间争夺的战略要地，1967 年第三次中东战争后以色列占领其大部分地区。

3. King Hussein，即侯赛因·伊本·塔拉勒（Hussein Ibn Talal），1935—1999 年，约旦哈希姆王国第三代国王，在位 45 年。

4. Naknik 和 Pa'amon，现为"自由之钟公园"。

5. Sheikh Abd el-Aziz，是耶路撒冷第一座、也是很长时间里唯一的一座官办阿拉伯学院，由英国政府建于 1918 年，目标是培养小学师资，1948 年毁于第一次中东战争。

6. Tell es-Sahira，疑为传说人物 Marah Durimeh 的墓地。

7. Nahalat Shimon，1890 年由赛法迪和阿什肯纳兹为贫困的也门犹太人所建的社区，位于东耶路撒冷，因靠近西缅墓而得名。

8. French Hill，或 Giv'at Shapira，耶路撒冷东北部的山丘，1967 年以色列占领此地后，曾不顾国际社会反对在此修建定居点。

9. Abu Tor，耶路撒冷老城以南的一处犹太人与阿拉伯人的混合社区。

10. Ma'aleh Adumim，约旦河西岸的以色列城市，距离耶路撒冷 7 公里，其名称来自《圣经》中犹大和便雅悯支派的分界线。

11. Yitzhak Rabin，1922—1995 年，以色列政治家、军事家，两度出任总理，为阿以和平作出杰出贡献，并因此获得诺贝尔和平奖。后于 1995 年的犹太安息日被犹太激进分子刺杀于特拉维夫的列王广场，该广场现改名为"拉宾广场"。

12. Gethsemane，榨橄榄油之地，据说是耶稣基督经常祷告与默想的地方，位于耶路撒冷东部。

13. Charles Dickens，英国批判现实主义小说家，1812—1870 年，下句引自其 1859 年的著名小说《双城记》。

14. Teddy Kollek，1911—2007 年，1965—1993 年间连续赢得市长选举，其后由奥尔默特接任。

15. 犹太人把回到古以色列土地称作"重返西墙"。对千百年来颠沛流离、屡受迫害的犹太人来说，返回故土，扶在西墙哭泣祷告是他们的终极梦想。锡安主义运动就是号召和鼓励世界各地的犹太人返回巴勒斯坦的复国主义运动，由此引发了 19 世纪末至 20 世纪初的几次大规模移民潮，也称"阿里亚"。

耶路撒冷老城
遗址和机构

A:

Absalom's Pillar observatory E3
押沙龙柱天文台

Alliance B2
联盟

"Alone on the walls" Exhib C4
"伶仃之墙"展览

Alrov Quarter A3
玛米拉社区

Ancient moat (remains) A3
古护城河（遗址）

Ancient wall (remains) C2
古城墙（遗址）

Amenian Catholic Ch C2
亚美尼亚天主教教堂

Amenian Mus. B5
亚美尼亚穆斯林

Amenian Othodox Mon. B5
亚美尼亚正教会

Amenian Catholic Patr. C-D2
亚美尼亚天主教主教区

Amenian Patr. B5
亚美尼亚主教区

Amenian Theological Sem. B5
亚美尼亚神学会

Amenian Quarter B-C5
亚美尼亚区

Ashkenazi Syn.Yemin Moshe A5
德系犹太人犹太教会堂

Ateret Kohanim Yeshiva C2
祭司王冠经学院

Austrian Hospice C2
奥地利救济院

Ayyubid Gate (foundations) C5
阿尤布城门（基础）

B:

Bab el Amud (Gate) B-C 1-2
大马士革门

Bab el Asbat (Gate) E2
氏族门

Bab el Atm (Gate) D2
暗门

Bab el Hadid (Gate) D3
铁门

Bab el Jadid (Gate) A2
新门

Bab el Khalil (Gate) A-B4
雅法门

Bab el Maghariba (Gate) D4
穆格拉比门

Bab el Qattanin (Gate) D3
棉商门

Bab en Nadhir (Gate) D3
检官门

Bab es Sahira (Gate) D1
希律门

Bab es Silsila (Gate) D3
链门

Bab Hitta (Gate) D2
宽恕门

Bani Ghawanima Gate D2
巴尼加尼姆门

Barclay's Gate D4
巴克莱门

Batei Mahasse Square C5
公屋广场

Beit Shalom Archaeological Garden C5
和平之家考古花园

Bin Mis'ab Mosque C2
清真寺

Broad Wall (arch.) C4
宽墙（建筑）

Burj Laqlaq (Tower) E1
雀塔

Burnt House (arch.) C4
被烧毁的房屋

Byzantine building remains D4
拜占庭式建筑遗迹

C:

Cardo (reconstruction) C5
南北大道

Casa Nova Hospice A-B3
卡萨诺瓦旅馆

Casa Nova Mon B3
卡萨诺瓦之家

Central Bus Station (Old) C1
中央汽车站（旧）

Christ Church and Visitors' Center B4
基督教堂和游客中心

Christian Information Cen. B4
基督教信息中心

Christian Quarter B3
基督教区

Ch.of Alexander Nievsky C3
亚历山大·涅夫斯基教堂

Ch.of St.George B-C5
圣乔治教堂

Ch.of the Holy Sepulcher (Stations X-XIV) B3
圣墓教堂（二十四站）

Ch.of the Redeemer C3
救世主教堂

Citadel (Tower of David) B4
城堡（大卫塔）

City Hall Complex A2
市政厅建筑群

City of David D-E5
大卫城

City of David Visitors' Center D5
大卫城游客中心

City wall remains (arch.) A4
城墙遗迹（建筑）

Convent de Notre Dame A2
锡安圣母院会众社区

Coptic Patr. (Station IX) C3
科普特东正教区（苦路第九站）

Cotton Merchants Gate D3
棉商门

Cotton Merchants Market D3
棉商市场

Crusader Gate (arch.) B3
十字军城门（建筑）

D:

Damascus Gate B-C 1-2
大马士革门

Dark Gate D2
暗门

Davidic Dynasty Palace E4
大卫王朝宫殿

David's Tower B4
大卫塔

David's Village A4
大卫村

Davidson Center D4
大卫森中心

Dom Polski C2
波兰之家

Dome of the Ascension D3
升天圆顶

Dome of the chain D-E3
锁链圆顶祈祷所

Dome of the Rock D3
圆顶清真寺

Double Gate E4
双重门

Dung Gate D5
粪厂门

E:

Ecce Homo Arch D2
荆冕堂拱门

El Aqsa Mosque D4
阿克萨清真寺

El Kas D-E4
埃尔·卡斯喷泉

El Khanqa Mosque B3
清真寺

El Marwani Mosque E4
所罗门马厩

Ethiopian Mon. C3
埃塞俄比亚修道院

Ethiopian Patr. C2
埃塞俄比亚东正教

F:

First Temple Wall (remains) C4
第一圣殿城墙（遗迹）

Four Sephardic synagogues C5
四系会堂

Franciscan Convent B1
济各会修道院

G:

Gan Hatekuma (garden) C5
新生花园

Garden Tomb B-C1
耶稣墓园

Gate of Mercy (closed) E3
慈悲之门

Gate of Remission D2
宽恕门

Gate of the Chain D3
链门

Gate of the Tribes E2
氏族门

Genesis Jerusalem Institute C4
创世纪耶路撒冷研究所

German Hostel C3
德国旅馆

Gihon Spring E5
基训泉

Gloria Hotel B3-4
凯莱酒店

Golden Gate(closed) E3
金门（已关闭）

Greek Patr.Mus B3
希腊东正教博物馆

Gulbenkian Library B5
古尔班基安图书馆

H:

Hakotel Hakatan (Little Western Wall) D3
小西墙

Hakotel Yeshiva C4
哭墙经学院

Haram el Sharif D3
圣殿山

Hazon Yehezkel Yeshiva C3
经学院

Herod's Gate (Bab es Sahira) (Sha'ar Haprahim) D1
希律门

Herodian Mansions (arch.) C4
希律宫殿（建筑）

Hezekiah's Tunnel E5
希西家水渠

History of Jerusalem Mus. (David's Tower) B4
耶路撒冷历史博物馆（大卫塔）

Hulda Gate E4
户勒大城门

Hurva Square C4
废墟广场

Hurva Syn. (ruin) C4
废墟会堂

Hutzot Hayotzer-Artists' Quarter A4
陶艺区

I:

Inspector Gate D3
检官门

Iron Gate D3
铁门

Islamic Mus D4
伊斯兰博物馆

Israel Antiquities Authority D-E1
以色列文物局

Israelite tower (arch.) C4
以色列塔（建筑）

J:

Jaffa Gate (Sha'ar Yafo) A-B4
雅法门

Jlm.Archaeological Park D-E4
耶路撒冷考古公园

Jlm.Pearl Hotel A3
耶路撒冷明珠酒店

Jewish Quarter C-D4
犹太区

Jewish Quarter Youth Hostel B4
犹太区青年旅馆

K:

Keren Ha'ofel (arch.) E4
俄斐勒之角（建筑）

Kfar David A4
大卫王村

Khamra Mosque D2
清真寺

Khan es Sultan C4
苏丹旅店

Kidron Valley E4
汲沦谷

Kikar Safra A2-3
萨弗拉广场

Kishle-police station B4
警察局

Kolel Galicia C3
加利西亚收藏馆

L:

Latin Patr. A3
拉丁主教

Lions' (St.Stephen's) Gate E2
狮（圣斯蒂芬）门

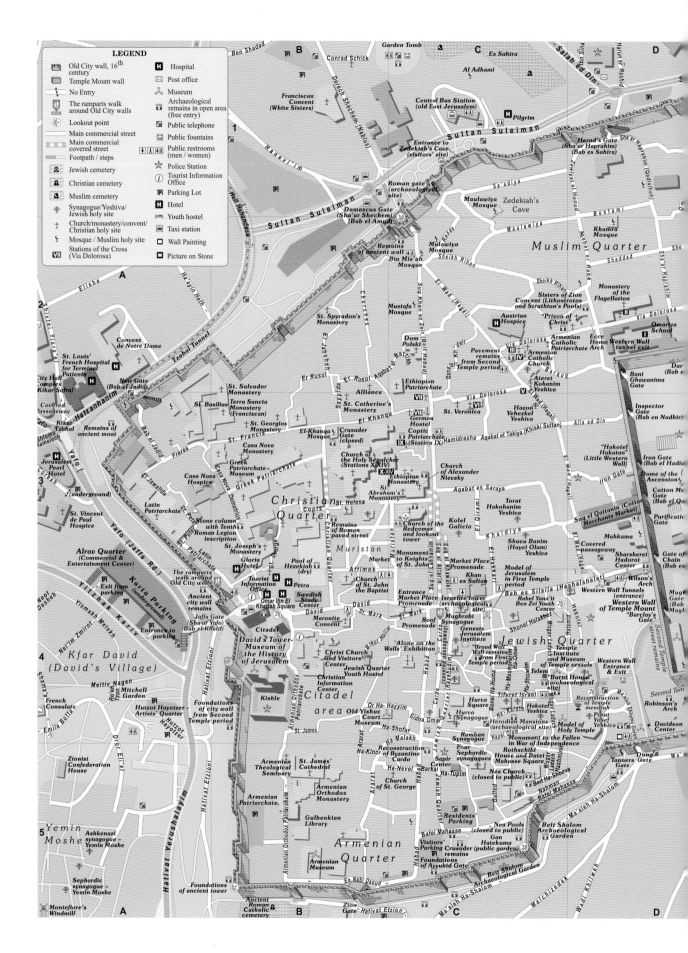

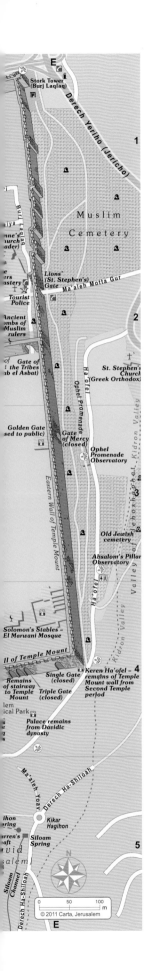

Stork Tower
(Burj Laqlaq)

Derech Yeriho (Jericho)

1

Muslim
Cemetery

lya
nne's
urch
der)

e's
astery

Tourist
Police

Ancient
ombs of
Muslim
rulers

Lions'
(St. Stephen's)
Gate

Ma'aleh Motta Gur

2

St. Stephen's
Church
(Greek Orthodox)

of   Gate of
t the Tribes
ab el Asbat)

Golden Gate
sed to public)

Gate
of Mercy
(closed)

Ophel
Promenade
Observatory

3

Old Jewish
cemetery

Absalom's Pillar
Observatory

Solomon's Stables –
El Marwani Mosque

ll of Temple Mount

Keren Ha'ofel –
remains of Temple
Mount wall from
Second Temple
period

4

Single Gate
(closed)

Remains
of stairway
to Temple
Mount

Triple Gate
(closed)

lem
ical Park

Palace remains
from Davidic
dynasty

Derech Ha-Shiloah

ihon
ring

Kikar
Hagihon

arren's
aft

Siloam
Spring

vid
alem)

5

N

Siloam
Channel

Derech Ha-Shiloah

0   50   100
                m

E

耶路撒冷老城
街道索引

参考文献

1.Amiran, D. H. K., A. Shachar, and I. Kimhi (eds.), *Atlas of Jerusalem*. Berlin and New York, 1973.

2.Amiran, D. H. K., "A Revised Earthquake Catalogue of Palestine."*Israel Exploration Journal* 2 (1952).

3.Amiran, R., and A Eitan, "Excavations in the Courtyard of the Citadel, Jerusalem, 1968-1969 Preliminary Report."*Israel Exploration Journal* 20 (1970): 9-17.

4.Arubas, B., and H. Goldfus, *Excavations on the Site of the Jerusalem International Convention Center (Binyanei Ha'Uma)*. Portsmouth, RI, 2005.

5.Auld, S., R. Hillenbrand, and Y. Natsheh (eds.), *Ottoman Jerusalem*. Vols. I—II. London, 2000.

6.Avigad, N., *Ancient Monuments in the Kidron Valley*. Jerusalem, 1954.

7.Avigad, N., "A Building Inscription of the Emperor Justinian and the Nea in Jerusalem."*Israel Exploration Journal* 27 (1977): 145—151.

8.Avigad, N., *Discovering Jerusalem*. New York, 1983.

9.Avi-Yonah, M., *The Madaba Mosaic Map*. Jerusalem, 1954.

10.Avi-Yonah, M. (ed.), *Sefer Yerushalayim* I. Jerusalem and Tel Aviv, 1956.

11.Avi-Yonah, M., "The Walls of Nehemiah—A Minimalist View."*Israel Exploration Journal* 4 (1954): 239.

12.Ben-Arieh, Y., *A City Reflected in Its Time*. 2 vols. Jerusalem, 1984,1986.

13.Ben-Dov, M., "The Omayyad Structures Near the Temple Mount." In B. Mazar, *Excavations in the Old City of Jerusalem Near the Temple Mount. Preliminary Report of the Second and Third Seasons, 1969—1970*. Jerusalem, 1971.

14.Benvenisti, M., *Jerusalem, the Torn City*. Minneapolis, 1976.

15.Berchem, M. van, *Matériaux pour un Corpus Inscriptionum Arabicarum. Syrie de Sud*. Jerusalem "Ville,"1922, Jerusalem "Haram," 1927.

16.Bliss, F.J., and A. C. Dickie, *Excavations at Jerusalem, 1894—1897*. London, 1898.

17.Boas, A. J., *Jerusalem in the Time of the Crusades*. London and New York, 2001.

18.Burgoyne, M. H., *Mamluk Jerusalem*. n.p., 1987.

19.Burgoyne, M. H., and A. Abul-Hajj, "Twenty-four Mediaeval Arabic Inscriptions from Jerusalem." *Levant* XI (1979).

20.Clermont-Ganneau, C., *Archaeological Researches m Palestine 1873—1874*. 2 vols. London, 1896, 1899.

21.Collins, L., and D. LaPierre, *O Jerusalem!* New York, 1972.

22.Conder, C. R., *The City of Jerusalem*. London, 1909.

23.Creswell, K. A. C., *Early Muslim Architecture*. Oxford, 1969.

24.Fergusson, J., *The Temples of the Jews and Other Buildings in the Haram Area at Jerusalem*. London, 1878.

25.Geva, H. (ed.), *Ancient Jerusalem Revealed*. Jerusalem, 2000.

26.Hamilton, R. W., "Excavations Against the North Wall of Jerusalem."*Quarterly of the Department of Antiquities in Palestine* 10 (1940): 1-54.

27.Hamilton, R. W., *The Structural History of the Aqsa Mosque*. London, 1949.

28.Hawari, M. K., *Ayyubid Jerusalem (1187—1250)*, BAR International Series 1628, Oxford 2007.

29.Hollis, F. J., *The Archaeology of Herod's Temple*. London, 1934.

30.Johns, C. N., "The Citadel, Jerusalem. A Summary of Work Since 1934."*Quarterly of the Department of Antiquities in Palestine* 14 (1950): 121—190.

31.Johns, C. N., "Recent Excavations at the Citadel."*Palestine Exploration Quarterly* (1940): 36—58.

32.Kendall, H., *Jerusalem, the City Plan: Preservation and Development During the British Mandate, 1918—1948*. London, 1948.

33.Kenyon, K. M., *Digging Up Jerusalem*. London, 1974.

34.Kenyon, K. M., *Jerusalem: Excavating 3000 Years of History*. London, 1967.

35.Kroyanker, D., *Jerusalem Architecture—Periods and Styles: Arab Buildings Outside the Old City Walls* (in Hebrew). Jerusalem, 1985.

36.Kroyanker, D., *Jerusalem Architecture—Periods and Styles: European-Christian Buildings Outside the Old City Walls* (in Hebrew). Jerusalem, 1987.

37.Kroyanker, D., *Jerusalem Architecture—Periods and Styles: Neighborhoods and Jewish Public Buildings Outside the Old City Walls, 1860—1914* (in Hebrew). Jerusalem, 1983.

38.Kroyanker, D., *Jerusalem Architecture—Periods and Styles: The British Mandate Period, 1918—1948* (in Hebrew). Jerusalem, 1989.

39.Kuemmel, A., *Materialien zur Topographie des alten Jerusalem. Begleittext zu der "Karte der Materialien zur Topographie des alten Jerusalem"(1904)*. Halle a. S.,1906.

40.Kutcher, A., *The New Jerusalem Planning and Politics*. Cambridge, Mass., 1975.

41.Le Strange, G., *Palestine Under the Moslems*. London, 1890. Reprinted Beirut, 1965.

42.Little, D. P., *A Catalogue of the Islamic Documents in al-Haram ash-Sharif in Jerusalem*. Beirut, 1984.

43.Lutfi, H., *Al-Quds al-Mamlukiyya*. Berlin, 1985.

44.Lux, U., "Vorläufiger Bericht über die Ausgrabung unter der Erlöserkirche in Muristan in der Altstadt von Jerusalem in den Jahren 1970 und 1971." *Zeitschrift des Deutschen Palästina-Vereins* 88 (1972): 185—201.

45.Macalister, R. A. S., and J. G. Duncan, *Excavations on the Hill of Ophel, Jerusalem, 1923—1925*. London, 1926.

46.Marmadji, A. S., *Textes Geographiques Arabes sur la Palestine*. Paris, 1915.

47.Mazar, B., *The Excavations in the Old City of Jerusalem Near the Temple Mount. Preliminary Report of the First Season, 1968.* Jerusalem, 1969.

48.Mazar, B., *The Excavations in the Old City of Jerusalem Near theTemple Mount. Preliminary Report of the Second and Third Seasons, 1969—1970.* Jerusalem, 1971.

49.Mazar, B., "Herodian Jerusalem in the Light of the Excavations South and South West of the Temple Mount." *Israel Exploration journal* 28 (1978): 230—237.

50.Mazar, B., and E. Mazar, *Excavations in the South of the Temple Mount.* QEDEM 29. Jerusalem, 1989.

51.Mazar, E., *The Temple Mount Excavations in jerusalcm, 1968—1978, Directed by Benjamin Mazar.* QEDEM 43. Jerusalem, 2003.

52.Meiron, E. (ed.), *City of David: Studies of Ancient Jerusalem.* 4 vols. Jerusalem, 2006—2009.

53.Milik, J. T., "La Topographia de Jerusalem vers la fins de l'époque byzantine." *Mélanges de l'Université Saint Joseph* (Beirut) 37 (1960—1961): 127—189.

54.Narkiss, U., *The Liberation of Jerusalem: The Battle of 1967.* Totowa, N.J., and London, 1983.

55.Natsheh, Y., "Archaeological Survey"in S. Auld and R. Hillenbrand (eds.), *Ottoman Jerusalem: The Living City 1517—1917*, Part II, London 2000.

56.*New Studies on Jerusalem* (in Hebrew). Vols. I—XV. Jerusalem, 1995—2009.

57.*Palestine Pilgrims Texts Society.* Vols. I—XIII. London, 1892—1898.

58.Peters, F. E. ,*Jerusalem: The Holy City in the Eyes of Chroniclers, Visitors, Pilgrims, and Prophets from the Days of Abraham to the Beginning of Time.* Princeton, 1985.

59.Pierotti, E., *Jerusalem Explored, Being a Description of the Ancient and Modern City.* 2 vols. London, 1864.

60.Pringle, D. R., *The Churches of the Crusader Kingdom of Jerusalem: A Corpus. Volume III, The City of Jerusalem.* Cambridge, 2007.

61.Rabinovich, A., *The Battle for Jerusalem, June 5—7,1967.* Philadelphia, 1972.

62.Richmond, E. T., *The Dome of the Rock.* Oxford, 1924.

63.Robinson, E., *Biblical Researches in Palestine and the Adjacent Countries. Later Biblical Researches, etc.* 3 vols. London, 1867.

64.Rosen-Ayalon, M., *The Early Islamic Monuments of al-Haram al-Sharif.* QEDEM 28. Jerusalem, 1989.

65.Sauvaire, H., *Histoire de Jérusalem et d'Hébron depuis Abraham jusqu'à la fin du XV' siécle de J.C.* Paris, 1876.

66.Sharon, A., *Planning Jerusalem: The Old City and Its Environs.* Jerusalem and London, 1973.

67.Shiloh, Y., *Excavations at the City of David.* QEDEM 19. Jerusalem, 1984.

68.Simons, J., *Jerusalem in the Old Testament Leiden,* 1952.

69.Sivan, E., *L'Islam et la Croisade: Idéologie et Propagande dans les Réactions musulmanes aux Croisades.* Paris, 1968.

70.Stern, E. (ed.), *The New Encyclopedia of Archaeological Excavations in the Holy Land.* Suppl. vol. 5.: 1801—1837. Jerusalem, 2008.

71.Sukenik, E. L., and L. A. Mayer, *The Third Wall of Jerusalem. An Account of Excavations.* Jerusalem, 1930.

72.Tobler, T., *Zwei Bücher Topographie von Jerusalem und seine Umgebungen.* 2 vols. Berlin, 1853, 1854.

73.Tsafrir, Y., *Zion —The South Western Hill of Jerusalem and Its Place in the Urban Development of the City in the Byzantine Period.* Jerusalem, 1975.

74.Tushingham, A. D., *Excavations in Jerusalem, 1965—1967.* Vol. I. Toronto, 1985.

75.Tushingham, A. D., "The Western Hill Under the Monarchy."*Zeitschrift des Deutschen Palästina-Vereins* 95 (1979): 39—55.

76.Vincent, L. H., and F. M. Abel, *Jerusalem nouvelle.* Vols. I—III. Paris, 1914—1926.

77.Vincent, L. H., and M. A. Stève, *Jerusalem de I'ancien Testament.* Vols. I—III. Paris, 1954—1956.

78.Vogüé, M. de, *Le temple de Jérusalem. Monographie du Haram ech-Chérif, suivie d'un essai sur la topographie de la Ville Sainte.* Paris, 1864—1865.

79.Warren, C., *Notes on the Survey and on Some of the Most Remarkable Localities and Buildings in and About Jerusalem.* London, 1865.

80.Warren, C., *Plans, Elevations, Sections, etc, Showing the Results of the Excavations at Jerusalem, 1867—1870.* London, 1884.

81.Warren, C., *Underground Jerusalem. An Account of the Principal Difficulties Encountered in Its Exploration and the Results Obtained.* London, 1876.

82.Warren, C., and C. R. Conder, *The Survey of Western Palestine, Jerusalem.* London, 1889.

83.Weill, R., *La Cité de David, Compte rendu des fouilles exécutées à Jérusalem, sur le site de la ville primitive, Campagne de 1913—1914.* Paris, 1920.

84.Weill, R., *La Cité de David, Compte rendu des fouilles exécutées à Jérusalem, sur le site de la ville primitive, Campagne de 1923—1924.* Paris, 1947.

85.Wightman, G. J., *The Damascus Gate, Jerusalem.* Oxford, 1989.

86.Wightman, G. J., *The Walls of Jerusalem.* Sydney, 1993.

87.Williams, G., *The Holy City of Historical and Topographical Notices of Jerusalem, with some account of its antiquities and of its present condition.* London, 1845.

88.Wilson, C. W., *Ordnance Survey of Jerusalem, 1864-5.* London, 1865.

89.Wilson, C. W., and C. Warren, *The Recovery of Jerusalem. A Narrative of Exploration and Discovery in the City and the Holy Land.* London, 1871.

90.Yadin, Y. (ed.), *Jerusalem Revealed. Archaeology in the Holy City, 1968—1974.* Jerusalem and New Haven, 1976.

图片来源

原著页码

13 Cross sections of city. After A. Sharon, Planning Jerusalem, Tel Aviv, 1973, p. 113.
18 Pottery vessels. From L. H. Vincent, Underground Jerusalem, London, 1911.
20 Libation tray and stele. After L. H. Vincent and F. M. Abel, Jérusalem nouvelle, Paris, 1926, pl. LXXIX 8, 12.
20 Clay figurine. After G. Posener, Princes et pays d'Asie et de Nubie, Brussels, 1940, frontispiece.
20 Gihon Spring fortifications (reconstruction). After a drawing from the City of David Archives, Ir David Foundation. Courtesy of Ahron Horovitz.
20 Cuneiform letter (facsimile). Courtesy of Israel Exploration Society.
21 City of David (cross section). Courtesy of L. Ritmeyer.
22 Ophel ostracon. Courtesy of Israel Antiquities Authority.
22 Window frame (reconstruction). Courtesy of L. Ritmeyer.
24 Siloam Tunnel. Courtesy of Ir David Foundation.
24 Warren's Shaft (reconstruction). Courtesy of S. Cohen.
25 "David's Palace." Courtesy of E. Mazar.
25 Siloam Inscription. Courtesy of Museum of Ancient Near Eastern Antiquities, Istanbul.
25 Terraced structure. Courtesy of Z. Radovan.
27 Iron arrowheads. Courtesy of N. Avigad.
27 Entrance to Tell Ta'yinat temple (reconstruction). Courtesy of L. Ritmeyer.
28 Section of First Temple period wall. Courtesy of N. Avigad.
32 Tomb of "Pharaoh's Daughter" (reconstruction). Courtesy of L. Ritmeyer.
32 Tomb inscriptions. After N. Avigad, Eretz Israel, vol. 3, Jerusalem, 1954, pl. 3, 4.
33 Tombs T1 and T2 (reconstruction). Courtesy of S. Cohen.
33 Burial caves (reconstruction). Courtesy of L. Ritmeyer.
36 Council Building (reconstruction). Courtesy of L. Ritmeyer.
37 The "First Wall" (reconstruction). Courtesy of L. Ritmeyer.
39 Hasmonean period Citadel (reconstruction). Courtesy of L. Ritmeyer.
41 The "Palatial Mansion" (plan). Courtesy of L. Ritmeyer, after N. Avigad, Discovering Jerusalem, Jerusalem, 1983.
42 Room in "Palatial Mansion" (reconstruction). Courtesy of L. Ritmeyer.
44 Temple Mount in Second Temple period (reconstruction). Courtesy of L. Ritmeyer.
46 Entrance ban inscription. After Quarterly of the Department of Antiquities in Palestine VI, 1938, p. 2.
46 Stone of the Trumpeting Place (reconstruction). Courtesy of L. Ritmeyer.
47 Southwest corner of Temple Mount (reconstruction). Courtesy of L. Ritmeyer.
47 Cross section of Barclay's Gate (reconstruction). Courtesy of L. Ritmeyer.
48 Theodotus inscription. Courtesy of Israel Antiquities Authority.
49 Cross sections of the Temple Mount (reconstruction). Courtesy of L. Ritmeyer.
49 The Temple Mount (1870 photograph). From C. F. Tyrwitt-Drake, PEF Photographic Archives, P1466.
50 Herodian Citadel (reconstruction). Courtesy of L. Ritmeyer.
51 Double Gate (reconstruction). Courtesy of L. Ritmeyer.
53 Siloam Pool (reconstruction). Courtesy of L. Ritmeyer.
55 Burial tomb (reconstruction). Courtesy of L. Ritmeyer.
56 Tombs of Zechariah and Hezir's Priestly Family (cross section). Courtesy of L. Ritmeyer.
58 Judaea Capta coin. Courtesy of Reuben and Edith Hecht Museum, University of Haifa.
59 Incised menorah design (with reconstruction). After N. Avigad, Discovering Jerusalem, Jerusalem 1983, fig. 154.
60 Map of Jerusalem as center of the world. From H. Bünting, Itinerarium sacrae scripturae, 1581, frontispiece.
62 Gethsemane. Courtesy of Paul H. Wright.
63 Sheep's Pools (reconstruction). Courtesy of L. Ritmeyer.
63 Mounting stone. From C. Warren and C. R. Conder, The Survey of Western Palestine, Jerusalem, London, 1889, p. 334.
63 Jesus' tomb (reconstruction). After L. H. Vincent and F. M. Abel, Jérusalem nouvelle, Paris, 1914, vol. II, fig. 53.
66 Memorial stone to Marcus Junius. Courtesy of Z. Radovan.
68 Roman period Damascus Gate (reconstruction). Courtesy of L. Ritmeyer.
70 Ecce Homo Arch (reconstruction). Courtesy of S. Cohen.
71 Muristan area. Courtesy of Z. Radovan.

72 Temple of Jupiter (reconstruction). Courtesy of L. Ritmeyer.
73 Roman relief (reconstruction). Courtesy of L. Ritmeyer.
73 Eastern Cardo. Courtesy of S. Wexler-Bdolah.
75 Siloam Pool (reconstruction). Courtesy of L. Ritmeyer.
78 Domine Ivimus inscription. Courtesy of Garo Nalbandian.
80 Siloam Church (reconstruction). Courtesy of L. Ritmeyer.
81 Sheep's Pools (reconstruction). Courtesy of L. Ritmeyer.
82 Inscription on Western Wall. Courtesy of B. Mazar.
83 Néa Church inscription. Courtesy of N. Avigad.
85 Gold ring. Courtesy of B. Mazar.
85 Cardo (reconstruction). Courtesy of L. Ritmeyer.
86 Madaba Map. Courtesy of R. Cleave.
88 Muhammad's night journey. Ottoman miniature.
91 Umayyad palace remains. Courtesy of Z. Radovan.
93 Sassanian royal crown (mosaic). Courtesy of Garo Nalbandian.
93 Arculf map. Courtesy of Bayerische Staatsbibliothek München, Codex Ratisbon 13002 (civ. 2), fol. 4v.
94 Mosaic from Abbasid period. Courtesy of M. Piccirillo, Studium Biblicum Franciscanum.
96 Stone inscription. Courtesy of Museum of Archaeology, Istanbul.
98 Page from Cairo Genizah. After M. Braslavy, Eretz Israel, vol. 7, Jerusalem, 1964, pl. 16.
103 Damascus Gate (reconstruction). Courtesy of L. Ritmeyer.
103 Montpellier map. Courtesy of Bibliothèque Interuniversitaire de Montpellier, Codex Montpellier H152, fol. 67v.
107 Copenhagen map. Courtesy of University of Copenhagen, Det Arnamagnæanske Institut (now Den Arnamagnæanske Samling), AM 736, I, 4to, fol. 2r.
108 Brussels map. Courtesy of Bibliothèque royale Albert Ier, Bruxelles, Ms. 9823_24, fol. 157r.
109 St. Anne's Church. Courtesy of Z. Radovan.
109 Crusader oil lamp. Courtesy of Abdallah Kalbunah, curator of Islamic Museum on Temple Mount. Photo: Z. Sagiv.
111 Paris map. Courtesy of Phot. Bibl. nat., Paris, Codex Lat. 8865, fol. 133.
111 Uppsala map. From Röhricht, Zeitschrift des Deutschen Palästina-Vereins 15, 1892, pl. 1.
111 Stuttgart map. Courtesy of Württembergische Landesbibliothek, Cod. bibl. fol. 56, 135r.
112 Saint-Omer map. Courtesy of Bibliothèque Municipale, Saint-Omer, Ms. 776, fol. 5 London map. Courtesy of The British Library, Codex Harley 658, fol. 39v.
113 Tancred's Tower (reconstruction). Courtesy of L. Ritmeyer.
113 The Hague map. Courtesy of Koninklijke Bibliotheek, Den Haag, 76 Fs, L. 1r.
114 Cambrai map. Courtesy of Centre Culturel de Cambrai, Ms. 466, fol. 1r.
118 Ayyubid tower (reconstruction). Courtesy of L. Ritmeyer.
118 el-Malik el-Adil inscription. Courtesy of Israel Antiquities Authority.
122 Aqueducts. Courtesy of A. Grozow.
122 Turbat el-Kubakiyya. Courtesy of Z. Radovan.
124 Marino Sanuto map. Courtesy of The British Library, Codex 27376.
126 Turbat Jaliqiyya inscription. Courtesy of S. Ben-Yosef.
127 Streetfront of the Iron Gate. Courtesy of British School of Archaeology in Jerusalem.
130 Glass lamp. Courtesy of Abdallah Kalbunah, curator of Islamic Museum on Temple Mount. Photo: Z. Sagiv.
131 Fourteenth-century map of Jerusalem. Courtesy of Biblioteca Medicae Laurenziana, Firenze, Plut. LXXVI 56, fol. 97.
131 Turbat Turkan Khatun. Courtesy of Z. Radovan.
135 Ottoman street. From the archives of B. Mazar.
138 Jaffa Gate. Courtesy of University Library, Istanbul.
145 Jerusalem stonemasons. Courtesy of University Library, Istanbul.
146 British memorial. Courtesy of Israel Government Press Office.
147 General Allenby's address. Courtesy of Imperial War Museum, London.
162 Mandelbaum Gate. Courtesy of Israel Government Press Office.
164 M. Dayan, Y. Rabin and U. Narkiss. Courtesy of Israel Government Press Office.

其他所有的插图和照片都来源于卡尔塔有限公司的图档馆和作者本人。
对为第一版地图集提供重要插画和重建图的画家们给予充分的信任。在当前的版本中，作者根据最近的发现和研究对一些考古图纸进行了修改。作者希望保留原版的艺术完整性。

译后记

几乎所有人都知道耶路撒冷。

几乎没有人能说清楚耶路撒冷。

丹·巴哈特（Dan Bahat）曾多次增补这本书，不断补充最新的考古资料，使其成为关于耶路撒冷历史发展的权威著作和全球许多大学的必读教材。不同于其他作品，巴哈特不厌其烦地详述每一处城堡、宫殿、广场，甚至是一堵墙的变迁，对那些无法确认的地方也尽可能记录下来。抛开其他因素，在我看来，这不仅是学术上的严谨，更是一份热爱。真希望有一天我们也都能以这样的情感记录和建设自己的城市，热爱自己的家园，珍视自己的历史。作为设计师，我总觉得自己画图设计太多，认知城市太少；套路太多，情感太少。

我们花了很大气力，翻译并注释书中涉及的大多数人名、地名，让这些名称能对读者更有意义，而不再是一个个可有可无的音译词。尽管有犹太朋友的帮助，这项工作所耗费的时间和精力仍超乎想象，而且最终还是有些遗憾和难以避免的错漏。有意思的是，在这个过程中，我竟然还学会了近百个希伯来词语。

感谢原作者丹·巴哈特和以色列卡塔（Carta）出版社的慷慨授权和摩西·马格里特（Moshe Margalith）教授的热情引荐。艾马瑞（Ariel Margalith）、奥德纳（Oded Narkis）等犹太好友帮我解释了许多专有名词的本义和词源，我们也因此结下了深厚的友谊。夏福君、陈卉、陈帅奇、石清等研究生参加初译并帮助处理了书中图片，很高兴看到他们的耐心和进步。同济大学出版社江岱、武蔚等人全力支持我们的工作，上海同济城市规划设计研究院、城市开发分院、亚太遗产中心（UNESCO WHITRAP-Shanghai）、上海云端城市规划设计中心、EBU、上海足书信息科技公司等机构给予了大力支持和资助，臧超、国卫、鸿博、陈新、小林、建军、冬祥、珊珊等人的鼓励也不可缺少。在此一并致谢！

本书是"中以联合提篮桥地区城市设计教研活动"（Sino-Jewish Joint Workshop on Tilanqiao between Tongji University and Tel Aviv University）和中以城市创新中心（UIC）的又一项成果，我们已经为此默默地努力了6年，不容易。希望文化成果的交流能够越来越丰富。

徐杰、张照不仅是极富才华的设计师和紧密的合作伙伴，他们的勤奋和专注也值得我学习。近年来，我几乎每个夜晚、周末和假日都宅在家里，妻子和女儿从未抱怨，谢谢她们！

王骏

2015 年深秋，于响棚

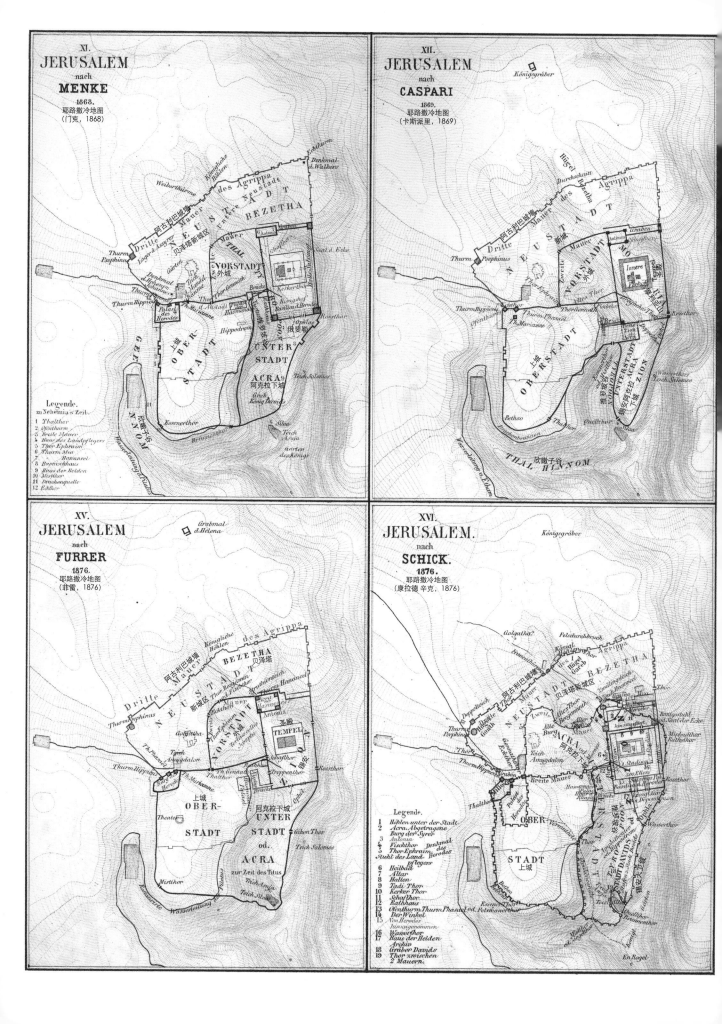

XI.
JERUSALEM
nach
MENKE
1868.
耶路撒冷地图
（门克，1868）

Legende.
zu Nehemia's Zeit.
1 Thalthor
2 Ofenthurm
3 Breite Mauer
4 Haus des Landpflegers
5 Thor Ephraim
6 Thurm Mea
7 Hananeel
8 Bapisbhaus
9 Haus der Helden
10 Mistthor
11 Drachenquelle
12 Eckthor

XII.
JERUSALEM
nach
CASPARI
1869.
耶路撒冷地图
（卡斯派里，1869）

XV.
JERUSALEM
nach
FURRER
1876.
耶路撒冷地图
（菲雷，1876）

XVI.
JERUSALEM.
nach
SCHICK.
1876.
耶路撒冷地图
（康拉德·辛克，1876）

Legende.
1 Höhlen unter der Stadt
2 Acra Abgetragene
  Burg der Syrer
3 Antonia
4 Fischthor Denkmal des
5 Thor Ephraim Herodes
  Stuhl des Land-
  pflegers
6 Heilbad
7 Altar
8 Hallen
9 Tadi Thor
10 Kerker Thor
11 Schafthor
12 Rathhaus
13 Eckthurm Thurm Phasael od. Felsmauerloch
14 Der Winkel
15 Non Herodes
   haxungenommen
16 Wasserthor
17 Haus der Heiden
   Archiv
18 Gräber Davids
19 Thor zwischen
   2 Mauern

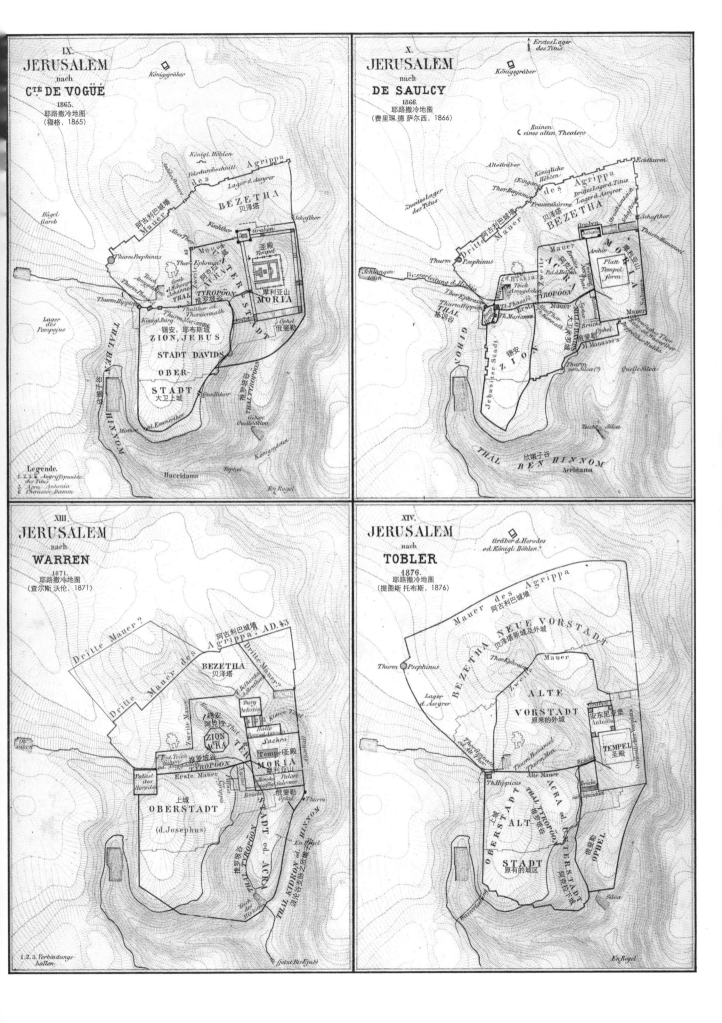